U0193434

编委会名单

主　编：姚　玉　符显珠

编　委：（按姓氏拼音字母排序）

陈　浩　黄家楠　黄　雷　洪学平

黎志强　刘　可　邱雁强　王江锋

翁彦泓　邬学贤　吴武滨　姚吉豪

叶淳懿　张泽江　张志彬　赵望新

中国芯片制造系列

芯片
制造技术与应用

Chip Manufacturing Technology and Applications

姚　玉　符显珠◎主编

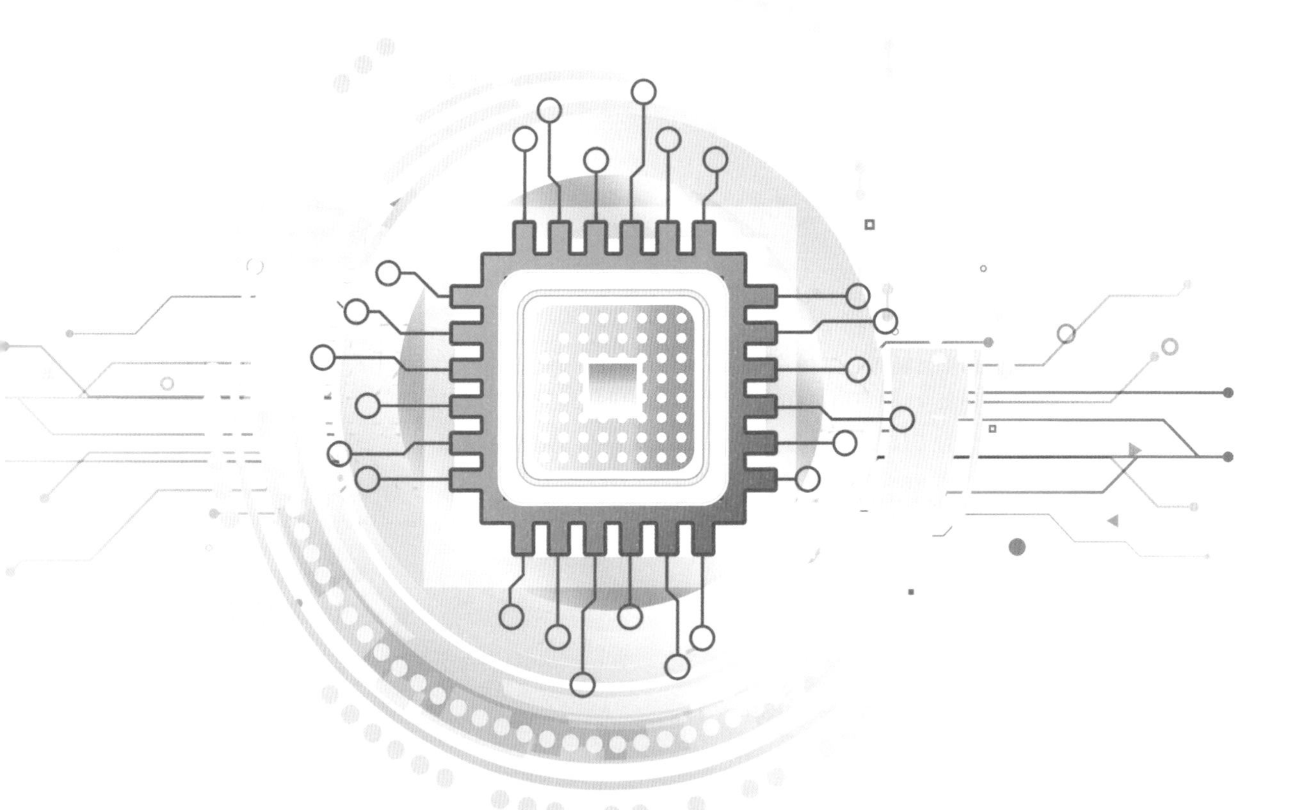

暨南大学出版社
JINAN UNIVERSITY PRESS

中国·广州

图书在版编目（CIP）数据

芯片制造技术与应用 / 姚玉，符显珠主编. -- 广州 ：暨南大学出版社，2024. 8. --（中国芯片制造系列）.
ISBN 978-7-5668-3967-1

Ⅰ. TN430.5

中国国家版本馆 CIP 数据核字第 20247YR116 号

芯片制造技术与应用

XINPIAN ZHIZAO JISHU YU YINGYONG

主　编：姚　玉　符显珠

…………………………………………………………………………

出 版 人：阳　翼
统　　筹：黄文科
责任编辑：曾鑫华　彭琳惠
责任校对：刘舜怡　梁安儿　王雪琳
责任印制：周一丹　郑玉婷

出版发行：暨南大学出版社（511434）
电　　话：总编室（8620）31105261
营销部（8620）37331682　37331689
传　　真：（8620）31105289（办公室）　37331684（营销部）
网　　址：http：//www. jnupress. com
排　　版：广州尚文数码科技有限公司
印　　刷：深圳市新联美术印刷有限公司
开　　本：787mm × 1092mm　1/16
印　　张：23. 5
字　　数：340 千
版　　次：2024 年 8 月第 1 版
印　　次：2024 年 8 月第 1 次
定　　价：98. 00 元

前言

随着全球科技创新领域的竞争日趋激烈，在人工智能、云计算、大数据、5G、自动驾驶等新技术和新应用场景陆续迈入爆发式增长的历史发展时期，集成电路产业不仅是这些新兴产业发展的基础支撑，还是现代科技的核心和前沿科技的技术制高点，也是国家重要的战略性新兴产业和高科技竞争的焦点之一。近年来，因外部地缘环境及供应链关系日趋复杂带来的挑战，我们在集成电路产业自主创新的道路上更加坚定地重视和加强全产业链的发展和布局。我国在芯片设计、制造、封装、测试以及上游的关键材料、设备和零部件等产业环节取得了一定的进展，这逐渐成为我国新质生产力自主可控的重要组成部分之一，推动了我国半导体产业的科技创新和产业转型升级，对中国社会经济发展和国家安全也具有重要的作用和意义。

作为集成电路产业中的一个群体，面对产业中诸多的机遇与可能，掌握和发展产业核心技术的自主创新能力变得越来越重要，所以我们有责任和义务为集成电路事业的发展和创新贡献微薄之力，这也是我们编写本书的初心所在。编者也希望借由本书的编写出版，抛砖引玉，促进理论界和产业界更加广泛且深入地研究集成电路制造技术，共同推进产业的稳健发展。

本书是继《芯片先进封装制造》和《第三代半导体技术与应用》之

后，刊印的第三本“中国芯片制造系列”书籍。在前者基础之上，本书围绕“芯片制造”的整体规划，从理论和实践两个方面，聚焦先进半导体产业领域，对集成电路制造技术和应用实践进行补充和完善。

本书立足于产业制造，系统全面地介绍芯片的制造工艺和核心技术。全书共十章，涵盖集成电路简介、半导体器件、硅及硅片制备、电介质薄膜沉积、光刻、刻蚀、掺杂、金属化、化学机械研磨和芯片先进封装制造等核心内容。我们将芯片制造技术的完整工艺流程、每个部分涉及的设备等经过系统性整理融入各个章节之中。本书通过大量产业资料的汇集，采用图文并茂的形式，全面且简明地介绍了芯片制造材料、制造工艺技术以及技术新进展、新应用及发展前景等，并编辑了“学习目标”和“练习题”，便于重点内容的快速提取和巩固，力求做到深入浅出、通俗易懂。

本书第 1 章介绍集成电路的发展历史，在此基础上介绍了集成电路的分类和制造工艺流程。第 2 章介绍半导体器件的发展，对半导体材料的类型和器件的种类进行了详细的介绍。第 3 章介绍硅及硅片制备，详细介绍了从原材料硅到晶圆的制造加工过程。第 4 到 9 章围绕芯片核心工艺，介绍电介质薄膜沉积、光刻、刻蚀、掺杂、金属化和化学机械研磨六大部分，并对每部分制程所涉及的材料、器件和设备进行了详细的论述。第 10 章介绍芯片制造的后道工艺，重点围绕产业热度较高的芯片先进封装制造技术展开。

本书的知识结构和工艺技术内容特别适合国内半导体与微电子相关专业的在校学生学习和参考，也可供集成电路产业相关研究机构的技术人员和产业分析研究人员参考，及集成电路产业链上下游实体的工程技术和管理人员参考。我们希望本书能对读者的学习和工作起到一定的作用。

最后，特别感谢创智芯联集团董事长姚成先生的大力指导；特别感谢深圳创智芯联科技股份有限公司、深圳大学、江苏矽智半导体科技有限公司、珠海创智芯科技有限公司的同仁贡献技术支持，将他们宝贵的工艺技术经验融汇于本书中；特别感谢暨南大学出版社一如既往支持“中国芯片制造系列”丛书的编辑和刊印，以突出的专业能力用最快的速度将本书展现在读者面前。在此，对所有参与编写工作以及在书籍编写过程中给予帮助的同仁表示衷心的感谢。

编委会

2024 年 6 月

目　录

CONTENTS

前　言　001

1 集成电路简介

1.1 集成电路发展史与趋势　002
1.1.1 集成电路的发展史　002
1.1.2 摩尔定律　008
1.1.3 后摩尔时代　011
1.2 集成电路的分类与应用　014
1.2.1 集成电路按制作工艺分类　014
1.2.2 集成电路按导电类型分类　015
1.2.3 集成电路按集成规模分类　017
1.2.4 集成电路按功能用途分类　017
1.2.5 集成电路按结构和基板分类　021
1.3 集成电路制造工艺流程　021
1.3.1 晶圆加工　022
1.3.2 晶圆清洗和氧化　024
1.3.3 光刻　025
1.3.4 刻蚀　026
1.3.5 掺杂　027
1.3.6 薄膜沉积　027
1.3.7 金属化　028
1.3.8 化学机械研磨　028
1.3.9 测试　029
1.3.10 封装　029

2 半导体器件

2.1 概述 034

2.2 半导体材料 037

2.3 PN 结二极管 040

2.4 双极型三极管 044

2.5 半导体场效应晶体管 046

2.6 鳍式场效应晶体管 049

2.7 结型场效应晶体管 050

2.8 肖特基势垒栅场效应晶体管 052

2.9 高电子迁移率晶体管 052

2.10 无结场效应晶体管 054

2.11 量子阱场效应晶体管 056

2.12 新型半导体材料技术与应用 057

2.12.1 氧化镓 059

2.12.2 金刚石 062

2.12.3 氮化铝 065

2.12.4 锑化镓 066

2.12.5 新型半导体材料的应用 067

3 硅及硅片制备

3.1 概述 076

3.2 电子级硅的制备 080

3.2.1 改良西门子法 081

3.2.2 硅烷法 083

3.3 单晶硅的制备 085

3.3.1 直拉法 085

3.3.2 区熔法 089

3.4 抛光硅片 091

3.5 外延硅片 099

3.6 SOI 硅片 102

3.7 新型半导体单晶制备工艺 107
3.7.1 氧化镓衬底的长晶工艺 107
3.7.2 单晶金刚石衬底的制备工艺 110
3.7.3 氮化铝材料的制备工艺 115

4 电介质薄膜沉积

4.1 概述 120
4.2 热氧化技术 122
4.3 物理气相沉积技术 123
4.3.1 蒸镀 124
4.3.2 溅射 127
4.3.3 离子镀 132
4.3.4 分子束外延 134
4.3.5 脉冲激光沉积 135
4.3.6 激光分子束外延 136
4.3.7 等离子体浸没式离子沉积 136
4.4 化学气相沉积技术 137
4.4.1 常压化学气相沉积 138
4.4.2 低压化学气相沉积 139
4.4.3 等离子体增强化学气相沉积 140
4.4.4 原子层沉积 142
4.5 气相沉积技术在外延制造中的应用 144

5 光刻

5.1 光刻发展史 148
5.2 光刻原理 151
5.3 光刻工艺流程 152
5.3.1 衬底预处理 154
5.3.2 光刻胶旋涂 154
5.3.3 前烘 155

5.3.4 对准与曝光 155
5.3.5 后烘 156
5.3.6 显影 156
5.3.7 定影 157
5.3.8 坚膜 157
5.3.9 图形转移 158
5.4 光刻系统参数 158
5.4.1 光源 158
5.4.2 镜头 160
5.4.3 硅晶圆 161
5.5 光刻性能指标 161
5.5.1 分辨率 161
5.5.2 对准精度 162
5.5.3 工艺节点 162
5.6 光刻胶 163
5.7 光刻掩模板 172
5.7.1 匀胶铬版光掩模 174
5.7.2 相移掩模 174
5.7.3 极紫外光掩模 175
5.8 光刻机 175
5.8.1 接触式/接近式光刻机 176
5.8.2 步进重复光刻机 178
5.8.3 步进扫描光刻机 178
5.8.4 浸没式光刻机 179
5.8.5 极紫外光刻机 180

6 刻蚀

6.1 概述 184
6.2 刻蚀参数 186
6.2.1 刻蚀速率 186

6.2.2 刻蚀剖面 186
6.2.3 刻蚀偏差 187
6.2.4 选择比 187
6.2.5 均匀性 187
6.2.6 残留物 188
6.2.7 聚合物 188
6.2.8 等离子体诱导损伤 188
6.2.9 颗粒沾污 188
6.3 湿法刻蚀 189
6.3.1 硅的湿法刻蚀 190
6.3.2 二氧化硅的湿法刻蚀 190
6.3.3 氮化硅的湿法刻蚀 190
6.3.4 铝的湿法刻蚀 191
6.4 干法刻蚀 192
6.5 干法刻蚀机制 193
6.6 等离子体刻蚀技术 194
6.7 等离子体刻蚀设备 196
6.7.1 传统等离子体刻蚀设备 196
6.7.2 磁增强反应离子刻蚀设备 197
6.7.3 电容耦合等离子体刻蚀设备 198
6.7.4 电感耦合等离子体刻蚀设备 199
6.7.5 其他等离子体刻蚀设备 200
6.8 干法刻蚀的应用 201
6.8.1 浅槽隔离刻蚀 203
6.8.2 多晶硅栅刻蚀 203
6.8.3 栅侧墙刻蚀 203
6.8.4 钨接触孔刻蚀 204
6.8.5 铜通孔刻蚀 205
6.8.6 电介质沟槽刻蚀 206

6.8.7 铝垫刻蚀 206
6.8.8 硅凹槽刻蚀 207

7 掺杂

7.1 概述 210
7.2 杂质扩散原理 211
7.3 杂质扩散后表征方法 213
7.3.1 结深的测量 213
7.3.2 方块电阻的测量 214
7.4 扩散常用杂质源 216
7.5 杂质扩散工艺 217
7.5.1 液态源扩散 217
7.5.2 片状固体源扩散 218
7.5.3 固—固扩散 219
7.5.4 气态源扩散 219
7.5.5 影响杂质扩散的因素 220
7.6 离子注入 221
7.6.1 离子注入原理 221
7.6.2 离子注入特点 222
7.7 离子注入参数 222
7.7.1 注入剂量 223
7.7.2 注入能量 223
7.7.3 射程、投影射程 223
7.7.4 平均投影射程 225
7.7.5 离子的投影射程的标准偏差 225
7.8 离子注入浓度分布 226
7.9 离子注入设备 227
7.9.1 离子源 228
7.9.2 引出电极(吸极) 229

7.9.3 离子分析器 230
7.9.4 加速管 230
7.9.5 扫描系统 231
7.9.6 工艺腔 231
7.10 离子注入应用 231

8 金属化

8.1 概述 234
8.2 互连金属的要求 235
8.3 铝金属互连 236
8.4 双大马士革铜互连制程 238
8.5 阻挡层 242
8.6 金属填充塞 245
8.7 金属气相沉积 247
8.7.1 物理气相沉积 247
8.7.2 化学气相沉积 248
8.8 芯片铜互连电镀 250
8.8.1 芯片电渡液及添加剂 251
8.8.2 电镀设备 268

9 化学机械研磨

9.1 概述 272
9.2 CMP 原理 274
9.3 CMP 设备 277
9.4 CMP 材料 279
9.4.1 抛光液 279
9.4.2 抛光垫 286
9.5 CMP 应用 287
9.5.1 半导体制造中的应用 288
9.5.2 先进封装中的应用 294

10 芯片先进封装制造

10.1 芯片封装的概述 298
10.2 芯片封装的作用 299
10.3 电子封装的层级分类 300
10.4 芯片封装技术的分类 302
10.5 芯片先进封装技术 304
10.5.1 倒装和凸块 304
10.5.2 晶圆级封装 314
10.5.3 2.5D 封装 316
10.5.4 3D 封装 322
10.5.5 超高密度扇出封装技术 330
10.5.6 嵌入式多核心互连桥接封装技术 332
10.5.7 混合键合技术 333
10.6 芯片封装设备 337
10.6.1 晶圆减薄机 337
10.6.2 砂轮划片机 338
10.6.3 激光划片机 339
10.6.4 贴片机 341
10.6.5 塑封机 342
10.6.6 电镀及浸焊生产线 344
10.6.7 切筋成型机 344

参考文献 347

附录 芯片制造技术常用名词英汉对照表 357

1 集成电路简介

学习目标

(1) 了解集成电路的发展史和趋势。

(2) 了解摩尔定律。

(3) 了解集成电路的分类与应用。

(4) 掌握集成电路的制造工艺流程。

1.1 集成电路发展史与趋势

1.1.1 集成电路的发展史

集成电路的英文名称为“Integrated Circuit”，简称“IC”。集成电路是集多个电路元件为一体，以实现各种电气功能的组合电路。集成电路的应用与我们的生活息息相关，已成为各行各业实现信息化、智能化的基础，如手机（移动终端）、宽带（网络通信）、摄像头（安防监控）等都是集成电路的应用实例。除此之外，航空航天、星际飞行、医疗卫生、交通运输、武器装备等许多领域都离不开集成电路的应用，集成电路在其中起着不可替代的作用。所谓集成电路是指通过氧化、光刻（Photoetching）、扩散和外延等半导体制造工艺，将一个电路中所需的晶体二极管、三极管、电阻、电容和电感等元件及布线互连在一起，制作在一小块或几小块硅单晶片上，然后封装（Package）在一个管壳内，因此具有所需电路功能的微型结构。集成电路所有元件在结构上已组成一个整体，在体积、重量、耗电、寿命、可靠性及电性能方面远远优于由晶体管元件组成的电路，这意味着电子元件向微型化、低功耗、智能化和高可靠性方面迈进了一大步（见图 1-1）。

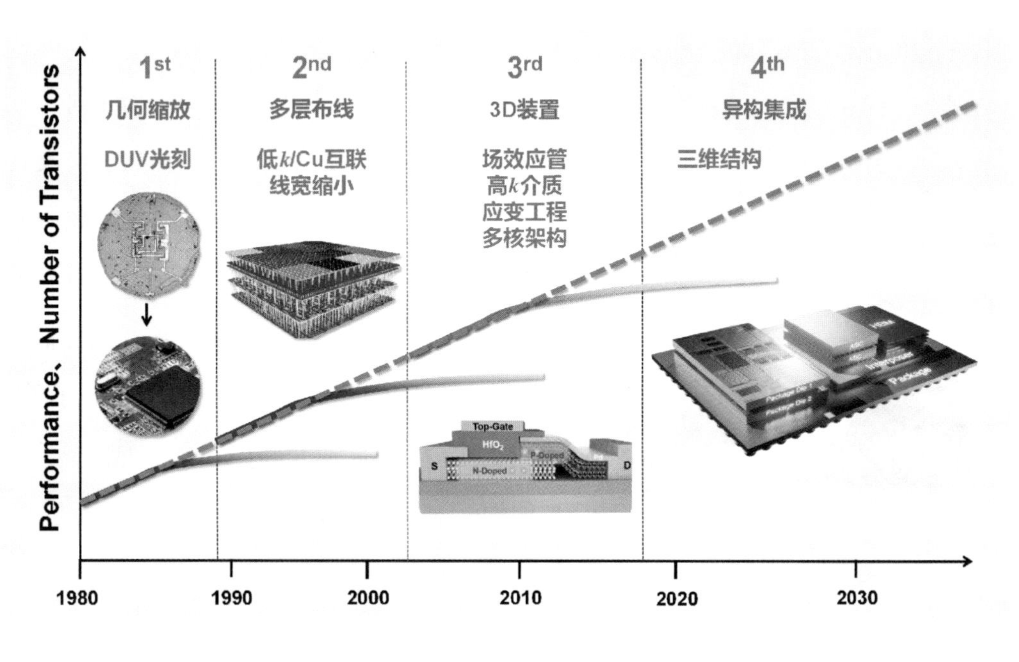

图 1－1　集成电路的发展

最初，电子设备的核心部件是电子管，电子管控制电子在真空中的运动。1879 年，美国发明家托马斯·阿尔瓦·爱迪生（Thomas A. Edison）点亮了第一盏电灯。1904 年，英国发明家约翰·安布罗斯·弗莱明（J. A. Fleming）在爱迪生的发明的基础上，在只有灯丝的“灯泡”里加了一块金属板（阳极），发明了真空二极管并取得专利。此后，真空二极管在无线电技术中被用于检波和整流。1906 年，美国发明家李·德·福雷斯特（Lee de Forest）在二极管中加入了一个格栅，制造出第一个真空电子三极管。集“放大”“检波”和“振荡”功能于一身的三极管成为无线电发射/接收机的核心部件。1918 年，美国在一年的时间内就制造了 100 多万个电子管。1946 年，美国宾夕法尼亚大学研发了世界上第一台电子数字积分计算机，约翰·冯·诺依曼（John Von Neumann）是该研发团队成员之一，该计算机包含 17 468 个电子管，每秒可执行 5 000 次加法运算或 400 次乘法运算，计算速度是继电器计算机的 10 倍、手工计算的 20 万倍。在 20 世纪 50 年代中期，家用收音机均使用电子管。

图 1-2　电子管结构

电子管（见图 1-2）的主要缺点是体积大；加热灯丝需耗费时间，延长了工作的启动过程；同时灯丝发出的热量必须及时排出，且灯丝寿命较短。为此，人们迫切需要一种体积小、不需要预热灯丝、耗能低、能控制电子在固体中运动的器件来替代电子管。1946 年，美国贝尔实验室成立了由肖克利（William B. Shockley）、巴丁（John Bardeen）和布拉顿（Walter H. Brattain）组成的核物理学研究小组。1947 年 12 月 16 日，布拉顿和巴丁研发的点接触型锗晶体管实验成功，这是世界上第一个晶体管（见图 1-3）。

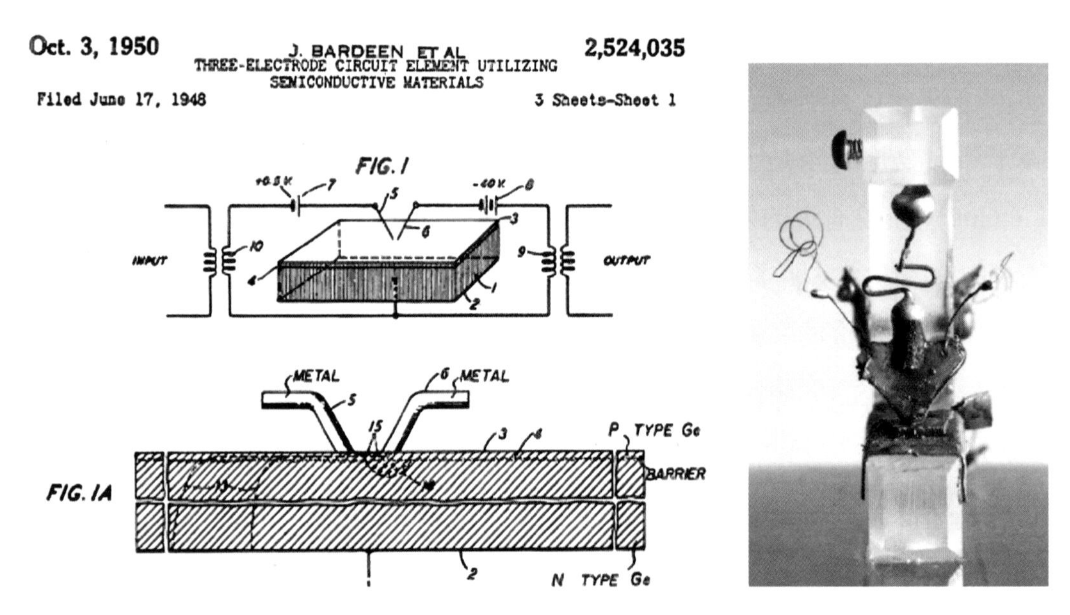

图 1-3　布拉顿和巴丁研发的第一个点接触型锗晶体管专利和实物结构示意图

1948 年，肖克利提出了 PN 结型晶体管的理论，并于 1950 年与斯帕克斯（Morgan Sparks）和戈登·蒂尔（Gordon K. Teal）一起成功研制出 NPN 晶体管，该发明开创了微电子学科的先河。1953 年，晶体管助听器作为第一个采用晶体管的商业化设备投入市场。1954 年，第一台晶体管收音机 Regency TR－1 投入市场，其仅包含 4 个锗晶体管；到 1959 年，已有一半收音机使用了晶体管。1954 年 1 月，贝尔实验室使用 800 个晶体管组装了世界上第一台晶体管数字计算机。

1952 年，英国科学家达默（G. W. A. Dummer）在英国皇家信号和雷达机构的一次电子元器件会议上首先提出并描述了集成电路的概念。他说："随着晶体管的出现和对半导体的全面研究，现在似乎可以想象，未来的电子设备是一种没有连接线的固体组件。"1958 年，在德州仪器（Texas Instruments，TI）工作的基尔比（Jack Kilby）提出了集成电路的设想："由于电容器、电阻器、晶体管等所有部件都可以用一种材料制造，我想可以先在一块半导体材料上将它们做出来，然后将它们进行互连从而形成一个完整的电路。"1958 年 9 月 12 日和 9 月 19 日，基尔比分别完成了移相振荡器和触发器的制造和演示，这标志着集成电路的诞生（见图 1－4）。

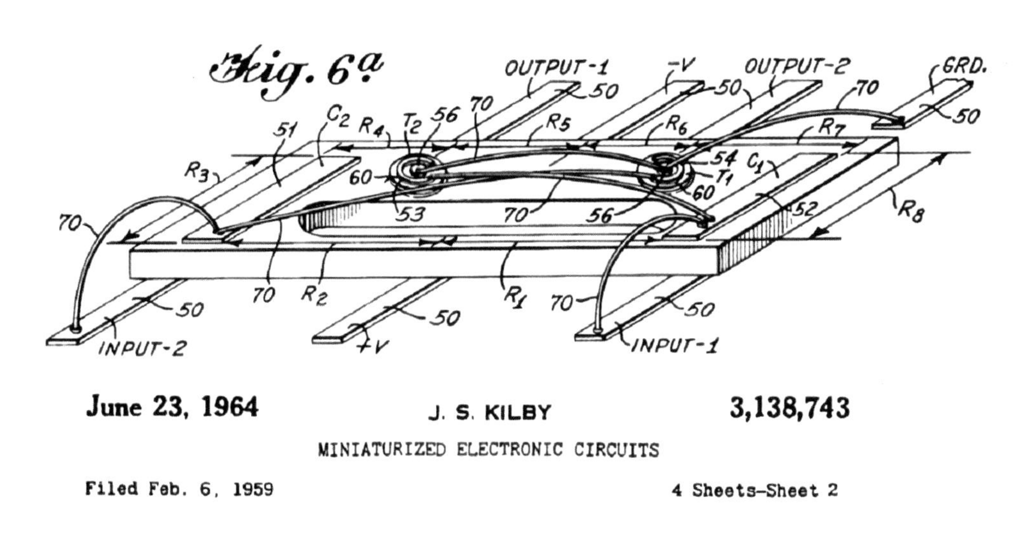

图 1－4　基尔比的首件集成电路专利

在德州仪器申请了集成电路发明专利 5 个月后，仙童半导体公司的诺伊斯（R. N. Noyce）申请了基于硅平面工艺的集成电路专利（见图 1－5），他的发明更适于集成电路的大规模生产。2000 年，基尔比被授予诺贝尔物理学奖，诺贝尔奖评审委员会曾评价基尔比“为现代信息技术奠定了基础”。遗憾的是，诺伊斯已于1990年去世，诺贝尔奖不颁给已故之人，因此诺伊斯未能获此殊荣。

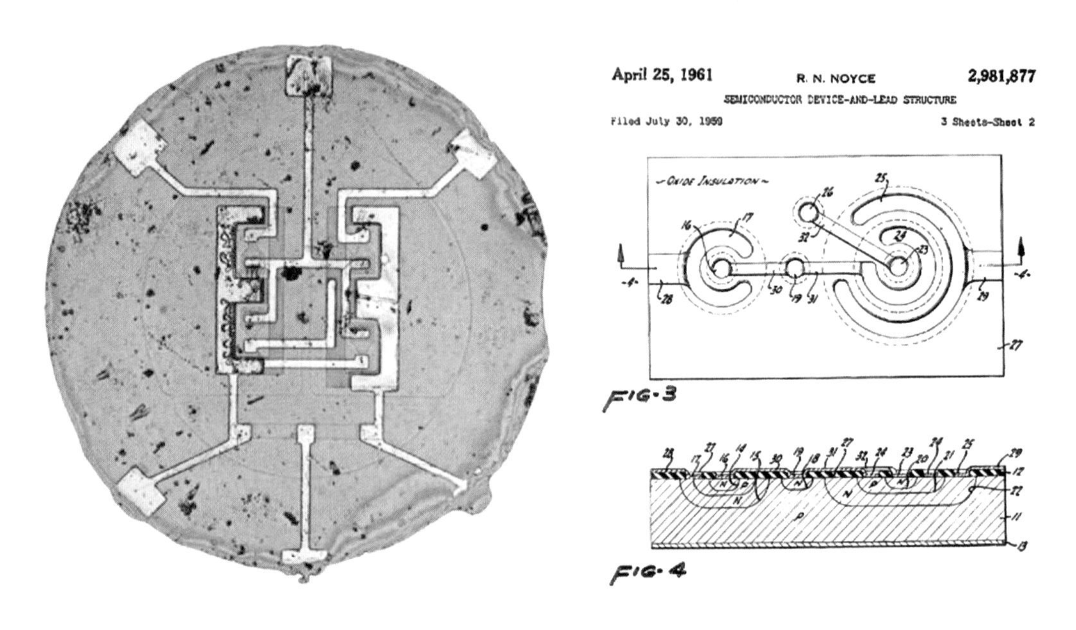

图1-5　诺伊斯的基于硅平面的集成电路专利

随后，集成电路飞速发展。2003年，奔腾4E系列上市，采用90 nm工艺。2005年，英特尔（Intel）酷睿2系列上市，采用65 nm工艺。2007年，基于全新45 nm High-*k*工艺的Intel酷睿2 E7/E8/E9上市。2009年，Intel酷睿i系列问世，创纪录地采用了32 nm工艺。2011年，Intel推出酷睿i3，采用22 nm工艺。2014年，Intel推出酷睿i5，采用14 nm工艺。2017年，Intel推出酷睿i7，采用10 nm工艺（见图1-6）。2018年，台湾积体电路制造股份有限公司（简称“台积电”）推出7 nm工艺，达到DUV光刻机制程极限。2020年，台积电和三星电子都突破5 nm工艺。2022年，三星电子宣布3 nm工艺芯片（Chip）量产（见图1-7）。

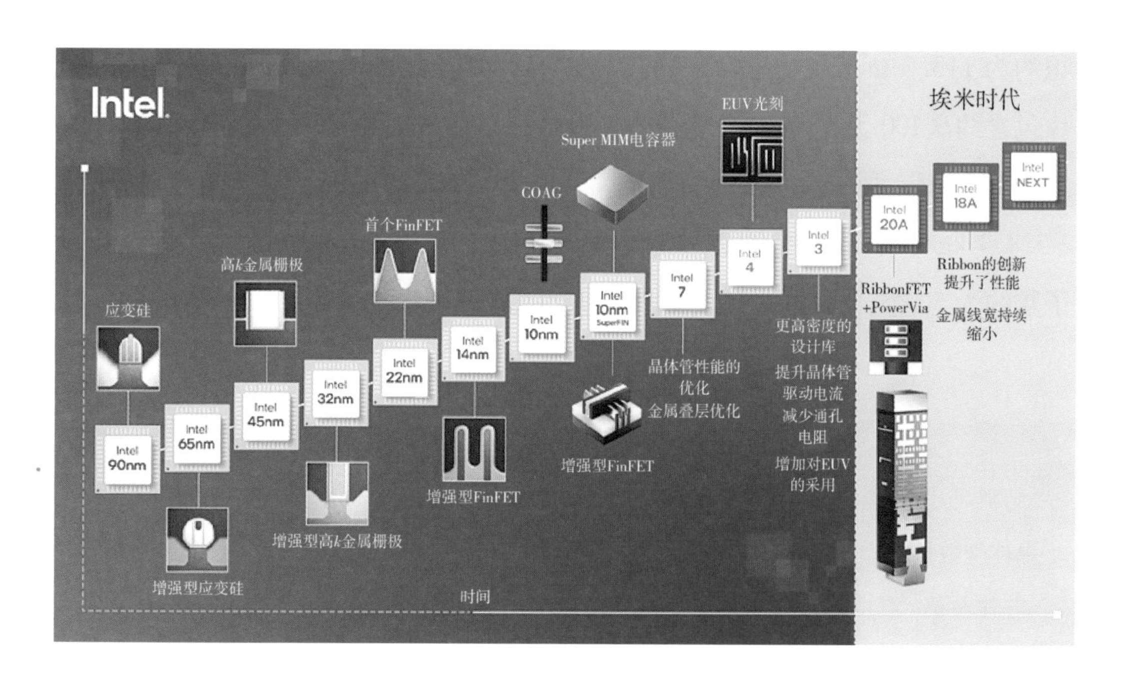

图1－6　Intel公司的芯片尺寸发展历程与路线图

图1－7　三星电子宣布3 nm工艺芯片量产

生产一个晶体管需要多少个硅原子？以华为麒麟990 5G芯片为例，它采用台积电7 nm FinFET Plus EUV工艺制造，集成了103亿个晶体管，面积约为 113.3 mm^2（见表 1－1）。通过芯片的参数可以计算出每平方毫米芯片包含约 9 100 万个晶体管（晶体管数量除以芯片面积）。假设晶体管的高度约为 100 nm，那么一个晶体管的体积约为 1.1×10^6 nm^3，已知硅的密度为 2 328.3 kg/m^3，硅原子的质量为 $28\times1.674\times10^{-27}$ kg，则 1 nm^3 晶体管中硅原子数约为 50 个，因此一个晶体管中包含的硅原子数约为 5 500 万个。

表 1－1　麒麟系列芯片技术参数

技术参数	麒麟 990 5G	麒麟 990	麒麟 980	麒麟 970
特征尺寸	7 nm ＋ EUV	7 nm	7 nm	10 nm
晶体管数量	10.3 billion	8.0 billion	6.9 billion	5.5 billion
芯片面积	113.3 mm^2	90 mm^2	75.6 mm^2	96.7 mm^2

1.1.2 摩尔定律

关于集成电路的发展的讨论，最经典的观点为戈登·摩尔（Gordon Moore）于 1965 年提出的“摩尔定律”。该定律并非经理论计算得到的公式，而是通过简单评估半导体技术进展得到的经验法则。这一经验法则预测：当价格不变时，单个芯片上可容纳的元器件的数目约每隔 18～24 个月便会增加一番，处理器的性能大约每两年翻一番，同时价格下降为之前的一半。这种翻倍意味着芯片中的晶体管不断变得更便宜和更小，计算成本呈指数级下降。摩尔定律揭示了信息技术进步的速度，集成电路的算力呈指数级增长，这对半导体行业产生了巨大影响，激励所有从业人员并提出挑战。随着全球消费者的需求不断扩大，通过半导体生产厂、供应商、相关政府机构、行业协会以及大学和半导体工业协作组织间的协调与合作努力，这一趋势已经持续了半个多世纪。在这期间，摩尔定律非常准确地预测了半导体行业的发展趋势，成为指导计算机处理器制造的黄金准则，也成了推动科技行业发展的“自我实现”的预言。几十年来，摩尔定律一直被认为是科技进步的主要动力之一，它为半导体工业提供了一个稳定的指导原则，以促进技术的快速发展和成本的降低，对计算机、通信和消费电子等行业产生了深远的影响，使得计算机、移动设备、数码相机、音频和视频设备等现代电子产品不断升级，功能越来越强大，同时价格越来越实惠。人们依旧坚信摩尔定律的可持续性，不断挑战极限，攻克技术难题，推动集成电路70多年来高速发展。即便如此，随着芯片特征尺寸逐渐缩小至接近硅原子物理尺寸，集成电路的发展将不可避免地受到阻滞，集成电路的发展趋势变得至关重要。

自20世纪中叶以来，以电子计算机（见图1－8）为代表的电子技术产品的不断革新使得世界的发展日新月异，世界的每个方面都发生了深刻的变化。集成电路产业作为战略性新兴产业中新一代信息技术的重要构成，是目前世界上发展最快、最具影响力的产业之一，带动着世界经济与技术的飞速发展，是世界电子产品最不可或缺的要素之一。集成电路技术自20世纪50年代后期诞生以来发生了巨大变化。在需求增长的推动下，集成电路在元件密度和性能方面持续地和系统化地增长（大约每两年芯片上集成元器件的数量就翻一番），功能单位成本持续降低（每年可降低约25%～29%）。集成电路的不断发展推动了计算机、通信以及其他工业与消费电子的普及，从而极大地提高了经济生产力和人们的总体生活质量。

图1－8　由莫克利（John W. Mauchly）和艾克特（J. Presper Eckert）发明的世界上第一台电子数字积分计算机（使用了1 7468个电子管）

集成电路发展的直接动力来自单位晶体管制造成本的不断降低和晶体管性能的不断提高。集成电路经过70多年的不断发展，在面对更小尺寸挑战的技术节点上，将面临硅互补金属氧化物半导体（Complementary Metal Oxide Semiconductor，CMOS）器件的微缩将带来巨大的技术挑战，因此集成电路制造工艺的发展将由横向微缩和纵向微缩推动。

横向微缩所推动的工艺发展趋势主要由光刻技术、沟槽（Trench）填充技术和互连层RC（Resistor－Capacitor）延迟的降低构成。第一种集成电路制造工艺是光刻技术，也是集成电路制造过程中最直接体现其工艺先进程度的技术。其分辨率是指光刻系统所能分辨和加工的最小线条尺寸，提高光刻分辨率的途径主要是减小波长、增加数值孔径和减小 k_1。目前，下一代的光刻技术主要包括远紫外光刻、电子束投影光刻、离子束投影光刻、X射线光刻、纳米印刷光刻和两次光刻技术。第二种集成电路制造工艺是沟槽填充技术。随着互连通孔（Via）尺寸的不断减小及台阶覆盖等问题的出现，人们逐渐采用原子层沉积（Atomic Layer Deposition，ALD）技术进行沟槽填充，通过ALD技术获得的薄膜既纯度高、密度高、平整度好，又具有高度的保形性，可实现纵宽比高达100∶1结构的台阶覆盖。第三种集成电路制造工艺是互连层RC延迟的降低。随着集成电路技术节点的不断减小以及互连布线密度的急剧增加，互连系统中电阻、电容带来的RC耦合寄生效应迅速增长，影响了器件的速度。人们可以通过降低阻抗或容抗来达到降低RC延迟的目的。目前的发展趋势是采用低介电常数（low-k）材料（$k \leq 3.2$）、超低介电常数（Ultra-low-k，ULK）材料（$k \leq 2.5$）和空气隙（air gap，$k \leq 2.0$）。低 k 薄膜将向着机械强度高、热稳定性强和与其他工艺衔接好的方向不断发展。

纵向微缩所推动的工艺发展趋势主要由等效栅氧厚度的减小、源漏工程和自对准硅化物工艺构成。当MOS管沟道缩短到与电子平均自由程相当或更短时，会出现一系列特殊效应，这些效应被称为“短沟道效应（Short Channel Effect）”，主要包括漏电流增加、阈值电压偏移、子阈值摆动、限制频率提高等。为了有效抑制短沟道效应、提高栅控能力，随着 MOS 结构的尺寸不断缩小，就需要相对应地提高栅电极电容，而提高电容的一个办法是减小栅氧化层的厚度。栅氧厚度必须随着沟道长度的缩短而近似地线性减小，从而获得足够的栅控能力以确保短沟道效应最小化。短沟道效应可以通过减小栅氧厚度、引入新材料、优化器件结构等方式得到改善，从而增大 MOS 器件的驱动电流。目前，常通过引入热力学稳定性好、电容高、刻蚀选择性高的高 k 材料（例如氧化铪）改善短沟道效应。第二种集成电路制造工艺是源漏工程，源/漏扩展结构（Source/Drain Extension，SDE）在控制 MOS 器件的短沟道效应中起到重要作用。源漏扩展结构引入了一个浅的源漏扩展区，以连接沟道和源漏区域。结深的缩短归因于 SDE 深度的减小。随着 CMOS 尺寸的缩小，为控制短沟道效应，结深也需要相应地缩短。然而，减小源漏扩展区的深度会导致更大的电阻。这两个互相矛盾的趋势要求新的工艺技术能够在更浅的区域形成高活化和低扩散的高浓度结。最新的工艺是通过采用毫秒级和亚毫秒级的退火技术实现的。第三种集成电路制造工艺是自对准（Self-aligned Contact，SAC）硅化物工艺，源漏区的单晶硅和栅极上的多晶硅即使在掺杂（Doping）后仍然具有较高的电阻率，自对准硅化物工艺能够同时减小源/漏电极和栅电极的薄膜电阻，减小接触电阻，并缩短与栅相关的 RC 延迟。另外，它避免了对准误差，从而可以提高器件集成度。由于自对准硅化物直接在源漏区和栅极上形成，该工艺对 CMOS 器件的微缩有深远的影响。目前，该工艺主要采用尖峰退火（Spike annealing）技术或者毫秒级退火技术，通过快速升/降温过程激活掺杂元素的同时，避免掺杂元素在界面上的扩散，从而减小漏电流。

1.1.3 后摩尔时代

沿着摩尔预测的集成电路发展路径，集成电路加工的线宽不断减小，最小线宽在 2015 年达到 7 nm，进入介观物理范畴。如果我们继续简单地缩减通道的宽度，它将受到以下三个方面的限制：一是物理制约。一方面，材料在中尺度上含有一定量的粒子，不能仅用薛定谔方程求解；另一方面，粒子的数量还没有大到可以忽略统计波动的程度。这使得 IC 技术的进一步发展遇到了许多物理障碍，如费米能级钉扎、库仑阻塞、量子隧穿、杂质涨落、自旋输运等，这些都需要通过介观物理和基于量子化的处理方法来解决。二是功率限制。提高器件性能与降低功耗之间存在矛盾。以时钟频率为例，随着技术节点的进步，器件的时钟频率提高了 20%，但器件的功率密度也随之大幅度提高。如果功率密度保持在 40 W/cm^2，则无法再提高最大时钟频率，即使采用 14 nm 技术节点，时钟频率也会降低。三是经济约束。90 nm 技术节点的每百万栅极成本为 0.063 6 美元，此后 65 nm、40 nm至 28 nm 的技术节点带来了持续的成本下降；然而，进入 20 nm 技术节点后，每百万栅极成本将不再按照摩尔定律下降，反而会增加。也就是说，未来在更快的速度、更低的功耗和更低的成本三者中，如果以成本作为主要指标，性能和功耗很难有很大的提升；相反，如果以性能和功耗为主要指标，芯片制造商和用户必须付出相应的代价，不再享受摩尔定律带来的成本降低的“好处”。然而，如果使用新的材料和新的器件模型，集成电路的集成度能否根据摩尔定律继续增长，还有待于未来的检验。

集成电路对产业协同的依赖日益增强，要求硬件和软件协同发展。例如，CPU 的竞争不仅仅是 CPU 芯片本身的竞争，而是更多地体现在产业生态圈的竞争上。例如，Intel 的 CPU 和微软的操作系统构建了稳定的 Wintel 行业发展环境，ARM 也与谷歌在移动终端领域构建了 ARM-Android 系统。

一开始，信息产业是由硬件（集成电路）技术驱动的。随着集成电路处理技术的进步，单个芯片的集成度越来越高，集成电路的工作速度越来越快，存储器的容量越来越大，集成电路上的软件越来越丰富，软件的功能也越来越强大，应用的种类也不断增加。

目前，集成电路的容量和速度已经能够满足几乎任何软件的需求，在这种情况下，由软件驱动的信息产业趋势开始出现，即根据不同的操作系统开发适合的软件硬件，移动通信就是最好的例子。目前市场上占主导地位的操作系统有 Android、iOS 和鸿蒙（Harmony OS），几乎所有的硬件解决方案都是基于这些操作系统开发的。开发人员可以使用不同厂家的操作系统，但需要使用可以运行上述系统的嵌入式 CPU、收发芯片、人机界面芯片来制作不同用途、不同功能、不同型号的手机。这就是软件定义系统，它决定了集成电路的设计和生产。

德州仪器首席科学家方进（Gene Frantz）认为，大部分创新是在硬件基础上的软件创新。硬件将成为创新设计人员思路拓展平台的一部分，因此在软件驱动信息产业发展的趋势下，硬件作为战略布局的重要组成部分应对相应的软件学科研究作出符合市场需求的协同部署。

在后摩尔时代，集成电路科学技术将向以下四个方向发展：

（1）“More Moore”（延续摩尔）。经典 CMOS 将走向非经典 CMOS，通过继续缩小半间距，采用薄栅、多栅、周长栅等非经典器件结构来实现性能的提升。

（2）“More Than Moore”（扩展摩尔）。采用封装工艺将不同工艺、不同用途的元器件，如数字电路、模拟器、射频器件、无源器件、高压器件、功率器件、传感器部件、MEMS/NEMS 甚至生物芯片等集成在一起，结合非经典 CMOS 器件，形成新的微纳系统 SoC 或 SiP。

（3）“Beyond The Moore”（超越摩尔）。即集成电路的基本单元是自组装量子器件、自旋器件、磁通器件、碳纳米管或纳米线器件。

（4）“Much Moore”（丰富摩尔）。随着微纳电子学、物理、数学、化学、生物学、计算机技术等学科和技术的高度交叉和融合，原来基于单一学科的技术有了新的突破，在不久的将来有可能建立起信息技术学科和产业的新形态。

后摩尔电路系统的主要标志是性能/功率比。2005 年，时任英特尔 CEO 欧德宁（P. Otellini）提出了“每瓦性能”的概念，人们除了比较看重器件整体的性能提升之外，更加关注单位功耗下的性能提升。

1.2 集成电路的分类与应用

集成电路具体的分类可按照制作工艺、导电类型、集成规模（集成度的高低大小）、功能用途、结构和基板（Substrate）进行多种形式的细分。

1.2.1 集成电路按制作工艺分类

集成电路按制作工艺的不同可分为半导体集成电路、膜集成电路和混合集成电路（见图1－9）。半导体集成电路是利用半导体技术在硅衬底上生产电阻、电容、晶体管、二极管等元器件的集成电路（见图1－10）。膜集成电路是在玻璃或陶瓷片等绝缘物体上以“薄膜”的形式生产电阻、电容等无源元件的集成电路。无源元件的数值范围可以很宽，精度可以很高。但是，我们以目前的技术水平还无法用“薄膜”的形式来生产晶体二极管、三极管等有源器件，因此膜集成电路的应用范围受到很大限制。在实际应用中，大多是有源器件如半导体集成电路或分立器件如二极管和三极管在无源薄膜电路上组成一个整体，即混合集成电路。根据膜的厚度，膜集成电路分为厚膜集成电路（膜厚为1～10 μm）和薄膜集成电路（膜厚为1 μm以下）。在家电维修和一般电子产品生产过程中，人们主要遇到的是半导体集成电路、厚膜电路和少数混合集成电路。

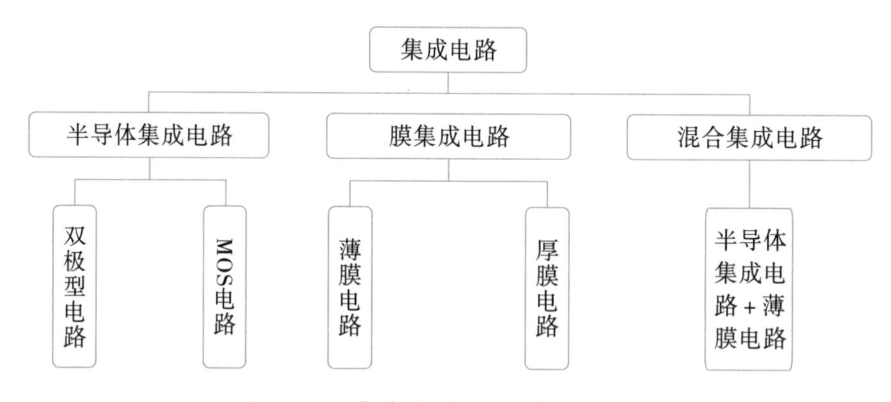

图1－9 集成电路按制作工艺分类

图 1-10　半导体集成电路

1.2.2 集成电路按导电类型分类

集成电路按导电类型的不同可分为双极型集成电路和单极型集成电路两类。双极型集成电路（也称“双极结型集成电路”）是指以双极型晶体管（Bipolar Junction Transistor，BJT）为基本结构组成的集成电路（见图 1-11），主要应用于多媒体终端、功率放大器、射频通信和工业控制等领域。贝尔实验室发明的第一个双极型晶体管为点接触晶体三极管。双极型集成电路频率特性好，但功耗较大，而且制作工艺复杂，绝大多数模拟集成电路以及数字集成电路中的晶体管—晶体管逻辑（Transistor - Transistor Logic，TTL）电路、发射极耦合逻辑（Emitter Coupled Logic，ECL）电路、高阈值逻辑（High Threshold Logic，HTL）电路、低功耗肖特基晶体管—晶体管逻辑（Low-power Schottky Transistor - Transistor Logic，LSTTL）电路、肖特基晶体管—晶体管逻辑（Schottky Transistor - Transistor Logic，STTL）电路属于这一类。早期的硅基集成电路工艺以双极型工艺为主，不久之后，则以更易大规模集成的单极型集成电路为主。单极型集成电路工作速度慢，但具有高输入阻抗和较低的静态功耗，制作工艺简单，易于大规模集成，成为现代集成电路工艺的主流。其主要产品为金属氧化物半导体（Metal Oxide Semiconductor，MOS）型集成电路，其代表有N型金属氧化物半导体（N-type Metal Oxide Semiconductor，NMOS）工艺、P型金属氧化物半导体（P-type Metal Oxide Semiconductor，PMOS）工艺和平面互补金属氧化物半导体工艺等类型。其中CMOS场效应晶体管是由平面工艺的PMOS和NMOS共同构成的晶体管，平面CMOS场效应晶体管是一种电压控制的放大器件，其主要特点是抗噪声干扰能力强、静态功耗极低、输入阻抗高、温度稳定性好，但与双极晶体管相比，其扇出能力较弱、速度相对较慢。平面CMOS集成电路已成为设计和制造大规模集成电路的主流技术。此外，双扩散金属氧化物半导体（Double-diffused Metal Oxide Semiconductor，DMOS）器件是一种较典型且应用较为广泛的高压功率半导体器件，DMOS器件通过在源漏之间增加低掺杂的漂移区，使得绝大部分电压落在低掺杂漂移区上，从而提高了器件的耐压能力，使其可作为集成电路中的功率MOS器件。根据结构的不同，DMOS器件可分为横向双扩散金属氧化物半导体（Lateral Double-diffused Metal Oxide Semiconductor，LDMOS）和纵向双扩散金属氧化物半导体（Vertical Double-diffused Metal Oxide Semiconductor，VDMOS）两种。与常见的传统CMOS器件相比，双扩散MOS器件增加了一个低掺杂的漂移区，故提高了耐高压能力。

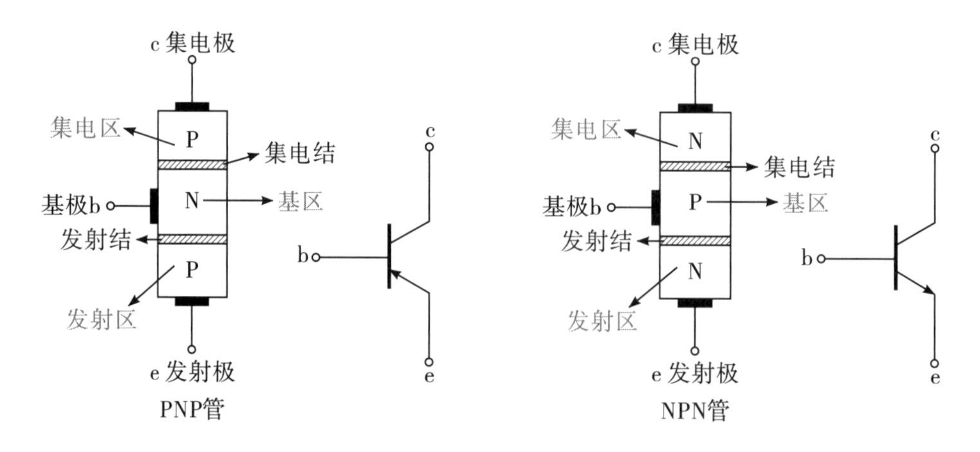

图1－11　双极型晶体管结构示意图

1.2.3 集成电路按集成规模分类

集成电路按照集成度的高低可分为小规模集成电路（Small Scale Integration，SSI）、中等规模集成电路（Medium Scale Integration，MSI）、大规模集成电路（Large Scale Integration，LSI）和超大规模集成电路（Very Large Scale Integration，VLSI）四大类（见图 1－12）。

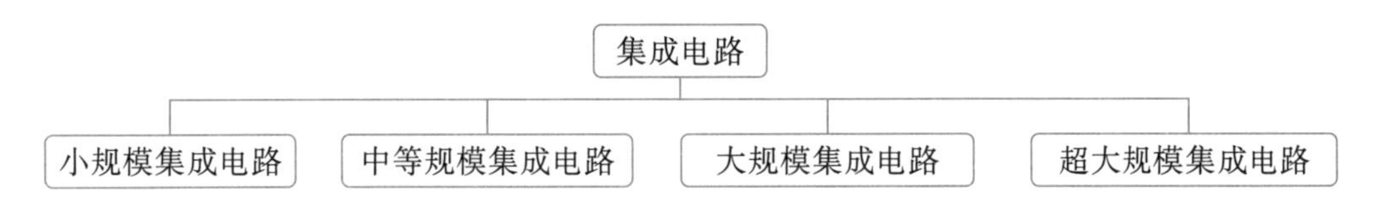

图 1－12　集成电路按集成规模分类示意图

对于模拟集成电路，由于工艺要求更高，电路也更复杂，一般来说，集成 50 个元器件以下的是小规模集成电路，集成 50～100 个元器件的是中等规模集成电路，集成 100 个元器件以上的是大规模集成电路，集成超过 10 万个元器件的是超大规模集成电路。

对于数字集成电路，一般来说，集成 1～10 个等效门（芯片）电路或 10～100 个元件（芯片）的是小规模集成电路，集成 10～100 个等效门（芯片）电路或 100～1 000 个元件（芯片）的是中等规模集成电路，集成 10^2～10^4 个等效门（芯片）电路或 10^3～10^5 个元件（芯片）的是大规模集成电路，集成 10^4 及以上个等效门（芯片）电路或 10^5 及以上个元件（芯片）的是超大规模集成电路。

1.2.4 集成电路按功能用途分类

集成电路按功能不同可分为模拟集成电路、数字集成电路和模拟与数字混合集成电路。模拟集成电路用于产生、放大和处理各种模拟电信号，数字集成电路用于产生、放大和处理各种数字电信号。

1. 模拟集成电路

模拟集成电路是虚拟世界与现实世界的物理桥梁，主要是指将由电容、电阻、晶体管等组成的模拟电路集成在一起用来处理模拟信号的集成电路，可分为信号链和电源管理两类（见图1-13）。从功能上，它又可划分为放大器、比较器、电源管理电路、模拟开关、数据转换器、射频电路等；从应用角度，它可划分为通用电路（如运算放大器、相乘器、锁相环电路、有源滤波器和数—模与模—数转换器等）和专用电路（如音响系统、电视接收机、录像机及通信系统等）。

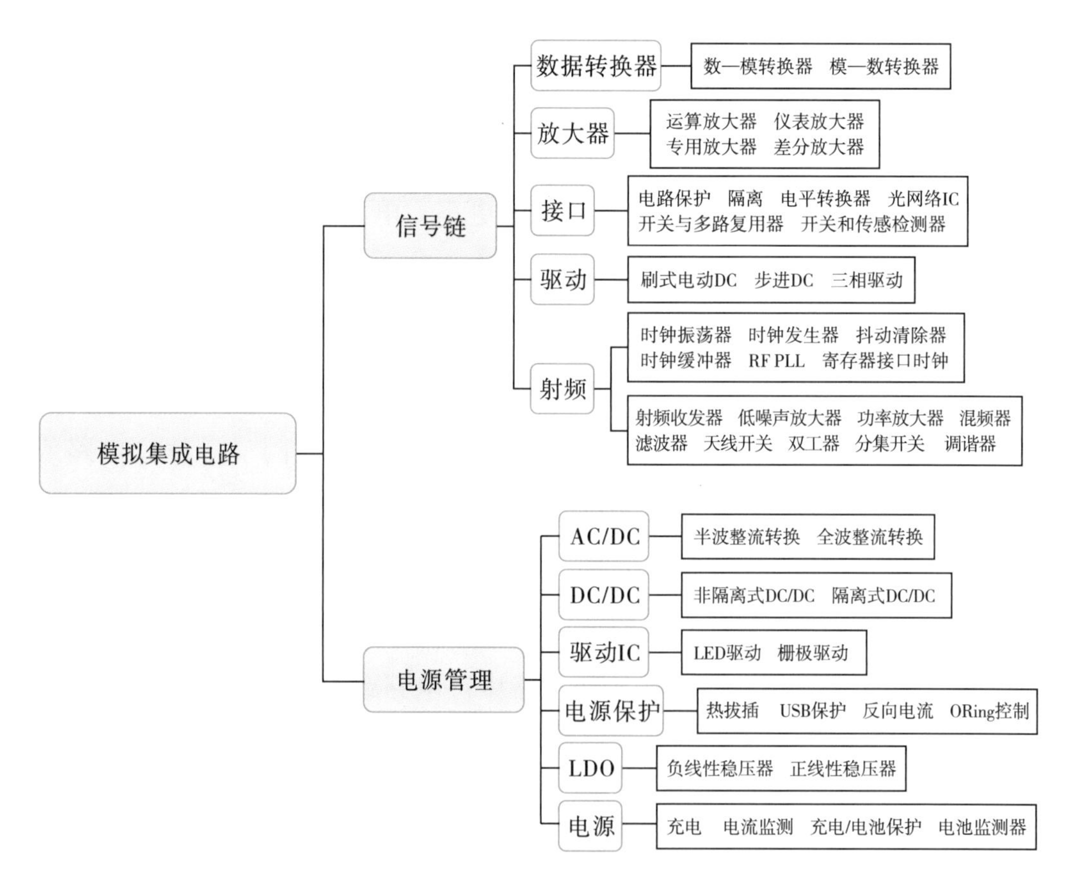

图1-13 模拟集成电路分类图

根据输出与输入信号之间的响应关系，模拟集成电路又可分为线性集成电路和非线性集成电路两大类。线性集成电路的输出与输入信号之间的响应通常呈线性关系，其输出的信号形状与输入信号是相似的，只是被放大了，并且是按固定的系数被放大的。而非线性集成电路的输出信号对输入信号的响应呈现非线性关系，比如平方关系、对数关系等，故称为“非线性电路”。常见的非线性电路有振荡器、定时器、锁相环电路等。

2. 数字集成电路

数字集成电路是基于数字逻辑（布尔代数）设计和运行的、基于逻辑门搭建的、用于处理数字信号的集成电路。数字电路是用来处理 0 和 1 的信号的，因为在数字电路中就只有 0 和 1 这两个状态。数字电路通过复杂的逻辑门设计及简单的 0 和 1 两个状态的组合，就能实现非常复杂的功能。

根据集成电路的定义，数字集成电路可被定义为将元器件和连线集成于同一半导体芯片上而制成的数字逻辑电路或系统。根据数字集成电路中包含的门电路或元器件数量，数字集成电路可分为小规模集成电路、中规模集成电路、大规模集成电路、超大规模集成电路、特大规模集成电路（Ultra Large Scale Integration，ULSI）和巨大规模集成电路（Grand Scale Integration，GSI）。

随着微电子工艺的进步，集成电路的规模越来越大，简单地以集成元件数目来划分类型已经没有多大的意义了，目前暂时以“巨大规模集成电路”来统称集成规模为 1 000 万 ~1 亿个元器件的集成电路。

从功能来看，数字集成电路内部可以分为数据通路（data path，也称为“数据路径”）和控制逻辑两大部分。这两大部分都是由大量的时序逻辑电路集成的，而且绝大部分都是同步的时序电路，因为时序电路被多个触发器或寄存器分成若干节点，而这些触发器在时钟的控制下会按同样的节拍来工作，可以简化设计。在长期的设计过程中，已经积累了很多标准的通用单元，比如选择器（也叫“多路器”，可以从多个输入数据中选一个输出）、比较器（用于比较两个数的大小）、加法器、乘法器、移位寄存器等，这些单元电路形状规则，便于集成（这也是数字电路在集成电路中得到更好发展的原因）。这些单元按设计要求连接在一起，形成数据通路，待处理的数据从输入端经过这条通路到输出端，便得到处理后的结果。同时，还需要由专门设计的控制逻辑控制数据通路的各组成部件，使其按各自的功能要求和特定的时序关系来配合工作。

3. 模拟与数字混合集成电路

模拟与数字混合集成电路，又称“数模混合集成电路”（Mixed Signal Integrated Circuit，MSIC），是指将模拟电路和数字电路集成在同一芯片上的一种集成电路。数模混合集成电路的出现使得数字系统和模拟系统能够在同一芯片上实现，从而实现数字与模拟的无缝连接。

数模混合集成电路的特点：

（1）集成度高：数模混合集成电路可以将多个功能单元集成在同一芯片上，从而大大提高了系统的整体性能。

（2）精度高：数模混合集成电路可以通过精确控制工艺参数和设计参数来保证系统的精度和稳定性。

（3）功能强大：数模混合集成电路可以同时实现数字信号处理和模拟信号处理，并且可以进行复杂的算法运算。

（4）低功耗：由于数字部分和模拟部分可以共享同一个时钟信号，因此功耗相对较低。

数模混合集成电路的未来发展趋势：

（1）集成度更高：未来数模混合集成电路将会更加集成化，可以实现更多的功能单元和模块的集成。

（2）高速化和高精度化：随着数字信号处理技术和模拟信号处理技术的不断发展，未来数模混合集成电路将会更加高速化和高精度化。

（3）低功耗化：未来数模混合集成电路将会更加注重功耗的优化，采用更加先进的低功耗技术。

（4）应用领域拓展：随着物联网、人工智能等新兴技术的发展，未来数模混合集成电路将会在更广泛的领域得到应用（见图 1 – 14）。

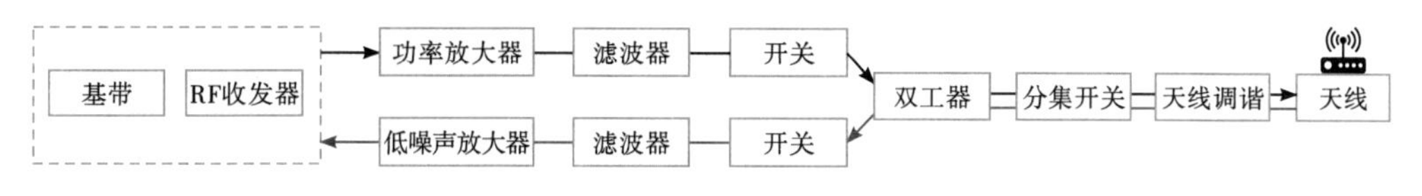

模拟芯片功能示意图

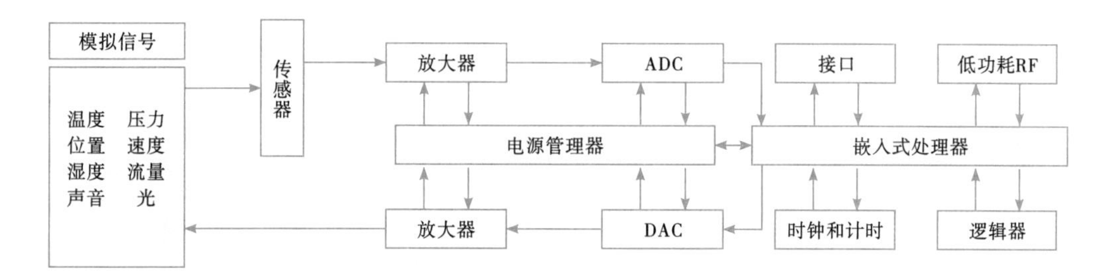

射频信号链芯片功能示意图

图 1－14 数模混合集成电路实际应用功能示意图

1.2.5 集成电路按结构和基板分类

集成电路按照结构和基板的不同可以分为单片式 IC、混合式 IC。其中，单片式 IC 基板包括硅基板和 SOI 基板，混合式 IC 基板包括厚膜 IC 基板和薄膜 IC 基板。

1.3 集成电路制造工艺流程

如图 1－15 所示，集成电路制造工艺流程主要分为十大步骤，具体包括晶圆（硅片）制备、晶圆清洗和氧化、光刻、刻蚀、掺杂、薄膜沉积（Deposition）、金属化、化学机械研磨、测试和封装。

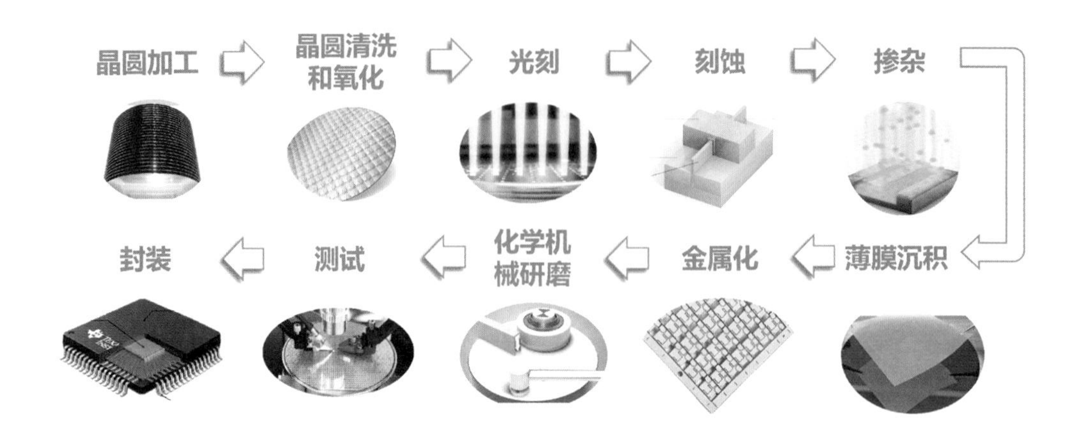

图 1－15　集成电路制造工艺流程图

1.3.1　晶圆加工

1. 铸锭

晶圆是由用硅制成的单晶柱体切割而成的圆薄片。要提取高纯度的硅材料需要用到硅砂，即一种二氧化硅含量高达 95% 的特殊材料，也是制作晶圆的主要原材料，晶圆加工就是制作获取上述晶圆的过程。硅晶锭（见图 1－16）的制备主要采用提拉法。

图 1－16　硅晶锭

2. 锭切割

完成上一步骤后，我们需要用金刚石锯把硅晶锭的两端锯断，然后将其切成一定厚度的薄片（见图 1 – 17）。硅晶锭直径决定了晶圆的尺寸，更大更薄的晶圆可以被分成更多可用的单元，有助于降低生产成本，因此晶圆呈逐渐变薄和变大的趋势。

图 1 – 17　由硅晶锭切割而成的晶圆

3. 晶圆表面抛光

通过上述切割过程获得的晶圆的表面凹凸不平，无法直接在上面印制电路图形。因此，我们需要先通过研磨和化学刻蚀工艺去除晶圆表面瑕疵，然后通过抛光使其形成光洁的表面，再通过清洗去除残留污染物，即可获得表面整洁的成品晶圆（见图 1 – 18）。

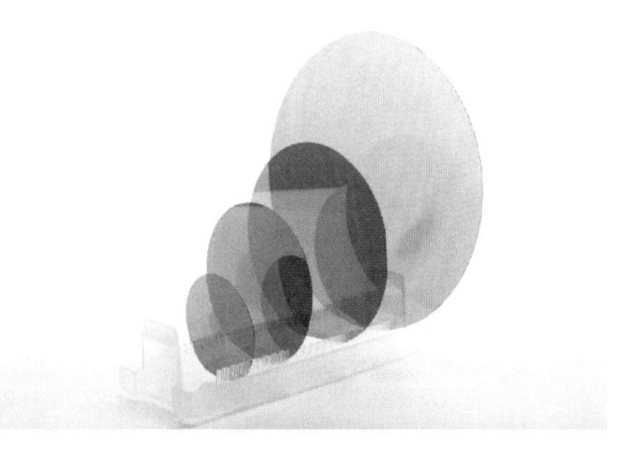

图 1 – 18　经过抛光处理的晶圆

1.3.2 晶圆清洗和氧化

晶圆表面附着一些 Al_2O_3 和甘油混合液保护层，在制作前必须进行表面清洗。此外，在每次的工艺处理过程中，晶圆都会受到污染，因此也要进行清洗。半导体晶圆清洗工艺可细分为 RCA 清洗法、稀释化学法、界面微尺度能量转换（Interfacial Microscale Energy Conversion，IMEC）清洗法、超声波清洗法、气相清洗法、等离子清洗法等，也可归纳为湿法和干法两种。湿法清洗是目前主流技术路线，占芯片制造清洗步骤数量的 90% 以上。

氧化过程的作用是在晶圆片表面形成一层保护膜。它保护晶圆免受化学杂质的影响，防止漏电流进入电路，防止离子在植入过程中扩散，防止刻蚀过程中的晶圆滑动。氧化的前一步是清洗，这包含四个步骤以去除有机物和金属等杂质以及残余的水分。清洗完成后，可将晶圆置于 800 ℃ ~ 1 200 ℃的高温环境中，使氧气或蒸汽在晶圆表面流动，形成二氧化硅（氧化物）层。氧气通过氧化层扩散，与硅发生反应，形成不同厚度的氧化层，氧化完成后可测量其厚度（见图 1 - 19）。

图 1 - 19　晶圆清洗、氧化和测量工艺流程图

1.3.3 光刻

光刻即利用光在晶圆上“印刷”电路图案，我们可以将它理解为在晶圆表面绘制半导体制造所需的平面图。电路图案的精细度越高，成品芯片的集成度就越高，这必须通过先进的光刻技术来实现。具体来说，光刻包括三个步骤：涂覆光刻胶、曝光（Exposure）和显影。

1. 涂覆光刻胶

在晶圆上绘制电路的第一步是在氧化层上涂上光刻胶（见图1－20）。光刻胶通过改变其化学性质使硅片成为“相纸”。晶圆表面的光刻胶层越薄，涂层越均匀，可以“打印”的图形就越精细。这一步可以使用“旋转涂层”方法来完成。根据光反应性的不同，光刻胶可分为正光刻胶和负光刻胶两种，前者在光照后会分解消失，留下未照射区域的图案，而后者在光照后会收敛，让照射部分的图案出现。

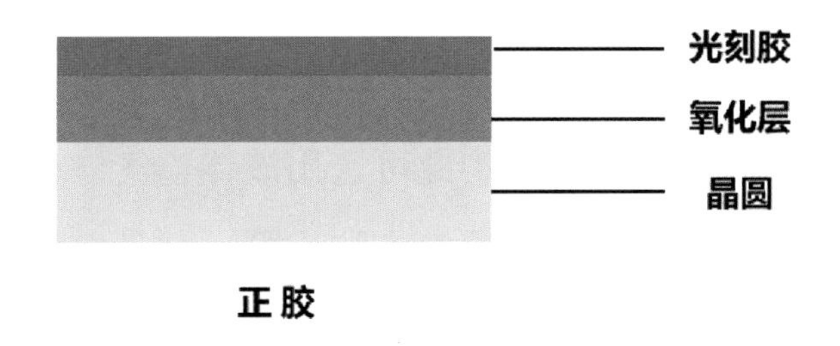

图1－20　晶圆涂覆光刻胶示意图

2. 曝光

在晶圆上覆盖一层光刻胶薄膜后，我们可以通过控制光照射来印刷电路，这一过程被称为“曝光”。我们可以有选择性地让光线通过曝光装置，当光线穿过包含电路图案的掩模时，电路就可以被印在下面涂有光刻胶薄膜的晶圆上（见图1－21）。在曝光过程中，打印图案越精细，最终芯片可以容纳的组件就越多，这有助于提高生产效率并降低单个组件的成本。在这一领域，目前备受瞩目的新技术是EUV光刻技术。

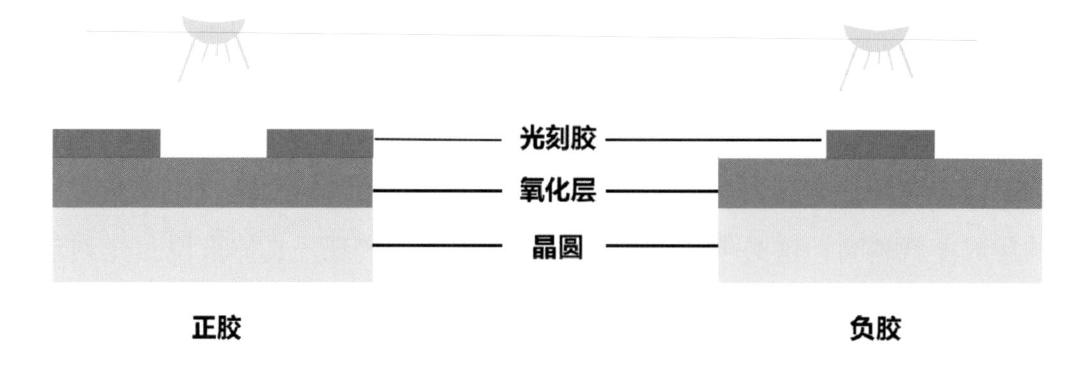

图 1－21　晶圆涂覆光刻胶后光刻示意图

3. 显影

曝光后的步骤是在晶圆上喷涂显影剂，目的是去除图案未覆盖区域的光刻胶，从而显示印刷电路的图案。显影完成后，我们需要通过各种测量设备和光学显微镜进行检查，以确保电路图形的质量。

1.3.4 刻蚀

在晶圆上完成电路图形的光刻后，我们可以使用刻蚀工艺去除多余的氧化膜，只留下半导体电路图，为此可选用液体、气体或等离子体。根据所用物质的不同，有两种主要的刻蚀方法。第一种是湿法刻蚀，指的是使用特定的化学溶液进行化学反应来去除氧化膜。第二种是干法刻蚀，选用的是气体或等离子体（见图 1－22）。如今，干法刻蚀被广泛用于提高精细半导体电路的成品率。保持晶圆上的均匀刻蚀和提高刻蚀速度至关重要，当今最先进的干法刻蚀设备支持生产具有更高性能且最先进的逻辑和存储芯片。

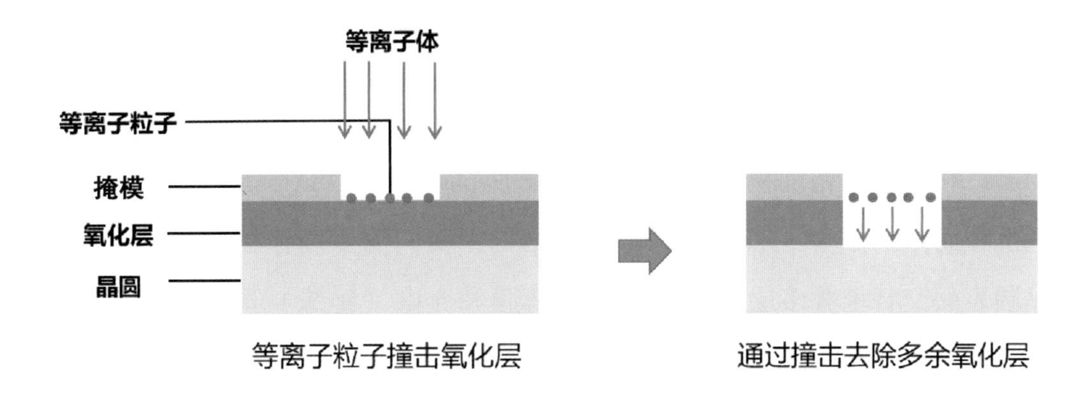

图 1－22　等离子体刻蚀示意图

1.3.5 掺杂

掺杂是将一定量的杂质引入晶圆表面的过程，其实质是在晶圆上形成 PN 结。它包括热扩散和离子注入两个过程。热扩散是在约 1 000 ℃的高温下发生的反应，其中气态掺杂原子通过扩散化学反应迁移到暴露的晶圆表面，形成薄膜。在芯片应用中，热扩散也称为“固态扩散”，因为晶圆材料是固体的。热扩散掺杂是杂质的扩散运动受物理规律支配的化学反应过程。离子注入是将掺杂原子在离子源一端电离（带一定电荷），在电场的驱动下达到超高速，注入晶圆表面的物理过程。此外，使用离子注入法掺杂是需要进行热处理的，因为掺杂原子的注入会造成晶圆晶格的损伤，被注入的离子也必须位于正确的晶格点上。晶格的恢复需要硅原子和杂质原子在热的作用下在单晶硅内移动，并落在硅的单晶格点上，这一过程需要使硅晶圆温度上升，也就是进行热处理。

1.3.6 薄膜沉积

为了在芯片内部制造微小的器件，我们需要不断地沉积薄膜层，并通过刻蚀去除多余的薄膜。这些薄膜起到电路之间的分隔、连接和保护作用，薄膜沉积指的就是生成这种薄膜的过程。每个晶体管或存储单元都是通过这个过程一步一步构建的。我们这里所说的“薄膜”是无法用普通机械加工方法制造出来的，而是将含有所需分子或原子单元通过化学气相沉积（Chemical Vapor Deposition，CVD）、原子层沉积（Atomic Layer Deposition，ALD）和物理气相沉积（Physical Vapor Deposition，PVD）等方法在晶圆片上沉积而来的。为了形成多层半导体结构，我们需要制作器件堆叠，即在晶圆表面交替堆叠多层金属（导电）薄膜和介电（绝缘）薄膜，然后通过重复刻蚀工艺去除多余的部分，形成三维结构。

1.3.7 金属化

半导体金属化是指在晶圆上形成图形化的金属导电薄膜的过程。通过晶圆的光刻、刻蚀和沉积工艺，我们可以构建出晶体管等元件，但还需要将它们连接起来才能实现电力与信号的发送与接收。金属因其具有导电性而被用于电路互连。用于半导体的金属需要满足低电阻率的条件：由于金属电路需要传递电流，因此其中的金属应在应用的微纳结构中具有低电阻率。因应用的场景不同，我们可能选择不同的金属材料。

1.3.8 化学机械研磨

化学机械研磨（Chemical Mechanical Polishing，CMP）是一种确保半导体元件区域平整或平坦的工艺，或称为“化学机械平坦化”“化学机械抛光”，其过程可以描述为平坦化或抛光等。这项技术的前身是在二十世纪五十年代被开发的，但直到二十世纪八九十年代，半导体才有了非常多的层，因此 CMP 才变得至关重要。集成电路的中间层和层之间的相互作用通常会导致表面不均匀等缺陷，即使是很小的缺陷也会导致漏电、散热差或组件耐用性差的问题。CMP 结合了物理研磨和化学腐蚀来打磨半导体表面。如果没有这种双管齐下的方法，单独使用物理研磨可能会对组件造成太大的损坏而使其无法使用，而单一的化学腐蚀也不能很好地抛光表面且减薄效率低。CMP 主要应用于集成电路的制造过程，使晶圆表面变平坦，并为电路创建镶嵌金属结构。根据不同的制程要求，我们应采用不同的物理研磨匹配不同的化学研磨液体系，配合相应的 CMP 设备来达到最佳研磨效果。

1.3.9 测试

晶圆测试的主要目的是检验晶圆制造完成后的质量是否达到一定标准，从而消除不良产品，并提高芯片的可靠性。另外，经测试，有缺陷的产品不会进入封装步骤，有助于节省成本和时间。芯片电特性拣选（Electrical Die Sorting，EDS）是一种针对晶圆的测试方法。它是一种检验晶圆状态中各芯片的电气特性并由此帮助提升半导体良率的检验方法，可分为五步，具体包括电气参数监控（Electrical Parameter Monitoring，EPM）、晶圆老化测试、检测、修补和点墨。图 1－23 为纳米级电子束芯片检测设备。

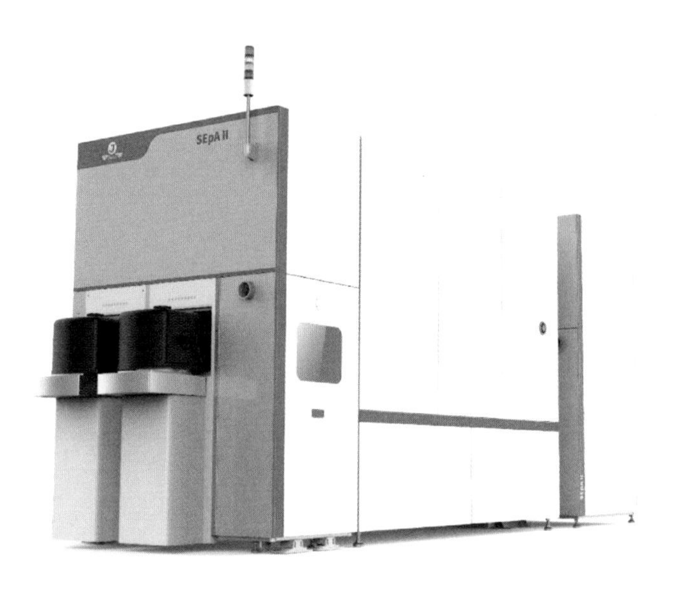

图 1－23　纳米级电子束芯片检测设备

1.3.10 封装

通过测试后的晶圆将被切割成单个芯片（见图 1－24），然后进行封装，即在半导体芯片的外部形成一个保护壳，使其能够与外界交换电信号。传统的晶圆封装过程分为五个步骤，即晶圆锯切、单独的晶圆附着、互连、成型和封装测试。而晶圆级封装工艺是指先在整个晶圆上进行图形化和金属互连工艺制作，将纳米级线路放大至微米级线路，在完成所需的关键封装工艺后进行切割（见图1-25）。

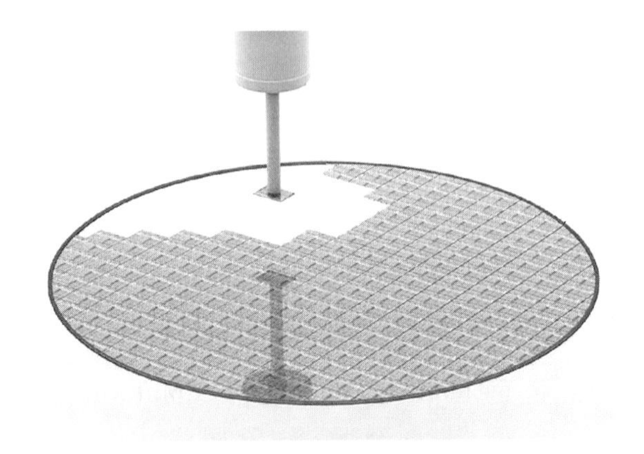

图1-24　晶圆切割

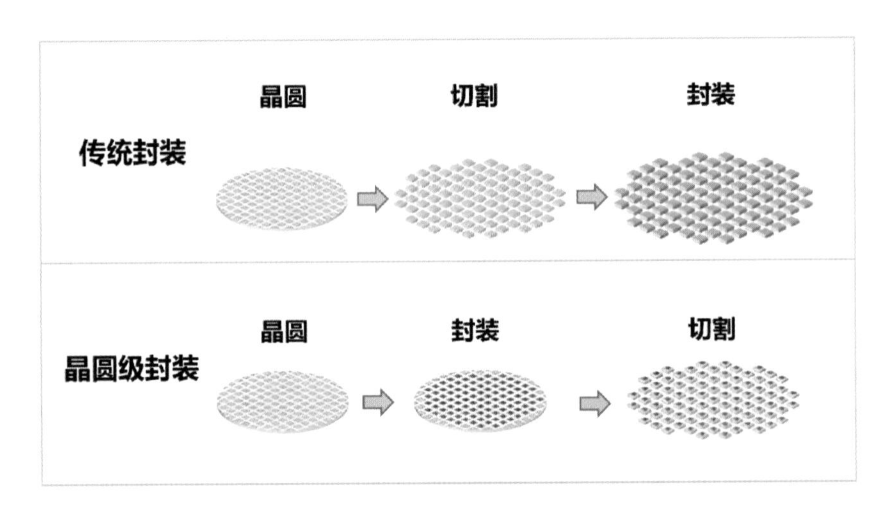

图1-25　传统封装和晶圆级封装工艺流程图

练习题

（1）请简述集成电路的制造工艺流程。

（2）什么是MOS器件？请介绍硅栅MOS器件的优点。

（3）画图并说明NMOS和PMOS器件的结构。

（4）光刻胶具有的感光性原理是什么？什么是正/负光刻胶？光刻工艺中多采用哪一种，理由是什么？

（5）集成电路制造工艺中薄膜沉积步骤中有哪些类型的材料可以沉积？它们分别起什么作用？请举例说明。

2 半导体器件

学习目标

（1）了解半导体器件的发展。

（2）了解半导体材料的种类。

（3）掌握 P 型和 N 型半导体的掺杂原理和种类。

（4）掌握 PN 结二极管的空间电荷区和内建电场的形成原理。

（5）掌握正向偏压和负向偏压下 PN 结二极管的 $I-V$ 曲线的含义。

（6）了解晶体管的结构和种类。

（7）掌握结型场效应晶体管和无结场效应晶体管的区别。

2.1 概述

自第一个晶体管被发明以来，各式各样的新型半导体器件凭借更先进的技术、更新的材料和更深入的理论被发明。半导体器件是一类使用半导体材料制造的电子器件。半导体材料具有介于导体（如金属）和绝缘体（如塑料）之间的导电特性（见图 2－1）。半导体器件是利用半导体材料特殊的电特性来形成特定功能的电子器件，可用来产生、控制、接收、变换、放大信号和进行能量转换，从而实现各种电子功能。它们在现代电子技术中起着重要的作用，广泛应用于各个领域。

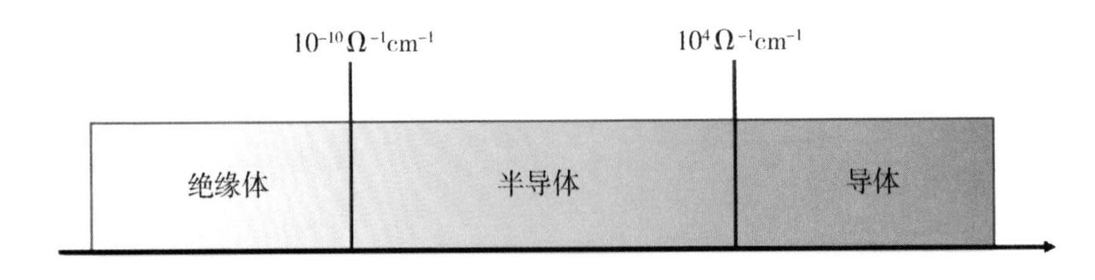

图 2－1　绝缘体、半导体和导体的典型电导率范围

半导体发展至今，在材料、结构、加工技术模型等方面都产生了很多的改进，半导体器件的尺寸在不断缩小，集成度也在不断提升。工艺制程从90 nm、65 nm、45 nm、32 nm、22 nm、14 nm、10 nm，到现在的7 nm、5 nm、3 nm（见图2－2）。栅长是决定器件尺寸的关键，也是区分不同半导体加工技术换代的标志，因此被称为“关键尺寸”。随着制程节点的不断缩小，栅极尺寸也达到了物理极限。在22 nm以下的制程，各大厂商开始通过不同的3D立体结构来实现等效于更小先进节点的晶圆制造工艺。现在的“几nm”仅仅是代表某种特定尺寸和技术的商业名称，并不指代实际的栅极尺寸。

图2－2　台积电的3 nm芯片

其中，半导体器件的半导体材料主要是硅（见图2－3）、锗（Ge）（见图2－4）、砷化镓（GaAs）（见图2－5）以及有机半导体，可用于制作整流器、振荡器、发光器、放大器、测光器等器材。在大多数应用中，半导体器件已取代了真空管。

图2－3　硅材料

它们使用固态的电传导而不是气态或热离子在真空中发射，为了与集成电路相区别，有时也称为“分立器件”。

图 2－4 锗材料

图 2－5 砷化镓材料

人们根据不同的半导体材料，采用不同的工艺和几何结构，已研制出种类繁多、功能用途各异的多种晶体管，其中晶体二极管可覆盖低频、高频、微波、毫米波、红外直至光波。晶体三极管一般是有源器件（需电源来实现其特定功能的电子元件），又可以分为双极型晶体管和场效应晶体管两类。根据用途的不同，晶体三极管可分为功率晶体管、微波晶体管和低噪声晶体管。除了用于放大、振荡、开关的一般晶体管外，还有一些具有特殊用途的晶体管，如光晶体管、磁敏晶体管、场效应传感器等。这些器件既能把一些环境因素的信息转换为电信号，又有一般晶体管的放大作用，得到较大的输出信号。通信和雷达等军事装备主要靠高灵敏度、低噪声的半导体接收器件接收微弱信号。随着微波通信技术的迅速发展，微波半导体、低噪声器件发展很快，工作频率不断提高，而噪声系数不断下降。微波半导体器件由于性能优异、体积小、重量轻和功耗低等特性，在防空反导、电子战等系统中已得到广泛的应用。

人们可以通过掺杂来控制半导体性能，还可以通过引入电场或磁场、暴露于光或热、掺杂的单晶硅栅极的机械变形等方式来控制半导体电导率。

因此，用半导体材料可以制备出出色的传感器。半导体中的电流传导是因可移动或“自由”的电子和空穴（统称为“电荷载流子”）而发生的。用少量的原子杂质（例如磷、硼）掺杂，可以大大增加半导体中自由电子或空穴的数量。当掺杂的半导体包含过多的空穴时，它称为“P 型半导体”，P 代表正电荷；当掺杂的半导体包含过量的自由电子时，它称为“N 型半导体”，N 代表负电荷，N 型和 P 型半导体的连接形成 PN 结。大多数移动电荷载体带有负电荷，而半导体制造可精确控制 P 型和 N 型掺杂剂的位置和浓度，进而控制电传导。

值得注意的是，半导体器件既可以制造为单个分立器件，也可以制造为集成电路芯片，该集成电路芯片由两个或多个器件构成，并可以在单个半导体晶片（也称为“衬底”）上互连，互连器件的数量从数百个到数十亿个不等。

2.2 半导体材料

在半导体材料的发展历史上，20 世纪 90 年代之前，第一代的半导体材料以 Si 为主，占绝对的统治地位。Si 是最常见的半导体材料，它具有稳定性好、成本低、加工工艺成熟等优点。Si 在自然界中以硅酸盐或二氧化硅的形式广泛存在于岩石、砂砾中，是构成地壳的元素中第二丰富的元素，占地壳总质量的 26.30%，仅次于第一位的氧（占 48.60%）。Si 材料可以制成单晶硅、多晶硅、非晶硅等形式，其中单晶硅在制造集成电路方面应用最广泛。所谓单晶，是指原子在三维空间中呈规则有序排列的晶体，其中体积最小且对称性高的最小重复单元称为“晶胞”。单晶硅具有“金刚石结构”，每个晶胞中含有 8 个原子，每个硅原子与其周围的 4 个硅原子构成 4 个共价键，因此单晶硅的晶体结构十分稳定。Si 可以通过掺杂 3 价的硼（B）元素形成 P 型半导体，通过掺杂 5 价的磷（P）元素形成 N 型半导体（见图2－6）。N型半导体和P型半导体是所有半导体器件的基础，掺杂的杂质浓度越高，半导体的导电性越好，电阻率越低。此外，Si可以通过简单的方法进行氧化，得到的氧化硅膜具有良好的绝缘性。Si材料的主要缺点是它的导电性较差，需要掺杂其他元素来提高其导电性。目前，半导体器件和集成电路仍然主要是用Si晶体材料制造的，占全球销售的所有半导体产品的95%以上。

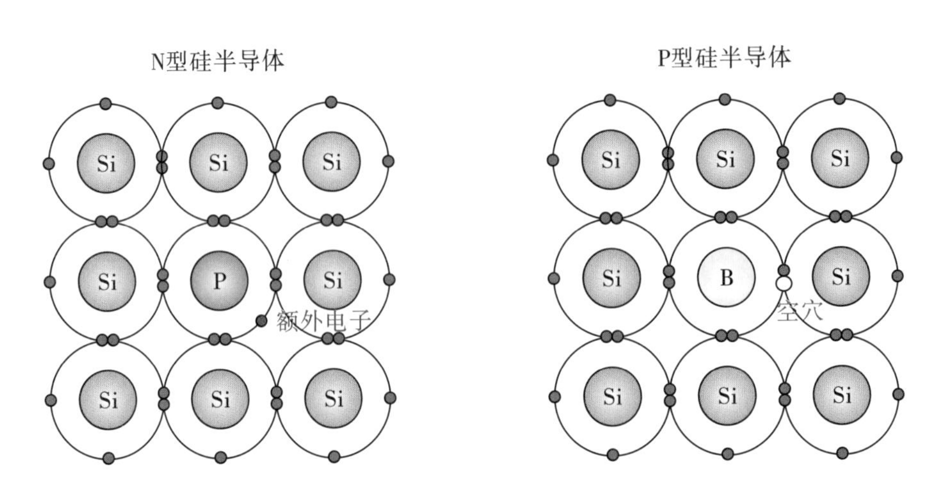

图2－6　N型硅半导体和P型硅半导体的结构示意图

而同样是第一代半导体材料的Ge，虽然属于金属，但较为活泼，容易与电介质的界面发生氧化反应，生成氧化锗（GeO_2），产生较多缺陷，进而影响材料的性能，再加上其贮存量远远少于Si元素，因此将它直接作为衬底是不经济且有一定难度的。以Si、Ge为代表的第一代半导体材料的出现促使集成电路取代笨重的电子管，Si半导体材料及其集成电路的发展促进了微型计算机的出现和整个信息产业的飞跃。

第一代半导体材料的应用初始于20世纪60年代左右，纵然Si与Ge已经为分立器件、集成电路等的开发打下了坚实的基础，但二者还是有比较明显的缺点，如Si的带隙较窄、电子迁移率和击穿电场较低等，因此Si材料在光电子领域和高频高功率器件方面的应用受到诸多限制；而Ge的耐高温和抗辐射能力较弱。因此，以GaAs为代表的第二代半导体材料开始崭露头角，使半导体材料的应用进入光电子领域，尤其是在红外激光器和高亮度的红光二极管方面，应用于毫米波器件、卫星通信、移动通信和 GPS 导航等领域。第二代半导体材料主要是指化合物半导体材料。商业半导体器件中用得最多的是 GaAs、磷化铟（InP），其中以 GaAs 技术最成熟，应用也最广。GaAs 具有高频、高速、耐高温、低噪声、抗辐射能力强等优点，但由于它的缺陷较多，集成规模受到限制，成本较高。而 InP 材料具备截止频率高、转换效率高、可靠性好的优点，电子迁移率很高，但高成本、低成品率成为制约 InP 材料被广泛应用的关键因素。

在第二代半导体材料的基础上，人们希望半导体元器件具备耐高压、耐高温、大功率、抗辐射、导电性能更强、工作速度更快、工作损耗更低的特性，第三代半导体材料因此应运而生。第三代半导体材料以碳化硅（SiC）、氮化镓（GaN）等为代表，因其具备高击穿电场强度、高热导率、高电子饱和迁移速率及高抗辐射能力等优异性能，适用于制作耐高温、高频、抗辐射及大功率器件，可大幅提升能源转换效率，降低系统成本，在 5G 基站、新能源汽车、光伏、风电、高铁等领域有着很大应用潜力。其中 SiC 具有高热稳定性、高频特性和高耐电压能力等优点，可以用于制造高功率、高频率和耐高温的半导体器件，例如功率放大器、高速开关、射频器件等。GaN 具有高电子迁移率、高电导率和高热稳定性等特性，可以用于制造高效率的 LED 和高功率半导体器件。此外，GaN 还可以应用于航空航天、国防、通信等领域。值得注意的是，第三代半导体材料并不是第一代和第二代半导体材料的升级版，并不比前两代更加先进，三者其实是共存的关系，各有各的优势和应用领域。

2.3 PN结二极管

在完整的硅片上采用不同的掺杂工艺，可在一侧形成N型半导体，在另一侧形成P型半导体，靠近两个半导体界面的区域即称为“PN结”。P型半导体与N型半导体结合后，N区自由电子为多数载流子（多子），空穴几乎为零，故空穴称为“少数载流子”（少子）。而P区空穴为多子，自由电子为少子，在两者边界处就存在自由电子和空穴的浓度梯度。由于存在自由电子和空穴的浓度梯度，一些自由电子从N区扩散到P区，一些空穴从P区扩散到N区。由于它们的扩散，P区失去了空穴，留下带负电荷的杂质离子；N区失去了自由电子，留下带正电荷的杂质离子。开路半导体中的离子不能任意移动，因此不参与导电。这些不移动的带电离子在P区和N区交界面附近形成空间电荷区，空间电荷区的厚度与掺杂浓度有关。

空间电荷区形成后，由于正负电荷之间的相互作用，其中形成了一个内电场，其方向是从带正电的N区指向带负电的P区。显然，这个电场的方向与载流子扩散运动的方向相反，将阻止载流子进一步扩散。另外，电场会使N区为数不多的载流子空穴向P区漂移，P区为数不多的载流子自由电子向N区漂移，漂移运动的方向与扩散运动的方向正好相反。从N区向P区漂移的空穴补充了界面上原P区丢失的空穴，从P区向N区漂移的自由电子补充了界面上原N区丢失的自由电子，从而减少了空间电荷，减弱了内电场。因此，漂移运动导致空间电荷区变窄，扩散运动增强。最后，多数的扩散和少数的漂移达到动态平衡。在P型半导体和N型半导体的键合面两侧有一层薄薄的离子，这层离子形成的空间电荷区称为“PN结”（见图2-7）。PN结的内电场方向是从N区指向P区。由于缺乏移动载流子，空间电荷区也被称为“耗尽区”。

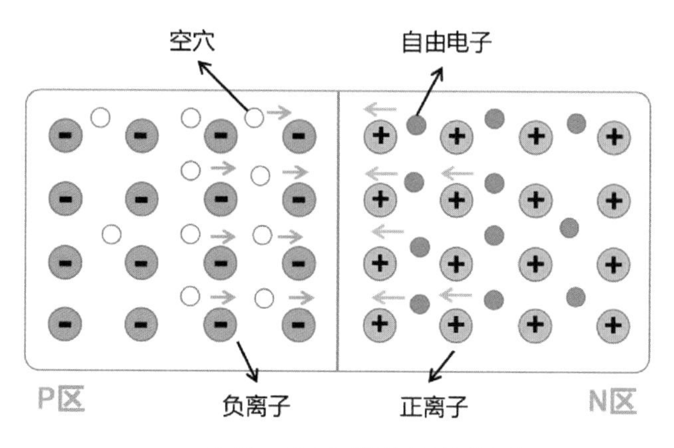

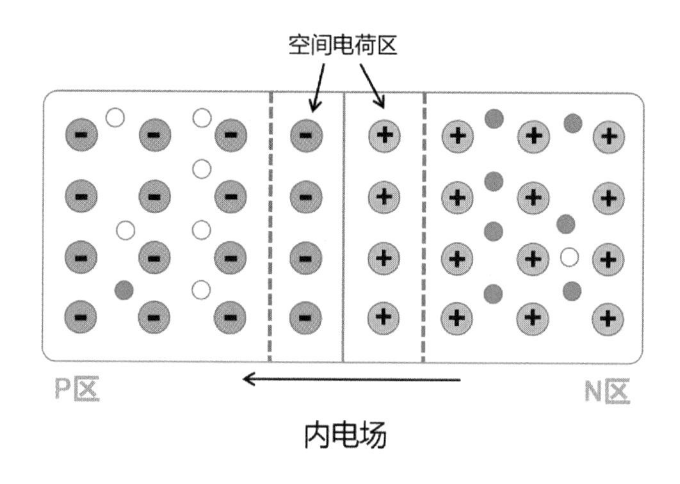

图 2－7　PN 结的形成

作为一种半导体器件，PN 结二极管最显著的特性为单向导电性：在二极管的正极（P 区）加正向偏压，负极（N 区）加负向偏压，二极管导通，有电流流过二极管；在二极管的正极（P 区）加负向偏压，负极（N 区）加正向偏压，二极管截止，没有电流流过二极管。这种特性可以简单概括为正向导通，反向截止。

PN 结二极管具备单向导电性的原因主要是给 PN 结二极管施加外加电压时，PN 结中的空间电荷区会随着施加方向的不同而发生不同的变化（见图 2－8）。当给 PN 结二极管施加正向电压时，即电源的正极接到 PN 结的

P 区，且电源的负极接到 PN 结的 N 区，这称为“PN 结正向偏置”，此时外电场方向与内电场相反，内电场受到削弱，厚度减小，对自由电子和空穴的扩散限制减弱，使得扩散发生，来自 P 型区域的空穴将会扩散到 N 型区域中，而来自 N 型区域的自由电子移动到 P 型区域，电子由负极运动到正极，电流方向为正极流向负极，形成正向电流，PN 结导通。

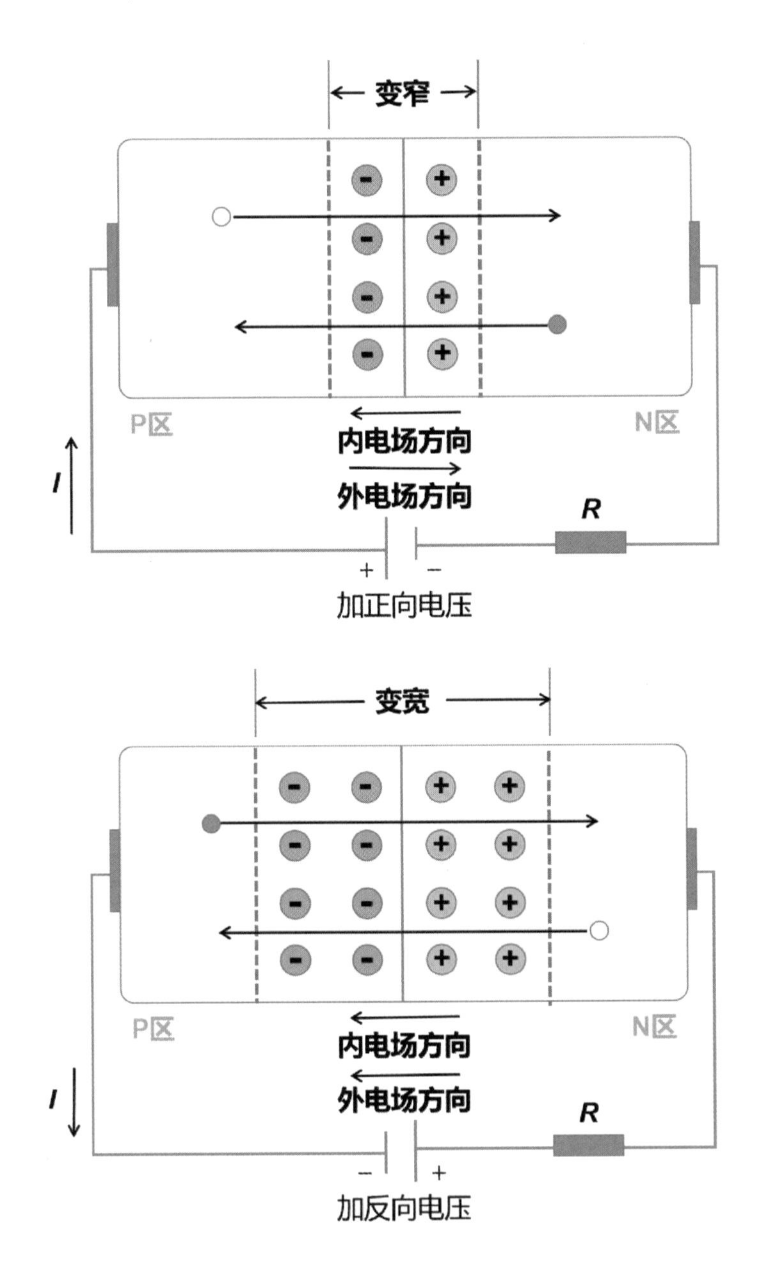

图 2－8　给 PN 结施加正向和反向电压时的结构示意图

当正电压加到PN结二极管的N极，负电压加到P极时，这称为“反向偏压”。当施加反向偏压时，自由电子和空穴将远离耗尽区，耗尽区将变宽，但仍有少量载流子可以通过界面成为漏电流，但电流很小，近似不导电。当PN结反向偏压较高时，会发生碰撞电离引起的电击穿，即隧穿效应。半导体晶体中的自由载流子在耗尽区受到电场的加速作用，其能量不断增加，直到与半导体晶格发生碰撞，碰撞过程中释放的能量可能会破坏价电子键，产生新的电子—空穴对。新的电子—空穴对被分别加速，与晶格碰撞。如果每个自由电子（或空穴）在通过耗尽区的过程中能够产生1个以上的电子—空穴对，则该过程可以不断加强，最终使耗尽区的载流子数量增加，PN结发生隧穿效应（见图2-9）。

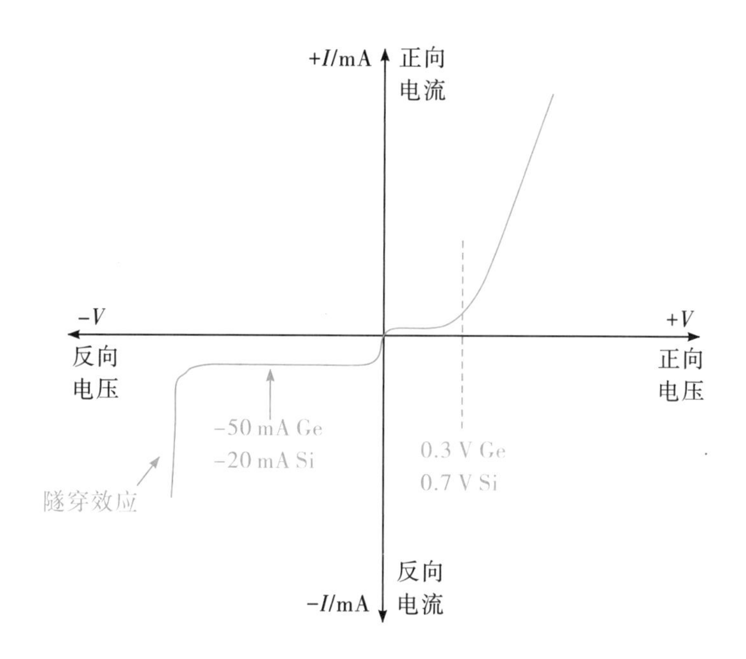

图2-9　正向偏压和负向偏压下的PN结二极管的$I-V$曲线

2.4 双极型三极管

双极型三极管也称“半导体三极管”“集体三极管”。工作时，它有两种不同极性的电荷参与导电，是一种电流控制电流的半导体器件，其作用是把微弱信号放大成幅度值较大的电信号，也用作无触点开关。

双极型三极管（见图 2－10）由两个 PN 结组成，常见的双极型三极管有硅平面型和锗合金型，按结构来分可以分为 NPN 型和 PNP 型。在一个硅（或锗）片上生成三个杂质半导体区域：一个 P 区夹在两个 N 区中间的是 NPN 型（见图 2－11），一个 N 区夹在两个 P 区中间的是 PNP 型（见图 2－12）。因为自由电子比空穴有更高的迁移率，所以 NPN 型比 PNP 型三极管获得了更广泛的应用。从三个杂质半导体区域各自引出一个电极，这些电极分别称为“发射极 e”（emitter）、“集电极 c”（collector）、“基极 b”（base），它们对应的杂质半导体区域分别称为发射区、集电区、基区。

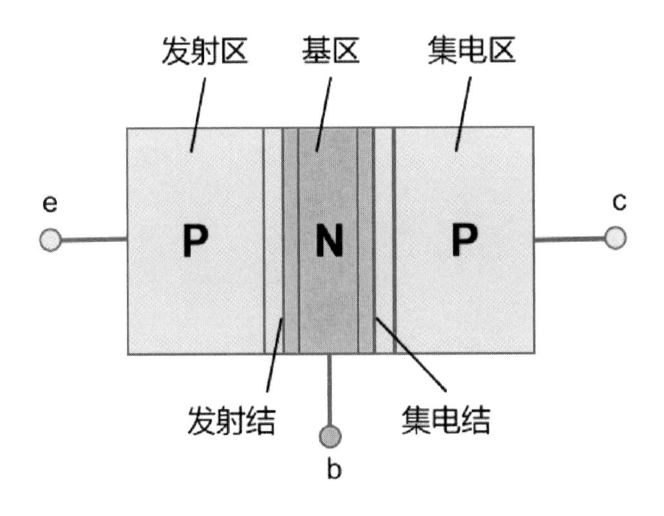

图 2－10　双极型三极管结构示意图

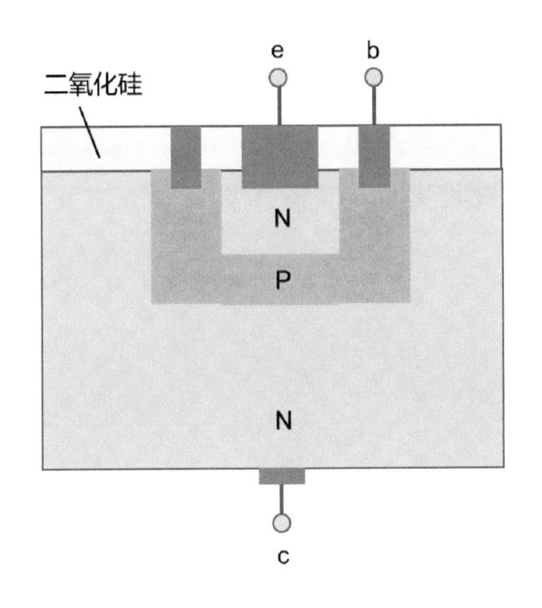

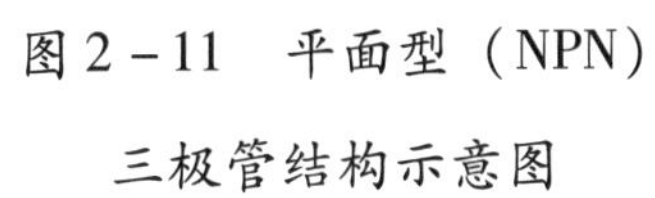
图2－11　平面型（NPN）三极管结构示意图

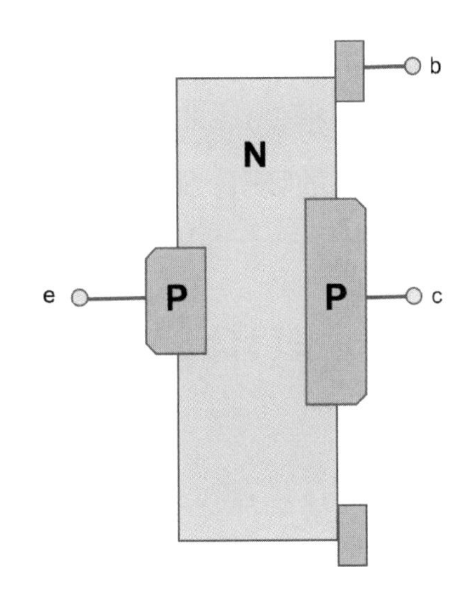

图2－12　合金型（PNP）三极管结构示意图

发射区往外发射载流子，在双极型三极管器件的设计中，通常会在发射区进行高掺杂，以便在发射结正偏时从发射区注入基区的自由电子在基区形成相当高的电子浓度梯度。基区被设计得很薄且掺杂浓度很低，这样注入基区的自由电子只有很少一部分与多子空穴复合形成基极电流。与基区自由电子复合的源源不断的空穴需要基极提供电流来维持。在设计中，对集电区则进行较低的P型掺杂且面积很大，以便基区高浓度的自由电子向集电区扩散，形成集电极电流。

双极型三极管的电流放大作用由其内部载流子的定向（由发射区向集电区）运动体现出来。为了保证内部载流子做这样的定向运动，实现电流放大，无论NPN型还是PNP型的双极型三极管都要将它们的发射结正偏，集电结反偏。发射结正偏，即在发射结外加正向电压，发射区向基区扩散自由电子，形成发射结自由电子扩散电流，同时基区的空穴也要扩散到发射区，形成空穴扩散电流。集电结反偏，即在集电结外加反向电压，其作用是加强集电结的内电场，使得从发射区扩散到基区的自由电子得以通过集电结进入集电极，形成集电极电流。双极型三极管的工作原理可以简单概括为：发射区中的自由电子在正向电压的作用下扩散到基区，在基区与空穴复合（很少），非参与复合的自由电子受到集电结内电场（外加反向电压增强）的吸引，通过集电结，被集电极收集，形成集电极电流。

2.5 半导体场效应晶体管

一块薄层半导体受到横向电场影响而改变其电阻的现象称为“场效应”。利用场效应使得自身具有放大信号功能的器件称为“场效应器件”。金属—氧化物—半导体场效应晶体管（Metal - Oxide - Semiconductor Field Effect Transistor，MOSFET）是一种常见的场效应半导体器件，它在数字电路、模拟电路、功率电子等领域都有广泛的应用，常用于各种电子设备的放大、开关和驱动电路中。MOSFET 由金属、氧化物和半导体三部分组成。其中，金属部分被用作栅极（Gate，G），氧化物部分被用作绝缘层（Gate oxide），半导体部分则被用作沟道（Channel）和源/漏极（Source，S/Drain，D）。MOSFET 的源/漏极是可互换的，它们是在 P 型背栅中形成的 N 形区域。在大多数情况下，这两个区域是相同的，甚至两端的对准也不会影响器件的性能。这种装置被认为是对称的。

MOSFET 管根据掺杂类型可以分为 N 型 MOSFET（N-MOSFET）和P 型 MOSFET（P-MOSFET）。N 型 MOSFET 以 P 型半导体为衬底，N 型半导体则被用作沟道，金属部分为栅极，氧化物部分为绝缘层，两端分别为源极和漏极；P 型 MOSFET 以 N 型半导体为衬底，P 型半导体则被用作沟道，金属部分为栅极，氧化物部分为绝缘层，两端分别为源极和漏极（见图 2 - 13）。

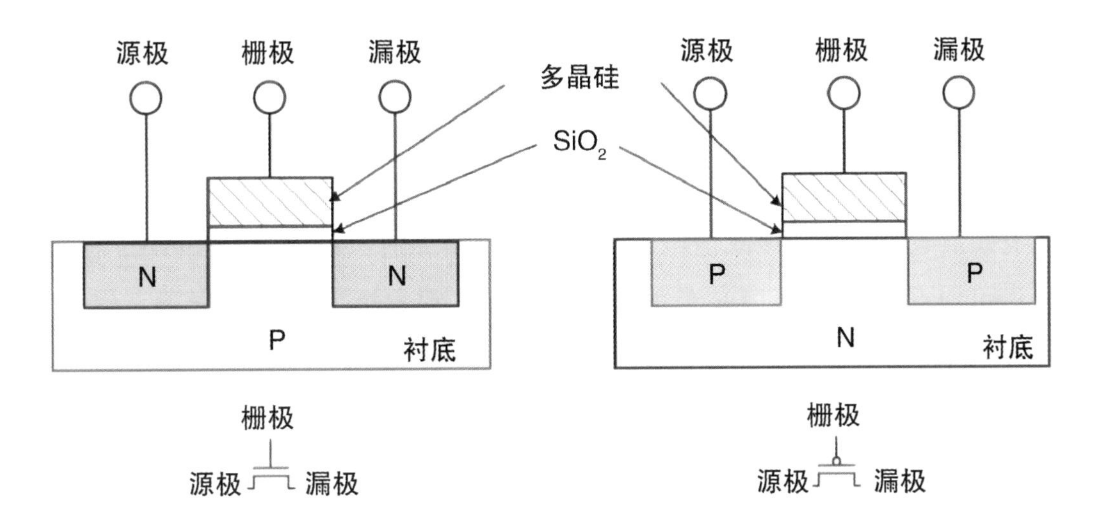

图 2－13　N 型 MOSFET（左）和 P 型 MOSFET（右）的结构示意图

当在栅极上施加正电压时，栅极和沟道之间会形成一个正电荷区域，使得沟道内的自由电子被排斥，从而形成一个自由电子空穴沟道。此时在源极施加较低电压，在漏极施加较高电压，电子会从源极流入沟道，经过沟道流入漏极。当沟道内的自由电子浓度达到一定程度时，MOSFET 就会出现导通状态，实现信号放大、开关控制等功能。而当在栅极上施加零电压或负电压时，栅极和沟道之间的电场很小，沟道内没有自由电子空穴，MOSFET 处于截止状态，此时漏极和源极之间的电阻非常大，可以视为开路状态。

P 型 MOSFET 的空穴迁移率低，因而在几何尺寸和工作电压绝对值相等时，其跨导（输出端电流的变化值与输入端电压的变化值之间的比值，反映栅源电压对漏极电流的控制能力）小于 N 型 MOSFET。此外，P 型 MOSFET 阈值电压一般偏高，要求较高工作电压，充电放电过程长且工作速度慢，因此在 N 型 MOS 管出现后，多数市场被 N 型 MOSFET 抢占。但因 P 型 MOSFET 电路工艺简单、价格便宜，一些中、小规模数字控制电路仍采用 P 型 MOSFET。

此外，MOSFET 还可根据操作类型分为增强型 MOSFET（E-MOSFET）

和耗尽型 MOSFET（D-MOSFET），而 E-MOSFET 和 D-MOSFET 下面都有 N 型 MOS 和 P 型 MOS（见图 2－14、图 2－15）。E-MOSFET 和 D-MOSFET 之间的主要区别在于后者在栅极不加电压时有导电沟道存在，而前者只有在开启后才会出现导电沟道。施加到 E-MOSFET 的栅极电压应始终为正，并且具有阈值电压，高于该阈值电压时，它会完全导通。对于 D-MOSFET，栅极电压可以是正的也可以是负的，甚至为零，它永远不会完全导通。另外，D-MOSFET 可以在增强和耗尽模式下工作，而 E-MOSFET 只能在增强模式下工作。但 D-MOSFET 在实际使用中不易控制，应用极少，常见的 MOSFET 都为 E-MOSFET。

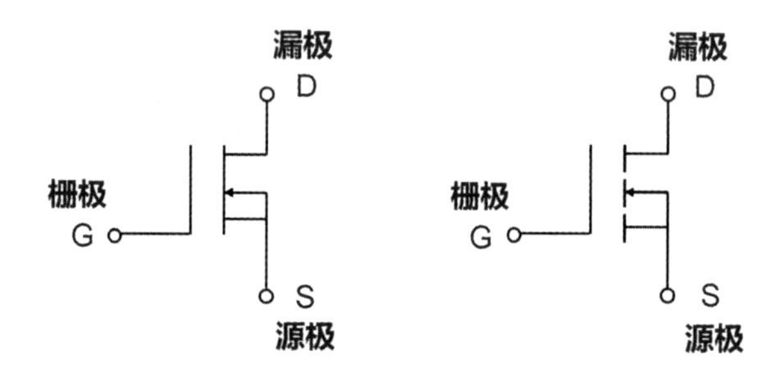

图 2－14　N 型 D-MOSFET（左）和 N 型 E-MOSFET（右）符号图

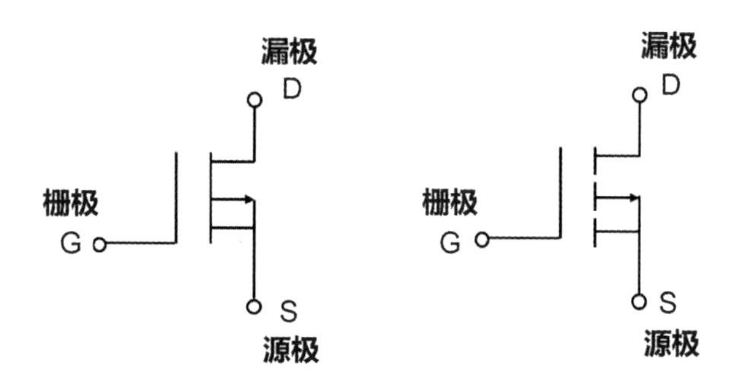

图 2－15　P 型 D-MOSFET（左）和 P 型 E-MOSFET（右）符号图

随着电子行业的不断发展和技术的不断进步，D-MOSFET 也不断被开发出新的种类，如平面增强型 CMOS 管（见图 2－16）。它是由平面工艺的 P 型 MOSFET 和 N 型 MOSFET 共同构成的晶体管，其主要特点是抗噪声干扰能力强、静态功耗极低、输入阻抗高、温度稳定性好。CMOS 管问世后，已成为设计及制造大规模集成电路的主流技术。

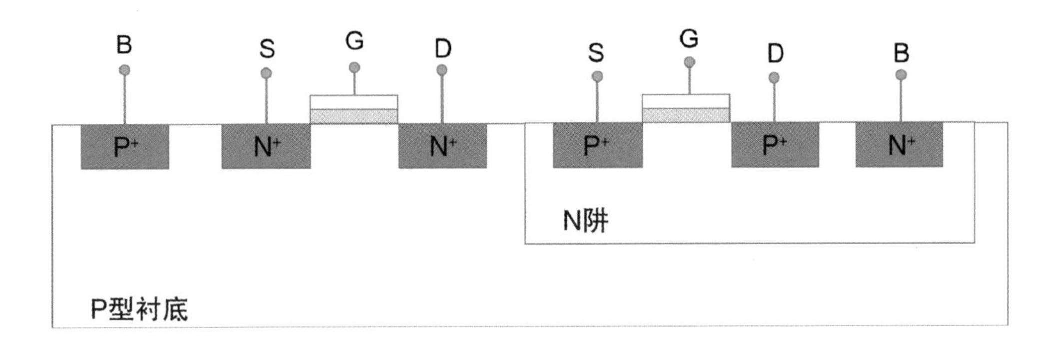

图 2－16　平面增强型 CMOS 管结构示意图

2.6 鳍式场效应晶体管

鳍式场效应晶体管（Fin Field Effect Transistor，FinFET）是一种新的互补式金属氧化物半导体晶体管，因晶体管的形状与鱼鳍相似而得名（见图 2－17）。FinFET 的绝缘衬底上凸起高而薄的鳍，它们从硅衬底表面竖起，形成垂直的沟道结构，然后在竖立的沟道上制造栅极，源/漏两极分别在其两端，三栅极紧贴其侧壁和顶部，使凸出的沟道三个面都成为受到栅极控制的受控面。这种鳍形结构相当于增加了栅极对沟道的控制面积，能够极大程度地加强栅极对沟道的控制，从而可以有效减少平面器件中出现的短沟道效应（指阈值电压与沟道有非常严重的相关关系）对器件电学性能造成的劣化不良影响，大幅改善电路控制并减少漏电流，

图 2－17　FinFET 的电子显微镜照片

也可以大幅缩短晶体管的栅长，保证FinFET在22 nm及以下的工艺节点能够正常工作。由于这种结构带来的特性，FinFET无需高掺杂沟道，其沟道通常为轻掺杂甚至不掺杂，故能够有效减弱杂质离子散射效应而提高载流子的迁移率，且能减少因掺杂浓度变化而造成的器件性能变化漂移。

现有的FinFET已经发展为多种结构类型，可分为双栅、三栅、环栅等结构，其中环栅结构对沟道的控制能力最强。尽管FinFET对沟道拥有极强的控制能力，可以有效地抑制短沟道效应以及减小泄漏电流，但随着FinFET尺寸缩小至10 nm节点，鳍式沟道的表面光滑度会受到制造技术的限制，其边缘平整度变化较大，导致不同位置晶体管的性能波动性变大，降低成品率。另外，鳍式沟道在不断缩小化的过程中变得更细，使得沟道的电阻增大，有效电流值降低。

与传统的二维平面晶体管相比，FinFET是一种具有高架沟道的三维晶体管，其栅极环绕沟道。由于其结构特点，FinFET具备更强的沟道控制能力，且可以抑制短沟道效应，同时产生更大的漏极电流和更低的泄漏功率并实现更高的器件密度。FinFET还可在更低电压下运行，提供更大驱动电流且具备更快的切换速度，可以在更小的区域内集成更多的性能，实现更低的功耗，具有多方面的优势，在22 nm及以下技术节点有着良好的应用前景。但同时FinFET也存在电压阈值难以控制、高电容、高造价等缺陷。

2.7 结型场效应晶体管

结型场效应晶体管（Junction Field Effect Transistor，JFET）指的是在同一个N型半导体上制造两个高度掺杂的P区，并将它们连接在一起，产生的电极称为“栅极”；N型半导体在两端分别引出两个电极，分别称为“漏极”和“源极”，如图2-18所示。结型场效应晶体管通过栅极电压改变两个反偏PN结势垒的宽度，从而改变沟道的长度和厚度（栅极电压使沟道厚度均匀变化，源极和漏极电压使沟道厚度不均匀变化），然后调节沟道的电导率，实现对输出电流的控制。它是具有放大功能的三端有源器件，也是单极FET中最简单的一种，可分为N沟道或P沟道两种。

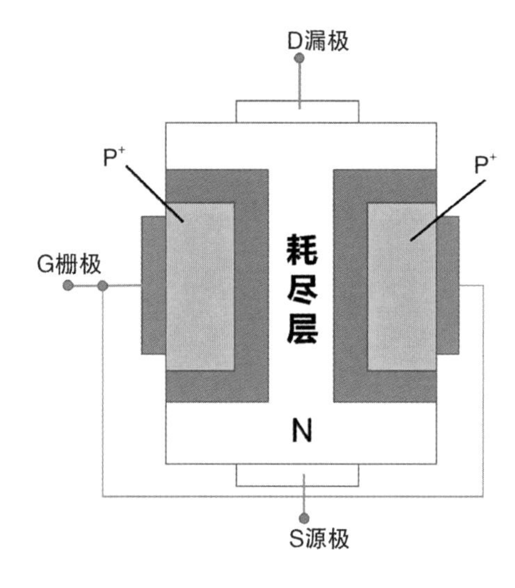

图2-18　N沟道结型场效应晶体管

耗尽型JFET（D-JFET）在零栅极偏置处有沟道，而增强型JFET（E-JFET）在零栅极偏置处没有沟道。两种晶体管在工艺和结构上的差异主要在于掺杂浓度和沟道区厚度的不同。由于D-JFET沟道的掺杂浓度高且厚度较大，栅极PN结的内置电压不能完全耗尽沟道。E-JFET沟道的掺杂浓度低且厚度小，因此栅极PN结的内置电压可以完全耗尽沟道。

对于D-JFET，当没有施加电压时，沟道电阻最小。电压V_{DS}和V_{GS}都可以改变栅极PN结并引起I_{DS}的变化，从而实现输入信号的放大。当V_{DS}较低时，JFET的沟道呈现电阻特性，即所谓的"电阻工作区"。此时漏极电流基本随电压V_{DS}的增加呈线性增大，但漏极电流随栅极电压V_{GS}的增加呈平缓增长。当V_{GS}进一步增大时，沟道首先在漏极端断开，漏极电流达到最大值并饱和，进入饱和放大区，此时JFET作为恒流源出现。

JFET有六个特点：第一个特点是电压控制器件，不需要大的信号功率。第二个特点是输入端为反向偏置PN结，因此输入阻抗大，易于匹配。第三个特点是输出阻抗很大，表现为恒流源，与BJT大致相同。第四个特点是单极晶体管多数载流子导电，没有少数载流子贮存扩散的问题，速度快，噪声系数低，而且电流具有负温度系数，器件具有自我保护功能。第五个特点是JFET一般为D-JFET，但若采用高阻衬底也可以得到E-JFET，应用于高速、低功耗电路中。第六个特点是迁移率高，噪声低。

2.8 肖特基势垒栅场效应晶体管

肖特基势垒栅场效应晶体管是一种金属—半导体场效应管（Metal - Semiconductor Field Effect Transistor，MESFET），它的结构与 JFET 类似，但两者的区别在于，MESFET 没有使用 PN 结作为栅极，而是采用金属—半导体接触所构成的肖特基势垒结构的方式形成栅极（见图 2 - 19）。MESFET 的沟道通常由化合物半导体构成，它的速度比由硅材料构造的 JFET 或 MOSFET 快得多。此外，金属—半导体接触可以在较低温度下形成，可以采用 GaAs 衬底材料制造高性能的晶体管，但是制造成本相对较高。

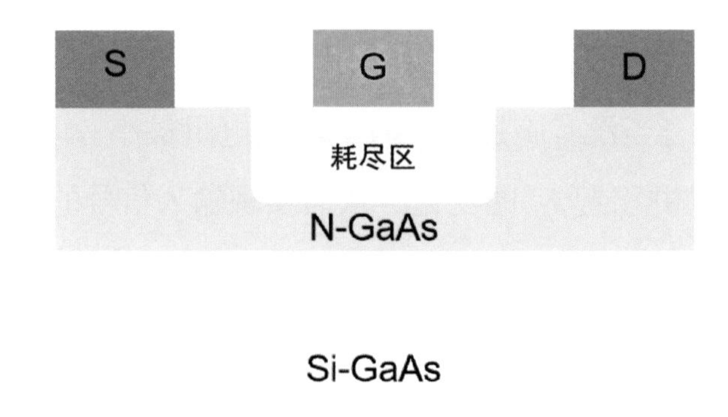

图 2 - 19　肖特基势垒栅场效应晶体管结构示意图

2.9 高电子迁移率晶体管

随着对高频率、速率容限和低噪声容限的需求不断增加，MESFET 热稳定性差，漏电流大，逻辑摆幅小，抗噪声能力弱，GaAs MESFET 已经达到了设计极限，因为满足这些需求需要更大的饱和电流和具有更大势垒的短沟道场效应器件。一般来说，这可以通过增加沟道掺杂浓度来实现。由于沟道区域是通过掺杂块状半导体材料形成的，因此大多数载流子与电离杂质共存。大多数载流子被电离杂质散射，降低了载流子迁移率和器件性能。1978 年，美国贝尔实验室的丁格尔（Dingle）等人首次观察到调制掺杂非均质材料中载流子迁移率提高的现象。随后，富通（Fortis）公司的 Hivamize 等人率先采用了这种结构，并在调制混合 N-AlGaAs/GaAs 单异质结结构的实验中证明了具有异质界面和高迁移率的二维电子的存在，成功研制出世界上第一个超高速逻辑器件——高电子迁移率晶体管（High Electron Mobility Transistor，HEMT），如图 2－20 所示。HEMT 器件利用了半导体异质结构中的电离杂质和电子可以在空间上分离的特点，由此产生的所谓高迁移率的二维电子气体可以在超高频（毫米波）、超高速场中工作。

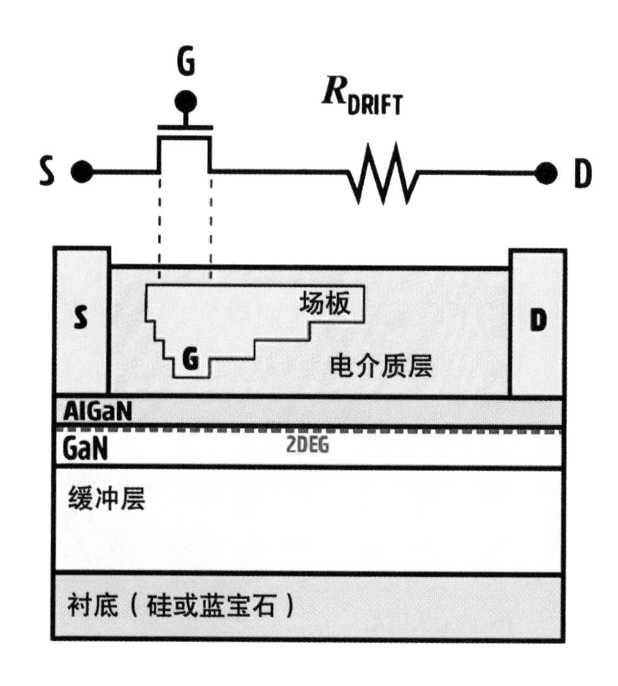

图 2－20　耗尽型 AlGaN/GaN 高电子迁移率晶体管结构示意图

2.10 无结场效应晶体管

现代集成电路芯片基本是由 PN 结或肖特基势垒结制成的：BJT 包含两个背对背的 PN 结，MOSFET 也是如此。JFET 具有垂直于沟道方向的 PN 结，隧穿场效应晶体管（Tunneling Field Effect Transistor，TFET）具有沿沟道方向的 PN 结，MESFET 或 HEMT 具有垂直于沟道方向的栅极肖特基势垒。随着芯片产业按照摩尔定律向 3 nm、2 nm 甚至 1 nm 的技术节点发展，进入纳米领域后，CMOS 器件所出现的问题大部分都与 PN 结息息相关，主流 CMOS 技术在达到 22 nm 及以下的技术节点后，受到物理规律和制造成本的限制而很难继续提升，面临着前所未有的技术瓶颈。而对于 5 nm 以下技术节点，基于 PN 结理论的 MOS 场效应晶体管器件弊端愈加明显：器件沟道长度不断缩短，源漏间距离越来越近。为防止源漏穿通，行业普遍采用超陡峭源漏浓度梯度掺杂工艺，严重限制了器件工艺的热预算，并且纳米尺度范围内制作超陡峭 PN 结异常困难，同时还会产生严重的短沟道效应，导致晶体管阈值电压下降等一系列问题，这些将成为未来半导体制造业一道难以逾越的障碍。

为了克服由 PN 结或肖特基势垒结构成的器件在纳米尺度所面临的技术瓶颈，2005 年，原中芯国际肖德元等人提出了一种全新的无结场效应晶体管（Junctionless Field Effect Transistor，JLT）器件结构（见图 2－21），这种晶体管由源极、漏极及中间的金属—氧化物—半导体电容结构构成，与

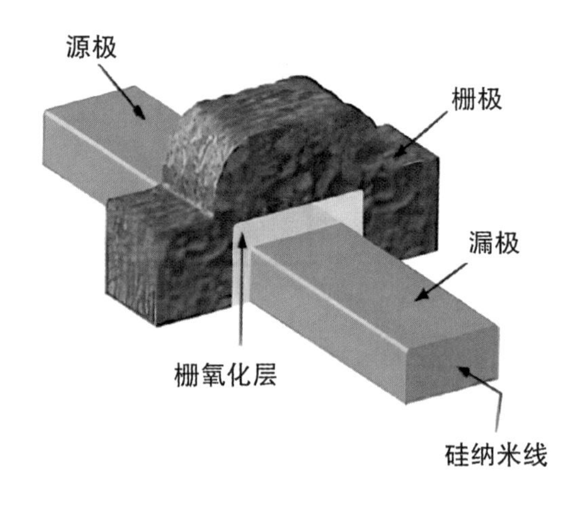

图 2－21　无结场效应晶体管结构示意图

MOS 场效应晶体管器件不同，其源极、沟道及漏极的杂质掺杂类型相同，无 PN 结，属于多数载流子导电器件。该无结结构采用全包围栅（Gate-all-around，GAA）圆柱形纳米线架构，沟道为圆柱形，由数目接近无穷的栅控制，器件性能得以优化，按比例微缩得以延续，可有效避免传统多栅 FinFET 晶体管存在的问题。由于整个结构中不存在 PN 结，该结构克服了不对称场积聚，电流流过整个圆柱体沟道，载流子不会受到不完整界面散射的影响，具有低噪声和高迁移率的优点，避免了短沟道效应，器件电源完整性大为改善。这种无结场效应晶体管利用栅极偏置电压改变垂直于导电沟道的电场强度，使沟道内的多数载流子累积或者耗尽，从而调制沟道电导，控制沟道电流。同时，由于不需要采用超陡峭源漏浓度梯度掺杂工艺，该结构大大降低了器件工艺热预算，器件性能得到极大提高。无结场效应晶体管已被提出作为传统 MOS 场效应晶体管的替代品，以应对传统晶体管由于特征尺寸微缩而面临的技术挑战。

2009 年 12 月，肖德元和王曦发明了垂直堆叠圆柱体纳米线全包围栅互补场效应晶体管，将一个 N 型 FET 和一个 P 型 FET 圆柱体纳米线沟道垂直交叉堆叠起来，组成互补全包围栅圆柱体纳米线器件结构。这种结构不仅增强了器件驱动电流，还大大节省了芯片面积，提高了芯片器件集成度。2016 年，比利时微电子研究中心（Interuniversity Microelectronics Centre，IMEC）展出垂直堆叠水平硅纳米线而形成的全环栅 N 型和 P 型金属氧化物半导体场效应管（将两个 N 型 FET 或两个 P 型 FET 圆柱体纳米线沟道彼此垂直堆叠起来），纳米线直径仅为 8 nm。这种无结全包围栅器件结构能够提供良好的静电控制能力，使得器件特征尺寸持续按比例缩小，堆叠结构能够最大化增大器件驱动电流，被认为是实现 5 nm CMOS 微缩最具潜力的候选技术之一，而且由于没有 PN 结，制造工艺进一步得到简化。

2.11 量子阱场效应晶体管

由于肖特基势垒栅极的存在，高电子迁移率晶体管也存在逻辑摆幅小、抗噪声能力弱、栅极漏电现象严重等问题。Intel 一直致力于用一种化合物半导体材料取代现在常见的硅沟道。InP 基半导体材料是以 InP 单晶为基底或缓冲层生长的复合半导体材料，包括砷化铟镓（InGaAs）、InAlAs、InGaAsP和 GaAsSb 材料。这些材料的突出特点是载流子迁移率高，种类非常丰富，带隙从 0.7 eV 到接近 2.0 eV，有利于能带裁剪。InP 基器件具有高频、低噪声、高效率、抗辐照等特点，成为毫米波电路的首选材料。InP 基 HEMT 以 InGaAs 为沟道材料，以 InP 或 InAIAs 为势垒层，该结构载流子迁移率可达 10 000 $cm^2/(V \cdot s)$ 以上。2007 年，Intel 进行了 InGaAs HEMT 的研发，当时采用的是标准 HEMT 器件结构，即没有栅极介电层的肖特基势垒栅，栅极漏电现象非常严重。为此，2009 年，Intel 在该 HEMT FET 的栅极电极和势垒层之间插入了一个高 k 栅极介电层，并将其命名为“量子阱 HEMT FET”（QW HEMT FET）（见图 2－22），实现了栅极漏电流的减小。2010 年，Intel 将 InGaAs 量子阱 HMET FET 从平面结构过渡到三维 FinFET 结构。实验证实，在这种短沟道器件中加入高 k 栅极介质后，栅极泄漏电流减小到只有原来的千分之一，等效电氧化层厚度也减小了 33%，从而获得更快的开关速度，最终大大提高芯片性能。

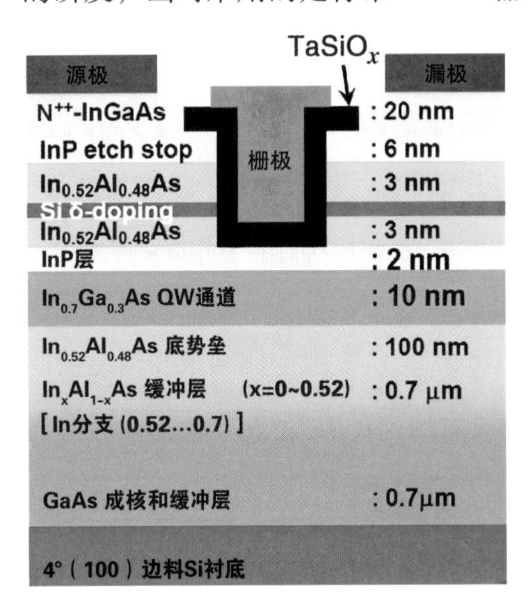

图 2－22 Intel 公司改进的 InGaAs 量子阱 HEMT FET 器件结构图（在栅电极和势垒层之间插入了高 k 栅极介质 $TaSiO_x$）

2.12 新型半导体材料技术与应用

半导体材料的研究始于19世纪初期。元素半导体是由单一种类的原子组成的，例如元素周期表ⅣA中的Si、Ge和锡（Sn），元素周期表ⅥA中的硒（Se）和碲（Te）。然而，还存在许多由两个或更多个元素组成的化合物半导体，例如GaAs是二元Ⅲ－Ⅴ族化合物，它是ⅢA的镓（Ga）和ⅤA的砷（As）的组合。三元化合物可以由三个不同族的元素形成，例如碲化汞铟（$HgIn_2Te_4$），一种Ⅱ－Ⅲ－Ⅵ族化合物。它们也可以由两族中的元素形成，例如砷化铝镓（$Al_xGa_{1-x}As$），这是一种三元Ⅲ－Ⅴ族化合物，其中Al和Ga都来自ⅢA，并且下标x的值表示从100% Al（$x=1$）到100% Ga（$x=0$）的两种元素组成的比例。

半导体材料的发展之路已经从第一代走到了第四代（见图2－23）。第一代的半导体材料是Si和Ge材料。在半导体材料的发展历史上，20世纪90年代之前，第一代的半导体材料以Si材料为主，占绝对的统治地位。目前，半导体器件和集成电路仍然主要是用Si晶体材料制造的，Si器件占全球销售的所有半导体产品的95%以上。Si半导体材料及其集成电路的发展导致了微型计算机的出现和整个信息产业的飞跃。第二代半导体材料主要是GaAs和InP材料。随着以光通信为基础的信息高速公路的崛起和社会信息化的发展，以GaAs、InP为代表的第二代半导体材料崭露头角，并显示出巨大的优越性。GaAs和InP半导体激光器成为光通信系统中的关键器件，同时GaAs高速器件也开拓了光纤及移动通信的新产业。第三代半导体材料是GaN和SiC材料。第三代半导体材料的兴起是以GaN材料P型掺杂的突破为起点，以高效率蓝绿光发光二极管和蓝光半导体激光器的研制成功为标志的，它在光显示、光存储、光照明等领域有广阔的应用前景。以GaN和SiC为代表的第三代半导体材料具备高击穿电场强度、高热导率、高电子饱和速率及高抗辐射能力等优点，更适合于制作耐高温、高频、抗辐射及大功率电子器件，是固态光源和电力电子、微波射频器件的“核芯”，在半导体照明、新一代移动通信、能源互联网、高速轨道交通、新能源汽车、消费电子等领域有广阔的应用前景，有望突破传统半导体技术的瓶颈，与第一代、第二代半导体技术互补，在节能减排、产业转型升级、催生新的经济增长点等方面发挥重要作用。第三代半导体材料是目前全球战略竞争新的制高点，也是我国的重点扶持行业。“十二五”期间，“863 计划”重点支持了“第三代半导体器件制备及评价技术”项目。半导体材料迅猛发展，科学家与产业界已经瞄准更强的第四代半导体材料。第四代半导体材料是指具有极端禁带宽度的半导体材料，包括超宽禁带（Ultra Wide Bandgap，UWBG）和超窄禁带（Ultra Narrow Bandgap，UNBG）两类。超宽禁带半导体材料的禁带宽度超过 4.0 eV，能够承受高电压、高温、高辐射等恶劣环境，代表性的材料有氧化镓（Ga_2O_3）、金刚石（C）和氮化铝（AlN）等。超窄禁带半导体材料的禁带宽度低于 0.5 eV，具有低功耗、高灵敏度、高速率等优异性能，代表性的材料有锑化镓（GaSb）、砷化铟（InAs）等。第四代半导体材料具有卓越的特性，主要表现在以下几个方面：首先，它们具有耐高压的特性，其击穿电场强度远高于第三代半导体材料，因此适用于高压电力系统和电力电子设备。其次，它们具有耐高温的特性，其热稳定性和热导率都优于第三代半导体材料，能够在高温环境下正常工作，减少散热器件的需求。再次，它们具有高频率的特性，其载流子迁移率和饱和速度都高于第三代半导体材料，能够实现更高的工作频率，提升信号传输和处理的速度。最后，当第四代半导体材料用于制造开关器件时，它具有更低的导通损耗、更快的开关速度、更小的寄生电容等优点，提高了器件的效率和可靠性。

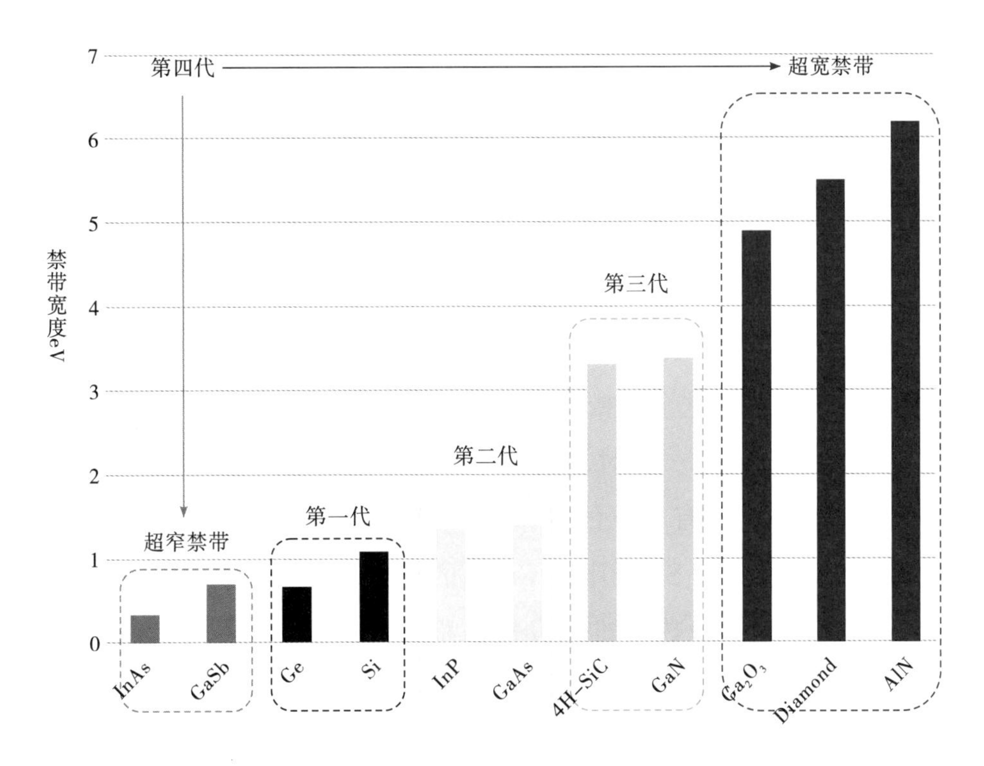

图 2-23　半导体材料的发展

2.12.1 氧化镓

作为新型的宽禁带半导体材料，Ga_2O_3由于自身的优异性能，凭借其比第三代半导体材料 SiC 和 GaN 更宽的禁带，在紫外探测、高频功率器件等领域吸引了越来越多的关注。Ga_2O_3是一种宽禁带半导体，禁带宽度 E_g = 4.9 eV，其导电性能和发光特性良好，因此其在光电子器件方面有广阔的应用前景，被用作 Ga 基半导体材料的绝缘层以及紫外线滤光片。这些是Ga_2O_3的传统应用领域，而其在未来的功率场景，特别是大功率场景中的应用才是更值得期待的。Ga_2O_3是镓的氧化物中最稳定的。在空气中加热金属镓使之氧化，或在 200 ℃ ~250 ℃时焙烧硝酸镓、氢氧化镓以及某些镓的化合物都可形成 Ga_2O_3。Ga_2O_3有五种同素异形体，分别为 α、β、γ、ε 和 δ。其中，β-Ga_2O_3最为稳定，当加热至一定温度时，其他亚稳态均转换为 β 相，在熔点 1 800 ℃时必为 β 相。目前，大部分研究和开发针对禁带宽度在4.7 eV和 4.9 eV 之间的 β-Ga_2O_3进行。Ga_2O_3之所以能够赋予器件前所未有的性能，一大原因在于它的禁带宽度更大。宽禁带使得材料可以承受更高的电场强度，Si 的禁带宽度低至 1.1 eV，而 SiC 的禁带宽度为 3.3 eV，GaN 的禁带宽度也只有 3.4 eV，相较之下禁带宽度近似 5.0 eV 的 Ga_2O_3 占了很大的优势。从图 2－24 的 IEEE 测试数据中也可以看出，Ga_2O_3 在临界电场强度和禁带宽度方面占有绝对优势。2012 年，日本 NICT 开发出首个单晶 β-Ga_2O_3 晶体管，其击穿电压已经达到了 250 V 以上，而 GaN 经历了近 20 年的发展才跨过这个门槛。而且 β-Ga_2O_3 的生长速率快于 SiC 和 GaN，衬底工艺也相对较简单。但对合适的半导体材料来说，仅有宽禁带是远远不够的，Ga_2O_3 同样拥有自己的局限性，比如它的导热能力差，甚至低于 GaAs。与导热性能强的 SiC 相比，Ga_2O_3 的导热性只有前者的十分之一。这意味着晶体管中产生的热量难以发散，很有可能限制器件的寿命。此外，用 Ga_2O_3 制造 P 型半导体的难度较高。这两点成了 Ga_2O_3 商用普及的限制条件。

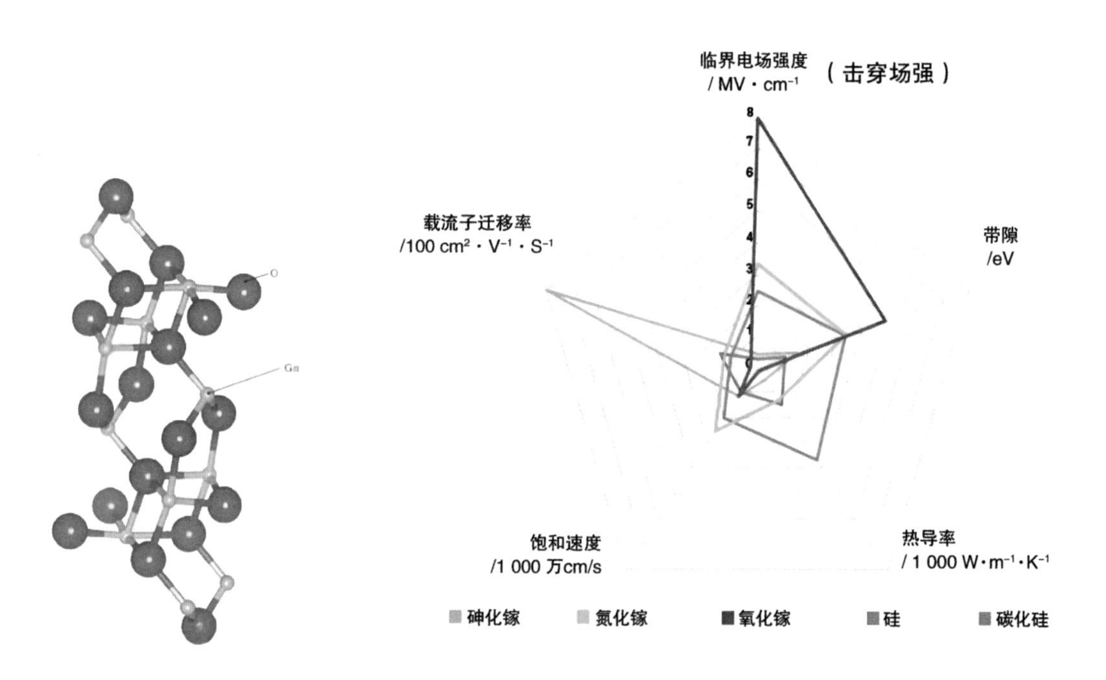

图 2－24　β-Ga_2O_3 的晶体结构（左）和五种半导体材料的性能雷达图（右）

Ga_2O_3是宽禁带半导体中唯一能够采用液相的熔体法生长的材料，并且硬度较低，材料生长和加工的成本均比 SiC 有优势，Ga_2O_3将全面挑战 SiC，其特点如下：

（1）Ga_2O_3的功率性能好、损耗低。Ga_2O_3的巴利加优值（Baliga Figure of Merit，BFOM）分别是 GaN 和 SiC 的 4 倍和 10 倍，它衡量了半导体材料特性对漂移区导通电阻的影响。Ga_2O_3器件的功率损耗是 SiC 的七分之一、硅基器件的四十九分之一。

（2）Ga_2O_3的加工成本低。Ga_2O_3的硬度比 Si 还低，因此加工难度较小；而 SiC 硬度高，加工成本极高。

（3）Ga_2O_3的晶体品质好。Ga_2O_3用液相的熔体法生长，位错（每平方厘米的缺陷个数）小于 102 cm^{-2}；而 SiC 用气相法生长，位错约 105 cm^{-2}。

（4）Ga_2O_3的生长速度快。Ga_2O_3用液相的熔体法生长，每小时长 10～30 mm，每炉 2 天；而 SiC 用气相法生长，每小时长 0.1～0.3 mm，每炉 7 天。Ga_2O_3的生长速度是 SiC 的 100 倍。

（5）Ga_2O_3晶圆的产线成本低、起量快。Ga_2O_3的晶圆线与 Si、GaN 以及 SiC 的晶圆线相似度很高，转换的成本较低，有利于加快 Ga_2O_3的产业化进度（见图 2－25）。从日本经济新闻网报道的“Novel Crystal Technology 在全球首次成功量产以新一代功率半导体材料 Ga_2O_3制成的 100 mm 晶圆，客户企业可以用支持 100 mm 晶圆的现有设备制造新一代产品，有效运用过去投资的老设备”可看出，Ga_2O_3不像 SiC 需要特殊设备而必须新建产线，一旦实现商用，产能转化更容易实现。

图 2－25 美国空军研究实验室（AFRL）制作的 2 英寸带有 GaN 外延层的 Ga_2O_3 晶体管

2.12.2 金刚石

金刚石的优异物理化学性质使其广泛应用于许多领域。金刚石为间接带隙半导体材料（见图 2 – 26），禁带宽度约为 5.5 eV，金刚石的禁带宽度是 Si 的 5 倍，载流子迁移率是 Si 材料的 3 倍，理论上金刚石的载流子迁移率比现有的宽禁带半导体材料（GaN、SiC）要高2 倍以上。金刚石的热导率高达 22 W/(cm · K)，室温下自由电子和空穴迁移率高达 4 500 cm^2/(V · s) 和3 380 cm^2/(V · s)（见图 2 – 27），远远高于第三代半导体材料 GaN 和 SiC，因此金刚石在高温工作的大功率电力电子器件、高频大功率微波器件方面具有广泛的应用前景。另外，由于金刚石具有很大的激子束缚能（80 MeV），其在室温下可实现高强度的自由激子发射（发光波长约为235 nm），在制备大功率深紫外发光二极管方面具有较大的潜力，在极紫外（Extreme Ultraviolet，EUV）、深紫外和高能粒子探测器的研制中也可发挥重要作用。与已经实现商用的 SiC、GaN 相比，金刚石具有出色的特性，因此被誉为“终极半导体材料”。此外，由于金刚石材料具有较好的抗辐射性，因此也有望被应用于还未推广使用半导体的太空领域。尽管目前半导体金刚石材料的生长和器件研制还存在诸多困难，但半导体金刚石材料及器件的应用极有可能在不久的将来带来科学技术的重大变革。

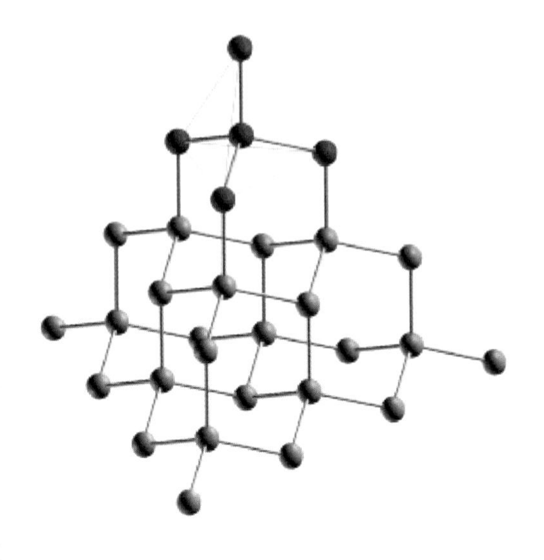

图 2 – 26　金刚石材料的晶体结构图

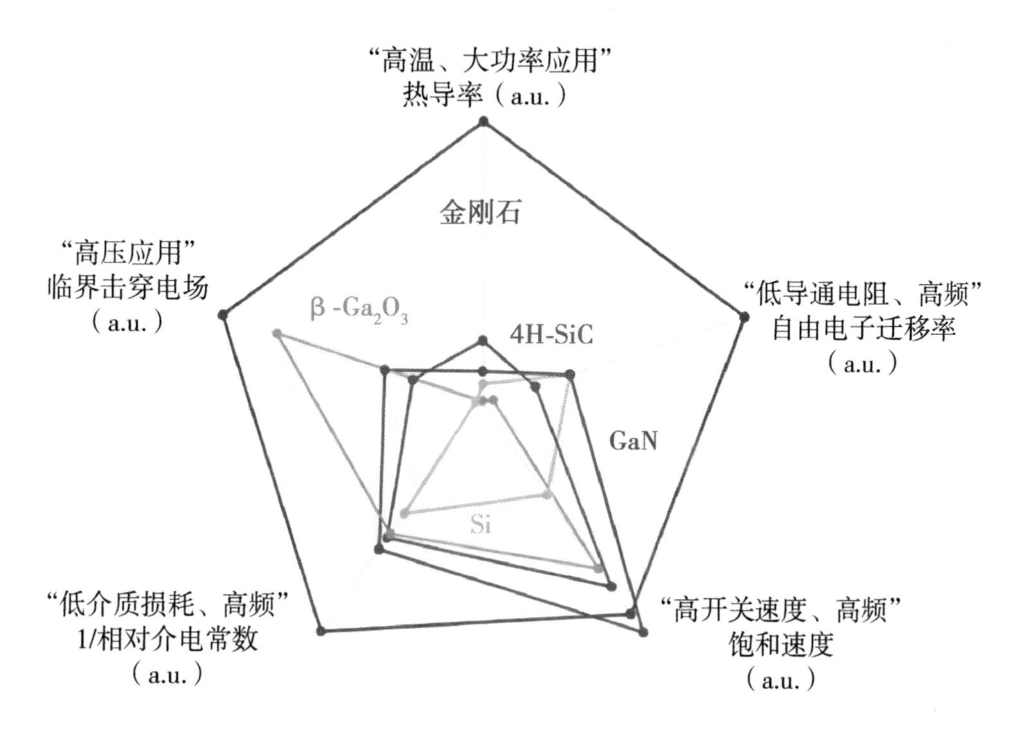

图 2－27　金刚石半导体材料相较于其他半导体材料的特性优势

金刚石半导体研发被限制的主要原因之一是金刚石晶圆的直径尺寸过小，无法满足需求。日本 EDP 株式会社自 2009 年创业之初就以扩大晶圆尺寸为使命，长期在半导体行业坚持研发新技术，以促进企业发展。如今，已经有越来越多的单位将金刚石半导体从研发阶段推向实用化。日本佐贺大学的嘉数诚教授深耕金刚石半导体研发领域二十多年。2022 年 5 月，他与 Orbray 公司利用 2 英寸金刚石晶圆，合作研发出了输出功率为 875 MW/cm^2（为全球最高）、高压达 2 568 V 的半导体（见图 2－28）。就此次研发成果而言，金刚石作为半导体，其性能非常优越，仅次于美国麻省理工学院利用 GaN 实现的成果。

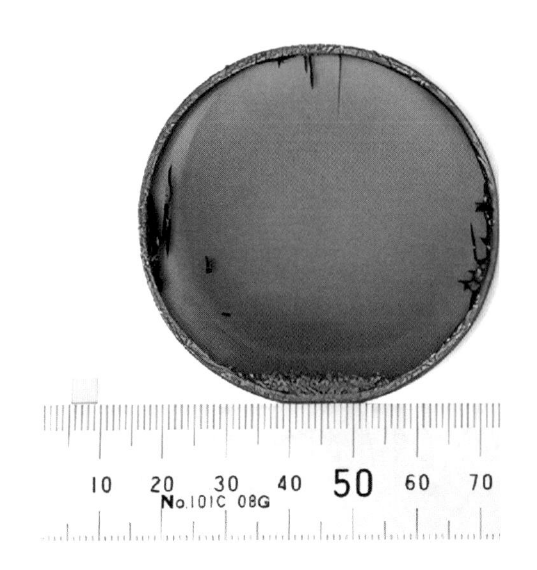

图 2－28　嘉数诚与 Orbray 公司研发的 2 英寸金刚石晶圆（左侧为普通大小的种晶片）

金刚石半导体材料的优点如下：

（1）金刚石半导体具有优异的热导率和电绝缘性，适用于制造高功率、高温、高频率的电子器件。

（2）金刚石半导体具有极高的硬度和化学稳定性，可以保证电子器件的耐用性和稳定性。

（3）金刚石半导体的电学特性优异，具有高载流子迁移率和高电场饱和漂移速度，适用于制造高性能的电子器件。

（4）金刚石半导体可以在恶劣的工作环境下长时间工作，如高温、高压、高辐射场景等。

金刚石半导体材料的缺点如下：

（1）金刚石半导体的制造成本较高，且加工技术复杂，制造周期长。

（2）金刚石半导体的晶体生长技术难度大，且晶体质量难以保证，影响器件性能。

（3）金刚石半导体的尺寸较小，不利于大规模集成电路的制造。

（4）金刚石半导体的电子性质复杂，需要人们进一步研究和探索其机理。

2.12.3 氮化铝

AlN 是一种综合性能优良的陶瓷材料，与之相关的研究可以追溯到一百多年前。它由 F. Birgeler 和 A. Geuhter 在 1862 年发现，并于 1877 年由 J. W. MalletS 首次合成，但在随后的 100 多年并没有什么实际应用，当时人们仅将其作为一种固氮剂用作化肥。由于 AlN 是共价化合物，自扩散系数小，熔点高，因此难以烧结。直到 20 世纪 50 年代，人们才首次成功制得 AlN 陶瓷，并将其作为耐火材料应用于纯铁、铝以及铝合金的熔炼。自 20 世纪 70 年代，随着研究的不断深入，AlN 的制备工艺日趋成熟，其应用范围也不断扩大。尤其是进入 21 世纪，随着微电子技术的飞速发展，电子整机和电子元器件朝着微型化、轻型化、集成化，以及高可靠性和大功率输出等方向发展，越来越复杂的器件对基片和封装材料的散热提出了更高要求，进一步促进了 AlN 产业的蓬勃发展。

AlN 是一种六方纤锌矿结构的共价键化合物（见图 2－29），晶格参数为 $a=3.114$，$c=4.986$。AlN 是以共价键为主的晶体，属于六角晶系类金刚石氮化物，其理论密度为 3.26 g/cm^3，莫氏硬度 7～8，室温下的强度高，且强度随着温度的升高下降较慢。纯 AlN 呈蓝白色，通常为灰色或灰白色（见图 2－30），是典型的Ⅲ－Ⅴ族宽禁带半导体材料，其禁带宽度为 6.2 eV。

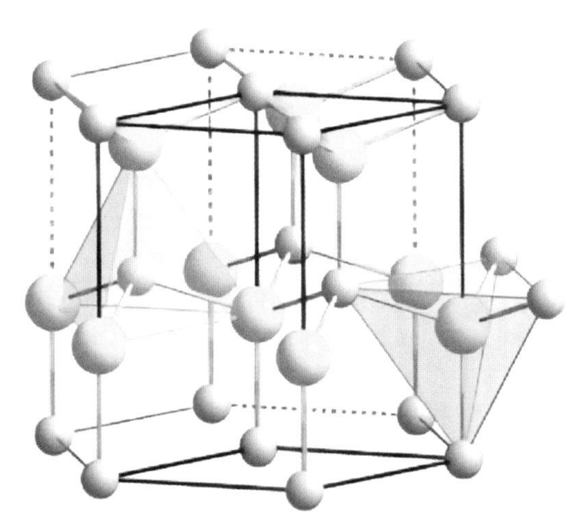
图 2－29　氮化铝的晶体结构图

图 2－30　氮化铝粉末

与其他半导体材料相比较，AlN 具有优异的综合性能，如具有优良的导热性能、高温耐蚀性、高温稳定性、较高的强度和硬度、高体积电阻率、高绝缘耐压、与硅的热膨胀系数匹配好等特性（见表 2－1），常被用于制作陶瓷电子基板和封装材料，具有很大的应用潜力。

表 2－1　氮化铝材料的主要性能指标

主要参数	数值	备注
热导率	理论值为 320 W/(m·K) 实际值大于 180 W/(m·K)	为 Al_2O_3 的 8～10 倍
热膨胀系数	$4.5\times10^{-6}\ K^{-1}$（室温－400 ℃）	接近硅（$4.1\times10^{-6}\ K^{-1}$）
绝缘性能	室温电阻不小于 $10^{14}\ \Omega\cdot cm$ 击穿场强为 11.7×10^{6} V/cm	优良的绝缘性
介电常数	8.8 F/m	与 Al_2O_3 相当
禁带宽度	6.2 eV	高于 GaN（3.39 eV）
常温机械性能	硬度为 12 GPa，弹性模量为 314 GPa， 抗弯曲强度为 300～400 MPa	机械性能好
高温机械性能	1 300 ℃时，下降 20% （和室温相比）	同等条件下，Si_3N_4、 Al_2O_3下降约 50%
其他	无毒，高温抗腐蚀能力优良， 常压下分解温度为 2 000 ℃～2 450 ℃	制造过程中 BeO 有毒性

2.12.4 锑化镓

GaSb 是第四代半导体材料，同时也是第三代红外技术材料，其工作波段覆盖近红外到远红外，开发应用价值大。新思界产业研究中心发布的《2022—2027 年中国锑化镓（GaSb）行业市场深度调研及发展前景预测报告》显示，GaSb 是第四代半导体材料中窄禁带半导体的代表性材料之一，具有自由电子迁移率高、功耗低的特点，其禁带宽度可以在较宽的范围内进行调节，在中长波红外波段探测性能优异。GaSb 常用作衬底材料，可以广泛应用在红外探测器、激光器、发光二极管、光通信、太阳能电池等行业中。21 世纪初期，GaSb 作为新一代半导体材料因发展潜力大受到重视。在光通信中，波长越长的光在传输过程中损耗越低，工作波长为2 ~4 μm 的非硅材料光传输损耗低，GaSb 可以在此波段范围内工作，并且能够与其他Ⅲ - Ⅴ族材料晶格常数相匹配，制得的 GaSb/GaInAsSb 等产品的光谱范围符合光通信的低损耗要求，因此 GaSb 在光通信市场中拥有巨大发展潜力。在红外探测器领域，GaSb 凭借光谱覆盖范围宽、频带宽度可调节的优势，被用于制备二类超晶格材料的衬底，例如 InAs/GaSb 探测性能优异、成像质量高，可用于制造高性能红外焦平面成像阵列，特别是在中红外探测器制造中具有不可替代性，而红外焦平面成像阵列具有多色、大面阵、功能集成化的特点，是第三代红外探测器。除此之外，GaSb 在太阳能电池中也有巨大应用价值。2017 年 7 月，美国乔治 · 华盛顿大学与其他科研机构、高校以及公司合作，设计出一款 GaSb 基太阳能电池，该电池可以捕获不同波长的太阳光，光电转化效率达到44. 5%，远高于同期其他太阳能电池。

2.12.5 新型半导体材料的应用

新型半导体材料的物理性能优越，在耐高压、大功率、高频等场景下拥有不错的前景。但新型半导体材料从研发到应用还需要考量众多问题，包括材料规模化制备困难、良率低、工艺与现有工艺转化是否兼容、综合成本高等，这些问题制约着新型半导体材料的产业化应用进度。

对于新型半导体材料的应用，SiC 从 2 寸到 6 寸花了 20 年（1992—2012），而 Ga_2O_3从 2 寸到 6 寸仅用时 4 年（2014—2018）（见图 2 - 31）。GaN 市场需要大尺寸、低成本的衬底，这样才能真正发挥 GaN 材料的优势。同质衬底上生长同质外延的外延层品质是最好的，但由于 GaN 衬底价格很高，因此在 LED、消费电子、射频等领域常采用相对廉价的衬底，如 Si、蓝宝石、SiC 衬底，但这些衬底与 GaN 晶体结构的差异会造成晶格失配，相当于为了成本而牺牲外延品质。而 GaN 与 Ga_2O_3的晶格失配仅 2. 6%，因此以 Ga_2O_3 为衬底，异质外延生长的 GaN 品质高，且用无铱法生长 6 寸 Ga_2O_3的成本接近 Si，有望在 GaN 射频器件市场得到重要应用。此外，Ga_2O_3

新型半导体材料已经应用在肖特基二极管（见图2－32）和金属氧化物半导体场效应管（见图2－33）中。

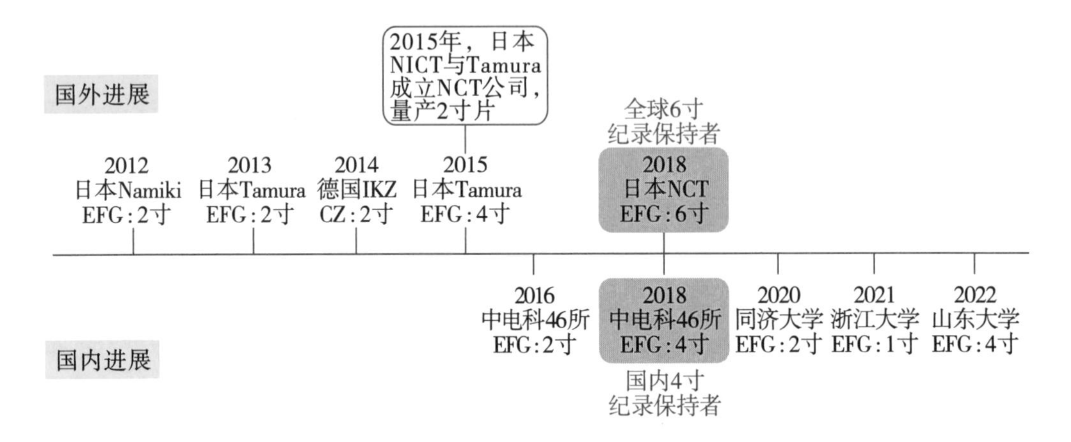

图2－31　国内外氧化镓衬底尺寸进度图

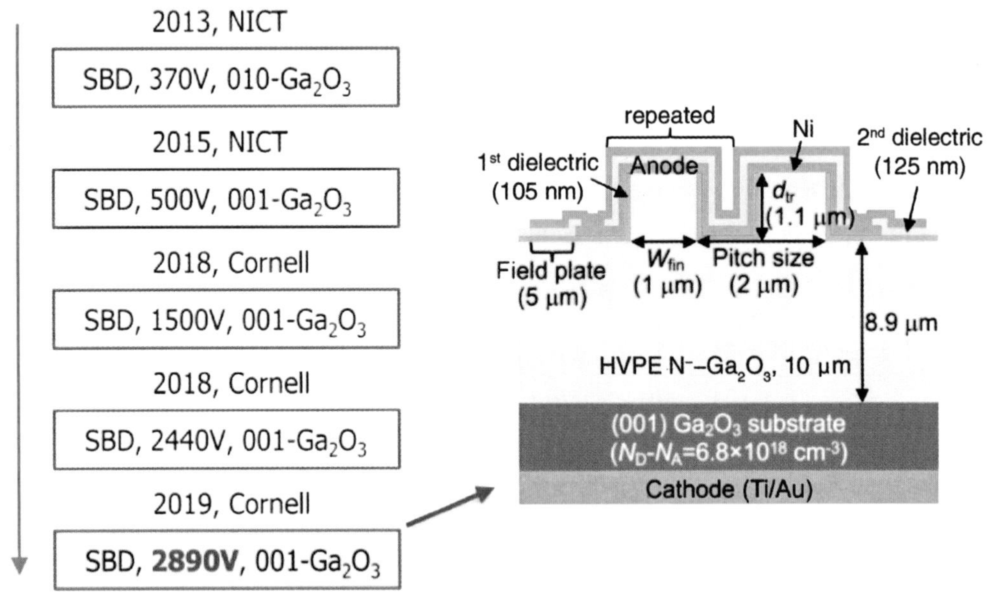

图2－32　氧化镓半导体材料在肖特基二极管中的应用

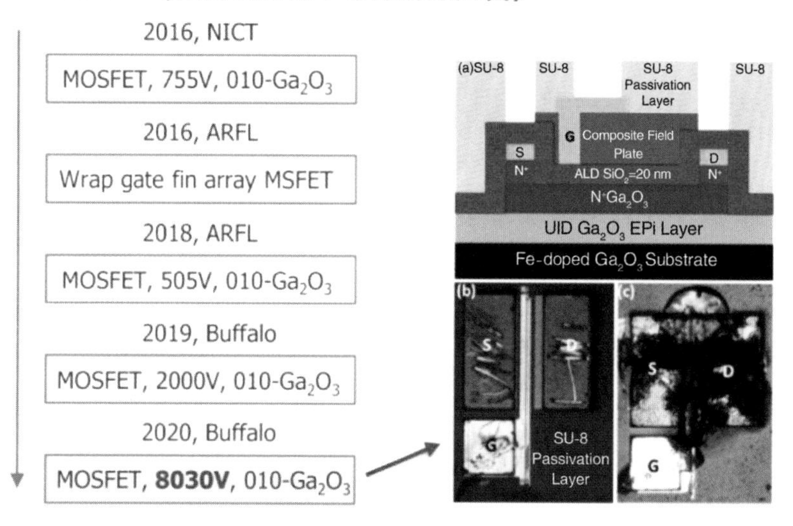

图 2－33　氧化镓半导体材料在金属氧化物半导体场效应管中的应用

尽管 Ga_2O_3存在热管理方面的挑战，但 Ga_2O_3的散热是工程可以解决的问题，并不构成产业化障碍。如图 2－34 所示，美国弗吉尼亚理工大学通过双面银烧结的封装方式解决散热问题，能够导走肖特基势垒结处产生的热量，在结处的热阻为 0.5 K/W，底处为 1.43 K/W，瞬态时可以通过高达 70 A 的浪涌电流。

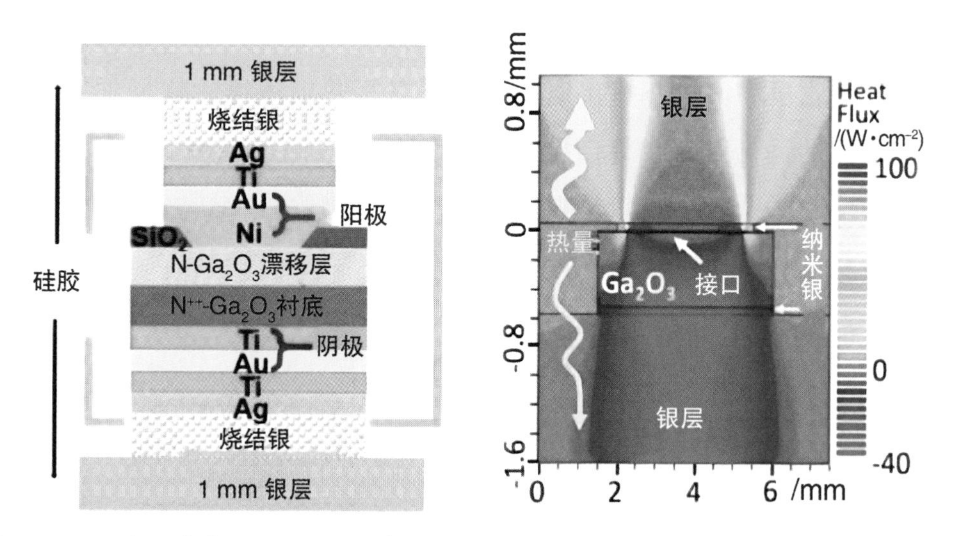

图 2－34　美国弗吉尼亚理工大学采用双面银烧结封装解决 Ga_2O_3器件散热问题

Ga_2O_3能带结构的价带无法有效进行空穴传导，因此难以制造 P 型半导体。近期斯坦福大学、复旦大学等团队已在实验室实现了 Ga_2O_3 P 型器件的制备，预计将逐步导入产业化应用。如图 2－35 所示，斯坦福大学在 2022 年 8 月发表了实验室实现 Ga_2O_3 P 型垂直结构的成果，其以 Mg-SOG 镁扩散的方式形成 PN 结，开启电压为 7 V。

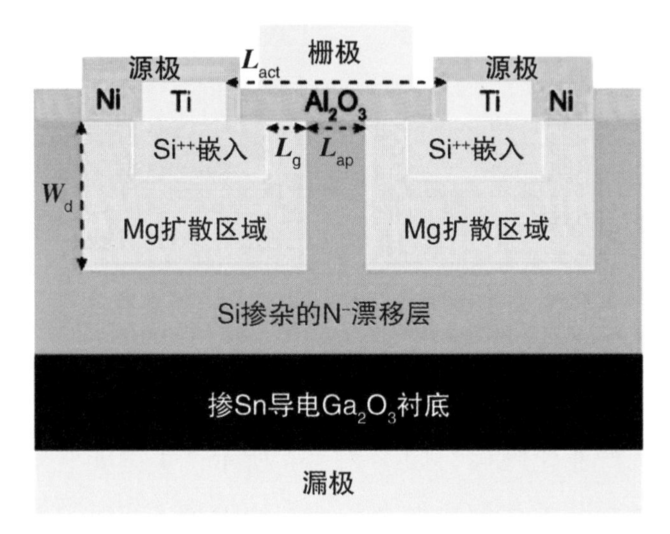

图 2－35　斯坦福大学利用氧化镓 P 型材料构建的器件结构

AlN 材料在半导体领域中的第一个应用是陶瓷封装基板（见图 2－36）。随着微电子及半导体技术的蓬勃发展，电机和电子元件逐渐步入微型、轻量、高能量密度和大功率输出时代，电子基板热流密度大幅增加，保持设备内部稳定的运行环境成为需要重点关注的技术问题。AlN 陶瓷因具有热导率高、热膨胀系数与硅接近、机械强度高、化学稳定性好及环保无毒等特性，被认为是新一代散热基板和电子器件封装的理想材料。

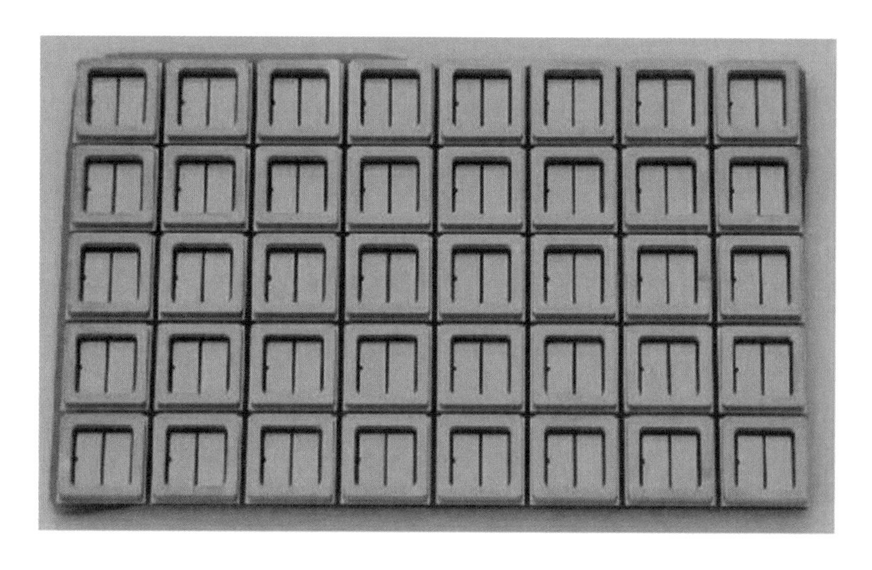

图 2－36　氮化铝陶瓷封装基板

相比于 Al_2O_3陶瓷基板和 Si_3N_4陶瓷基板，AlN 陶瓷基板具有以下优势：①使用 AlN 陶瓷基板作为芯片的承载体，可以将芯片与模块散热底板隔离开，基板中间的 AlN 陶瓷层可有效提高模块的绝缘能力（陶瓷层绝缘耐压 >2.5 kV）；②AlN 陶瓷基板具有良好的导热性，热导率可以达到 170 ~ 260 W/(m·K)；③AlN 陶瓷基板膨胀系数同硅相近，不会造成对芯片的应力损伤；④AlN 陶瓷基板抗剥力 >20 N/mm^2，具有优秀的机械性能，耐腐蚀，不易发生形变，可以在较大温度范围内使用。

AlN 材料在半导体领域中的第二个应用是半导体器件零部件。在半导体加工中，硅片的散热工作相当重要，如果无法保证硅片表面的均温，则在硅片的加工过程中将无法确保加工的均匀性，加工精度也会受到影响。使用 AlN 做主材料的优势在于：①可以通过控制其体积电阻率，获得大范围的温度域和充分的吸附力，静电吸盘可通过自由度高的加热器设计实现良好的温度均匀性；②AlN 通过一体共烧成型，不会出现因电极的劣化造成历时变化的情况，最大限度地保障产品质量；③在等离子卤素真空气氛环境下能持久运行，以承受半导体及微电子最苛刻的制程环境。

AlN 材料在半导体领域中的第三个应用是衬底材料（见图 2－37）。AlN 晶体是 GaN、AlGaN 以及 AlN 外延材料的理想衬底。与蓝宝石或 SiC 衬底相比，AlN 与 GaN 热匹配和化学兼容性更高、衬底与外延层之间的应力更小。因此，AlN 晶体作为 GaN 外延衬底时可大幅度降低器件中的缺陷密度，提高器件的性能，在制备高温、高频、高功率电子器件方面有很好的应用前景。另外，用 AlN 晶体做高铝（Al）组分的 AlGaN 外延材料衬底还可以有效降低氮化物外延层中的缺陷密度，极大地提高氮化物半导体器件的性能和使用寿命。基于 AlGaN 的高质量日盲紫外充电探测器已经获得成功应用。

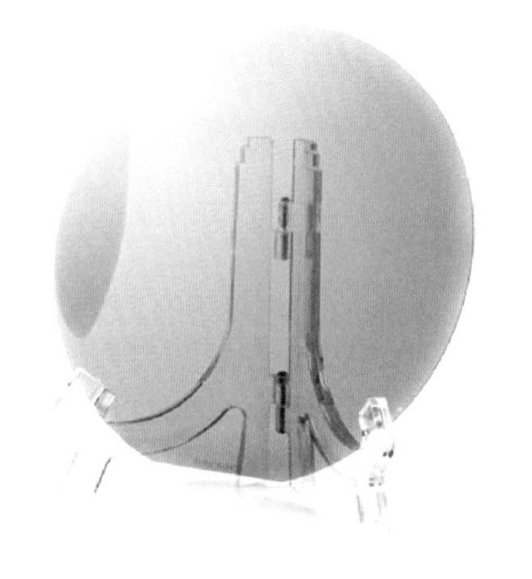

图 2－37　氮化铝衬底

图 2－38　氮化铝薄膜大功率芯片电阻器

AlN 材料在半导体领域中的第四个应用是薄膜材料（见图 2－38）。由于 AlN 带隙宽、极化强，禁带宽度为 6.2 eV，因此 AlN 薄膜材料具有很多优异的物理化学性质，如高击穿场强、高热导率、高电阻率、高化学和热稳定性以及良好的光学及力学性能，被广泛应用于电子器件和集成电路封装中的隔离介质和绝缘材料。高质量的 AlN 薄膜还具有极快的超声传输速度，较小的声波损耗，相当大的压电耦合常数，与 Si、GaAs 相近的热膨胀系数等特点，独特的性质使它在机械、微电子、光学以及电子元器件、声表面波器件制造和高频宽带通信等领域有着广阔的应用前景。目前低温制备 AlN 薄膜的方法还不成熟、不完善，AlN 薄膜的制备尚处于设备复杂、造价昂贵、难于商品化的阶段，并且现有的薄膜制备方法通常要求将衬底加热到较高的温度。而集成光学器件的发展要求在较低的温度下进行薄膜制备，以避免对衬底材料的热损伤。在产业化应用的过程中，还有诸多问题需要进一步解决，例如改进 AlN 薄膜的制备方法，在较低的温度、较简单的工艺条件下得到更致密、更均匀、更高纯度、更低成本的 AlN 薄膜等。

练习题

（1）半导体材料有哪些？它们各自的特点是什么？

（2）什么是 N 型半导体？什么是 P 型半导体？它们是如何获得的？

（3）PN 结二极管的空间电荷区是如何形成的？

（4）请解析 PN 结二极管的“正向导通，反向截止”特性。

（5）为什么 PN 结会出现“隧穿效应”？

（6）双极型三极管和 PN 结二极管的区别是什么？

（7）结型场效应晶体管和无结场效应晶体管的区别是什么？

3 硅及硅片制备

学习目标

（1）了解晶圆的材料和纯度。

（2）掌握硅的晶体结构。

（3）掌握硅作为半导体材料的优点。

（4）了解硅材料的分类。

（5）掌握电子级硅材料的制备方法。

（6）掌握单晶硅的制备方法。

（7）了解硅片的分类和抛光硅片的制备流程。

（8）了解SOI硅片的键合方式。

3.1 概述

90%以上的集成电路都是用高纯度、高质量的晶圆（硅片）制造的。硅片的质量和产业链的供应能力直接影响集成电路的质量和竞争力，因此硅片制造业是集成电路产业链最上游、最重要的环节之一。随着信息产业的快速发展，国家将集成电路制造业作为战略支持产业，给予了更多的政策和资金支持，整个行业对晶圆的需求也越来越大。随着晶圆直径的增大，对晶圆表面局部平整度、表面附着微量杂质、内部缺陷、含氧量等关键参数的要求也越来越高，这就对晶圆制造技术提出了更高的要求。晶圆制造设备可以将纯多晶硅材料制成具有一定直径和长度的硅单晶棒材料，然后将硅单晶棒材料通过一系列的机械加工、化学处理等工艺制成符合一定几何精度要求和表面质量要求的硅片或外延硅片，为芯片制造提供所需的硅衬底。

以硅材料为基础的半导体电子学的发展速度呈指数级增长。半导体技术的巨大进步和摩尔定律的发展离不开硅材料的独特性质。硅是一种半导体材料，有四个价电子。硅中价电子的数量使它正好处于有一个价电子的优质导体和有八个价电子的绝缘体的中间。在自然界中很难找到纯硅，硅元素通常存在于氧化硅和其他硅酸盐中，硅必须经过精炼和纯化才能成为半导体制造所需的纯硅。

硅作为半导体材料主要有以下四个优点：

（1）硅材料的丰度较高：硅是地球上第二丰富的元素，占地壳成分的26.30%（见图3-1）。

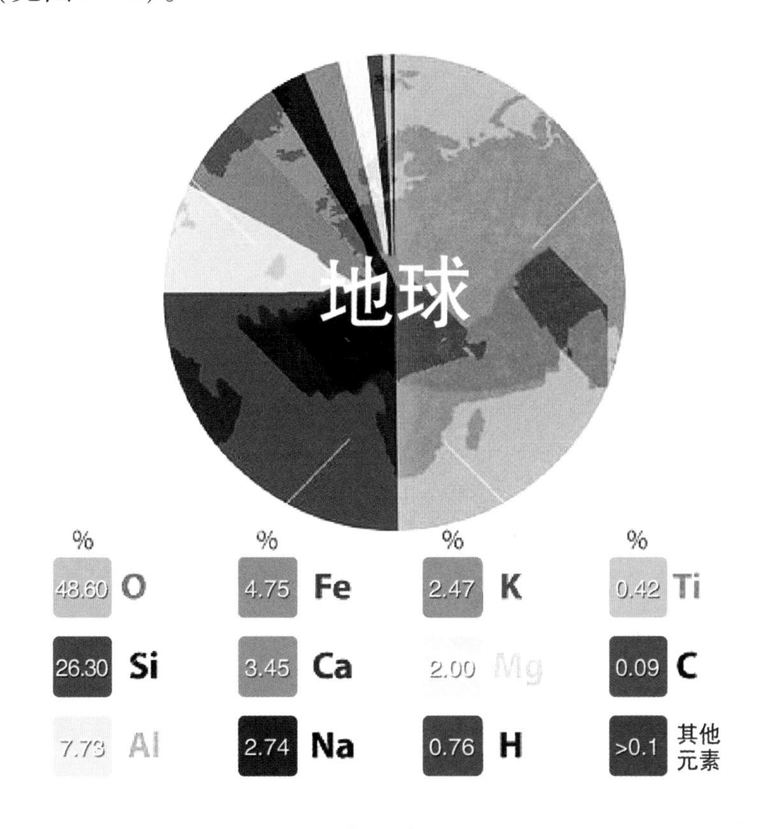

图3-1　地壳元素含量比例图

（2）硅材料的熔点较高，工艺容忍度更高：硅的熔点为1 412 ℃，远高于锗材料的熔点937 ℃，较高的熔点使得硅能够承受高温工艺。用硅制成的半导体器件可以在比锗更大的温度范围内使用，增加了半导体器件的应用范围和可靠性。

（3）硅材料的工作湿度范围更广。

（4）硅材料能够自然生长氧化硅：硅表面具有自然生长 SiO_2 的能力，SiO_2 是一种优质、稳定的电绝缘材料，可以作为优质的化学阻隔层保护硅不受外界污染。在集成电路中，电气稳定性对于避免相邻导体之间的漏电非常重要。硅材料能够生长稳定、薄层的 SiO_2，是制造高性能金属氧化物半导体器件的基础。SiO_2 具有与硅相似的机械性能，允许高温加工而不会造成晶圆翘曲。

硅材料根据晶胞排列方式的不同可分为单晶硅和多晶硅。单晶硅和多晶硅最大的区别是单晶硅的晶胞排列是有序的，而多晶硅是无序的。晶胞里原子的数量、相对位置及原子间的结合能会引发材料的多种特性。每种晶体材料都具有独一无二的晶胞。硅晶体具有由 18 个原子排列而成的金刚石结构（见图 3－2 左），单个硅晶胞含 8 个 Si 原子（其中 8 个顶点原子为 8 个晶胞所共有，6 个面心原子为 2 个晶胞所共有，4 个体心原子为单个晶胞所共有，共 $8\times1/8+6\times1/2+4=8$ 个）。砷化镓晶体具有由 18 个原子组成的闪锌矿结构（见图 3－2 右），单个砷化镓晶胞含有 4 个 As 原子和 4 个 Ga 原子。

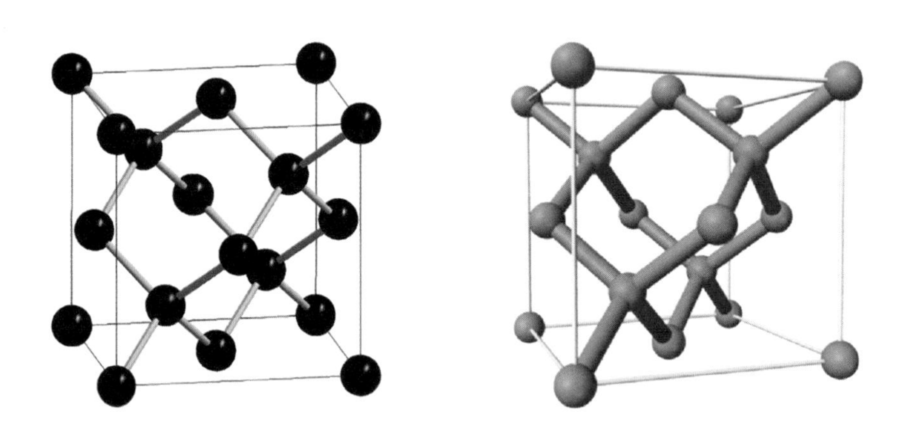

图 3－2　硅（左）和砷化镓（右）的晶胞结构示意图

工业上使用硅石和焦炭时将二者以一定比例进行混合，在极高温度下（1 600 ℃～1 800 ℃）反应，制成纯度为 95%～99% 的粗硅，随后采用盐酸、王水、氢氟酸/硫酸进一步处理，最后用蒸馏水洗至中性，得到高纯度的工业硅（99.9%）。以工业硅为原料，经一系列物理化学反应提纯，可得到多晶硅。而单晶硅则通过拉单晶的方式（直拉法）形成晶棒得到。硅材料由于资源丰富、物理化学性能优良，具有单向导电特性、热敏特性、光电特性以及掺杂特性等优良性能，而且晶体力学性能优越，易于实现产业化，因此是全球应用最广泛的半导体基础材料。

按纯度要求及用途的不同，多晶硅可分为太阳能级多晶硅和电子级多晶硅。光伏和半导体是晶硅原材料生产制造的下游应用领域，具有一定的技术壁垒和垄断性，其中制造半导体硅片比制造光伏硅片的要求更高。半导体行业使用的硅片全部为单晶硅，其目的是保证硅片每个空间位点具有相同电学特性。在形状和尺寸方面，光伏用单晶硅片为正方形，而半导体用单晶硅片则为圆形，硅片直径有 150 mm（6 寸晶圆）、200 mm（8 寸晶圆）和 300 mm（12 寸晶圆）。在纯度方面，光伏用单晶硅片要求硅含量为 4N～6N（99.99%～99.999 9%）；半导体用单晶硅片纯度为 9N～11N（99.999 999 9%～99.999 999 999%），最低纯度要求是光伏用单晶硅片的 1 000 倍，是光伏用单晶硅片和半导体用单晶硅片的最大不同所在。在外观方面，半导体用单晶硅片在表面平整度、光滑度和洁净程度方面要比光伏用单晶硅片的要求更高。值得注意的是，在尺寸上，硅片的发展路径是面积越来越大，因为增加晶圆面积就意味着可以增加单片晶圆上的芯片个数，从而有效降低成本。在集成电路发展初期，芯片使用的是 0.75 寸晶圆。随后，硅片经历了 4 寸、6 寸、8 寸和 12 寸等节点。自 2001 年 Intel 和 IBM 联合开发了 12 寸晶圆芯片制造工艺后，大尺寸晶圆得到了广泛应用，现在主流硅片就是 12 寸晶圆，占比约为 70%，但 18 寸（450 mm）的晶圆制造已经提上议程。

现在应用于半导体行业的硅片主要是直拉硅片，可分为抛光硅片和外延硅片两大类。常用的抛光硅片为 P 型、<100>晶向。常用的外延硅片是以重掺硼硅片为衬底的外延片。一般而言，200 mm 及以下的集成电路生产线常用抛光硅片，45 nm 及以下线宽的 300 mm 集成电路生产线常用外延硅片。抛光硅片由直拉单晶硅锭经过滚圆、切片、磨片、腐蚀、抛光、清洗等工序制造得来。与抛光硅片相比，外延硅片在晶体完整性方面得到了提升，并能显著降低器件的导通电阻，减小 α 粒子软误差，避免 CMOS 电路闩锁现象的发生。

3.2 电子级硅的制备

随着半导体产业的蓬勃发展，国内多晶硅行业在短短十几年间，产量已达到全球最大，生产成本竞争力强。高纯多晶硅材料是信息产业和太阳能光伏发电产业的基础原材料，世界上多个发达国家将其列为战略性材料。按照纯度和用途的不同，高纯多晶硅可以分为探测器级高纯多晶硅、电子级高纯多晶硅和太阳能级高纯多晶硅，分别作为制造探测器、集成电路和太阳能电池等相关器件的原始材料。其中，太阳能级高纯多晶硅纯度要求相对较低；而电子级高纯多晶硅材料是用于制造半导体硅片最基础和最主要的原材料之一，被称为“电子信息产业的粮食”，纯度要求达到99.999 999 9% ~ 99.999 999 999% （9N ~ 11N）。根据形状和生产工艺的不同，高纯多晶硅也可分为棒状多晶硅和颗粒多晶硅。

电子级多晶硅按生产类型可分为电子级直拉多晶硅和区熔多晶硅。电子级直拉多晶硅是制备集成电路的关键基础材料，其市场占比为90%以上，以直拉多晶硅生产出的单晶硅广泛用于集成电路存储器、微处理器、手机芯片和低电压晶体管、电子器件等电子产品，用途更为广泛。以区熔多晶硅为原料生产出的单晶硅尺寸主要为8 寸、6 寸，应用于制造绝缘栅双极型晶体管（Insulated Gate Bipolar Transistor，IGBT）、高压整流器、晶闸管、高压晶体管等高压大功率半导体器件。区熔法较直拉法而言，制备晶体时不使用坩埚，因此避免了来自坩埚的污染，具有纯度高、含氧和碳量低、污染度低、载流子浓度低、电阻率高（杂质分凝和蒸发效应）、耐高压的特性。与直拉多晶硅生产相比，区熔多晶硅的生产技术更复杂，是电子级多晶硅里的高端产品。

电子级多晶硅对纯度要求极高，是人类工业化能够获得的最纯净的物质。目前，制备高纯多晶硅的技术有多种，但是从成本、能耗、质量等方面综合考虑，国内外可应用于大规模产业化生产电子级多晶硅的制备技术主要分为以下两种：改良西门子法和硅烷法。

3.2.1 改良西门子法

改良西门子法也称为三氯氢硅氢还原法，在国际上被广泛采用，70%～80%的电子级多晶硅均通过该法制备。该法主要是借助 HCl 与硅粉进行结合，形成 $SiHCl_3$，然后再将 $SiHCl_3$ 通过精馏工序提纯，然后以直径约 5 mm 的多晶硅细棒作为硅芯，通电后，加热到约 1 100 ℃，再让高纯的 $SiHCl_3$ 与尾气回收车间制取的高纯 H_2 共同进入还原工序生产出高纯多晶硅晶体。这些多晶硅材料直接沉积在硅芯上，使得硅芯的直径逐渐增大（直径为 150～200 mm），最终制成棒状的电子级高纯多晶硅。多晶硅棒经破碎、酸洗、水洗和包装等后处理工序后，成为超纯的电子级多晶硅产品（见图 3－3）。

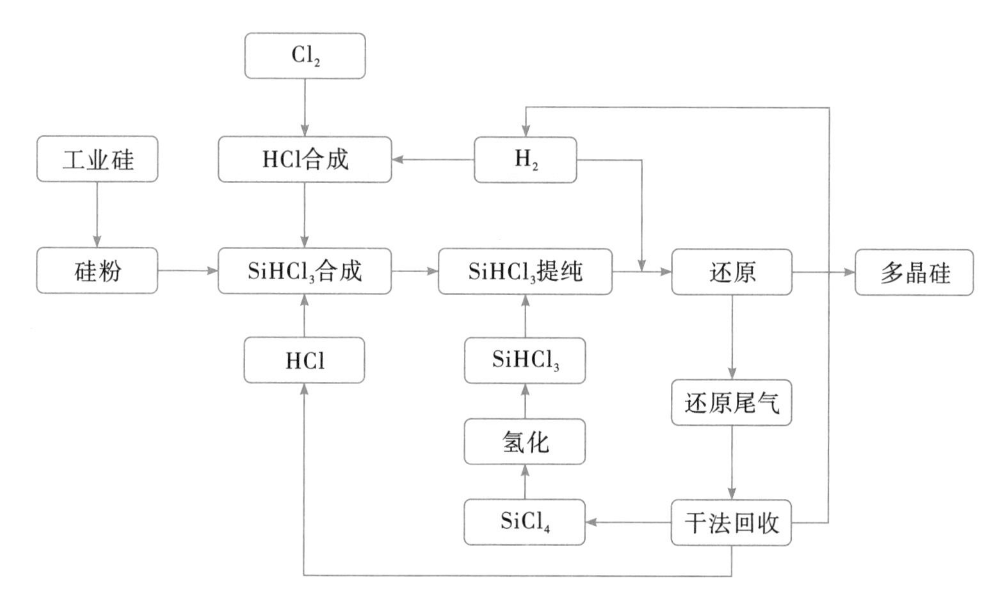

图 3－3　改良西门子法流程示意图

改良西门子法发源于 1960 年前后，经过半个多世纪的发展，已经在各方面都做到了技术极致。国内改良西门子法最初用于光伏多晶硅的生产，在进行技术升级的过程中，在许多领域出现了难以克服的技术瓶颈，限制了电子级多晶硅的发展。在生产过程中，多晶硅产品的质量控制仍然存在很多不足，当前我国尚未完全掌握改良西门子法核心技术。改良西门子法的主要优势在于成本低、效率高、提纯效果相对较好、工艺较成熟，而且对环境的污染相对较小。在较好的工艺控制条件和硬件条件的支撑下，改良西门子法是获得电子级多晶硅最成熟的工艺方法，因此国内外多晶硅厂商普遍采用此法制备多晶硅。

在生产过程中，多晶硅产品的质量控制仍然存在很多不足。最明显的劣势在于难以有效提纯 $SiHCl_3$ 这一原料（提纯装置见图 3－4，粗料组分及沸点见表 3－1），相对尾气回收和精馏来说，其要求更加严格；在实际生产时，工艺也有较大的控制难度，而且电子级多晶硅的生产对还原炉性能和结构的要求也很高。此外，由于工艺气体中存在氯，如果不能有效管控工艺生产条件，相应的设施和管道会受到严重腐蚀。国际主流的单线生产规模一般在千吨级以上，更大规模的扩产固然能带来成本和产能优势，但是规模放大效应也使得反应过程控制、质量控制和设备选型更加困难。

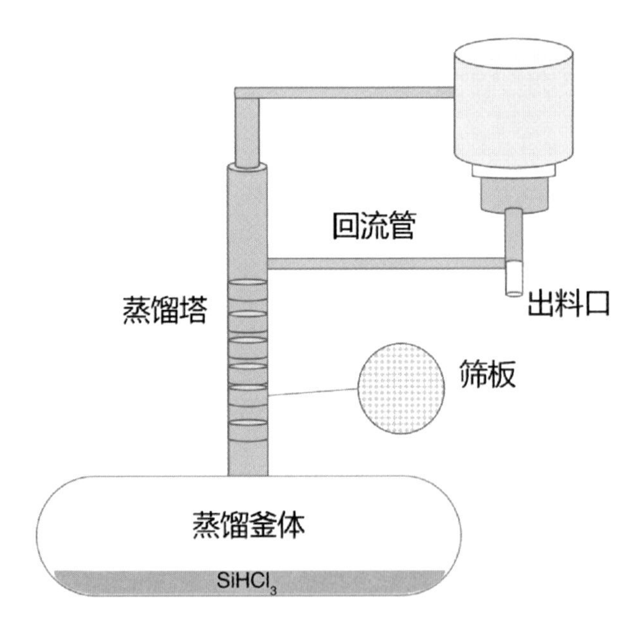

图 3－4　精馏提纯 $SiHCl_3$ 技术及其提纯装置示意图

表 3-1　$SiHCl_3$ 粗料中含有的组分及其沸点值

组分	沸点/℃	组分	沸点/℃
SiH_2Cl_2	8.3	$SiHCl_3$	31.5
BCl_3	12.1	$SnCl_4$	113
$SiCl_4$	57.6	CrO_2Cl_2	116.7
PCl_3	76	$VOCl_3$	127
CCl_4	77	$AsCl_3$	130
$POCl_3$	105.3	$TiCl_4$	136

3.2.2 硅烷法

硅烷法（见图 3-5）实质上是指以多种硅烷结合方式进行提纯的方法类别，其中包括硅化镁法、歧化法等。硅烷法的主要优势是易于提纯，可以通过热分解直接生成多晶硅，且分解温度相对较低，同时提纯的电子级多晶硅质量相对较为突出，硅烷中有近 90% 的含硅量，分解速度极快，而且分解率超过 99%，能产生较高纯度的电子级多晶硅产品。此外，硅烷热分解时生成的 H_2 不会污染环境。硅烷可以通过硅化镁和氯化铵在液氨介质中反应生成，或者由 $SiHCl_3$ 歧化反应等技术获得，利用精馏技术提纯后通入反应室，硅芯通电加热到 850 ℃以上，硅烷热分解生成多晶硅，沉积在加热的硅芯上，制备成棒状的硅原料。硅烷生产工艺主要应用在直拉单晶硅以及区熔单晶硅的生产和制造中，以高纯度硅烷作为主要生产原料制备的多晶硅纯度能够达到 11N。

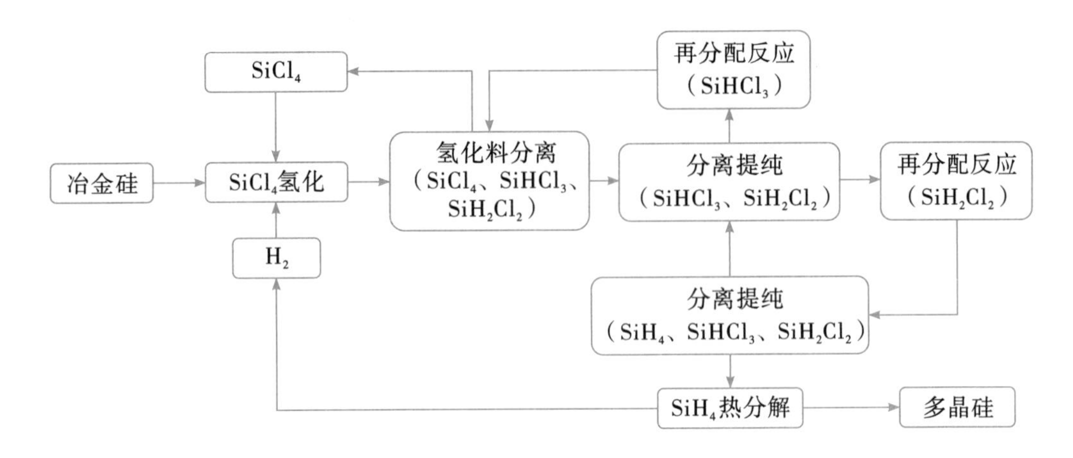

图 3－5　硅烷法流程示意图

然而运用硅烷法生产电子级多晶硅也存在以下劣势：①硅烷热分解时极易在气相中成核，在反应室中生成相应粉尘，它不仅会堵塞管道和设备，还会严重影响生产的安全性和连续性；②硅烷的生产成本较高，容易导致最终生产的电子级多晶硅成本增加；③采用的硅烷易燃、易爆，安全性较差，即使在室温条件下也存在火险隐患。

电子级多晶硅是电子信息产业最基础的战略材料之一，关乎我国国民经济、社会及国防安全。如何能够持续、稳定地生产高纯电子级多晶硅，满足下游企业对电子级多晶硅材料的需求，是多晶硅企业面临的重要研究课题。

截至 2022 年年底，全球多晶硅有效产能为 134.1 万吨/年，同比增加 73.3%；2022 年，全球多晶硅产量 100.1 万吨，同比增加 55.9%，其中电子级多晶硅产量约 3.92 万吨，太阳能级块状硅产量约 90 万吨，颗粒硅产量约 6.16 万吨，在全球多晶硅总产量中的占比分别为 3.9%、89.9% 和 6.2%。2022 年，全球多晶硅新增产能 56.7 万吨/年，包括复产、扩产和新建项目的投产，其中新建多晶硅工厂全部在中国。

长期以来，电子级多晶硅的制备技术被美、德、日等国家封锁，因而我国使用的电子级多晶硅几乎完全依赖进口，存在被“卡脖子”的风险。近年来，我国以青海黄河上游水电开发有限责任公司、江苏鑫华半导体材料科技有限公司等为代表的企业在电子级多晶硅制备上取得了一部分技术突破，但仍存在发展瓶颈。产品的一致性和稳定性仍需提升，尤其是12英寸硅片用电子级多晶硅的质量稳定性和国外相比仍有差距。

此外，我国电子级多晶硅检测设备仍依赖进口。在生产制造端，我国已基本实现相关设备和材料的国产化替代。但用于多晶硅产品的核心检测设备则完全依赖进口，如低温傅立叶红外光谱仪（LT-FTIR）、电感耦合等离子体质谱仪（ICP-MS）等，并且检测环节对检测人员的能力水平要求极高。

3.3 单晶硅的制备

单晶硅，又称“硅单晶”，是由单一籽晶（晶核）生长而来的单晶体的硅材料，它具有晶格完整、缺陷很少、杂质很少等特点，是集成电路的基体材料。单晶硅有直拉单晶硅和区熔单晶硅两种，种类由单晶硅晶体生长方式所决定，对应的制备单晶硅的两种方法，称为“直拉法”和“区熔法”。其中，约85%的硅片由直拉法生产，15%的硅片由区熔法生产。按应用分，直拉法生长出的单晶硅主要用于生产集成电路元件，而区熔法生长出的单晶硅则主要用于制造功率半导体。直拉法工艺成熟，更容易生长出大直径单晶硅；区熔法中熔体不与容器接触，不易受污染，纯度较高，适用于大功率电子器件生产，但较难生长出大直径单晶硅，一般仅用于生产8寸及以下直径单晶硅。

3.3.1 直拉法

使用直拉法制备单晶硅时，须在多晶硅熔液温度稳定之后，将籽晶缓慢下降放入硅熔体中（籽晶在硅熔体中也会被熔化），然后将籽晶以一定速度向上提升进行引晶过程。随后通过缩颈操作，将在引晶过程中产生的位错消除掉。当缩颈至足够长度后，调整拉速和温度使单晶硅直径变大至目标值，然后使其保持等径生长至目标长度。最后为了防止位错反延，对单晶硅锭进行收尾操作，得到单晶硅锭成品，待温度冷却后取出（见图3－6、图3－7）。

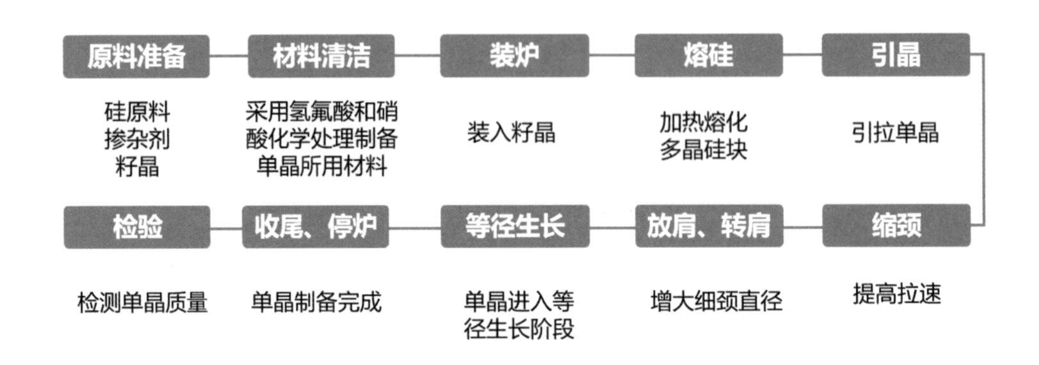

图3－6　直拉法制备单晶硅工艺流程示意图

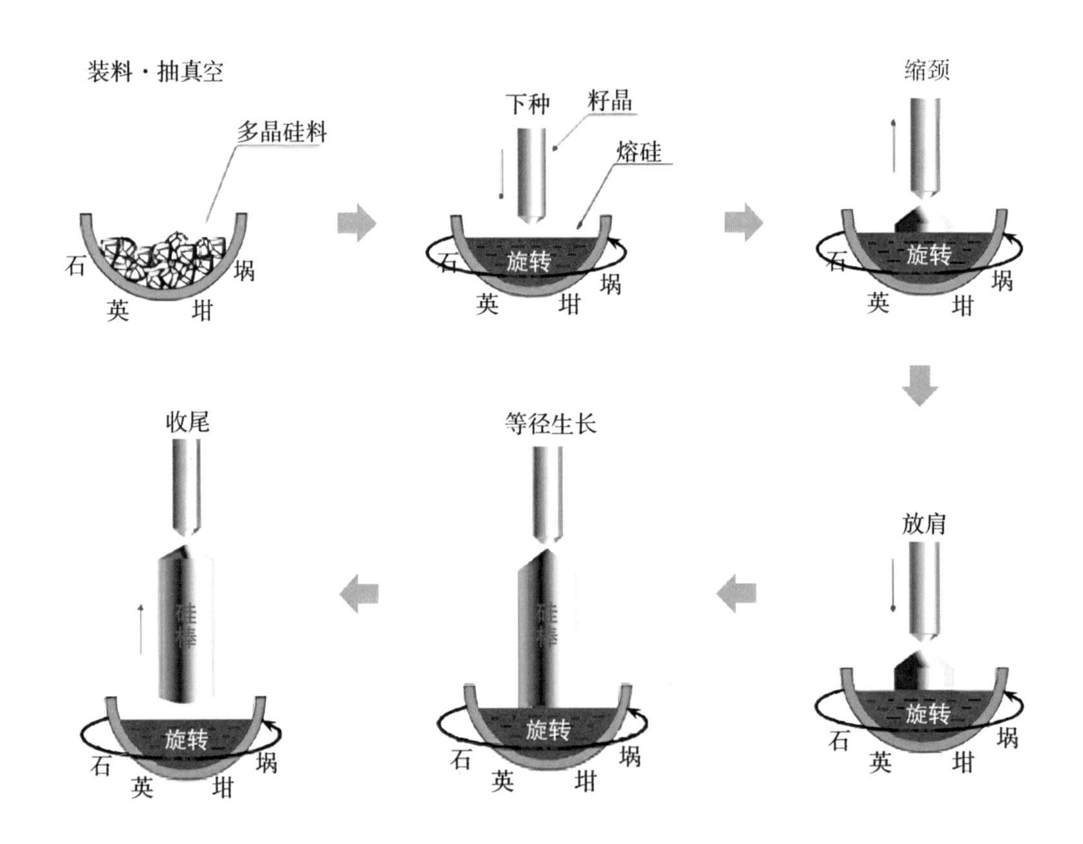

图3－7　直拉单晶硅生长工艺步骤示意图

直拉法源于1918年Czochralski从熔融金属中拉制细灯丝，故简称“CZ法”。CZ法的具体操作过程是：在一个直筒形的热系统中，用石墨电阻加热，将装在高纯石英坩埚中的半导体级多晶硅熔化（生产单晶硅的原料为电子级多晶硅，所需要的纯度高达11N，故使用多晶硅前需要对其进行严格的去杂质处理），然后将小于1 cm的籽晶插入熔体表面进行熔接，同时转动籽晶，再反转坩埚，将籽晶缓慢向上提升，经过种晶、缩颈生长、放肩生长、等径生长、收尾等过程，得到单晶硅（见图3－8）。直拉法主要工艺流程为加料→熔化→缩颈生长→放肩生长→等径生长→尾部生长。直拉单晶硅时所用晶体炉的外层是保温罩，内层是石墨加热器；在炉体下部，有一个固定在支架上的石墨托，它可以旋转和上下移动；在石墨托上面安放石墨坩埚，其内放置高纯的石英坩埚。另外，在炉体的上方安置籽晶轴，也可以旋转和上下移动（见图3－9）。在晶体生长时，需要防止硅与氧或其他杂质反应，一般通入低压的高纯氩气或氮气作为保护气。同时，坩埚等石英部件和加热器等石墨部件都是由高纯材料制备的，以减少杂质引入直拉单晶硅中的可能性。

图3－8　直拉法制备单晶硅过程示意图

由于整个拉单晶过程可以被看作复制籽晶的过程，因此生成的硅晶体是单晶硅。在此过程中温度需要始终受到精确控制，温度的任何细微变化都可能影响到单晶硅的质量，比如晶体固化会使温度升高，而此时就要降低输入系统的功率来作出补偿，以确保温度稳定。另一个重要的工艺控制是实现无晶格错位的单晶生长，在拉出最初的一小段晶棒后，先缩小晶棒直径然后再增大晶棒直径。晶棒的这一段直径变小过程称为“缩颈生长”，会产生热冲击将晶格错位从单晶中引发出来。缩颈生长指的是将籽晶快速向上提升，使长出的籽晶的直径缩小到一定大小。由于位错线与生长轴成一个交角，因此只要缩颈够长，位错便能长出晶体表面从而产生零位错的晶体。晶棒的期望直径是逐渐达到的，此后须降低温度与拉速，使得晶体的直径渐渐增大到所需的大小，防止内应力，该步称为“放肩生长”。此后，晶棒以期望的直径生长拉出，即等径生长，直拉的速率迅速提高。为了避免晶棒与液面立即分开导致的热应力使晶棒产生线缺陷，等径生长后需要将晶棒直径缓慢缩小，直到成一点，随后与液面分开，该过程即为收

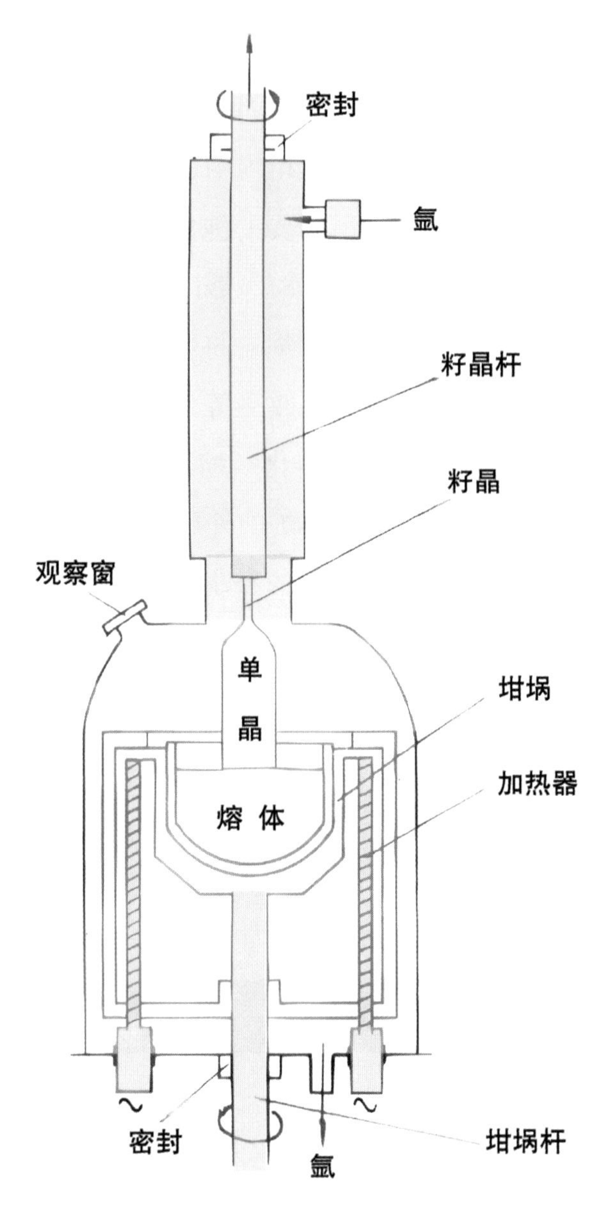

图 3－9　直拉法制备单晶硅装置示意图

尾。制备直拉单晶硅的主要工艺包括多晶硅原料装料、多晶硅熔化、种晶、缩颈生长、放肩生长、等径生长和收尾等。在基本工艺的基础上，目前又开发出磁控直拉单晶硅生长（目的是降低氧浓度）、连续加料直拉单晶硅生长和重装料直拉单晶硅生长等工艺。

晶圆的掺杂也是在拉单晶的过程中进行的，通常有液相掺杂和气相掺杂两种。对于直拉单晶硅，我们需要控制其导电类型和电阻率，因此在晶体生长时需要掺入微量电学性的杂质（又称为“掺杂剂”），以满足器件制备的要求。若要得到 P 型半导体，一般掺入 B、Al、Ga 和 In 等ⅢA 族元素杂质；若要得到 N 型半导体，一般掺入 P、As 和 Sb 等 VA 族元素杂质。在晶体生长时，要考虑掺杂剂在晶体生长方向的分布，因此掺杂剂在硅熔体中的蒸发系数、分凝系数是重要参数。对于 P 型掺杂，B 是最常用的直拉单晶硅掺杂剂；而对于 N 型掺杂，P、As 和 Sb 都可以作为直拉单晶硅的掺杂剂。液相掺杂是指在坩埚中掺杂 P 型或者 N 型元素的方法，在拉单晶的过程中，可以直接将这些元素掺杂到硅棒中。气相掺杂是指采用气相掺杂源沉积于硅晶圆的表面的方法，杂质浓度从表面到体内单调地下调。

对于集成电路用直拉单晶硅，少数载流子寿命是主要的电学参数。除掺杂剂外，一般情况下直拉单晶硅生长需要尽量避免杂质的引入，以免影响单晶硅及其器件的性能和质量。通常，直拉单晶硅中的主要杂质是氧和碳。缺陷是直拉单晶硅的另一个重要问题，它会严重影响器件的可靠性和产率。为了控制缺陷，行业会引入 N、Ge 等杂质来进行调控，以提高单晶硅晶体性能，这被称为“杂质工程”。

3.3.2 区熔法

区熔法是制备单晶硅的另一种办法，通过区熔法获得的硅片主要用在部分功率芯片中，市场占比约为 4%；以区熔法制造的硅片还用于制作功率器件，并且生长的硅片尺寸以 8 寸、6 寸为主。与以直拉法制作的硅片相比，以区熔法制作的硅片的最大特点就是电阻率相对较高、纯度更高，能够耐高压，但是较难用于制作大尺寸晶圆，而且机械性质较差，因此常常用于功率器件的制作，在集成电路中使用较少。

区熔法是利用多晶锭分区熔化和结晶的一种半导体晶体生长方法，主要步骤包括加热多晶硅、籽晶接触、向下旋转拉单晶。具体步骤为在真空或者惰性气体环境下的炉室中，利用电场加热多晶硅棒，直到被加热区域的多晶硅熔化，形成熔融区（装置见图 3－10）。再熔接单晶籽晶，调节温度使熔区缓慢地向晶棒的另一端移动，最终使整根棒料生长成一根单晶，其晶向与籽晶的相同。区熔法又分为两种：水平区熔法和立式悬浮区熔法。前者主要用于 Ge、Ga、As 等材料的提纯和单晶生长。后者的具体步骤为在惰性气氛或真空的炉室中，将籽晶放在料舟的一端，先使籽晶微熔，保持表面清洁，熔区随着加热器向另一端移动而移动，移开的一端温度降低而沿籽晶取向析出晶体，随着熔区移动，晶体不断生长。晶体的质量和性能取决于区熔温度、移动速率、冷却温度梯度。因为在区熔法中不使用坩埚，所以避免了很多污染源，用区熔法制备的单晶具有纯度高的特点。

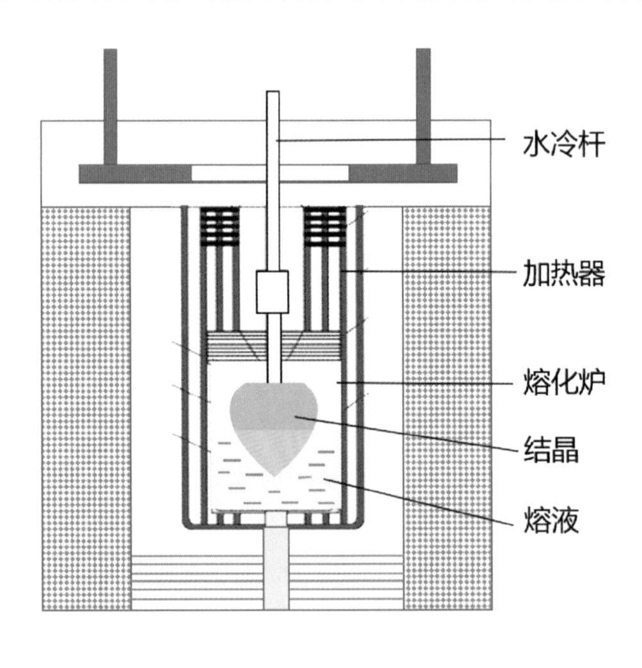

图 3－10　区熔法制备单晶硅装置示意图

由于在拉单晶的过程中较难控制单晶硅棒的直径，因此为了得到标准直径的硅棒，比如6 寸、8 寸、12 寸等，在拉单晶后会再将硅棒进行直径滚磨，滚磨后的硅棒表面更加光滑，并且尺寸误差更小。

在晶棒生成以后，熔炉的温度应缓慢降低，避免冷却过快导致内应力过大，进而导致单晶硅开裂。冷却过程通常持续数小时甚至更长，以确保单晶硅的均匀冷却。冷却后单晶硅棒的籽晶端和尾端由于直径太小不合规格要求而被切除，随后将晶棒用无心磨加工成想要的直径，并用 X 射线技术判定晶向，而后在晶棒上磨出定位豁口（有时是平面）。这时候将晶棒用多线锯切制为多片晶圆，再经过进一步打磨、精磨和抛光等一系列工序，最终制造出高质量的晶圆硅片。制备过程不仅对硅抛光片的表面粗糙度、弯曲度等表面加工品质有非常高的要求，而且对表面金属杂质浓度的控制也有严格的要求，以使硅抛光片满足纳米级集成电路的需求。后续的芯片制造是高度自动化的、强调晶圆表面颗粒度和平整度等质量特性的加工过程。

3.4 抛光硅片

硅片作为芯片制造的核心材料，是半导体器件的主要载体，下游对硅片进行光刻、刻蚀、离子注入等加工工序，并将其用于后续制造。硅锭制造后还需要经过一系列的加工才能形成符合半导体制造要求的硅衬底。根据制造工艺分类，半导体硅片主要可以分为抛光硅片、外延硅片与绝缘衬底上的硅片（Silicon-on-insulator，SOI）。

单晶硅锭经过切割、研磨和抛光处理后成为抛光片，抛光片是单面或者双面被抛光成原子级平坦度的硅片。随着半导体工业的迅猛发展，集成电路的集成度越来越高，电子元器件的尺寸越来越小。同时，为了降低生产成本、提高生产效率，硅片的直径越来越大，行业对硅片表面的平整度要求也越来越高，已达到纳米级水平。传统的平坦化技术，如选择淀积、旋转玻璃法等，仅仅能实现局部平坦化，但对于微小尺寸特征的电子器件，必须进行全局平坦化才能满足硅片的使用要求。而随着集成电路制程向更先进、更精细化的方向发展，光刻机的景深也越来越小，硅片上极其微小的高度差都会使集成电路布线图发生变形、错位，这对硅片表面平整度提出了更苛刻的要求。此外，硅片的表面颗粒度和洁净度对半导体产品的良品率也有直接影响。抛光工艺可去除加工表面残留的损伤层，实现半导体硅片的表面平坦化，并进一步降低硅片的表面粗糙度，以满足芯片制造工艺对硅片平整度和表面颗粒度的要求。抛光硅片可直接用于制作半导体器件，也可作为外延硅片和SOI硅片的衬底材料。

根据半导体硅片中硼、磷、砷、锑等元素掺杂浓度的不同，半导体抛光硅片还可以进一步划分为轻掺抛光硅片和重掺抛光硅片，掺杂越多，电阻率越低。轻掺抛光硅片主要用于集成电路领域，重掺抛光硅片主要用于功率器件等领域。重掺抛光硅片通常经过后续外延加工后再用于下游领域，而轻掺抛光硅片通常可直接用于下游领域。因此，制造轻掺抛光硅片的技术难度及其对产品质量的要求更高。

抛光硅片的基本加工流程如图3－11所示，主要包括以下步骤：滚磨、截断、切片、磨边、硅片退火、倒角、研磨、抛光、清洗、检测和包装。下面对流程进行说明，并对抛光部分进行详细介绍。

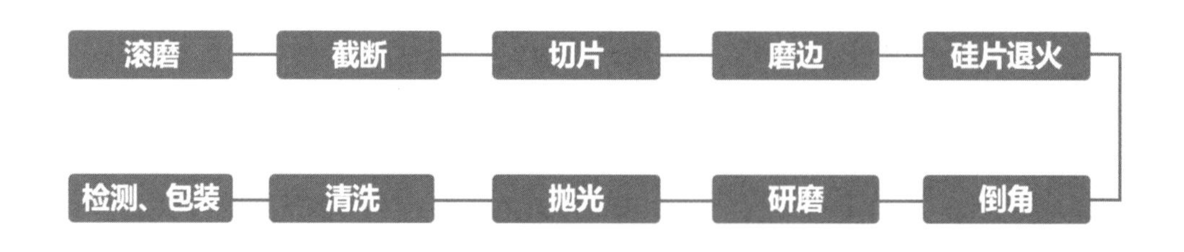

图3－11　抛光硅片基本加工流程示意图

1．滚磨、截断（磨锭及切割）

用提拉法制备获得的单晶硅锭的直径难以控制，首先将单晶硅锭两端直径太小不合规格要求的区域切除，然后通过径向滚磨，将硅锭表面打磨光滑，减小尺寸上的误差，最后进行定位边研磨（见图 3－12）。

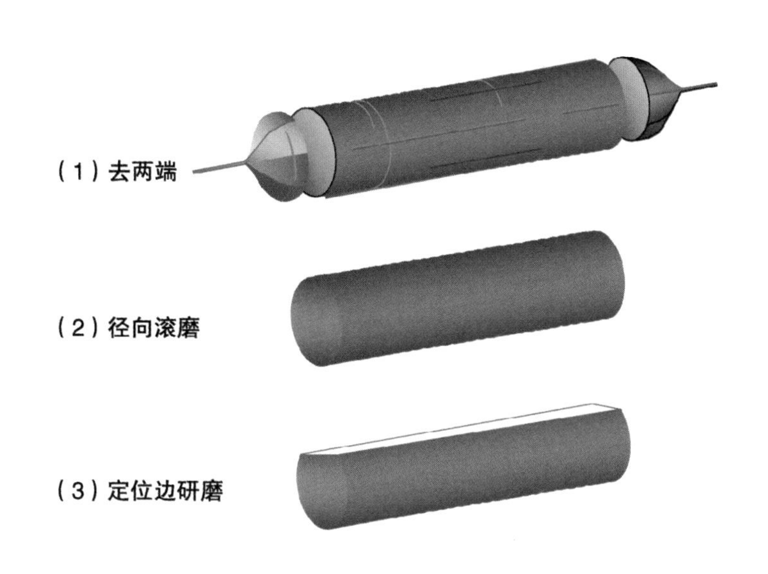

图 3－12　硅锭的整型处理流程示意图

2．切片

采用金刚线对直径均一的单晶硅锭进行切割，将金刚石涂层的细钢丝作为切割工具，通过高速旋转的线锯将单晶硅切割成薄片（见图 3－13），便于后续加工。

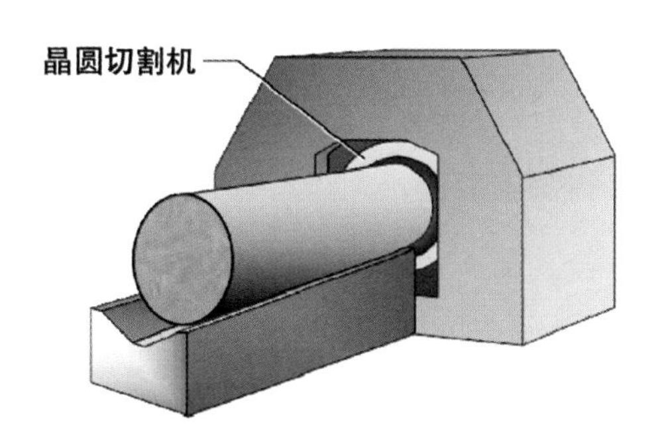

图 3－13　晶圆切割机示意图

3. 磨边

磨边即对硅片进行边缘打磨，由于硅片的厚度较小，因此切割后的硅片边缘非常锋利，磨边的目的是使硅片形成光滑的边缘，并且使其在以后的芯片制造中不容易碎片。

4. 硅片退火

在制造多晶硅和单晶硅的过程中，硅中含有氧，在一定温度下，硅中的氧会贡献电子，使氧转化为供氧体，这些电子会与硅中的杂质结合，影响硅的电阻率。退火炉是指在氢气或氩气的环境下，将炉内温度加热到 1 000 ℃ ~1 200 ℃，通过绝缘和冷却使抛光硅片表面附近的氧气从其表面蒸发，使氧气析出分层，溶解硅片表面的微缺陷，减少硅片表面附近杂质的数量，减少缺陷的工艺设备。退火可使硅片表面形成相对清洁的区域。硅退火炉可分为卧式退火炉、立式退火炉和快速退火炉三种。

5. 倒角

倒角是指磨去晶圆周围的锋利边缘的工艺（见图 3 – 14），其目的是防止晶圆边缘开裂，防止热应力造成的损伤，提高晶圆边缘的外延层和光刻胶的平整度。倒角机是指利用成形砂轮将薄型硅片的锐边修整成特定 R 形或 T 形边缘形状，防止硅片边缘在后续加工中被损坏的工艺设备。

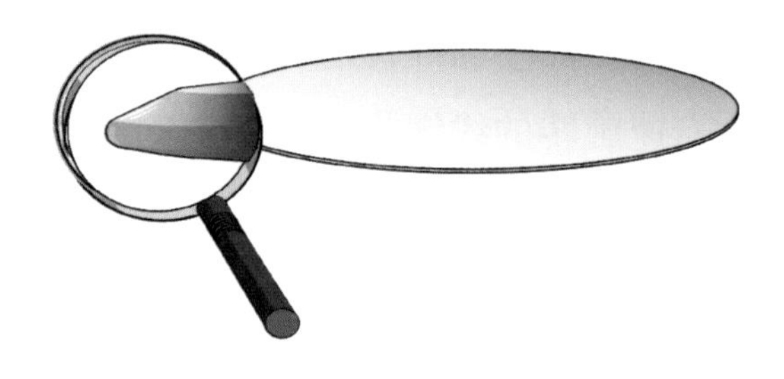

图 3 – 14　倒角示意图

6. 研磨

研磨是指在沉重的选定盘和下晶盘之间加入晶片后，与研磨剂一起施加压力旋转，使晶片变得平坦的工艺。硅片研磨是为了去除在切片加工中硅片表面因切割产生的表面/亚表面机械应力损伤层和各种金属离子等杂质污染，并使硅片具有一定几何尺寸精度的平坦表面。硅片制造常采用双面研磨工艺，双面研磨是一种使晶片更平坦的工艺，可以去除表面的小突起。将单晶硅片的两个表面进行研磨处理，需要使用特殊的研磨机器，通过不断地研磨和冲洗，将单晶硅片表面凸起部分去除，使其表面更加光滑。

7. 抛光

抛光是在研磨工艺的基础上，通过化学机械研磨（见图 3－15）最终确保表面工整度的工艺。使用抛光浆料与抛光布，搭配适当的温度、压力与旋转速度，可消除前制程所留下的机械伤害层，并且得到表面平坦度极佳的硅片。抛光前单晶硅片粗糙度一般为 10 μm 左右，而抛光后单晶硅片粗糙度将降低至几十纳米（见图 3－16）。

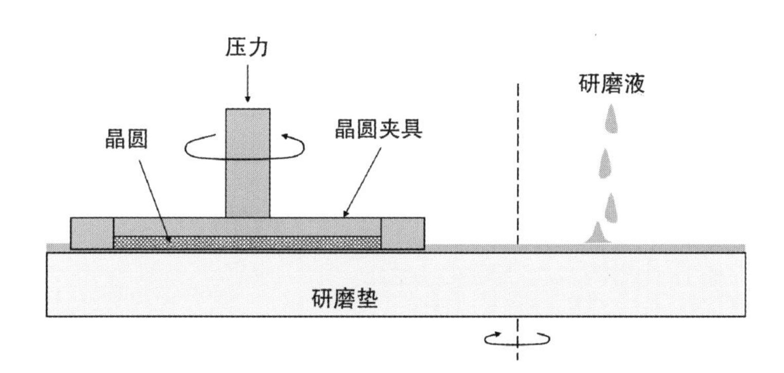

图 3－15　化学机械研磨示意图

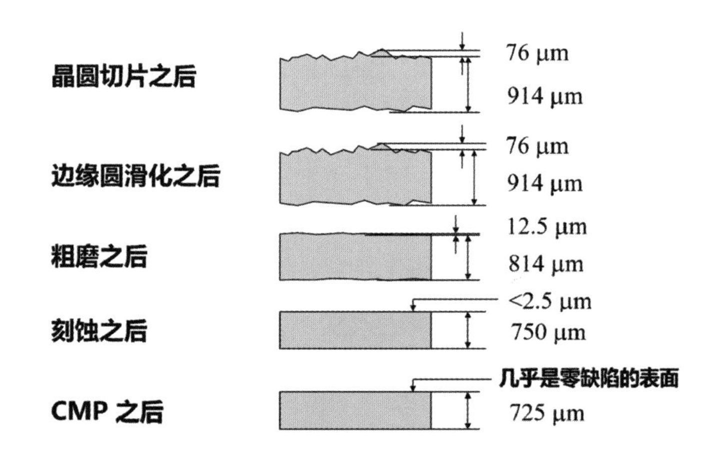

图 3－16　200 mm 的晶圆厚度和表面平坦度的变化

化学机械抛光（CMP）的概念于1965年由美国的Walsh等提出，它是将机械摩擦和化学腐蚀相结合的工艺，兼有二者的优点，可以生成比较完美的晶片表面，是目前为止唯一能够实现硅片局部和全局平坦化的工艺技术，被广泛应用在半导体制造领域。CMP整个系统主要由抛光头、安装抛光垫的工作台和抛光液供给设备组成（工业CMP设备见图3－17）。在抛光过程中，硅片被吸附在抛光头上，对其施加一定压力，使其与抛光盘接触。抛光头和工作台在电机的驱动下可按照一定的转速旋转，通常情况下，抛光头和工作台的转速基本一致。抛光液通过供给设备添加到抛光盘表面，再受转动时的离心力影响，均匀分布在抛光盘表面。抛光液主要由纳米磨粒和化学溶剂组成。抛光过程中抛光液与硅片间发生化学反应，使得硅片表面生成比较容易去除的物质（一般为可溶性硅酸盐，如Na_2SiO_3），然后通过磨粒与硅片表面的机械摩擦作用将生成的物质去除，从而实现表层剥离。此过程反复进行，从而对硅片逐层剥离，并实现对硅片的高精度抛光。抛光过程包括：化学反应→机械去除→再反应→再去除……CMP是一种将化学作用和机械作用相结合的抛光工艺。

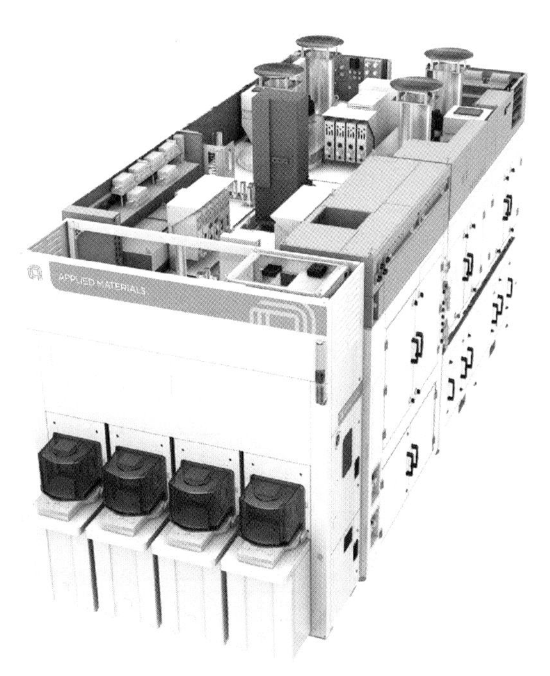

图3－17　工业CMP设备

为了确保硅片的抛光加工精度，根据工艺要求对硅片进行三道抛光工序，分别是粗抛光、细抛光和精抛光。粗抛光工序的目的是去除晶片表面由加工工序残留下的表面损伤层，并达到要求的几何尺寸加工精度，一般抛光加工量约为15 μm；细抛光工序的目的是平坦化，进一步降低晶片表面粗糙度、提高平整度，一般抛光加工量约为5 μm；精抛光工序的目的是“去雾”，确保晶片表面有极高的纳米形貌特性，一般抛光加工量小于1 μm。每道工序的目的不同，进而在抛光压力，抛光液的组分、粒度、浓度，溶液的pH值，抛光垫的材质、结构和硬度，抛光温度以及抛光加工量等方面均有所差别。

CMP过程一般使用碱性抛光液，如二氧化硅碱性抛光液、氧化镁水剂、二氧化钛碱性抛光液等，目前最常用的是二氧化硅碱性抛光液。抛光液主要起腐蚀、研磨和吸附反应物的作用，同时具备润滑、冷却降温、冲洗排渣的作用。二氧化硅碱性抛光液是由均匀分散的二氧化硅胶粒构成的乳白色胶体，pH值一般为8～11，主要成分为研磨剂（二氧化硅、二氧化铈等胶粒）、碱、去离子水、表面活性剂、氧化剂、稳定剂等。理想的二氧化硅碱性抛光液在使用过程中需一直保持稳定的胶体状态，均匀分散，且有稳定的腐蚀速率。下面对二氧化硅碱性抛光液中各组分进行介绍：首先，二氧化硅胶粒主要起机械摩擦和吸附腐蚀产物的作用，其硬度要适当，能擦除腐蚀产物但不破坏未腐蚀区域；其次，抛光液采用的碱一般为有机碱类，如有机胺类，在抛光过程中主要对硅片起腐蚀作用，同时与某些金属形成络合物，达到除去金属的作用，但要同时注意防止金属离子K^+、Na^+的引入，避免金属杂质污染；再次，抛光液中氧化剂的作用是加快腐蚀速率，其作用原理是将表面的硅（与碱反应较慢）氧化为二氧化硅（与碱反应较快），从而获得较快的腐蚀速率；最后，抛光液中的表面活性剂用于分散不溶性颗粒，防止团聚产生沉淀。表面活性剂分子一端具有亲水性，另一端具有疏水性，疏水端包围颗粒，亲水端互相排斥，使得颗粒易于被溶剂浸润，不致发生团聚。此外，在CMP过程中，抛光垫材料要具备一定弹性且疏松多孔，一般为聚氨酯类材料，如聚氨酯发泡固化抛光垫。抛光垫主要起存储和传输抛光液、对硅片提供稳定压力、对硅片表面进行机械摩擦的作用。

CMP 结合了机械抛光和化学抛光，同时具备机械作用和化学作用，下面分别介绍 CMP 中的这两个作用。机械作用指的是硅片表面较大的 SiO_2 胶粒与抛光垫发生机械摩擦，使得腐蚀出的产物脱离硅片表面。化学作用与机械作用相协调，化学作用腐蚀硅片表面薄层，机械作用擦除被腐蚀部分。

化学作用主要指碱对硅的腐蚀作用，碱腐蚀硅片表面存在的非单晶 Si 和 SiO_2 损伤层，具体反应式如下：

$$Si + H_2O + 2OH^- = 2H_2 + SiO_3^{2-}$$

$$SiO_2 + 2OH^- = H_2O + SiO_3^{2-}$$

同时硅片表面存在的较小 SiO_2 胶粒还具备较强的吸附作用，可以吸附碱腐蚀硅之后的产物，并在抛光过程中被带离硅片表面。此外，有机碱分子还会与某些重金属反应生成络合物，去除金属杂质。

8. 清洗

在完成上述步骤后，需要进行最后的清洗以去除硅片表面上残留的所有颗粒，主要包括留在硅片表面的金属离子。这些金属离子可能来自与硅片接触的金属的各种加工过程，如切片和研磨等。金属离子也可能来自之前清洗过程中使用的化学试剂。因此，最后的清洗主要是为了去除残留在硅片表面的金属离子，从而避免金属离子导致的载流子寿命过短、器件性能降低等问题。

湿法清洗使用液体化学品和去离子水通过氧化、腐蚀和溶解等方式去除硅表面污染物、有机碎屑和金属离子污染，主要包括 RCA 清洗、稀释化学品清洗、IMEC 清洗和单晶圆清洗方法。为了在不损害晶圆表面特性的情况下完成清洗，RCA 清洗使用溶剂、酸、碱、表面活性剂和水。每次使用化学品后，都需要用去离子水彻底冲洗硅片。

由于湿法涉及的化学品品种较多，传统的批量硅片清洗方法越来越不能适应实际应用。因此，业界正逐渐趋向于采用单片清洗，以降低重要清洗过程中交叉污染的风险，从而提高产品良率并降低成本。

9. 检测

清洗硅片后，需要检查表面颗粒和表面缺陷。激光探测器可以检测表面颗粒和缺陷。因为激光是短波中的高强度波源，所以它可以从硅片表面反射。如果表面没有问题，照射到硅片表面的光线会以相同的角度反射。然而，如果光线照射到颗粒或粗糙的表面，它将不会以相同的角度反射。反射光向四面八方传播，可以从不同的角度被探测到。

10. 包装

包装的目的是为硅片提供一个无尘的环境，保证硅片在运输过程中不受到任何损坏；包装还可以保护晶圆片不受潮。如果将一块好的硅片放在容器中，任其被污染，它就会像硅片加工过程中的任何一个阶段被污染一样，甚至被认为是一个更严重的问题，因为硅片的价值随着生产过程中的每一步而增加。理想的包装是在储存和运输过程中既能为硅片提供一个清洁的环境，又能控制小环境的清洁度。典型的集装箱是由聚丙烯、聚乙烯或其他一些塑料材料制成的。这些塑料不应散发任何气体，无尘，使硅片表面不受污染。

3.5 外延硅片

随着半导体技术的迅速发展，抛光硅片越来越难以满足日益发展的各种半导体器件制作的需求，因此，1959 年末开始出现薄层单晶材料生长及外延生长。外延是指采用单晶作为基板，并在此单晶基板上生长出单晶膜，单晶膜的晶轴与基板的晶轴相一致。外延层与基板可以是相同物质，也可以是不同物质，前者称为“同质外延”，后者称为“异质外延”。在电阻率极低的衬底上生长一层高电阻率的外延层，将器件制作在外延层上，这样高电阻率的外延层保证了晶体管有高的击穿电压，而低电阻率的衬底又减小了基片的电阻，从而降低了饱和压降，从而解决了二者的矛盾。外延硅片是半导体材料中的一种，其通过外延生长技术在硅衬底上生长了一层外延层。外延层提升了器件的可靠性，并减少了器件的能耗，因此在工业电子、汽车电子等领域被广泛使用。外延硅片决定了半导体器件约70%的性能，是芯片制造的重要原材料。目前市场保有量较大的外延硅片有 GaAs、GaN 和 SiC 外延硅片。

外延硅片（结构见图 3－18）是指以抛光硅片作为衬底，在其表面通过物理气相沉积、化学气相沉积等方式，沿着原来的结晶方向生长一层或多层具有特定掺杂类型、电阻率、厚度和晶格结构的新单晶层的硅片，所生长的单晶层称为“外延层”。外延生长出的单晶薄膜与衬底的晶向是相同的，为一个连续的单晶体，但硅外延单晶薄膜的导电类型、电阻率和厚度等参数可根据具体要求受到控制，并不一定与抛光硅片衬底相同。制备外延硅片通常采用化学气相沉积技术，使用的设备为外延炉。其制备过程是：将抛光硅片置于基座，通过高频线圈感应加热或红外灯管加热升温到工艺温度，随后通入反应气体，一般以氢气作为载体气体。其制备原理是：硅的气态化合物（如 $SiCl_4$、$SiHCl_3$、SiH_2Cl_2 或 SiH_4）在硅片表面发生氧化还原反应，并以单晶薄膜的形态沉积在衬底表面，同时释放出气体，一般为 HCl 或 H_2。外延硅片在生长过程中，会同时发生一系列的化学反应，产生一些中间产物。

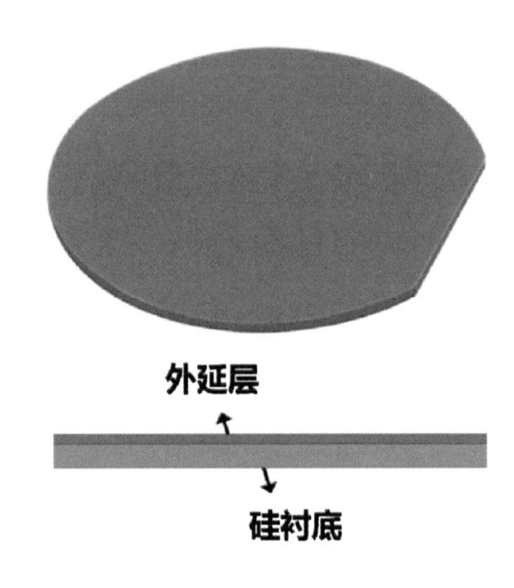

图 3－18　外延硅片的结构示意图

外延技术的本质是在抛光硅片表面沿原晶向沉积一层单晶薄膜，故而可以减少硅片中因晶体生长产生的缺陷，因此外延硅片具有更低的缺陷密度和氧含量。外延硅片常在 CMOS 电路中使用，如通用处理器芯片、图形处理器芯片等，由于外延硅片相较于抛光硅片具有更低的含氧量、含碳量和缺陷密度，提高了栅氧化层的完整性，改善了沟道中的漏电现象，从而提升了集成电路的可靠性。同时硅衬底本身的低电阻率可减小导通电阻，而高电阻率的外延层可以提高器件的击穿电压，这不仅提高了器件可靠性，还降低了器件能耗，使外延硅片被应用于二极管、绝缘栅双极型晶体管等功率器件的制造，而且使其具备了应用于大功率、高电压环境的潜力。

为了控制硅外延单晶薄膜的导电类型和电阻率大小，必须在外延薄膜生长过程中将掺杂剂加入 CVD 系统中。通常将乙硼烷（B_2H_6）用作 P 型掺杂气体，将磷烷（PH_3）及砷烷（AsH_3）用作 N 型掺杂气体。掺杂气体通入外延生长设备后，在高温下分解产生掺杂原子磷、砷、硼，掺杂原子和在高温下分解的硅原子一样，通过硅单晶衬底的表面吸附以及与其他原子之间的相互吸附作用，在硅衬底表面键结，并最终移动和扩散到最稳定（能量最低）的位置，实现外延单晶薄膜的掺杂生长。

根据外延时生长衬底的不同，外延分为同质外延和异质外延。同质外延即生长衬底与外延层为同一物质；异质外延即生长衬底与外延层为不同物质。而根据生长源的物相状态不同，外延生长方式又可以分为固相外延、液相外延、气相外延。在集成电路制造中，常用的外延方式是固相外延和气相外延。固相外延即外延层的生长源为固体，如离子注入加工时，硅片的硅原子受到高能注入离子的轰击，脱离原有晶格位置，发生非晶化，形成一层表面非晶硅层，再经过高温退火，非晶原子重新回到晶格位置，并与衬底内部原子晶向保持一致。气相外延的生长方法包括化学气相外延（Chemical Vapor Phase Epitaxy，CVPE）、物理气相沉积、分子束外延（Molecular Beam Epitaxy，MBE）、原子层外延（Atomic Layer Epitaxy，ALE）等。在集成电路制造中，最常用的是化学气相外延生长方法。化学气相外延与化学气相沉积原理基本相同，都是气体在晶片表面发生化学反应沉积薄膜的工艺。不同的是，因为化学气相外延生长的是单晶层，所以对设备内的杂质含量和硅片表面的洁净度要求都更高。早期的化学气相外延生长硅工艺需要在高温（大于 1 000 ℃）条件下进行。随着工艺设备的改进，尤其是真空交换腔体技术的采用，设备腔内和硅片表面的洁净度大大提升，硅的外延已经可以在较低温度（600 ℃ ~700 ℃）下进行。此外，

GaAs 等Ⅲ－Ⅴ族、Ⅱ－Ⅵ族以及其他分子化合物半导体材料的气相外延、液相外延等外延技术也都得到了很大的发展，已成为绝大多数微波器件、光电器件、功率器件制作过程中不可缺少的工艺技术，特别是分子束、金属有机化合物气相外延技术在薄层、超晶格、量子阱、应变超晶格、原子级薄层外延方面的成功应用，为半导体研究新领域“能带工程”的开拓打下了坚实的基础。

硅外延单晶薄膜的主要技术参数包括导电类型、电阻率及其均匀性、厚度及其均匀性、过渡层厚度、外延埋层图形畸变和漂移、表面平整度、位错密度、表面滑移线、表面雾、层错和麻坑等。

国内外延硅片发展起步较晚，在技术、质量、规模等方面与国际先进水平存在一定差距。长期以来，中国外延膜供应商主要生产 6 英寸及以下的外延膜以满足国内需求，市场格局相对稳定。近年来，大尺寸半导体晶圆国产化已成为中国半导体领域的重要战略目标和努力方向，8 英寸硅片在这一领域占据主要地位，国内企业生产 8 英寸外延硅片与国际先进水平的差距已经缩小，但制造 12 英寸外延硅片所需的技术要求更加高，大规模的国内替代尚未实现。

3.6 SOI 硅片

在绝缘体之上形成硅单晶层的结构称为“SOI 结构”。SOI 硅片是一种新型结构的硅材料，指覆盖在绝缘材料上的单晶硅薄膜，其核心特征是在顶层单晶硅和支撑衬底之间引入了一层氧化物绝缘埋层，即 SOI 硅片呈三明治结构（见图 3－19、图 3－20），最上面是顶层硅，中间是掩埋氧化层，下方是硅衬底。采用 SOI 结构时，由于元件分离及形成阱的区域不需要做出 PN 结，因此可大幅度减少寄生电容。此外，SOI 结构的优势有很多，包括 SOI 硅片短沟道效应小、低压低功耗、集成密度高、速度快、工艺简单、抗宇宙射线粒子的能力强等。发挥这些优势，利用 SOI 结构有可能制作出高速且低功耗的器件。其中，SOI 结构最为重要的优势在于，在 SOI 硅片上制备的 MOS 晶体管由于氧化物绝缘材料对顶层单晶硅薄膜的介电隔离作用，相比于在硅片上制备的 MOS 晶体管，大大减少了寄生电容以及漏电现象，并消除了闩锁效应，使其电路运算速度更快，同时功耗更低。此外，SOI 晶体管具有抗辐射（对 α 粒子或宇宙射线引起的软误差不敏感）、耐高温（其电路工作温度可高于 300 ℃）的特点，并且没有体硅器件在低电压工作时的电流驱动能力降低和亚阈值波动问题，因此在低电压、低功耗电路应用方面表现出极佳的性能。目前，SOI 硅片适合应用在要求耐高压、耐恶劣环境、低功耗、集成度高的芯片上，如射频前端芯片、功率器件、传感器、星载芯片以及硅光子器件等芯片产品。随着半导体制程工艺不断演进，SOI 结构的优势逐渐凸显。

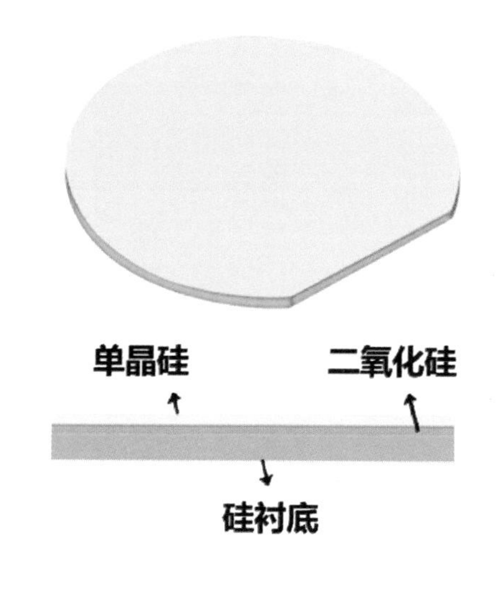

图 3－19　SOI 硅片的结构示意图

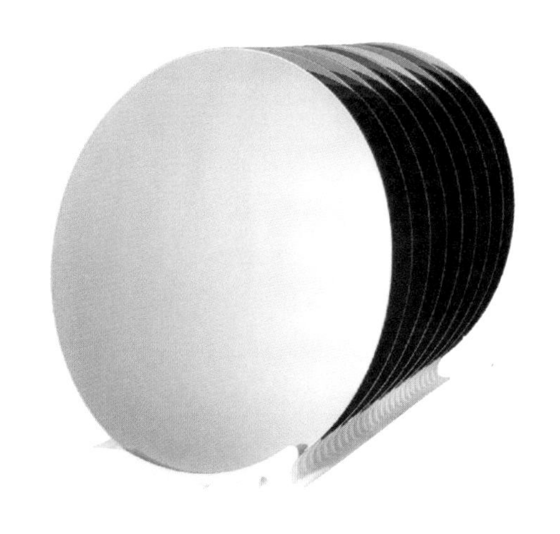

图 3－20　SOI 硅片

SOI 硅片制备技术的关键是在绝缘层上形成几乎不存在缺陷的高质量硅单晶薄膜。制备 SOI 硅片的技术主要有区域熔融再结晶技术、利用多晶硅的外延层转移技术、外延横向覆盖生长技术、氢注入剥离键合技术、硅片直接键合技术和注氧隔离技术等，当前最主流的技术是氢注入剥离键合技术、硅片直接键合技术和注氧隔离技术。下面是对这三种工艺的具体介绍：

1. 氢注入剥离键合技术

该工艺结合了离子注入技术和硅片键合技术，包括四个步骤：氢离子注入→亲水键合→热处理→表面抛光（见图3－21）。首先，将氢离子注入氧化的硅片近表面层（称为“源片”）中，在注入射程的深度形成气泡层；再将源片与另一个氧化的硅片（称为“支撑硅片”）进行亲水键合；然后，对键合硅片进行两步退火，第一步退火温度约为500 ℃，使源片的气泡层中空腔尺寸减小和内部氢气压力不断积累并使源片沿气泡层完整裂开，第二步退火温度约为1 100 ℃，其目的是增强支撑硅片和SOI膜的键合；最后，对SOI膜表面进行化学机械抛光。

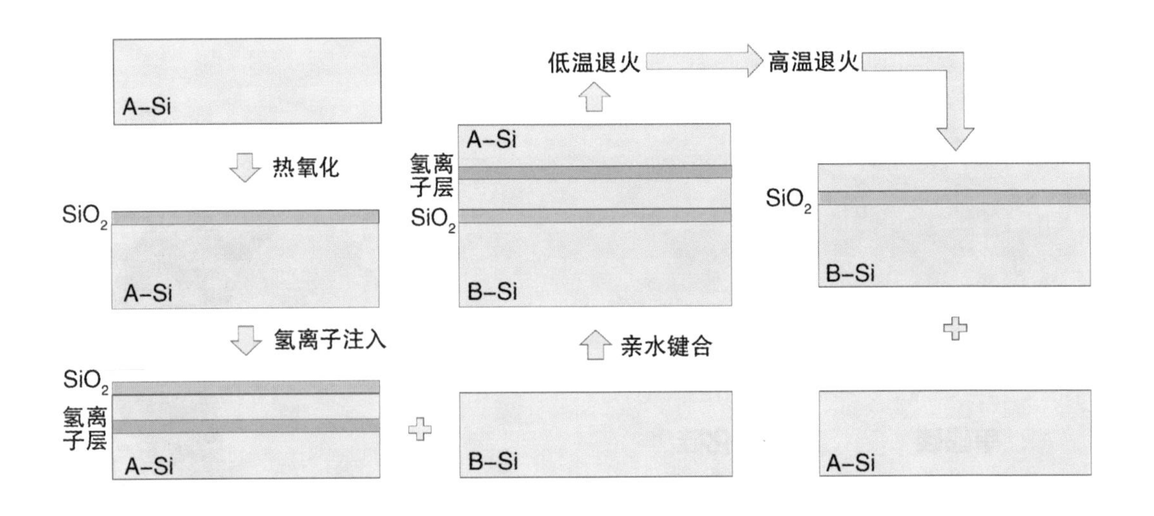

图3－21　氢注入剥离键合技术示意图

2. 硅片直接键合技术

该工艺先让硅片表面经热氧化工艺生长出具有一定厚度的SiO_2层，随后将其与另一个具有亲水表面（SiO_2层）的抛光硅片进行表面亲水处理，使两个硅片表面依靠硅片之间的羧基的相互作用紧密结合；再将结合的硅片在氮气保护气氛中进行高温退火（700 ℃～1 100 ℃），使其界面发生脱水反应并形成Si—O—Si键，并使两块硅片之间完全键合（见图3－22）。

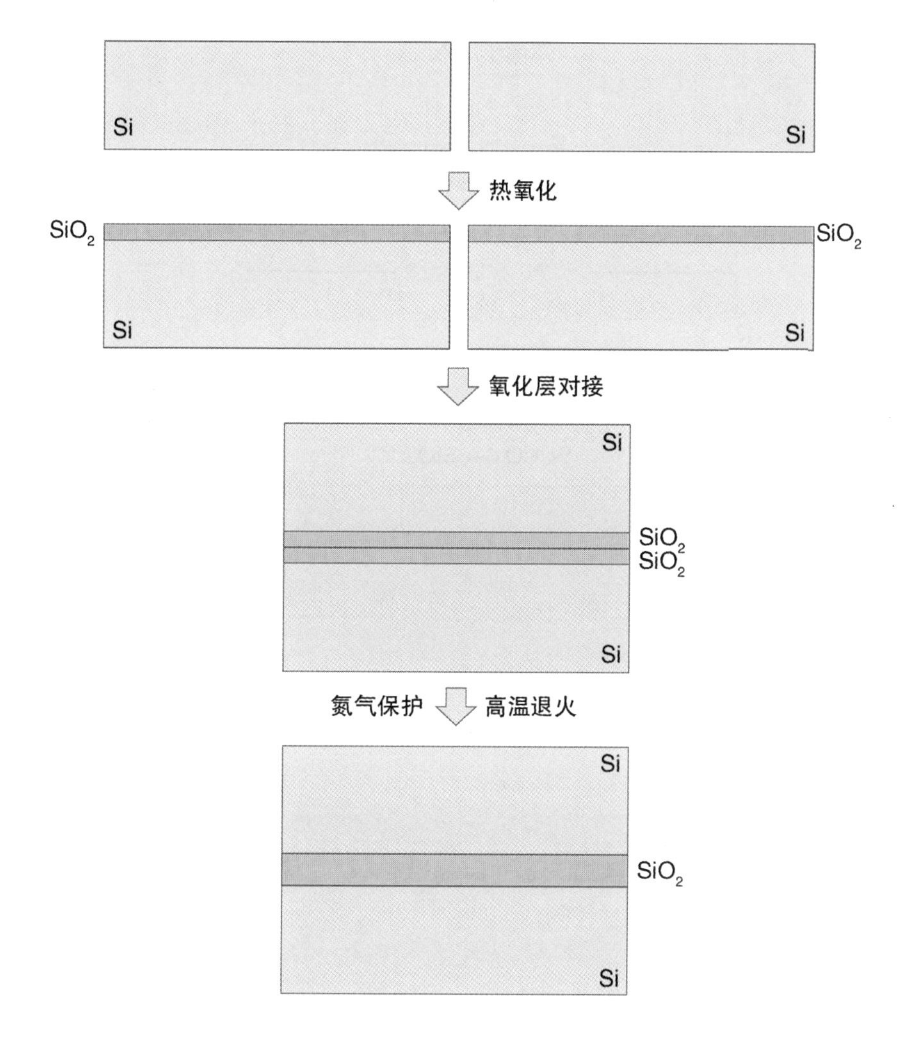

图 3－22　硅片直接键合技术示意图

3．注氧隔离技术

该工艺将高剂量的氧离子注入单晶硅片表面一定深度，随后对硅片进行高温退火处理，形成绝缘的 SiO_2 埋层并使其稳定化、致密化，使单晶硅片表层恢复晶格完整性（见图 3－23）。在该工艺流程中，氧离子注入会穿透顶部硅层，在高温下进行注入时产生的非晶损伤会经退火消失，使顶部硅层保持单晶性质。但顶部硅层中仍然存在缺陷，需要在离子注入后再进行高温退火，以改善 SiO_2 层和顶部硅层质量。该技术能够提供直径 200～300 mm、位错密度小于 10^3 cm^{-2} 的商用 SOI 材料（见图 3－24）。

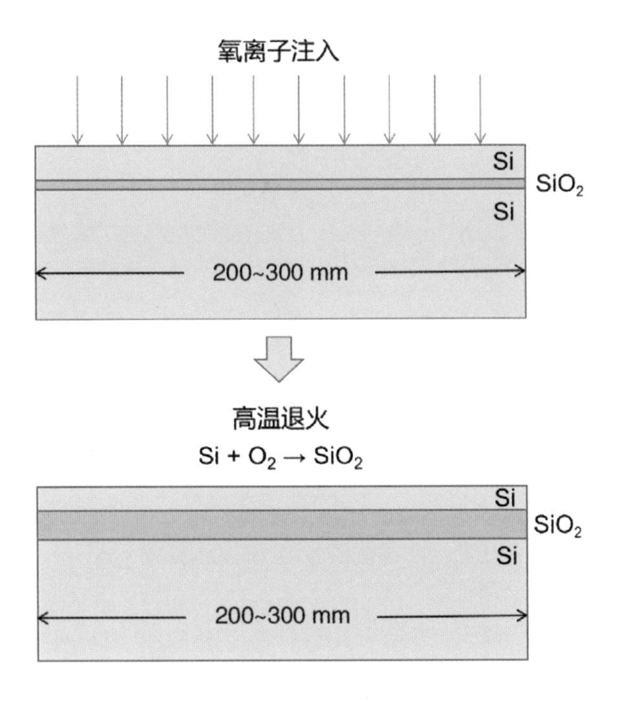

图 3 - 23　注氧隔离技术示意图

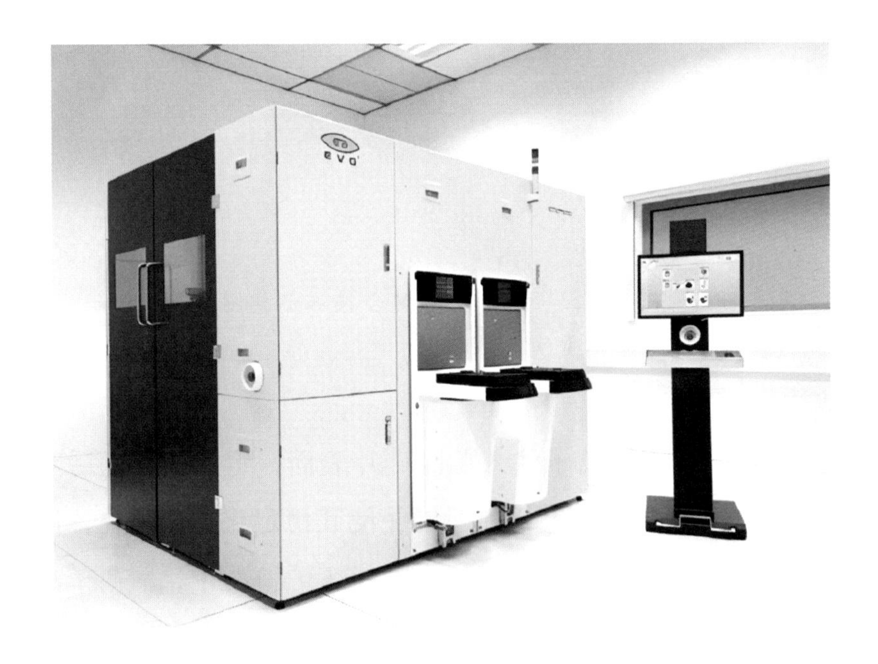

图 3 - 24　EVG 集团 300 mm 聚合体自动晶圆键合系统

3.7 新型半导体单晶制备工艺

3.7.1 氧化镓衬底的长晶工艺

Ga_2O_3是宽禁带半导体中唯一有常压液态的材料，即可用熔体法生长。生长 Ga_2O_3常用的直拉法（装置见图 3－25）为熔体法的一种，需要依赖铱坩埚（贵金属 Ir 单质），原因是直拉法生长 Ga_2O_3需要高温富氧的环境，否则原料容易分解成 Ga 和 O_2，影响产物，而只有铱坩埚能够在这种极端环境下保持稳定。熔体法是生长半导体材料最理想的方式之一，具有以下几个优势：①尺寸大：小籽晶能够长出大晶体；②产量高：每炉晶锭可切出上千片衬底；③品质好：位错可趋于零，晶体品质很好；④长速快：每小时能够长几厘米，比气相法快得多。

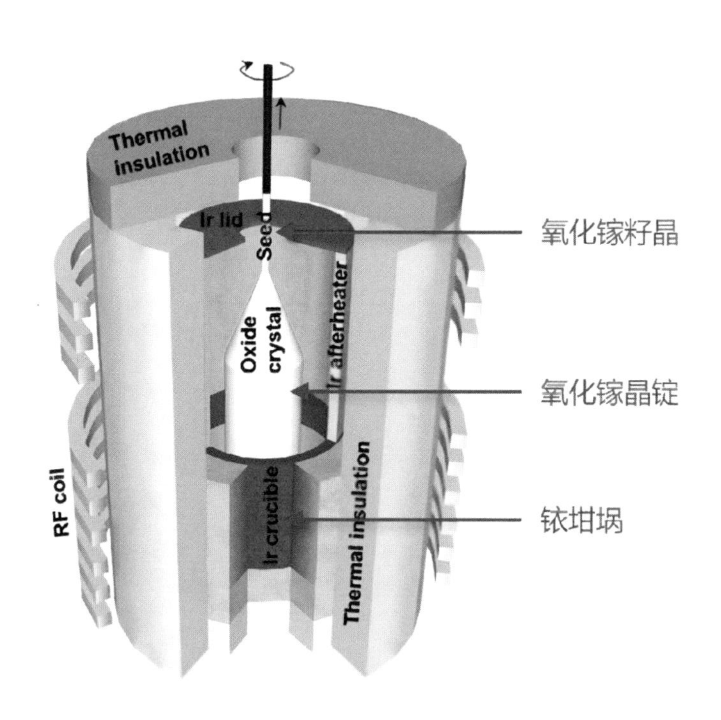

图 3－25　直拉法生长氧化镓装置示意图

由于采用直拉法会使原料挥发较多，Ga_2O_3的长晶工艺从直拉法（见图3－26）逐步演变为有铱盖和模具的导模法（见图3－27），两种方法均需使用铱坩埚，目前导模法已成为主流的Ga_2O_3长晶方法。然而由于铱坩埚的成本和损耗太高，生长几十炉后就会被腐蚀损耗，需要重新熔炼加工，且长晶过程中铱会形成杂质进入晶体，因此产业界急需开展对无铱法的技术开发（见图3－28）。

图3－26　直拉法生长氧化镓示意图及其氧化镓单晶产物

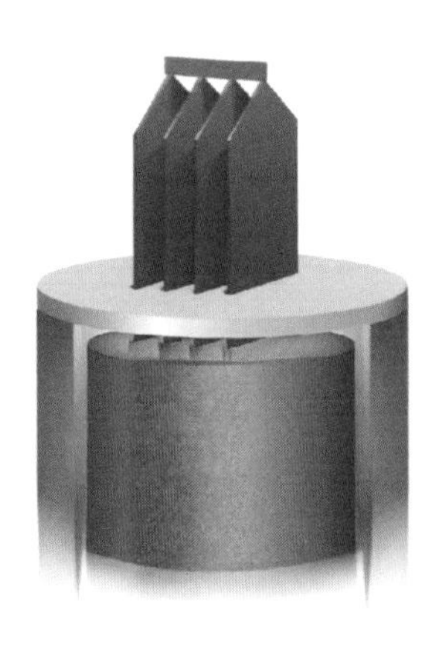

图3－27　导模法生长氧化镓示意图及其氧化镓单晶产物

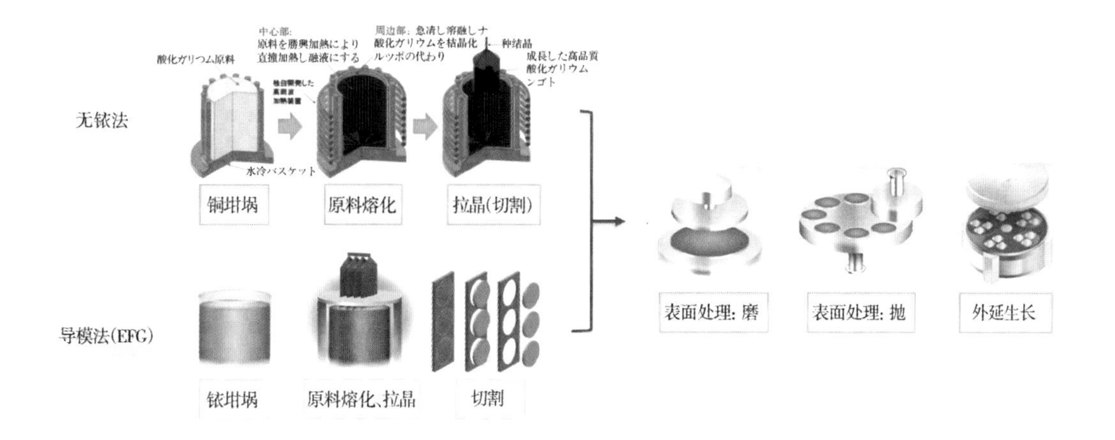

图 3-28　无铱法与导模法生长氧化镓的工艺流程

有铱和无铱生长 Ga_2O_3 工艺的成本差别巨大。美国国家可再生能源实验室（NREL）预测，在无额外晶圆制造工艺优化的情况下，有铱法生长 6 寸 Ga_2O_3 单晶的成本为 283 美元（约 2 000 元），采用各种节约成本的措施后，能够降到 195 美元。其中，铱坩埚及其损耗占据过半。图 3-29 为 NREL 对有铱法生长 Ga_2O_3 衬底的成本分析。对于无铱法制备 Ga_2O_3 单晶，日本 C&A 公司报道了采用无铱法（通过一种使用铜坩埚的直拉法）生长 2 寸 Ga_2O_3 单晶的成果，宣称其成本能够大幅下降至导模法的百分之一（见图 3-30）。

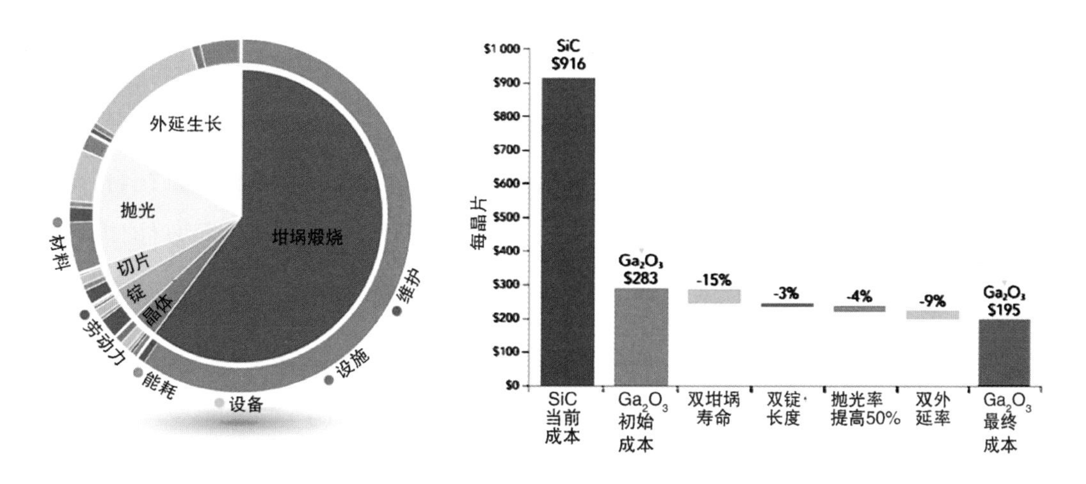

图 3-29　NREL 对有铱法生长氧化镓衬底的成本分析

图 3－30　日本 C&A 公司通过无铱法制备的氧化镓单晶

3.7.2 单晶金刚石衬底的制备工艺

单晶金刚石具有超大禁带宽度、低介电常数、高击穿电压、高热导率、高自由电子和空穴迁移率以及优越的抗辐射性能，是目前已知的最有前景的宽带隙高温半导体材料之一，被称为“终极半导体”。

应用于集成电路的金刚石需要具备一定的形状和平整度，图 3－31 显示的是半导体用大尺寸单晶金刚石衬底的常规制备工艺流程。从图中可见，单晶金刚石衬底的制备工艺包括微波等离子体化学气相沉积（Microwave Plasma Chemical Vapor Deposition，MPCVD）制备、金刚石切割与剥离和研磨与抛光三道关键工序。制造高质量的单晶金刚石衬底面临诸多技术难题，例如化学气相沉积金刚石材料需达到英寸级大的晶圆面积。大尺寸的天然金刚石材料储备有限、价格昂贵且质量参差不齐，难以满足工业化应用的需求，而 MPCVD 法沉积英寸级单晶金刚石的制备技术亟待突破。单晶金刚石在籽晶上生长后要能自由切割并剥离成片。目前，剥离 CVD 单晶金刚石主要使用激光切割的方法，但该方法容易导致晶片破碎，且效率低。单晶金刚石研磨抛光后的表面粗糙度和面型精度要满足半导体衬底的要求，因此，如何制备出英寸级的大尺寸单晶金刚石并高效地剥离切片和研磨抛光，是单晶金刚石作为终极半导体获得广泛应用的关键。

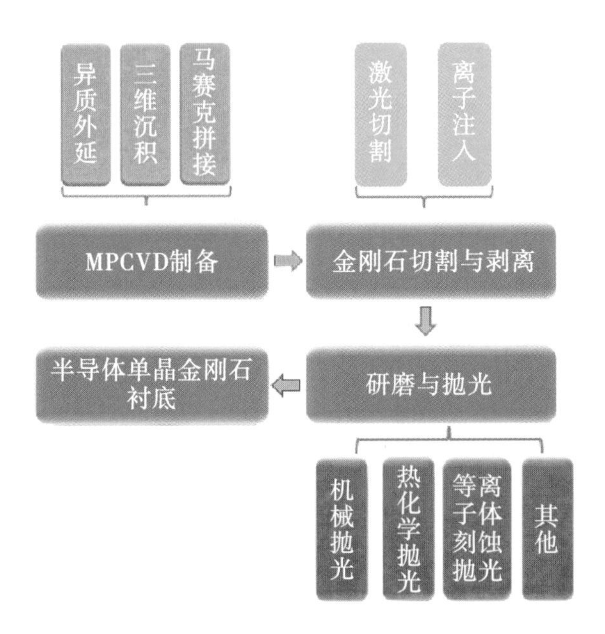

图 3－31　半导体用大尺寸单晶金刚石衬底的制备流程示意图

异质外延沉积大尺寸单晶金刚石的制备工艺流程如图 3－32 所示，沉积过程可分为成核和长大，初级核通过重整周围碳原子排列结构不断扩大形核区，使之形成规则的金刚石晶体。

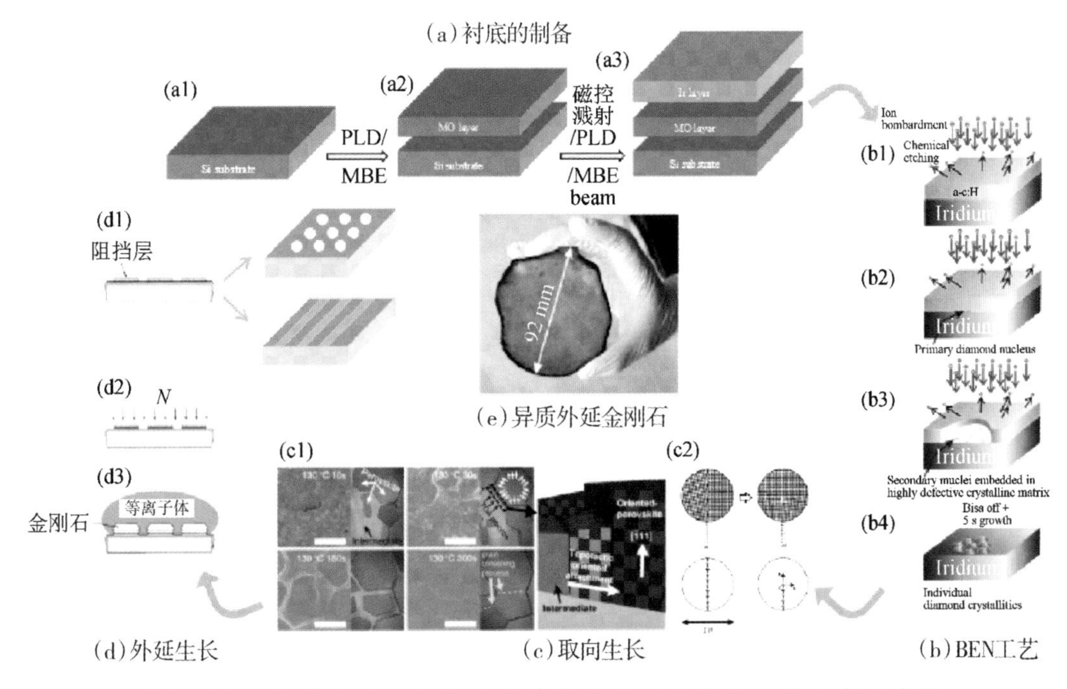

图 3－32　异质外延沉积大尺寸单晶金刚石的制备工艺流程示意图

Yamada 等最早通过在生长过程中加入 N_2 并利用半封闭衬底托的方式，经过 150 h 的漫长实验，在一个衬底上经过无加工的 24 次重复生长，成功获得了一颗 10 mm 厚、重达 4.65 ct（1 ct =200 mg）的金刚石（见图 3 -33）。

图 3 -33　经过 24 次重复生长得到的金刚石

通过研磨去除生长过程中在单晶金刚石边缘产生的多晶金刚石后再重复生长，是目前市面上获取大尺寸单晶金刚石的主流方法。但是随着生长的进行，籽晶的尺寸会有一定程度的改变，影响金刚石表面等离子体的状态；同时由于生长界面不断变化，内部的缺陷和位错逐渐增加，即使打磨表面后再生长，最终切割后仍有很大概率出现破损的现象。受制于各种加工因素，三维生长法并不是一个最优选择。利用马赛克拼接法制备大尺寸单晶金刚石是一种全新的方法：首先在硅衬底上沉积出晶体结构近似单晶的面积约为 1 cm^2、厚度为 250 μm 的金刚石立方体，再将多个立方体拼接为马赛克基底，其表面存在可见的拼接缝，随后对单晶金刚石进行同质外延生长，最后获得完整金刚石层（见图 3 -34）。其中，采用结晶特征基本完全相同的籽晶进行马赛克拼接生长更容易获得单晶金刚石外延层。

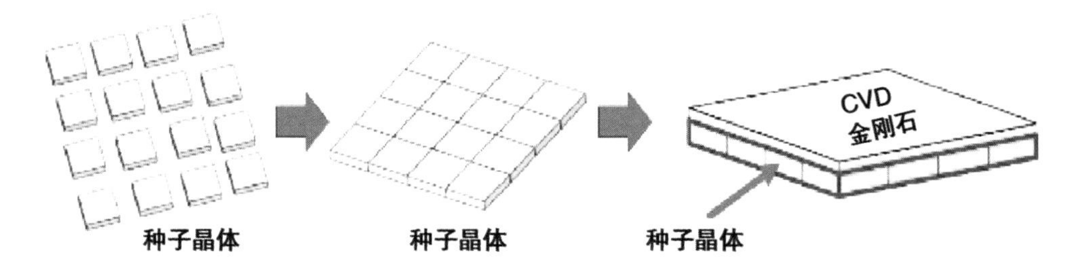

图 3－34　用马赛克拼接法制备大尺寸单晶金刚石

大尺寸单晶金刚石能够满足不同应用需求的前提是将其切割至一定的形状和厚度。目前，大尺寸单晶金刚石的切割方法主要有锯切、劈切及激光切割。在实际加工过程中，劈切对金刚石材料的加工效率高，但技术要求高，主要适用于切割有较大缺口或者较为明显的解理面的金刚石材料。金刚石材料具有极高的硬度和强烈的各向异性，导致其分割不稳定。因此，常规的线切割和机械加工产生的损耗过大，降低了大尺寸单晶金刚石的利用率，不适用于大尺寸单晶金刚石的切割。在激光的照射下，金刚石材料瞬间气化。由于激光作用时间短、光斑小，激光切割具有速度快、切割缝窄等一系列优点，常被应用于大尺寸单晶金刚石的切割。

研究表明，将 CVD 金刚石层从籽晶上剥离出来，需要利用到离子注入。使用激光切割方法分离外延层时会损耗掉一部分的金刚石，且损耗的比例随着金刚石片尺寸的增加而变大。离子注入技术预先使用高能粒子对衬底进行轰击，在预先抛光过的金刚石籽晶表面之下几百纳米处形成非金刚石相，损伤层深度由注入的离子能量决定。经过离子注入的金刚石籽晶继续利用同质外延技术生长单晶金刚石，随后利用电化学腐蚀技术将非金刚石相去除，达到分离衬底的目的（见图 3－35）。早在 1992 年，Parikh 等率先提出了离子注入技术，通过在金刚石中注入高能氧或碳离子，使表层金刚石下形成损伤层，突破性地将平方毫米大小的金刚石从天然金刚石上完整剥离。1993 年，美国奥本大学的 Tzeng 等重复了这项研究，利用离子注入技术成功地将 15 μm 厚的单晶金刚石自籽晶上剥离。Mokuno 等利用 MPCVD 工艺结合离子注入技术，利用 10 mm × 10 mm籽晶片成功制备出尺寸为 12 mm × 13 mm × 3.7 mm 的单晶金刚石。Umezawa 等利用离子注入技术成功合成出多片与籽晶具有相同晶体特征的单晶金刚石，并选择其中质量较好的拼接为马赛克基底，再次结合离子注入技术成功合成大尺寸单晶金刚石。在离子注入技术中，离子注入深度从几百纳米到几微米不等，在分离衬底和样品时的损伤层只有几微米厚。利用该技术，一块金刚石籽晶可多次重复利用，且制备的样品具有相同的晶体结构，为制备大尺寸单晶金刚石提供了一种新的研究思路。

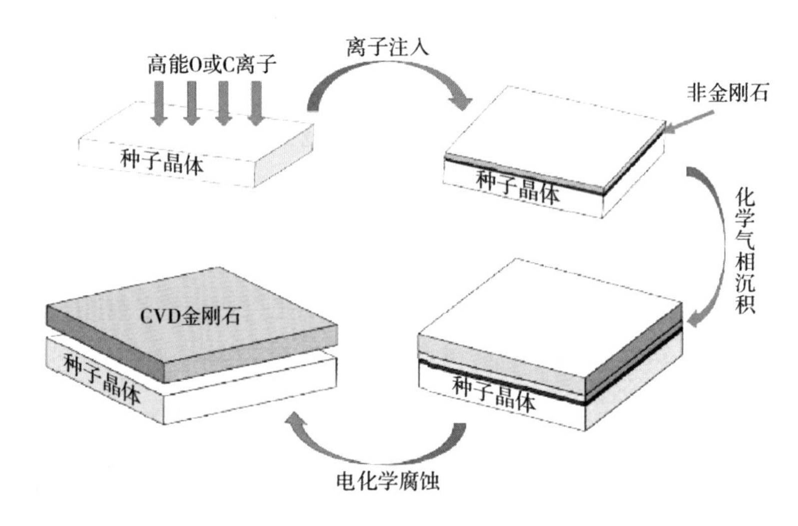

图 3－35　大尺寸单晶金刚石的剥离技术流程示意图

通过 CVD 制备的大尺寸单晶金刚石经过激光切割、离子注入剥离等后处理工艺后，常因表面质量达不到要求而无法发挥其原有的性能。利用切割后的金刚石制备半导体器件时，两个表面必须平坦光滑，具有极高的面型精度和极低的粗糙值，保证接触面积足够大，提升导热效果。由于制备机理的限制，处理后的单晶金刚石不仅表面粗糙度会增大到几微米甚至几十微米，往往还会产生较为明显的翘曲现象。因此，必须采用精密加工的方式将金刚石表面粗糙度降到纳米量级，使其达到一定的面型精度，才能将之投入使用。机械抛光是最传统的金刚石研磨加工方法，该方法使游离的金刚石微粉与金刚石样品表面接触，产生较大的摩擦力，使金刚石表层发生变形甚至碳键断裂，实现抛光的目的。另外，人们可加入金属粉末来增强机械抛光单晶金刚石的作用，镍、钴金属粉末与金刚石微粉混合作为抛光粉料可以实现对单晶金刚石的高效率、高质量抛光。采用机械抛光后的金刚石膜次表面由于过大的内部残余应力，容易存在沿着抛光方向分布的裂痕。为了降低机械抛光对次表面的损伤，可将机械抛光和化学机械抛光结合起来，利用金刚石磨料对样品进行机械研磨，然后使用加热的化学试剂进行化学机械抛光，以获得更佳的效果。高温环境促进了化学试剂的挥发，会对人体产生不可逆转的损伤，因此等离子体刻蚀抛光金刚石的技术得到了发展，该技术激发氩气、氧气，使之产生高能离子束，通过溅射、刻蚀作用实现对金刚石材料的研磨抛光。经过刻蚀处理的金刚石材料可以通过机械抛光较快地获得较高的表面质量，通过等离子体刻蚀作用去除非晶相，明显提高抛光质量。

虽然国内一些高校和实验室对大尺寸单晶金刚石的生长、切割和研磨抛光进行了一些研究，但在工艺和设备的研发方面与国外相比仍有较大差距。用上述方法制备的大尺寸晶圆可应用于散热片和光学领域，但仍不能满足电子级半导体的商业应用需求。因此，在后续的研究中，应进一步改进大尺寸单晶金刚石衬底的制备和加工工艺，以保证沉积速率，提高晶体质量。

3.7.3 氮化铝材料的制备工艺

AlN 拥有极佳的宽带隙特性，这是衡量半导体材料在高压下性能优劣的关键指标。AlN 在高电场强度下依旧能够保持稳定，性能远高于传统硅材料的承载能力。AlN 的带隙高达 6.20 eV，远超碳化硅和镓氮化物数值，在高压电子电力领域的应用具有显著优势和巨大潜力。

AlN 的上游是 AlN 粉体，AlN 粉体的制备工艺主要有直接氮化法和碳热还原法，此外还有高能球磨法、自蔓延高温合成法、原位自反应合成法、等离子体化学合成法及化学气相沉积法等。

1. 直接氮化法

直接氮化法是指在高温的氮气气氛中，铝粉直接与氮气化合生成 AlN

粉体的方法，反应温度在 800 ℃ ~1 200 ℃，其化学反应式为：

$$2Al(s) + N_2(g) \longrightarrow 2AlN(s)$$

其优点是工艺简单、成本较低，适合工业大规模生产。其缺点是铝粉表面有氮化物产生，导致氮气不能渗透，转化率低；反应速度快，反应过程难以控制；反应释放出的热量会导致粉体产生自烧结而形成团聚体，从而使得粉体颗粒粗化，后期需要球磨粉碎，容易掺入杂质。

2. 碳热还原法

碳热还原法是指将混合均匀的 Al_2O_3 和 C 在氮气气氛中加热，使 Al_2O_3 被还原，所得产物 Al 再与氮气反应生成 AlN 的方法，其化学反应式为：

$$Al_2O_3(s) + 3C(s) + N_2(g) \longrightarrow 2AlN(s) + 3CO(g)$$

其优点是原料丰富、工艺简单，粉体纯度高、粒径小且分布均匀。其缺点是合成时间长，氮化温度较高，反应后还需对过量的碳进行除碳处理，导致生产成本较高。

3. 高能球磨法

高能球磨法是指在氮气或氨气气氛下，利用球磨机的转动或振动，使硬质球对 Al_2O_3 或 Al 粉等原料进行强烈的撞击、研磨和搅拌，从而直接氮化生成 AlN 粉体的方法。

其优点是设备简单、工艺流程短、生产效率高等。其缺点是氮化难以完全，且在球磨过程中容易引入杂质，导致粉体的质量较低。

4. 自蔓延高温合成法

自蔓延高温合成法是直接氮化法的衍生方法。将铝粉在高压氮气中点燃后，利用 Al 和氮气反应产生的热量使反应自动维持，直到反应完全，其化学反应式为：

$$2Al(s) + N_2(g) \longrightarrow 2AlN(s)$$

自蔓延高温合成法的本质与直接氮化法相同，但该法不需要在高温下对 Al 粉进行氮化，只需在开始时将其点燃，故其优点是能耗低、生产效率高、成本低。其缺点是要获得氮化完全的粉体，该反应必须在较高的氮气压力下进行，这直接影响了该法的工业化生产。

5. 原位自反应合成法

原位自反应合成法的原理与直接氮化法的原理基本相同。以 Al 及其他金属形成的合金为原料，合金中其他金属先在高温下熔出，与氮气发生反应生成金属氮化物，继而金属 Al 取代氮化物的金属，生成 AlN。

其优点是工艺简单、原料丰富、反应温度低，及合成粉体的氧杂质含量低。其缺点是金属杂质难以分离，导致其绝缘性能较低。

6. 等离子体化学合成法

等离子体化学合成法是指使用直流电弧等离子体发生器或高频等离子体发生器将 Al 粉输送到等离子体火焰区，使粉末在火焰高温区立即熔化挥发，与 N 离子迅速化合形成 AlN 粉体的方法。

其优点是团聚少、粒径小。其缺点是该方法为非定态反应，只能小批量处理，难以实现工业化生产；产物氧含量高；所需设备复杂；反应不完全。

7. 化学气相沉积法

化学气相沉积法是指在远高于理论反应温度的条件下，使反应产物蒸气形成很高的过饱和蒸气压，导致其自动凝聚成晶核，而后聚集成颗粒的方法。

练习题

（1）金属硅是如何变成三氯氢硅的？请写出其化学反应式。

（2）请说出直拉法中位错产生的原因及消除措施。

（3）请介绍从硅锭到晶圆的加工过程。

（4）什么是化学机械抛光？它是如何操作的？

（5）何为外延？外延技术有哪些类型？

（6）SOI 晶片相比其他晶片有哪些优势？多用于什么领域？

（7）请介绍 SOI 基板的两种典型制造工艺。

4 电介质薄膜沉积

学习目标

（1）了解薄膜材料的定义、电介质材料的定义和种类。

（2）掌握二氧化硅的晶体结构和性质。

（3）了解热氧化技术的分类和特点。

（4）掌握物理气相沉积的种类。

（5）了解磁控溅射的原理。

（6）了解分子束外延技术的原理、特点和设备构成。

（7）掌握化学气相沉积的原理和种类。

（8）了解原子层沉积的原理和特点。

4.1 概述

薄膜材料是指厚度介于单原子到几毫米间的薄金属或有机物层。电介质薄膜是指集成电路和薄膜元器件制造中所用的介电薄膜和绝缘体薄膜。电介质在集成电路中主要使器件、栅极和金属互连间隔绝，选择的材料主要是氧化硅和氮化硅等。电介质实质上是一种可被电极化的绝缘体，即电介质材料受到外电场作用时，不会发生自由电子定向移动，而是产生极化电荷。电介质薄膜按照主要用途可分为介电类和绝缘类。介电类电介质薄膜主要用于微型薄膜电容器和各种敏感电容元件，这类薄膜对电性能和稳定性均有较严格的要求，且可根据介电常数不同进一步分为低介电常数薄膜，如 SiO、SiO_2薄膜等，以及高介电常数薄膜，如钽基薄膜；绝缘类电介质薄膜主要用于集成电路和半导体器件，常用作 MOS 管中的绝缘栅，如SiO_2层电阻率大、介电强度大，是良好的绝缘栅极。此外，由于杂质在SiO_2等氧化物中的扩散速率远低于在 Si 中的扩散速率，因此诸如SiO_2等氧化物常用于对 B、P 等杂质进行选择性扩散的掩模层，起到隔绝杂质进入 Si

的作用。在硅片表面生长一层 SiO_2 薄膜，还可以保护硅片表面和 PN 结不受机械损伤和杂质沾污，同时降低外界气氛对硅的影响，起到钝化作用。随着技术节点的不断演进，为了应对先进制程带来的挑战，电介质薄膜制造必须不断引入新的材料和新的工艺。

SiO_2 为最常见的电介质薄膜材料，其结构为类似 CH_4 的正四面体结构，4 个 O 原子位于四面体顶点，1 个 Si 原子位于四面体中心（见图 4－1），正四面体结构根据不同的桥键氧原子连接可组成结晶形 SiO_2 和无定形 SiO_2。SiO_2 是硅的最稳定化合物，属于酸性氧化物，不溶于水，耐强酸腐蚀（氢氟酸除外），同时 SiO_2 具有电阻率大、禁带宽度大、介电强度大、扩散系数低（对于杂质）等特点，是良好的绝缘层、掩模层材料。

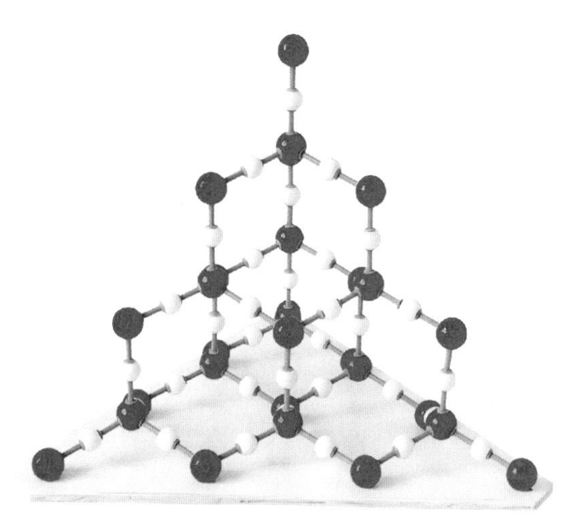

图 4－1　二氧化硅的晶体结构

在栅极电介质的沉积方面，为了减小电介质的等效氧化物厚度，解决栅漏问题，必须提高材料的 *k* 值。对传统热氧化法生产的 SiO_2 进行氮化处理是提高 *k* 值的有效方法。另外，Si_3N_4 在提高材料 *k* 值和减少栅漏的同时，还能阻隔多晶硅栅中 B 对器件的不利影响，且集成工艺相对简单。当尺寸缩小到 45 nm/32 nm 时，即使使用 Si_3N_4 也不能满足器件对泄漏的要求，所以高 *k* 介质的引入成为必然。Intel 在 45 nm 节点工艺使用了 *k* 值约为 25 的氧化棉球基材料，器件的泄漏量降低了一个数量级。

在后端互连方面，为了减小 RC 延迟，必须随着技术节点的演进不断减小介电介质的 *k* 值。从 180 nm/130 nm 的氟掺杂氧化硅（FSG）到 90 nm/65 nm/45 nm 的致密碳掺杂氧化硅（SiCOH），再到 32 nm 的多孔碳掺杂氧化硅（P-SiCOH），材料的 *k* 值不断降低。化学机械抛光后，不仅金属间介

质的 k 值，沉积在铜表面的介质阻挡层的 k 值也必须不断降低。新材料可能需要新的沉积方法。总而言之，随着技术节点的推进，产业界对制备电介质薄膜沉积的材料和工艺提出了更高的要求，新的材料和工艺将不断涌现。下面介绍各种电介质薄膜制备技术，常用的电介质薄膜制备技术有热氧化技术、物理气相沉积技术、化学气相沉积技术等。

4.2 热氧化技术

电介质薄膜的沉积可以通过热氧化技术获得。热氧化技术一般为常压氧化工艺，常见的设备有多片垂直氧化炉管、快速热氧化炉等（见图 4－2）。

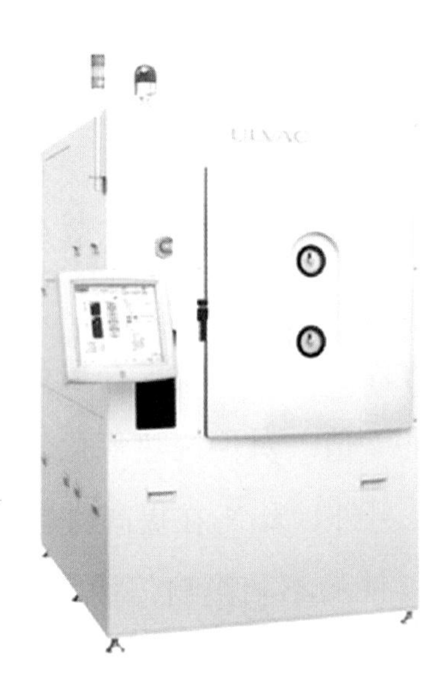

图 4－2　热氧化技术设备

热氧化技术是指将硅片置于高温下，在能发生氧化反应的气氛下，使硅片表面一层薄层的 Si 转变为 SiO_2 的技术。热氧化技术主要使用的氧源是氧气、水汽等，硅源采用单晶硅或多晶硅衬底。由于热氧化技术的氧化反应发生在 Si 和 SiO_2 的交界面，接触到的杂质少，生成的 SiO_2 氧化膜质量较高，因此在集成电路中通常使用该法生成氧化膜。根据氧化剂的不同，热氧化技术主要分为干氧氧化、水汽氧化和湿氧氧化三种，其中干氧氧化和湿氧氧化是最常用的方法。干氧氧化采用纯氧作为氧化剂生长氧化膜。湿氧氧化采用气态水作为氧化剂生长氧化膜。具体的反应如下：

$$干氧氧化：Si(s) + O_2(g) \longrightarrow SiO_2(s)$$

$$湿氧氧化：Si(s) + 2H_2O(g) \longrightarrow SiO_2(s) + 2H_2(g)$$

目前，行业一般采用干燥氧或由 H_2 和 O_2 燃烧生成 H_2O 的方法制备热氧化膜。特别是 H_2-O_2 燃烧法，由于能生成高纯度的火焰，反应物浓度比较容易控制。以热氧化技术制备的膜层厚度由氧化时间、温度、氧气及水蒸气的流量决定。利用热氧化技术制备电介质薄膜，可以获得优良的 SiO_2 薄膜电介质层，这是 Si 作为半导体材料的独特之处。因此，越来越薄膜化的 MOS 三极管的栅极绝缘膜都是采用热氧化技术制取的 SiO_2 薄膜。

4.3 物理气相沉积技术

物理气相沉积技术是指在真空条件下采用物理方法，如蒸镀、溅射、离子镀（Ion Plating）、分子束外延、脉冲激光沉积（Pulsed Laser Deposition，PLD）、激光分子束外延（Laser Molecular Beam Epitaxy，L-MBE）和等离子体浸没式离子沉积等。将材料源（固体或液体）表面气化成气态原子或分子，或部分电离成离子，并通过低压气体（或等离子体）过程，在衬底表面沉积具有某种特殊功能的薄膜的技术，是主要的薄膜生长技术之一。

物理气相沉积技术主要有蒸镀、离子镀和溅射三大类，目前还有分子束外延、电弧等离子体镀膜等方法。1963 年，美国 Sandia 公司的 D. M. Mattox 首先发明离子镀技术。1965 年，美国 IBM 公司研发出射频溅射法，从而构成了 PVD 技术的三大系列——蒸镀、溅射和离子镀。

4.3.1 蒸镀

物理气相沉积技术的第一种方法是蒸镀法，主要包括真空蒸镀法和电子束蒸镀法。蒸镀是使用较早、用途较广泛的气相沉积技术，具有成膜方法简单、薄膜纯度和致密性高、膜结构和性能独特等优点。

真空蒸镀法是指将待形成薄膜的原料在真空腔室的蒸发容器中加热，使其原子或分子从表面蒸发而逸出，形成蒸气流，入射到固体（称为“基材”或“衬底”）表面，凝结形成固体薄膜的方法（见图4－3）。蒸镀的物理过程包括：沉积物质蒸发或升华成气态颗粒→气态颗粒从蒸发源快速迁移到基底表面→附着在基底表面的气态颗粒成核并生长成固体膜→膜原子重新配置或化学键合。

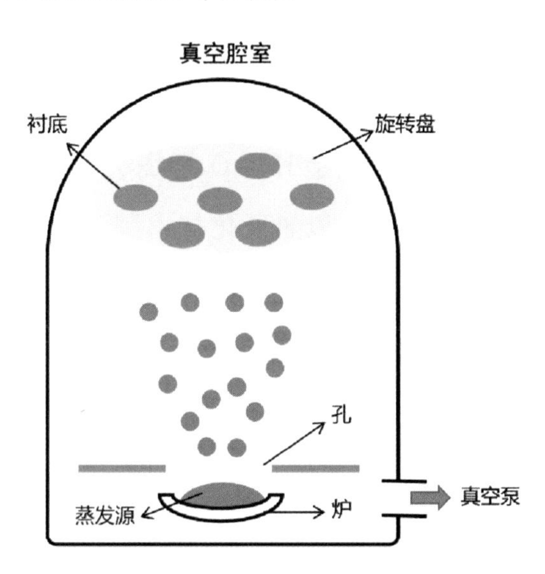

图4－3　真空蒸镀模型示意图

真空蒸镀法的具体工艺如下：将衬底置于真空室中，通过电阻、电子束、激光等加热薄膜材料，使薄膜材料蒸发或升华，汽化成具有一定能量（0.1～0.3 eV）的粒子（原子、分子或原子群）。气体颗粒以基本无碰撞的直线运动被迅速输送到基材上。到达基材表面的颗粒一部分被反射，另一部分被吸附在基材上发生表面扩散。二维碰撞发生在沉积的原子之间，形成团簇，有些原子在表面停留一段时间后就会蒸发。颗粒团不断地与扩散颗粒发生碰撞，或吸附单个颗粒，或释放单个颗粒。这一过程反复进行，当聚集的颗粒数量超过某一临界值时，颗粒团成为稳定的核，然后继续吸附和扩散颗粒并逐渐生长，最后通过相邻稳定核的接触和合并形成连续的膜。卷绕式高真空蒸发镀膜仪如图4－4所示。

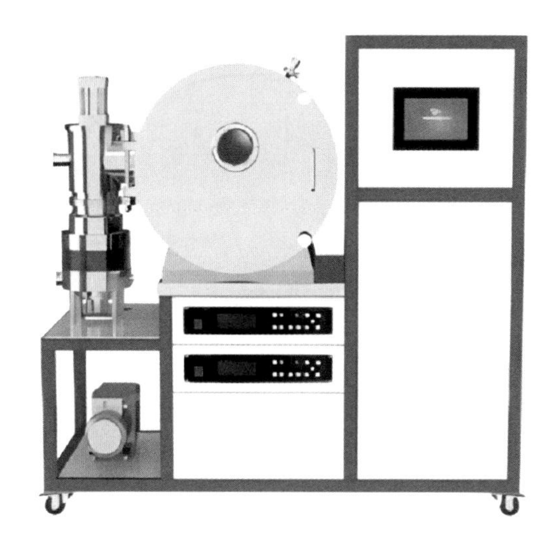

图 4-4　卷绕式高真空蒸发镀膜仪

电子束蒸镀法是指通过电磁场的配合实现高纯度、高精度的薄膜的制备的方法。该法利用加速电子轰击镀膜材料，电子的动能转换成热能，使镀膜材料加热蒸发并成膜（见图 4-5）。电子枪有直射式、环形和 E 形之分，电子束蒸发镀膜机如图 4-6 所示。电子束蒸镀法的特点是能获得极高的能量密度，加热温度可达 3 000 ℃ ~6 000 ℃，可以蒸发难熔金属或化合物；将被蒸发材料置于水冷坩埚中，可避免坩埚材料的污染，以制备高纯薄膜。另外，由于蒸发物被加热面积小，因而热辐射损失相应减少，热效率高。但电子束蒸镀设备的结构较复杂，且电子的轰击有可能造成分解，因此该法不适用于多数化合物的蒸镀。电子束蒸镀法相比真空蒸镀法最大的优势在于，电子束蒸镀法可以为待蒸发的物质提供更高的热量，因此蒸镀的速率也更快；电子束定位准确，可以避免坩埚材料的蒸发和污染。但是由于蒸镀过程需要持续水冷，该法对能量的利用率不高；而且高能电子带来的二次电子可能使残余的气体分子电离，也有可能带来污染。此外，大多数的化合物薄膜在被高能电子轰击时会发生分解，这会影响薄膜的成分和结构。

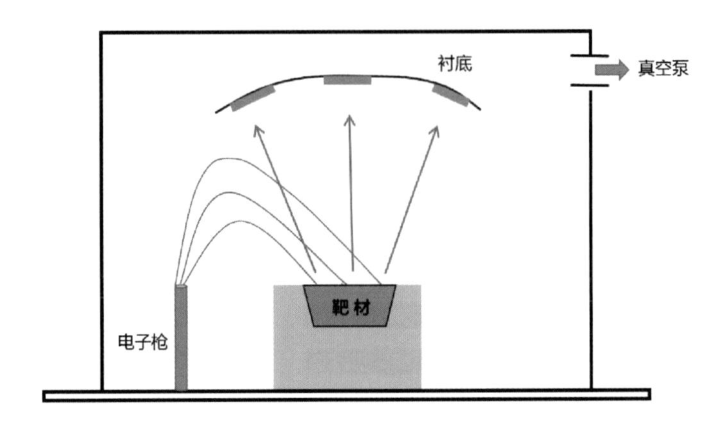

图 4-5 电子束蒸镀模型示意图

图 4-6 电子束蒸发镀膜机

在利用蒸镀法制备化合物或合金薄膜时，需要考虑薄膜成分偏离蒸发源成分的情况。因为在化合物的蒸发过程中，蒸发出来的蒸气物质可能具有完全不同于固态或液态化合物的化学成分。另外，气相的分子还可能发生一系列的化合与分解，这一现象的其中一个直接后果是沉积后的薄膜成分可能会偏离化合物原来的化学组成。

4.3.2 溅射

溅射法能很好地解决蒸镀法遇到的问题，溅射法所制备的薄膜的化学成分与靶材的成分基本一致。不同于蒸镀法，溅射法适用于任何物质，尤其是高熔点、低蒸气压的单质和化合物；合成的薄膜与衬底之间的附着力好；合成的薄膜密度高、针孔少，且薄膜的纯度较高；薄膜厚度可控性和重复性好，便于制备大面积薄膜。

溅射的主要原理为：利用带有电荷的离子在电场中加速后具有一定动能的特点，将离子引向用易被溅射的物质做成的靶电极。在离子能量合适的情况下，入射离子在与靶材表面原子的碰撞过程中将后者溅射出来。这些被溅射出来的原子带有一定的动能，并且会沿着一定的方向射向衬底，从而实现薄膜的沉积。

主要的溅射方法可以根据其特征分为三种：直流溅射、射频溅射、磁控溅射。另外，利用各种离子束源也可以实现薄膜的溅射沉积。

1．直流溅射

直流溅射以靶材作为阴极、衬底作为阳极，因此直流溅射又称为“阴极溅射”。直流溅射将工艺气体电离，使其形成等离子体，等离子体中的带电粒子在电场中加速从而获得一定的能量，能量足够大的粒子轰击靶材表面，使靶材原子被溅射出来，而后被溅射出来的带有一定动能的原子向衬底运动，最终在衬底表面形成薄膜（见图4－7）。直流溅射所用的气体一般是稀有气体，如Ar气，所以由溅射形成的薄膜不会受到污染。此外，Ar原子的半径比较适合溅射，因为溅射粒子的尺寸要与靶材原子的尺寸相近，若粒子太大或太小，都不能形成有效的溅射。除了原子的尺寸因素，原子的质量因素也会影响溅射的效果，如果溅射的粒子源太轻，靶材原子不会被溅射；如果溅射的粒子太重，靶材会被“撞弯”，也不会被溅射。

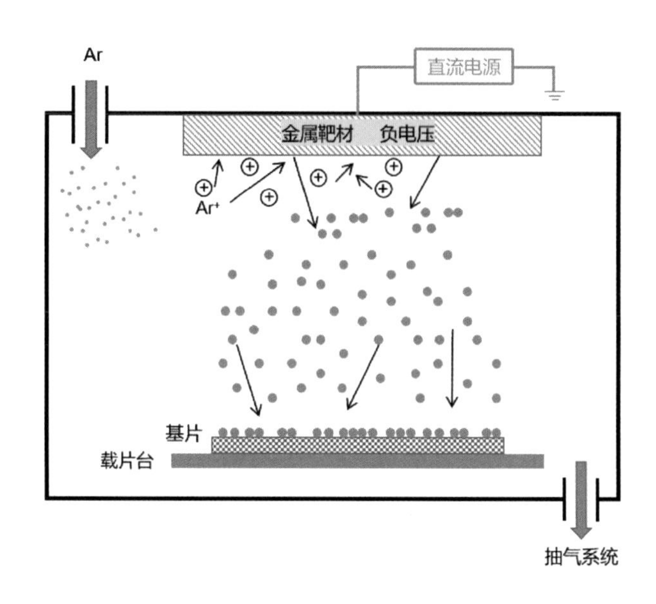

图 4－7 直流溅射设备结构示意图

直流溅射存在一些缺点：第一，它不能独立地控制各个工艺参数，包括阴极电压、电流以及溅射气压。第二，其工作气压较高，溅射速率较低。使用直流溅射方法可以很方便地溅射沉积各类合金薄膜，但前提是靶材具有较好的导电性。直流溅射所使用的靶材必须是导体，这是因为工艺气体中的 Ar 离子轰击靶材时会与靶材表面的电子复合；当靶材是金属等导体时，这种复合所消耗的电量较容易由电源和靶材其他地方的自由电子通过电传导的方式获得补充，从而使得靶材表面整体保持负电性，维持溅射。反之，如果靶材是绝缘体，靶材表面复合电子后，靶材其他地方的自由电子不能通过电传导的方式来进行补充，甚至正电荷会在靶材表面累积，造成靶材电位上升，靶材的负电性因此减弱直至消失，最终导致溅射终止。因此，为了使绝缘材料同样能够用于溅射，就需要寻找另外一种溅射方法，射频溅射就是一种既适用于导体靶材又适用于非导体靶材的溅射方法。

2. 射频溅射

射频溅射使用射频电源作为激发源，是一种适用于各种金属和非金属材料的 PVD 方法（见图 4－8）。射频溅射使用的射频电源的常用频率为 13.56 MHz、20 MHz、60 MHz。射频电源的正、负半周期交替出现，当溅射靶材处于正半周期时，因为靶材表面处于正电位，工艺气体中的电子会流向靶面中和其表面积累的正电荷，甚至继续积累电子，使其表面呈现负偏位：当溅射靶材处于负半周期时，正离子会向靶材移动并在靶材表面被部分中和。最关键的是，射频电场中电子的运动速度比正离子快得多，而正、负半周期的时间却是相同的，所以在一个完整周期后，靶材表面会“净剩”负电。因此，在开始的数个周期内，靶材表面的负电性呈现增加的趋势。之后，靶材表面达到稳定的负电位。此后，因为靶材的负电性对电子具有排斥作用，所以靶材电极所接受的正、负电荷量趋于平衡，靶材呈现稳定的负电性。从上述过程可以看出，负电压形成的过程与靶材材料本身的属性无关，因此射频溅射不仅能够解决绝缘靶材溅射的问题，还能够很好地兼容常规的金属导体靶材。

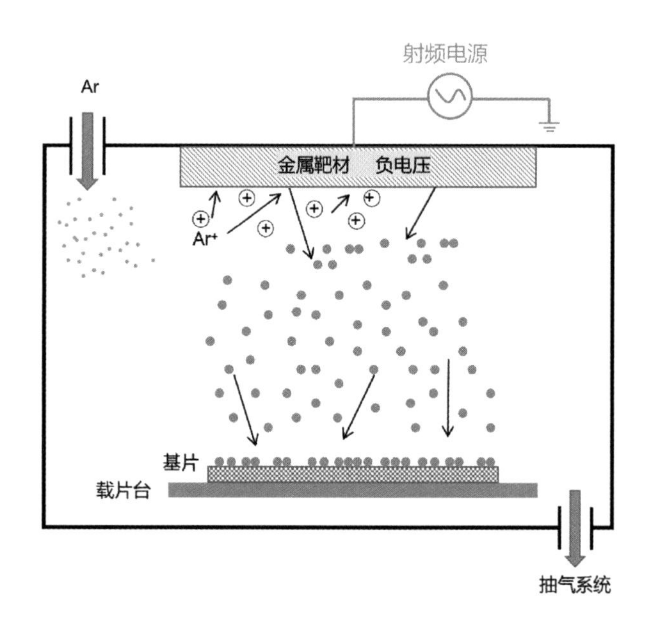

图 4-8　射频溅射设备结构示意图

相较于直流溅射，稳定状态下射频溅射的靶材电压更低，更低的靶材电压意味着轰击到靶材上的正离子（Ar^+）被加速的动能更小，进而轰击出的靶材原子动能也更小。而薄膜沉积时，沉积粒子的动能会直接影响薄膜的成膜结构和特性。利用这个特点，射频溅射在改变薄膜特性和控制沉积粒子对衬底的损伤方面具有独特的优势。不过靶材电压降低会造成溅射产额降低，从而导致薄膜的沉积速率降低。在相同的输入功率条件下，直流溅射的沉积速率通常会高于射频溅射数倍。射频溅射易于控制薄膜厚度，可用于沉积超薄膜，常用于金属栅的沉积。

由于射频溅射法可以将能量直接耦合给等离子体中的电子，因此其工作电压和对应的靶材电压较低。制备化合物薄膜时，可以考虑直接使用化合物作为溅射的靶材，但是这会造成气态或固态化合物分解的现象。此时，沉积得到的薄膜往往在化学成分上与靶材有很大的差别。要想解决上述问题，可以调整溅射室内的气体组成和压力，在通入 Ar 气的同时通入相应的活性气体，从而抑制化合物的分解倾向；也可以采用纯金属作为溅射靶材，在工作气体中混入适量的活性气体如 O_2、N_2、NH_3、CH_4、H_2S 等，生成我们想要的化合物。

3．磁控溅射

针对直流溅射启辉电压高、电子对衬底的轰击强的缺点，有效的解决方法是采用磁控溅射，因此在集成电路领域中真正有实用价值的是磁控溅射。磁控溅射是一种在目标的背面添加磁体的物理气相沉积方法。所添加的磁体与直流电源（或交流电源）系统形成磁控溅射源，利用溅射源在腔室中捕获并限制电子在等离子体中的运动范围，延长电子的运动路径，进而提高等离子体浓度，从而在腔室中形成交互电磁场，最终得到更多的沉积（见图 4 -9）。此外，由于更多的电子被束缚在目标表面附近，因此电子对衬底的轰击减少，衬底的温度降低。与直流溅射相比，磁控溅射最明显的特点之一是辉光放电电压更低、更稳定。由于磁控溅射具有较高的等离子体浓度和溅射成品率，并具有优异的沉积效率、大尺寸范围内的沉积厚度控制、精确的成分控制和低起始电压，因此磁控溅射在目前的金属薄膜物理气相沉积技术中占据主导地位。最简单的磁控溅射源设计是在平面靶材背面（真空系统外）放置一组磁体，在靶材表面局部区域产生平行于靶材表面的磁场，如图 4 -10 所示。磁控溅射设备如图 4 -11 所示。

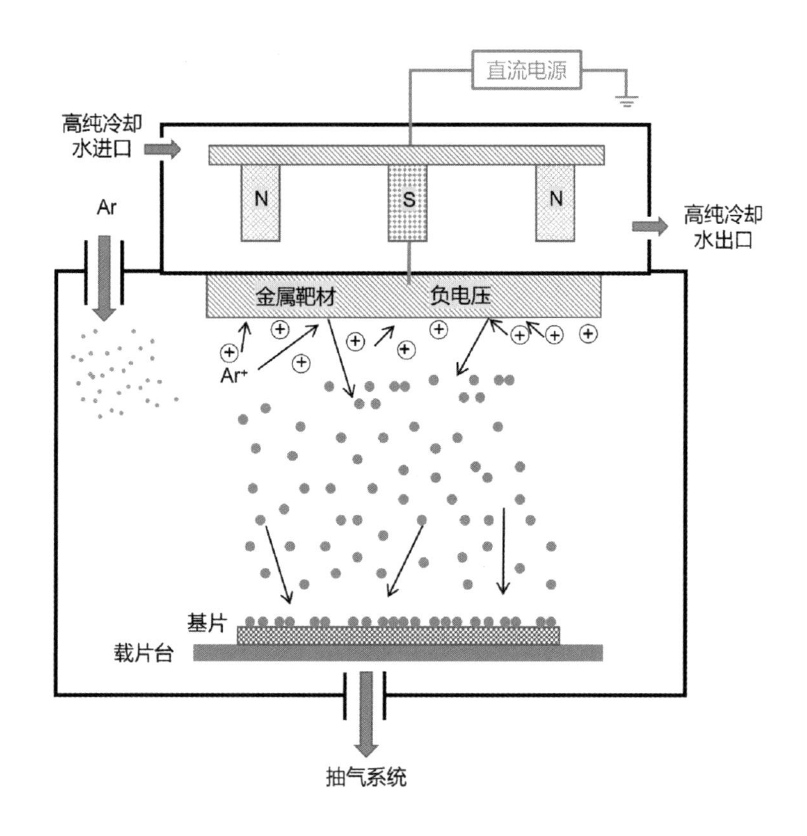

图 4－9　磁控溅射设备结构示意图

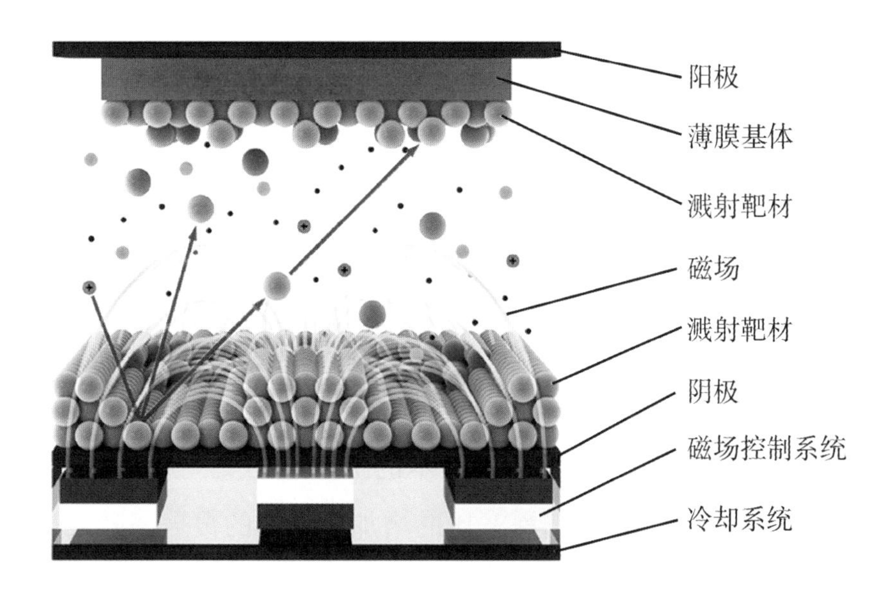

图 4－10　磁控溅射原理示意图

图 4－11　*磁控溅射设备*

如果放置的是永磁体，因其磁场相对固定，腔室内靶材表面的磁场分布也将相对固定，只有靶材特定区域的材料被溅射，因此靶材利用率低。制备的薄膜均匀性较差，溅射出的金属或其他材料的粒子有一定概率沉积回靶材表面，从而聚集成颗粒，形成缺陷污染。因此，商用的磁控溅射源多采用旋转磁体设计方式，以提高薄膜均匀性、靶材利用率及形成全靶溅射。平衡这三个因素至关重要，如果处理得不好，尽管仍可能获得很好的薄膜均匀性，但靶材利用率将大幅度降低，靶材寿命也将缩短，或者全靶溅射或全靶腐蚀无法实现，在溅射过程中产生颗粒问题。

4.3.3 离子镀

随着微电子技术的不断发展，特征尺寸变得越来越小。由于 PVD 技术无法控制粒子的沉积方向，因此 PVD 进入具有高深宽比的通孔和狭窄沟道的能力受到限制，使得传统的 PVD 技术的扩展应用受到越来越多的挑战。在 PVD 工艺中，随着孔隙沟槽深宽比的增加，底部的覆盖率随之降低，并且在顶部的拐角处会形成屋檐式的悬垂结构，在底部拐角处会形成最薄弱的覆盖。

离子镀技术可以有效解决这一问题。它先将从靶材上溅射出来的金属原子通过不同的方式使之等离子化，再通过调整加载在晶圆片上的偏压控制金属离子的方向与能量，以获得稳定的定向金属离子流来制备薄膜，从而提高对高深宽比通孔和狭窄沟道台阶底部的覆盖能力。离子镀技术的典型特征是在腔室中加入一个射频线圈，如图 4－12 所示。进行离子镀加工时，腔室的工作压力维持在比较高的状态，利用射频线圈产生第二个等离子体区域，该区域中的等离子体浓度随着射频功率和气压的增加而升高。当从靶材溅射出的金属原子经过该区域时，金属原子与高密度的等离子体相互作用而形成金属离子。在晶圆片的载片台处施加射频源可以提高晶圆片上的负偏压，以此来吸引金属正离子到达孔隙沟槽的底部。这种与晶圆片表面垂直的定向金属离子流提高了对高深宽比孔隙和狭窄沟道台阶底部的覆盖能力。施加在晶圆片上的负偏压还会使离子轰击晶圆片表面（反溅射），这种反溅射能力会削弱孔隙沟槽口的悬垂结构，并且将已沉积在底部的薄膜溅射到孔隙沟槽底部拐角处的侧壁上，从而提高了拐角处的台阶覆盖率。

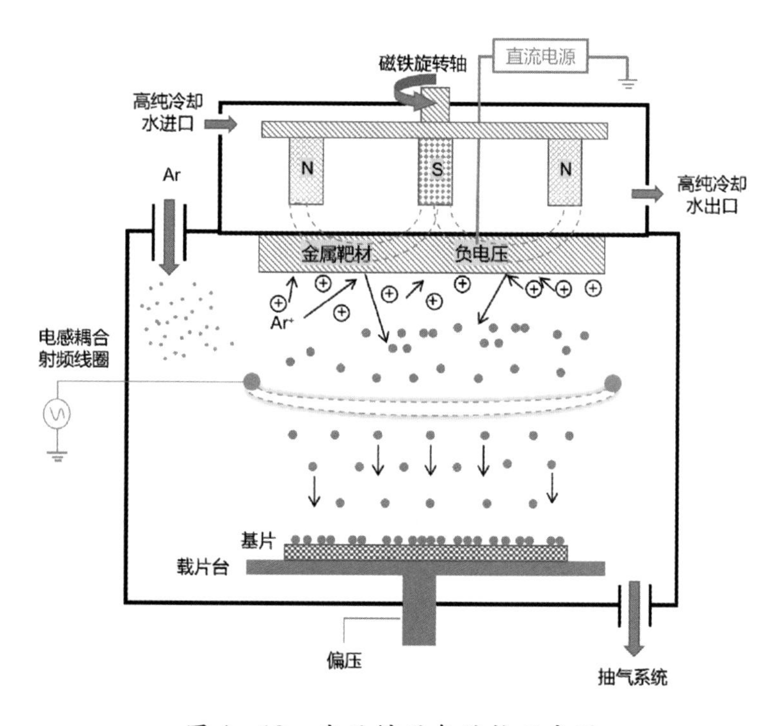

图 4－12　离子镀设备结构示意图

4.3.4 分子束外延

分子束外延是新发展起来的外延制膜方法，这是一种在晶体基片上生长高质量晶体薄膜的新技术。在超高真空条件下，由装有各种所需组分的炉子加热而产生的蒸气经小孔准直后形成分子束或原子束，将其直接喷射到适当温度的单晶基片上，同时控制分子束对衬底进行扫描，就可使分子或原子按晶体排列一层层地“长”在基片上形成薄膜，即可生长极薄甚至是单原子层的单晶层和几种物质交替的超晶格结构（见图 4－13）。该技术的优点是外延生长温度低，对厚度、界面、化学组分和杂质浓度可实现原子级别的精确控制。MBE 技术已能制备薄至几十个原子层的单晶薄膜，以及由交替生长不同组分、不同掺杂的薄膜形成的超薄层量子显微结构材料，应用领域至今已经扩展到金属、绝缘介质等多种材料体系，可用于制备 I－V 族化合物、硅、硅锗（SiGe）、石墨烯、氧化物和有机薄膜等材料。

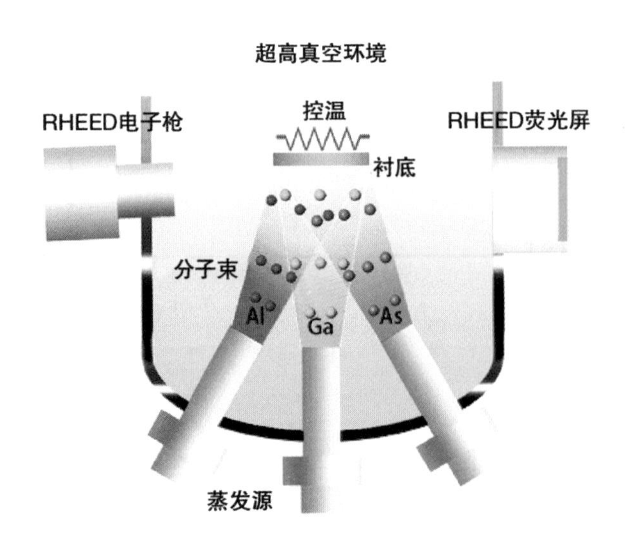

图 4－13　分子束外延设备结构示意图

MBE 系统主要由超高真空系统、分子束源、衬底固定和加热系统、样品传输系统、原位监测系统、控制系统、测试系统组成。真空系统包括真空泵（机械泵、分子泵、离子泵和冷凝泵等）和各种各样的阀门，它可以创造超高真空生长环境，一般可实现的真空度为 $10^{-11}\sim10^{-8}$ Torr。真空系统主要有三个真空工作室，即进样室、预处理和表面分析室、生长室。进样室用于与外界传递样品，从而保证其他腔室的高真空条件；预处理和表面分析室连接着进样室与生长室，其主要功能是对样品进行前期处理（高温除气，保证衬底表面的完全清洁）和对处理过的样品进行初步的表面分析；生长室是 MBE 系统最核心的部分，主要由源炉及其相应的快门组件、样品控制台、冷却系统、反射高能电子衍射仪、原位监测系统等组成。部分生产型的 MBE 设备具有多个生长室的配置。

硅材料的 MBE 以高纯硅为原料，在超高真空（$10^{-11}\sim10^{-10}$ Torr）条件下进行，生长温度为 600 ℃ ~900 ℃，以 P 型 Ga、N 型 Sb 为掺杂源。通常使用的 P、As 和 B 等掺杂源因其难以蒸发而较少作为束流源使用。MBE 的反应室具有超高真空环境，这增加了分子的平均自由程，减少了生长材料表面的沾污和氧化，其制备出的外延材料表面形貌好、均匀性佳，并可用于制成不同掺杂或不同材料组分的多层结构。

MBE 技术实现了单原子层厚度的超薄外延层的重复生长，外延层之间的界面是陡峭的，MBE 可以对Ⅲ－Ⅴ族半导体及其他多元异质材料的生长起到促进作用。目前，MBE 系统已成为生产新一代微波器件和光电子器件的先进工艺设备。MBE 不仅可以用于制备大多数现有器件，还可以用于制备许多新器件，包括那些通过其他方法难以实现的器件，例如具有高电子迁移率的超晶格结构的晶体管和通过控制原子尺度薄膜厚度制备的多量子阱激光二极管。MBE 技术的缺点是薄膜的生长速度慢、真空要求高、设备本身和设备使用成本高。

4.3.5 脉冲激光沉积

脉冲激光沉积，也被称为“脉冲激光烧蚀”（Pulsed Laser Ablation，PLA），是一种利用激光对物体进行轰击，然后将轰击出来的物质沉积在不同的衬底上，从而得到沉淀或者薄膜的手段。从脉冲激光沉积技术的原理、特点可知，它是一种极具发展潜力的薄膜制备技术。随着辅助设备和工艺的进一步优化，它将在半导体薄膜的制备方面发挥重要的作用，促进对薄膜生长机理的研究和提高薄膜的应用水平，加速材料科学和凝聚态物理学的研究进程，同时也为新型薄膜的制备提供了一种行之有效的方法。美国 Neocera Pioneer 180 型号脉冲激光沉积系统如图 4－14 所示。

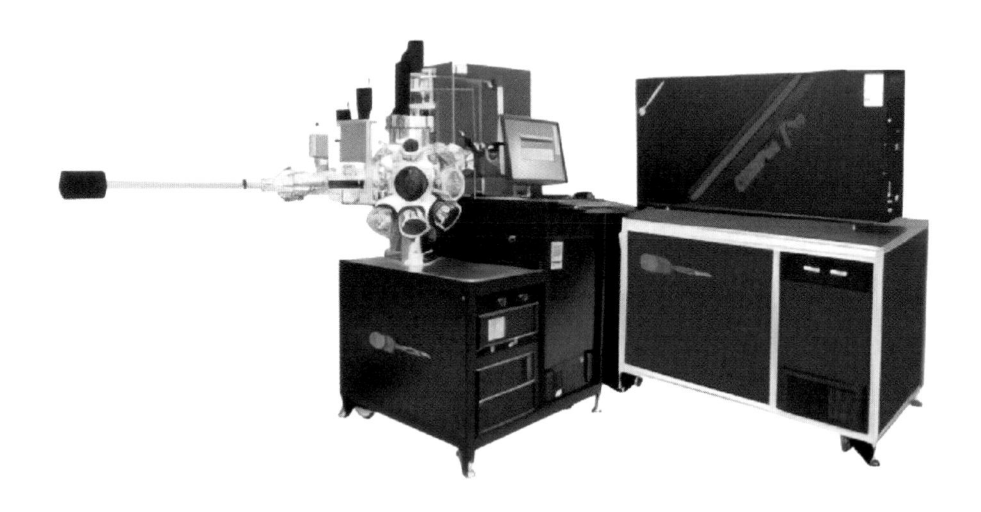

图 4－14　美国 Neocera Pioneer 180 型号脉冲激光沉积系统

4.3.6 激光分子束外延

激光分子束外延技术是近几年发展起来的一项新型薄膜制备技术，是将分子束外延技术与脉冲激光沉积技术进行有机结合，在分子束外延条件下激光蒸发镀膜的技术。L-MBE 结合了 PLD 的高瞬时沉积速率（不需要考虑成分挥发时的热平衡问题等）及 MBE 的实时监测功能，是一种改良的 MBE 方法。

4.3.7 等离子体浸没式离子沉积

等离子体浸没式离子沉积的工作原理是将欲沉积薄膜的工件浸没在均匀的低压等离子体中，并且在工件上施加频率为数百赫兹、电压为数千伏的高压负脉冲。由于低压等离子体的电离度高且其离子的自由程长，因此在高压负脉冲的作用下，工件外表面等离子体鞘层中的离子被加速，并在获得相应的能量之后沉积在工件的表面上。

4.4 化学气相沉积技术

化学气相沉积是指在一定温度和压力下，将多种气相反应物在不同分压下进行化学反应，使生成的固体物质沉积在基材表面，从而获得所需薄膜的工艺技术。在传统的集成电路制造工艺中，所获得的薄膜材料一般为氧化物、氮化物、碳化物等化合物或多晶硅、非晶硅等材料。在 45 nm 节点之后较为常用的选择性外延技术，如源漏 SiGe 或 Si 的选择性外延生长，也是一种 CVD 技术，可以沿着硅或其他材料的单晶衬底继续形成与原始晶格类型相同或相似的单晶材料。CVD 广泛应用于绝缘介质薄膜（如 SiO_2、Si_3N_4和 SiON 等）和金属薄膜（如钨等）的生长。

用于反应的气体有 N_2O、$(C_2H_5O)_4Si$、SiH_2Cl_2、WF_6等。一般来说，按压力进行分类，CVD 可分为常压化学气相沉积（Atmospheric Pressure Chemical Vapor Deposition，APCVD）、亚常压化学气相沉积（Sub Atmospheric Pressure Chemical Vapor Deposition，SAPCVD）和低压化学气相沉积（Low Pressure Chemical Vapor Deposition，LPCVD）。根据温度进行分类，CVD 可分为高温氧化膜化学气相沉积（High Temperature Oxidation Chemical Vapor Deposition，HTOCVD）、低温氧化膜化学气相沉积（Low Temperature Oxidation Chemical Vapor Deposition，LTOCVD）和快速热化学气相沉积（Rapid Thermal Chemical Vapor Deposition，RTCVD）。根据反应源进行分类，CVD 可分为基于硅烷的 CVD、基于正硅酸盐的 CVD 和金属有机物化学气相沉积（Metal Organic Chemical Vapor Deposition，MOCVD）。根据能量进行分类，CVD 可分为热化学气相沉积（Thermal Chemical Vapor Deposition，

TCVD)、等离子体增强化学气相沉积（Plasma Enhanced Chemical Vapor Deposition，PECVD）和高密度等离子体化学气相沉积（High Density Plasma Chemical Vapor Deposition，HDPCVD）。此外，近年发展起来的可流动化学气相沉积（Flowable Chemical Vapor Deposition，FCVD）具有优异的空隙填充能力。不同 CVD 生长的薄膜的特性，如化学成分、介电常数、张力、应力和击穿电压等是不同的，可以根据不同的工艺要求，如温度、台阶覆盖、填充要求等单独使用。

4.4.1 常压化学气相沉积

常压化学气相沉积是在压力接近大气压的环境下，将气态反应源以恒定速度喷射到加热的固体基材表面，使反应源在基材表面发生化学反应，并使反应产物沉积在基材表面形成薄膜的一种技术。APCVD 设备是最早的 CVD 设备（其结构见图 4－15）之一，至今仍广泛应用于工业生产和科研中。APCVD 设备可用于制备单晶硅、多晶硅、二氧化硅、氧化锌、磷硅玻璃、硼磷硅玻璃等薄膜。

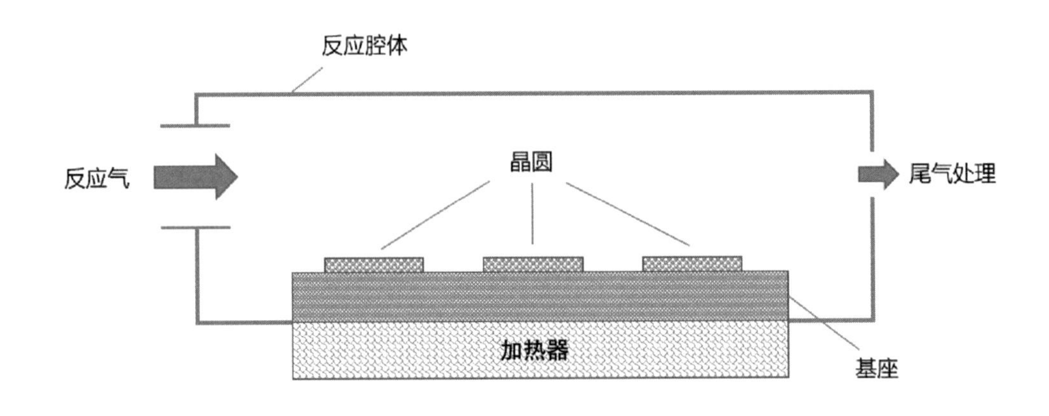

图 4－15　常压化学气相沉积设备结构示意图

APCVD 设备通常由气体控制部分、加热和电气控制部分、传动部分、反应室部分和尾气处理部分组成。气体控制部分的作用是均匀地将所需气体输送到设备所需位置，包括气路和注气装置。每个气路都根据要求设计不同类型和数量的阀门（手动阀、气动阀等）和流量计，通过这些装置来控制气路的开/关和气体流量。注气装置位于进入反应室的气路末端，其作用是保证气体均匀地流入反应室，是影响成膜质量的关键部件。加热部分提供化学反应所需的热源，包括电磁感应线圈加热和红外灯加热。常见的APCVD 设备按每炉滑道数可分为多片设备和单片设备，其中多片设备主要有立式反应器、卧式反应器和桶式反应器三种类型。

APCVD 设备工作时，需要先将基材加热到一定的温度，然后将被控制和调节的反应气体以恒定的速度喷射到基材表面，气体之间发生化学反应使反应物沉积在基材表面，同时通过特定的管道将废气送入尾气处理部分。APCVD 设备的反应环境与大气环境相似，反应气体分子的平均自由程短，分子之间的碰撞频率高，容易发生均匀成核的化学反应，导致制备的薄膜及腔室表面可能含有颗粒，这对腔室的设计和维护提出了更高的要求。APCVD 设备不需要真空环境，具有结构简单、成本低、沉积速率高、生产效率高、工艺可重复性好等优点，因此容易实现大面积连续镀膜，适合大规模工业生产。

4.4.2 低压化学气相沉积

低压化学气相沉积是在加热（350 ℃ ~ 1 100 ℃）和低压（10 ~ 100 mTorr）的条件下，使气态原料在固体基材表面发生化学反应，从而使反应物沉积在基材表面形成薄膜的一种技术。LPCVD 设备是在 APCVD 的基础上为了提高薄膜质量、薄膜厚度和电阻率等特征参数分布均匀性，以及提高生产效率而发展起来的，其工作原理是在低压热场环境下，工艺气体在晶圆衬底表面发生化学反应，反应产物沉积在衬底表面形成薄膜。LPCVD 设备在制备高质量薄膜方面具有优势，可用于制备氧化硅、氮化硅、多晶硅、碳化硅、氮化硅和石墨烯等薄膜。与 APCVD 相比，LPCVD 设备的低压反应环境增加了反应室内气体的平均自由程和扩散系数，反应室内的反应气体和载气分子可以在短时间内实现均匀分布，从而大大提高了膜厚均匀性、电阻率均匀性和台阶覆盖率，反应气体的消耗也更少。此外，低压环境也加快了气体物质的传递速度，从衬底扩散的杂质和反应副产物可以通过边界层快速地排出反应区，反应气体可以通过边界层快速到达衬底表面进行反应，因此可以有效地抑制自掺杂，制备出具有陡峭过渡区的高质量薄膜，提高生产效率。

LPCVD 设备一般由气路控制系统、反应室及其压力控制系统、电气控制系统、传动系统和尾气处理装置组成。反应室及其压力控制系统的核心装置为真空泵、真空控制器、真空柜、阀门等，通过程序控制，可实现反应室内所需的低压环境。加热方式分为电阻丝加热、高频感应加热和红外灯加热。

LPCVD 设备根据腔室中单片机的数量可分为多芯片设备和单芯片设备。多芯片设备主要采用热壁加热系统，单芯片设备主要采用冷壁加热系统。热壁加热系统与冷壁加热系统最大的区别在于受热对象的不同。热壁加热系统通过热源向整个反应室系统提供热量，反应室处于热壁状态；冷壁加热系统只加热晶圆片，反应室保持冷壁。热壁加热系统中的化学反应发生在反应室的各个部位，因此反应室壁上也会有反应物沉积，需要定期清洗；冷壁加热系统中的化学反应只发生在被加热的基材和基材托盘上。目前，LPCVD 设备正日益向高产率、低温和新型反应源方向发展。

4.4.3 等离子体增强化学气相沉积

等离子体增强化学气相沉积是一种应用广泛的薄膜沉积技术（设备见图 4－16）。在等离子体增强化学气相沉积过程中，气态前驱体在等离子体作用下电离形成受激活性基团，通过扩散到达衬底表面，然后发生化学反应完成薄膜生长。

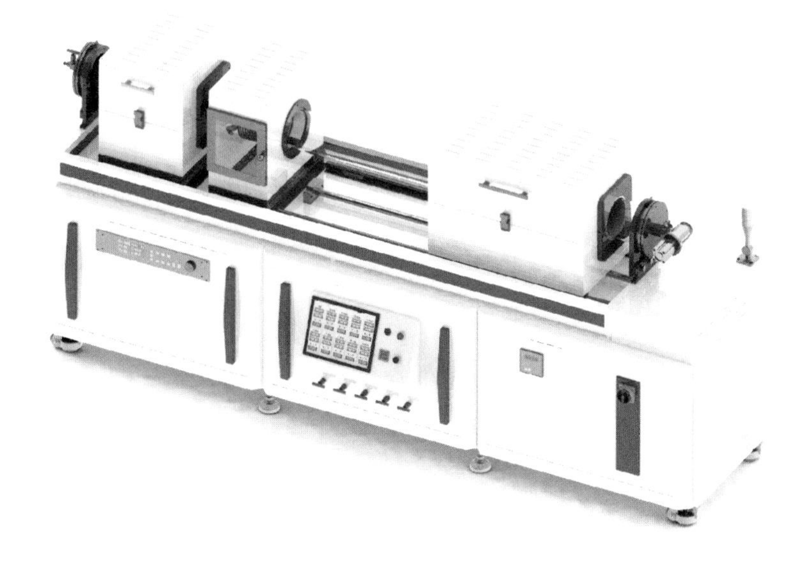

图 4－16　等离子体增强化学气相沉积设备

根据等离子体产生的频率，PECVD 中使用的等离子体可分为射频等离子体和微波等离子体。射频等离子体的引入通常分为电容耦合（Capacitively Coupled Plasma，CCP）模式和电感耦合（Inductively Coupled Plasma，ICP）模式。电容耦合通常是直接等离子体反应的方式；电感耦合可以是直接等离子体反应的方式，也可以是远程等离子体反应的方式。

通常情况下，使用电容耦合产生的等离子体电离速率低，导致反应前驱体的解离有限，沉积速率相对较低。使用电感耦合可以产生更高密度的等离子体。当向电感线圈施加高频信号时，电感线圈内部产生电场，使等离子体中的电子加速，直至获得更高的能量，从而产生更高密度的等离子体。在半导体制造工艺中，PECVD 通常用于在含有金属或其他对温度更敏感的结构的衬底上生长薄膜。例如，在集成电路后通道金属互连领域，由于器件的源极、栅极和漏极结构都是在前通道过程中形成的，因此金属互连领域的薄膜生长受到非常严格的热预算约束，故通常由等离子体辅助。通过调整等离子体工艺参数，可以在一定范围内调节和优化 PECVD 膜的密度、化学成分、杂质含量、机械韧性和应力。

4.4.4 原子层沉积

原子层沉积是通过将气相前驱体脉冲交替地通入反应器，前驱体在沉积基体上化学吸附并反应而形成沉积膜的一种技术（见图4－17）。当前驱体到达沉积基体表面时，它们会在其表面化学吸附并发生化学反应。在前驱体脉冲之间需要用惰性气体对原子层沉积反应器进行清洗。由此可知，沉积反应前驱体物质能否在沉积基体表面化学吸附是能否实现原子层沉积的关键。从气相物质在基体材料的表面吸附特征可以看出，任何气相物质在材料表面都可以进行物理吸附，但是要在材料表面实现化学吸附必须具有一定的活化能，因此要想实现原子层沉积，选择合适的反应前驱体物质是很重要的。

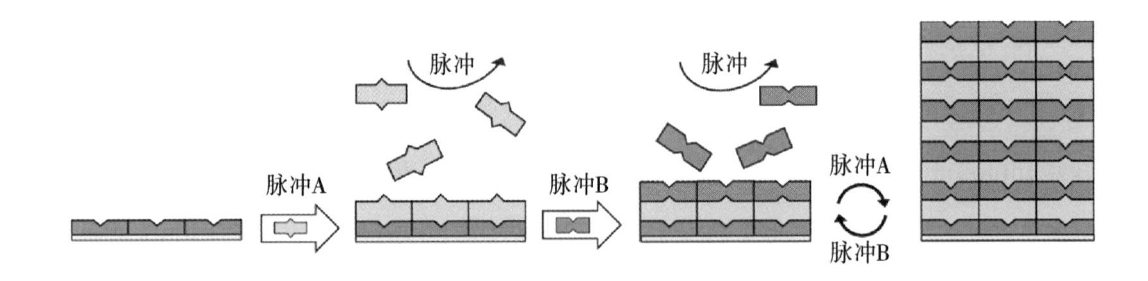

图4－17 原子层沉积的原理示意图

与其他气相沉积技术相比，ALD 拥有极高的薄膜控制精度、较好的绕镀性以及薄膜的均一性和共形性，尤其对于高纵横比器件以及复杂的孔道结构，ALD 表现出了极大的优势，目前已经成为半导体封装加工必不可少的工序。

原子层沉积的表面反应具有自限制性，实际上这种自限制性特征正是原子层沉积技术的基础。该技术通过不断重复这种自限制反应生成所需要的薄膜。根据反应前驱体和基体材料的不同，原子层沉积主要有两种不同的自限制机制，即化学吸附自限制（Chemisorption Self-limiting，CS）和顺次反应自限制（Sequential Response Self-limiting，RS）原子层沉积过程。

化学吸附自限制原子层沉积过程中，第一种前驱体输入到基体材料表面并通过化学吸附（饱和吸附）保持在表面。当第二种前驱体通入反应器时，它就会与已吸附于基体材料表面的第一种前驱体发生反应。两种前驱体之间会发生置换反应并产生相应的副产物，直到表面的第一种前驱体完全消耗，反应即自动停止并形成需要的原子层。因此这是一种自限制过程，需要不断重复这种反应形成薄膜。

与化学吸附自限制原子层沉积过程不同，顺次反应自限制原子层沉积过程通过活性前驱体物质与活性基体材料表面的化学反应来驱动。这样得到的沉积薄膜由前驱体与基体材料间的化学反应形成。

ALD 技术可以应用于半导体领域中的晶体管栅极电介质层（高 k 材料）、光电元件涂层、晶体管中的扩散势垒层和互连势垒层（阻止掺杂剂的迁移）、有机发光显示器的反湿涂层和薄膜电致发光（Thin Film Electroluminescence，TFEL）元件、集成电路中的互连种子层、动态随机存取存储器（Dynamic Random Access Memory，DRAM）和磁性随机存储器（Magnetic Random Access Memory，MRAM）中的电介质层、集成电路中嵌入电容器的电介质层、电磁记录头的涂层、集成电路中的金属—绝缘层—金属（Metal - Insulator - Metal，MIM）电容器涂层。微导公司生产的 iTomic HiK 系列原子层沉积镀膜系统如图 4 - 18 所示。

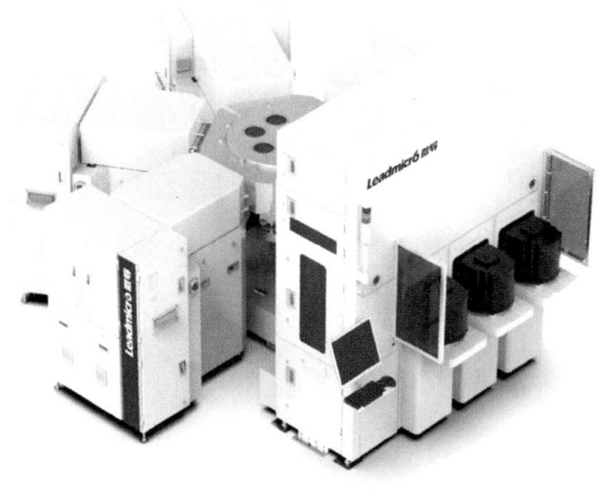

图 4 - 18　微导公司生产的 iTomic HiK 系列原子层沉积镀膜系统

4.5 气相沉积技术在外延制造中的应用

气相外延（Vapor Phase Epitaxy，VPE）是一种单晶薄层生长方法。VPE系统是指将气态化合物输运到衬底上，通过化学反应而获得一层与衬底具有相同晶格排列的单晶材料层的外延生长设备。从广义上来讲，VPE是化学气相沉积技术的一种特殊方式，其生长薄层的晶体结构是单晶衬底的延续，并且与衬底的晶向保持对应的关系。VPE的工作原理是在气相状态下，将半导体材料沉积在单晶衬底上，并使沉积的半导体材料沿着单晶衬底的结晶轴方向生长出一层厚度和电阻率合乎要求的单晶层。

VPE的特点如下：

（1）外延生长温度高，生长时间长，可以生长较厚的外延层。

（2）在外延生长过程中，可以任意改变杂质浓度和导电类型。

VPE的作用如下：

（1）降低硅材料缺陷。

（2）提高器件的集成度。

（3）延长少数载流子的寿命，减少存储单元的漏电流。

（4）加快电路的响应速度，改变电路的功率特性及频路特性。

（5）实现多种材质的多种薄膜外延。

在半导体科学技术的发展中，气相外延发挥了重要作用，典型代表是Si气相外延和GaAs气相外延及固溶体气相外延。Si气相外延以高纯氢气作为输运和还原气体，在化学反应后生成Si原子并沉积在衬底上，生长出晶体取向与衬底相同的Si单晶外延层，该技术已被广泛用于Si半导体器件和集成电路的工业化生产。GaAs气相外延通常有两种方法：氯化物法和氢化物法。该技术工艺设备简单，生长的GaAs纯度高、电学特性好，已被广泛地应用于霍尔器件、耿氏二极管、场效应晶体管等微波器件的制造中。

典型的VPE有常压外延及减压外延、超高真空化学气相沉积、金属有机化学气相沉积等。VPE 技术的关键点为反应腔室设计、气流方式及均匀性、温度均匀性和精度控制、压力控制与稳定性、颗粒和缺陷控制等。目前，主流的商业 VPE 系统的发展方向均为大载片量、全自动控制，以及实现温度与生长过程的实时监控等。VPE 系统有立式、水平式和圆筒式及其混合结构四种结构，其加热方式有电阻加热、高频感应加热和红外辐射加热等。目前，VPE 系统多采用水平圆盘式结构，其具有生长外延膜均匀性好、载片量大等特点。VPE 系统通常由反应器、加热系统、气路系统和控制系统四部分组成。GaAs 和 GaN 外延膜的生长时间较长，因此大多采用高频感应加热和电阻加热的方式。而在 Si 的 VPE 中，厚外延膜的生长多采用高频感应加热的方式；薄外延膜的生长则多采用红外辐射加热的方式，以达到快速升/降温的目的。图 4－19、图 4－20、图 4－21 为几种常见的 Si 气相外延反应炉装置。

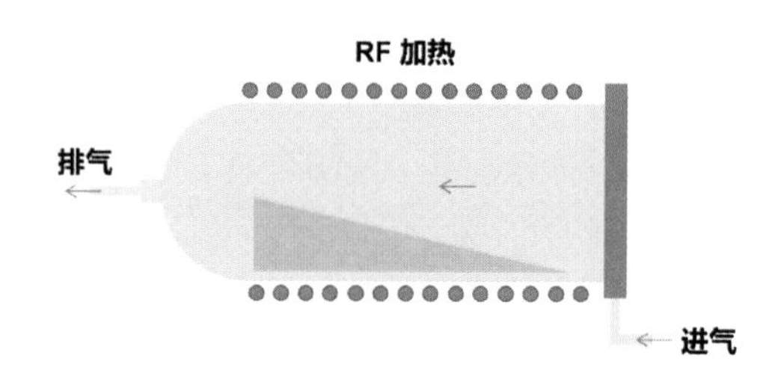

图 4－19　硅气相外延水平式反应炉装置示意图

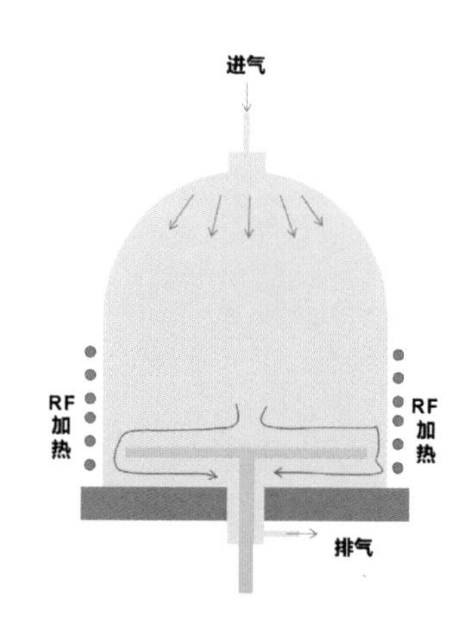

图 4－20　硅气相外延立式反应炉装置示意图

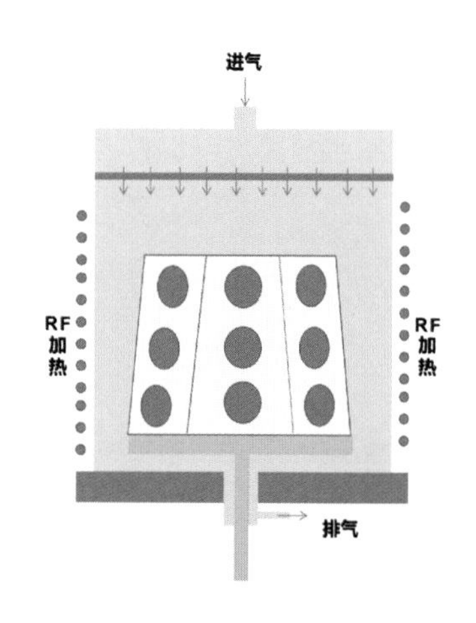

图 4－21　硅气相外延圆筒式反应炉装置示意图

练习题

（1）硅晶圆的热氧化包括哪些类型？请写出它们的反应式。

（2）CVD 的主要反应装置包括哪几种类型？

（3）什么是 PECVD？它与普通 CVD 相比有哪些优点？

（4）原子层沉积和普通化学气相沉积有什么区别？

（5）分子束外延技术的优缺点是什么？其在芯片制造中的应用有哪些？

（6）溅射技术有哪几种类型？它们各自的特点是什么？

5 光刻

学习目标

（1）了解光刻的发展史。

（2）掌握光刻的原理。

（3）了解光刻的工艺流程。

（4）了解影响光刻系统的参数。

（5）掌握光刻胶的原理、种类和组成。

（6）了解光刻掩模板的种类。

（7）掌握光刻性能指标。

（8）了解光刻机的发展和种类。

5.1 光刻发展史

光刻是一项利用光化学反应原理，将掩模板上的图案转印到晶圆的技术。纵观光刻的发展史，不难发现，从最开始的可见光、近紫外光、紫外光到极紫外光，光刻技术的发展过程也是人类对光学技术利用的发展过程。最早的光刻技术灵感源于照相制版：先在一个平面上加工所需图案并将之作为挡光板，在拍照曝光时进行遮盖，最后在照片上留下图案。早在 20 世纪 50 年代，接触式光刻技术就是利用这种方法进行图案的转印，此种光刻技术需要设计与晶圆 1：1 大小的掩模板。但是在操作过程中，操作者需要手动控制定位台以对掩模板图形和衬底晶圆进行校准，因为在校准的过程中往往会产生误差，同时光刻胶也会对掩模板造成一定程度的污染，所以接触式光刻一般只能应用于允许误差范围较大的器件制备中。

为了避免掩模板与晶圆接触带来的污染问题，以及提高掩模板的重复使用性，第二代光刻技术——投影式光刻技术（见图 5－1）被开发。此种方法引入了透镜成像，使得掩模板不用与晶圆保持 1：1 大小。同时，由于透镜的引入，对于光源波长的调整可以实现精度的提高，为后续光刻技术的发展埋下伏笔。

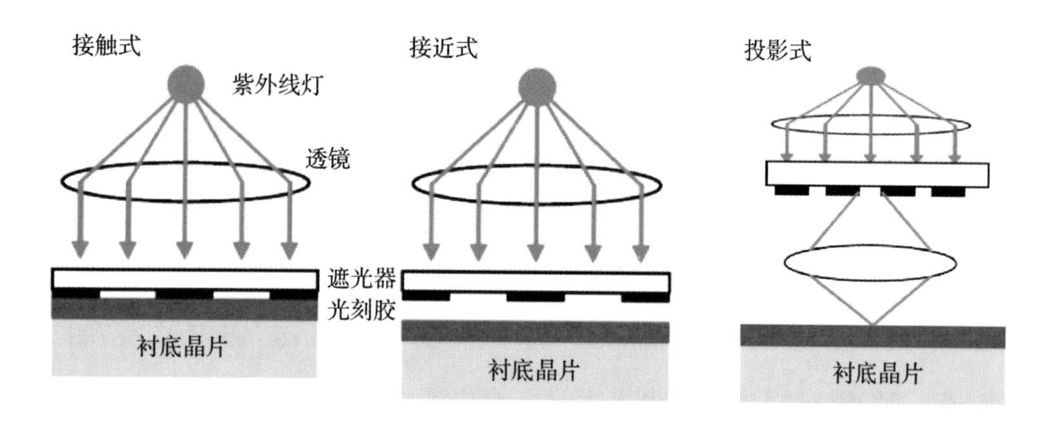

图 5-1　第一代接触式光刻技术以及后续改良的接近式光刻技术与投影式光刻技术的原理图

随着晶圆制备技术的发展，单片晶圆的尺寸越来越大，同时集成度的提高使得单个电子元器件的尺寸越来越小，投影式光刻技术所需的透镜尺寸也越来越大。随之而来的是对透镜的折射率均匀性、表面均匀性和光学像差等性能的更高要求。因此，在保持透镜尺寸不变的情况下，可以将单个晶圆拆分成多个重复区域，在曝光时先从第一个小区域开始，完成后只需要调整晶圆的位置并继续进行曝光，重复以上过程即可让整个晶圆实现曝光。由于加入了步进器作为调整，因此第三代光刻技术又称为“步进式光刻技术”。第三代光刻技术在 436 nm、365 nm 和 248 nm 的光波长中均有良好的表现。随着光波长的缩短，电子器件的集成度正在逐步上升，元器件的关键尺寸也在逐渐缩小。一切都如 Intel 公司的创始人之一——戈登·摩尔提出的那样，集成电路上可容纳的元器件数目每 18～24 个月便会增加一倍。

然而进入了 21 世纪后，光刻技术的光源达到 193 nm。当设计的电子元器件密度更高后，大家发现光刻机的精度已经不再能满足设计要求了。以前光刻精度的提高都是通过减小光波长来实现的，因此当时的光刻机厂商如尼康等纷纷寻找减小光波长的方法。但是在当时的技术背景下，虽然他们获得了 157 nm 波长的光源，但是镜片的吸收导致出现光强问题。此外，光刻胶明显也需要进行技术改进。

从 193 nm 到 157 nm，光波长的缩小幅度不到 25%，此时关于摩尔定律已经到头的舆论开始发酵。直到 2002 年，时任台积电研发副经理的林本坚提出了一种新的方法：除了改变光波长以外，还可以在镜头与光刻胶之间再加一层改变光线折射率的介质，以改变光波长。193 nm 的光源透过最普通的水，波长变成了 132 nm。这种浸没式光刻技术（见图 5－2）最后被阿斯麦尔（Advanced Semiconductor Material Lithography，ASML）公司接受和改进，ASML 公司也成为世界上第一家生产出浸没式光刻设备的厂家。浸没式光刻技术的成功开发成为台积电和 ASML 两家公司的重要转折点，ASML 公司由此从 2000 年所占市场份额不足 10% 到 2007 年超越尼康，市场份额达到 60%。第四代浸没式光刻技术在随后几年中被不断优化，在先进节点的开发上占据着主导地位，摩尔定律又一次生效，电子电路的芯片集成度继续提高。

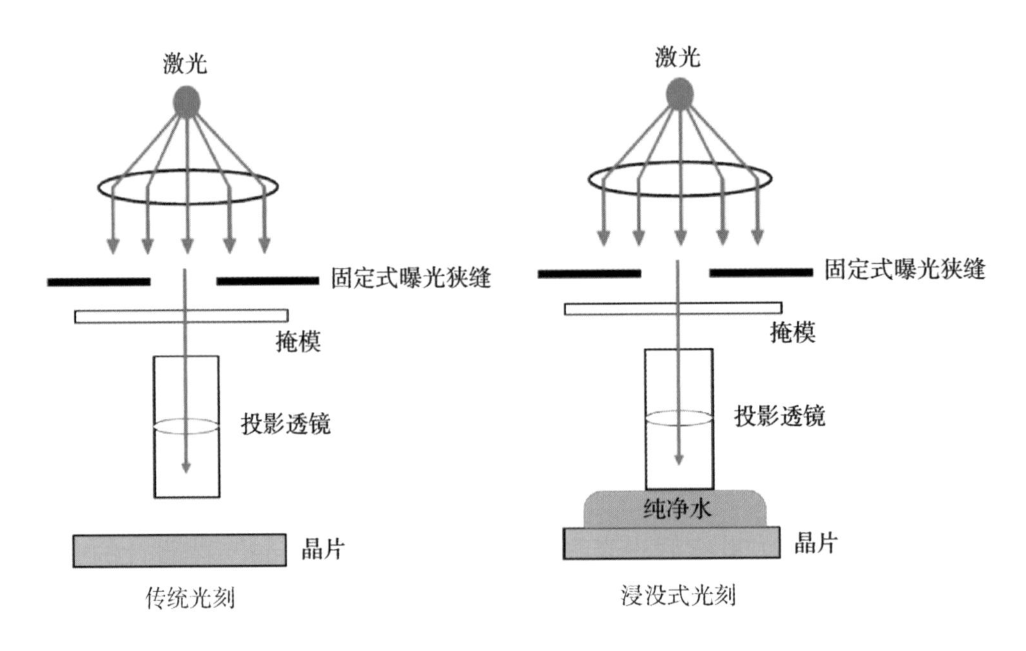

图 5－2　传统干式光刻技术与浸没式光刻技术的原理对比图

浸没式光刻技术让半导体关键尺寸缩小到了 22 nm，此时作为光源的光波长已经逐步减小到了深紫外光（DUV）。要想继续发展，必须开发极紫外光源（光波长为 13.5 nm）。有趣的是，早在 193 nm 光波长的危机到来之前，Intel 公司就已经意识到光源的波长减小终有极限。因此早在 1997 年，在美国政府的安排下，Intel 与摩托罗拉、超威半导体（AMD）和美国国家实验室组成了由 Intel 主导的极紫外线有限责任公司（The Extreme Ultraviolet Limited Liability Company，EUV LLC）。当时 ASML 公司为了参与研发，对美国政府做了一系列的妥协。最后 ASML 公司凭借多年在 EUV LLC 的开发经验，于 2010 年出货了世界首台 EUV 光刻机。EUV 光刻技术的难点在于光波长太短，光子能量很容易被材料吸收，导致实际使光刻胶发生化学反应的光强很弱，因此 EUV 光刻技术的出现对应的是一整个半导体生产产业链的变化，掩模板、光刻胶和光学镜头等材料都需要革新。现阶段，EUV 光刻技术基本被 ASML 公司垄断，半导体生产的关键节点尺寸从 14 nm、7 nm 缩小到了最新的 5 nm 甚至 3 nm。

目前，在半导体光刻关键节点尺寸缩小到 3 nm 后，由于硅基材料带来的量子隧穿效应，进一步缩小节点尺寸已经变得非常困难，摩尔定律的发展仿佛又一次到了尽头。在集成电路制造工艺中，光刻是决定集成电路集成度的核心工序，该工序的作用是将电路图案信息从掩模板上保真传输，转印到半导体材料衬底上，其技术的演进不断推动半导体先进节点的缩小。

5.2 光刻原理

光刻的原理就是利用光源通过具有图形的掩模板对涂有光刻胶的晶圆进行曝光，光刻胶在被光线照射后自身会发生化学变化，再经过清洗工艺形成相应的结构，从而把掩模板的图案转印到晶圆上。用胶卷照相机的原理来解释会更直观：胶卷照相机把拍摄场景的光印在底片上，形成照片。

光刻则是使用光源照射一个挡光板，最终把挡光板的图案印在晶圆上。

在光刻的原理中，光刻技术的关键系统主要有光刻光源、照明系统、投影物镜系统、机械及控制系统（该系统包括工作台、掩模板、硅片运输系统等）。光刻的过程中，决定最终关键制程尺寸的是光刻的精度，也就是分辨率。而光刻的原理需要以瑞利公式作为指导，该公式揭示了分辨率与光源波长的内在联系，同时有助于提高光刻精度。瑞利公式具体是：

$$R = k_1 \times \frac{\lambda}{NA}$$

公式中 R 为分辨率；λ 为光源波长；k_1 为工艺相关参数，该值一般为 0.25 ~0.4；NA 为数值孔径（Numerical Aperture)，该值与光学镜头的性能有关。

根据瑞利公式，提高光刻分辨率的方法有三个，一是减小 k_1 值；二是增大数值孔径 NA；三是减小波长 λ。k_1 的减小依赖于工艺技术的改进，如照明系统中偏振光照明、离轴照明等技术的改进和投影系统中掩模板的改进。NA 值的增大则依赖于镜头厂商对镜头的折射率等参数的调整。而决定光刻技术迭代最关键的就是曝光光源波长的减小，这是人类半导体芯片集成度一步步成功提高的关键。

5.3 光刻工艺流程

为了将掩模板上的设计线路图形转移到硅片上，先通过曝光工艺来实现转移，再通过刻蚀工艺得到硅图形。由于光刻工艺区的照明采用的是感光材料不敏感的黄色光源，因此它又称为“黄光区”。光刻技术最早应用于印刷行业，并且是早期制造印制电路板（Printed Circuit Board，PCB）的主要技术。自 20 世纪 50 年代起，光刻技术逐步成为集成电路制造中图形转移的主流技术。光刻工艺的关键指标包括分辨率、灵敏度、套准精度、缺陷率等。光刻工艺中最关键的材料之一是作为感光材料的光刻胶，由于光刻胶的敏感性依赖于光源波长，因此 g/i 线 248 nm 的 KrF、193 nm 的 ArF 等光刻工艺需要采用不同的光刻胶材料，如 i 线光刻胶中最常见的重氮萘醌（DNQ）线性酚醛树脂就不适用于 193 nm 光刻工艺。光刻胶按极性可分为正胶和负胶两种，其性能差别在于，负光刻胶曝光区域在曝光显影后变硬而留在晶圆片表面，未曝光部分则被显影剂溶解。正光刻胶经过曝光后，曝光区域的胶连状聚合物会因为光溶解作用而断裂变软，最后被显影剂溶解，而未曝光的部分则保留在晶圆片表面。先进芯片的制造大都使用正光刻胶，这是因为正光刻胶能达到纳米图形尺寸所要求的高分辨率。16 nm/14 nm 及以下技术在通孔和金属层的相关工艺中又发展出正胶负显影技术，将未经曝光的正光刻胶使用负显影液清洗掉，留下曝光的光刻胶，该方法可以提高小尺寸沟槽的成像对比度。

典型的光刻工艺的主要过程包括七个步骤：衬底预处理→光刻胶旋涂→前烘→对准与曝光→后烘→显影→定影、坚膜，如图 5－3 所示。

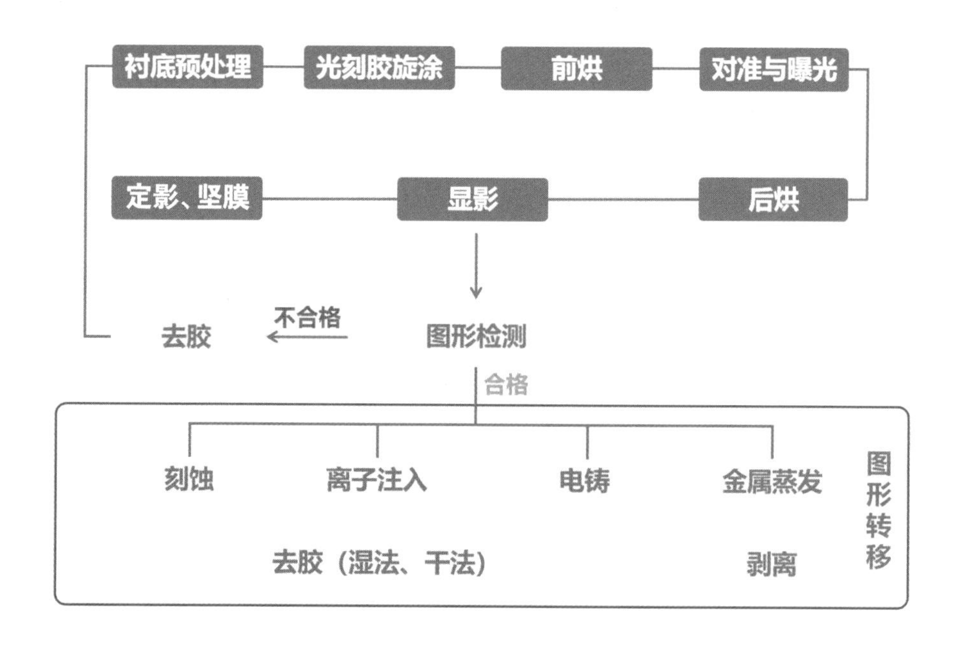

图 5－3　光刻工艺流程示意图

5.3.1 衬底预处理

衬底的预处理包括硅晶圆的清洗与烘干，此步骤的目的是去除硅晶圆表面的颗粒、减少晶圆表面的缺陷，以增强光刻胶与晶圆的表面结合力。由于在前面的加工工序中硅晶圆表面往往会留有有机溶剂、抛光后残留的余料和金属离子的附着等，因此衬底的预处理清洗步骤首先是利用强氧化剂进行清洗，此时硅晶圆表面的金属颗粒会变成金属氧化物或溶解到清洗液中；其次则是利用高浓度的 H^+（如 HF）来与吸附于硅晶圆表面的金属离子进行置换；最后则是利用含有 O_3的电解离子水进行清洗。

随着关键尺寸的缩小，为了避免元器件的短路，目前先进制程的光刻还需要将清洗后的硅晶圆置于 900 ℃ ~1 100 ℃的环境中氧化，氧化后的硅晶圆表面覆盖有一层致密绝缘的 SiO_2。氧化层还可以作为后续湿法刻蚀或离子注入的模板。

5.3.2 光刻胶旋涂

涂覆光刻胶并非直接在经过预处理的硅晶圆表面进行。由于光刻胶中含有溶剂，为了确保硅晶圆的干燥，增强光刻胶与硅晶圆的表面附着力，需要将硅晶圆预烘到 100 ℃才开始光刻胶的涂覆流程。

光刻胶旋涂又称“旋涂”或“涂胶”，这一工序对后续的显影有着至关重要的影响，旋涂过程中的厚度、一致性等将直接与加工精度关联。如果涂胶厚度过厚或过薄，后续相同曝光时间下图形的转印将出现线过细或过粗的问题。而均匀性则是精度的直接影响指标。因此，在涂胶工序中，进料速度、滴胶量、旋涂转速、温度和湿度等条件均要受到控制。图 5 –4 是在已经生成氧化膜的晶圆表面涂覆光刻胶的结构示意图。

图 5 –4　在已经生成氧化膜的晶圆表面涂覆光刻胶的结构示意图

5.3.3 前烘

光刻胶中含有 65% ~85% 的溶剂，在旋涂后虽然已经初步成膜，但为了减少光刻胶中的溶剂，避免后续曝光过程中溶剂对光敏树脂的化学反应造成影响，还需要进行前烘处理（见图 5 -5）。在前烘的过程中，光刻胶中的溶剂进一步挥发，光刻胶涂层将变薄 10% ~20%，而且旋涂过程形成的应力也有所释放，进一步保证了光刻胶涂层与硅晶圆的结合力。

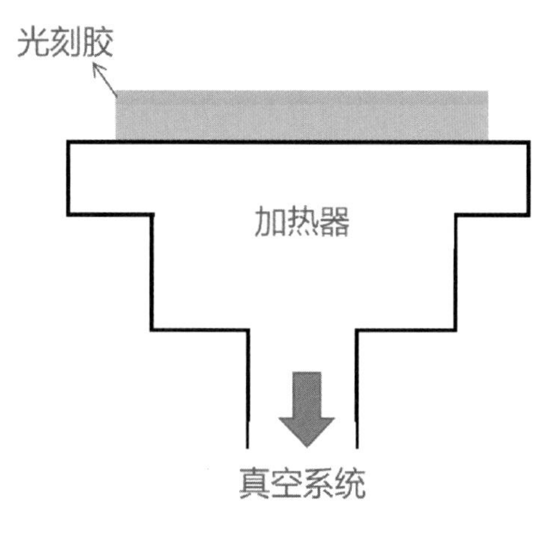

图 5 -5　前烘工艺示意图

5.3.4 对准与曝光

曝光前需要将掩模板与硅晶圆进行对准，随着光刻技术的进步，步进式光刻技术要求掩模板与硅晶圆的对准精度达到关键节点尺寸的十分之一至七分之一，如制程的关键节点尺寸在 45 nm，则对准精度要求在 5 nm 以下。对准方法包括成像对准、显微镜对准、干涉强度对准、激光外差对准和莫尔条纹对准等。

当掩模板与硅晶圆完成对准后，曝光工序正式开始（见图 5 -6）。曝光工序是使用特定波长的光源对覆盖着衬底的光刻胶进行照射的步骤。此时光刻胶发生光化学反应，感光区域的化学性质将发生变化，在后续的显影步骤中图案将根据这两个区域的区别最终形成。当受到光照时，正光刻

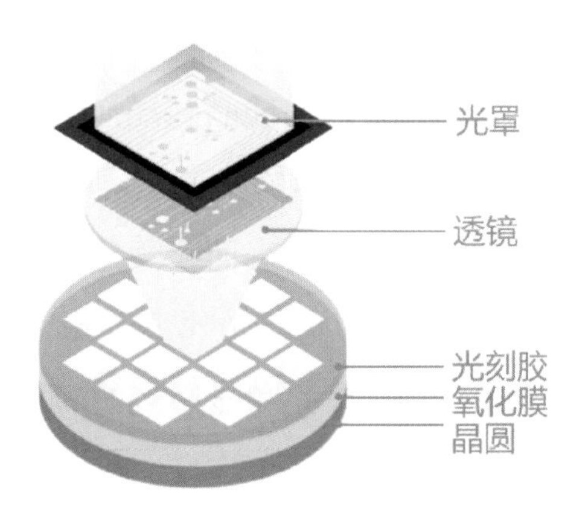

图 5 -6　曝光工艺示意图

胶会经历降解反应，使得暴露的部分能够被显影液溶解，从而留下与掩模板相同的非曝光部分。负光刻胶与正光刻胶相反，负光刻胶在光照后会产生交联反应，使曝光的部分变成不溶物，而未曝光部分被显影液溶解掉，这样得到的图形与掩模板的图形是互补的。在曝光的时候有两个关键参数，分别是曝光能量和焦距。曝光能量与光波长和光强有关，焦距则是光源与透镜的合理调控，这两个参数将直接影响转印图形的精度，最终表现为关键尺寸的误差，对半导体生产的良品率产生巨大影响。

5.3.5 后烘

与前烘步骤类似，后烘工序的作用同样是保持光刻胶与硅晶圆的结合力。经过曝光后，光刻胶将被区分为感光区和非感光区，此时两个区域的化学性质已经不一样，后烘可以有效避免两个化学性质不均匀区域的开裂或脱落等问题。

5.3.6 显影

经过曝光工序的光刻胶将被分成两个化学性质不一样的区域，因此在显影工序中，将通过化学的方法将一部分溶解（正光刻胶的感光区、负光刻胶的非感光区），使光刻胶中经过光照的图案得到显现。为了保证转印图案的精确度，每种光刻胶在可开发的时候都有对应的显影液。

显影工序的处理方法可分为湿显影和干显影。湿显影是直接将整个经过曝光及后续处理的硅晶圆浸泡于显影液中，但是这种方法需要消耗大量显影液，且显影的均匀性较差。干显影则是让硅晶圆以一定的低速转动，使用喷雾的方式在其表面喷洒显影液。干显影的方法实现了光刻胶的溶解和显影液的流动更新，在节省显影液的同时，保证了显影的均匀性。

显影的处理时间和显影液的喷洒量是显影工序的两个关键条件。显影液喷洒不足，则显影不完全，表面将残留光刻胶。显影时间不够，则导致光刻胶的侧壁不垂直；而显影时间过长，则会使原本垂直的光刻胶侧壁被过度溶解，形成梯形结构（见图 5－7）。这些显影造成的问题同样会对半导体的关键尺寸造成影响。

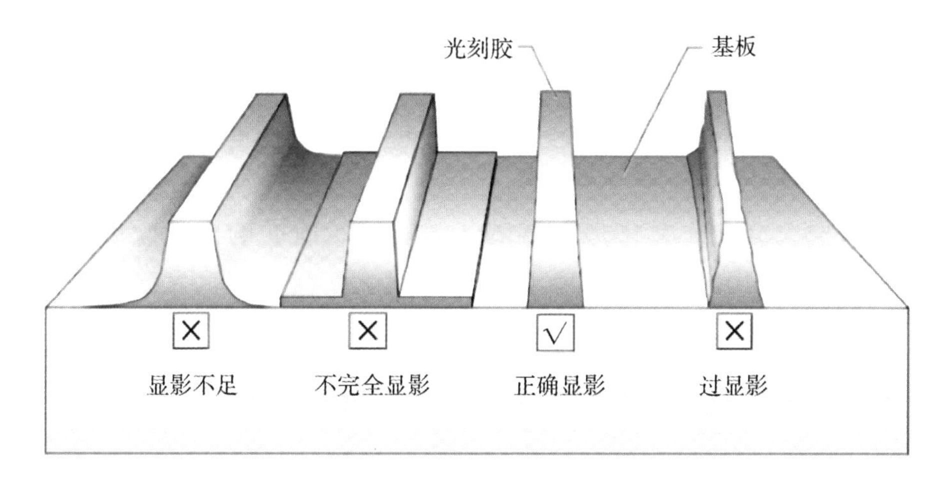

图 5－7　显影工序的四种情况

5.3.7 定影

定影工序就是一个清洗的过程。这个工序的作用一方面是清洗显影后残留的显影液，避免显影液对光刻胶的进一步腐蚀导致显影过度；另一方面是清洗显影过程中留在硅晶圆表面的残胶。水溶性的显影液则使用去离子水清洗；有机溶剂的显影液则往往与对应的有机定影液配套使用。

5.3.8 坚膜

定影后为了再次确保光刻胶与硅晶圆的结合牢固，需要再次进行烘烤处理。与前面的多次烘烤操作有所区别的是，坚膜烘烤过程中的温度是呈阶梯状变化的，此次烘烤温度最高可达 130 ℃，除了可将定影液充分蒸发以外，还能让光刻胶达到玻璃化温度，使其处于软化状态，以减少溶剂挥发过程中产生的气泡孔等缺陷。但是为了避免光刻胶的图形边缘变粗糙，处理时间将受到严格控制，一般高温处理时间为 1 ~2 分钟。后续为了改善光刻胶与硅晶圆的结合情况，将在相对低一点的温度下进行保温退火处理。

同样地，在烘烤步骤中，烘烤不足会导致光刻胶的强度和硬度达不到标准。在后续的图形转移中，刻蚀和离子注入等将会破坏光刻胶，从而导致关键尺寸误差变大。烘烤过度则会让光刻胶的边缘变得粗糙，因此烘烤工序同样需要设计合适的处理条件。

5.3.9 图形转移

图形转移是光刻工艺中最关键的步骤之一，前面的光刻胶旋涂、对准曝光等工序都只是相当于在晶圆上画画，图形转移工序是在硅晶圆中制备不同的半导体和栅极的步骤，正是这些元器件最后互连形成芯片。图形转移工序通过刻蚀或离子注入等手段，将光刻胶留下的图案转印到硅晶圆表面。值得注意的是，刻蚀图形转移的方法常应用于鳍式场效应晶体管；而离子注入则是应用于传统的平面场效应晶体管。

5.4 光刻系统参数

5.4.1 光源

从光刻的发展史和原理来看，半导体芯片关键尺寸的更新迭代离不开光源的发展。光刻技术中最早的光源是由汞灯提供的紫外光，在紫外光的波长分段中，光源从 g 线一直发展到 i 线，波长从 436 nm 减小到 365 nm（见图 5-8）。光源的波长对光刻胶的感光性有很大影响，每种光刻胶都有自己的吸收峰和吸收范围，它只对波长在吸收范围内的光比较敏感，因此选择的曝光光源必须满足光刻胶的感光特性。

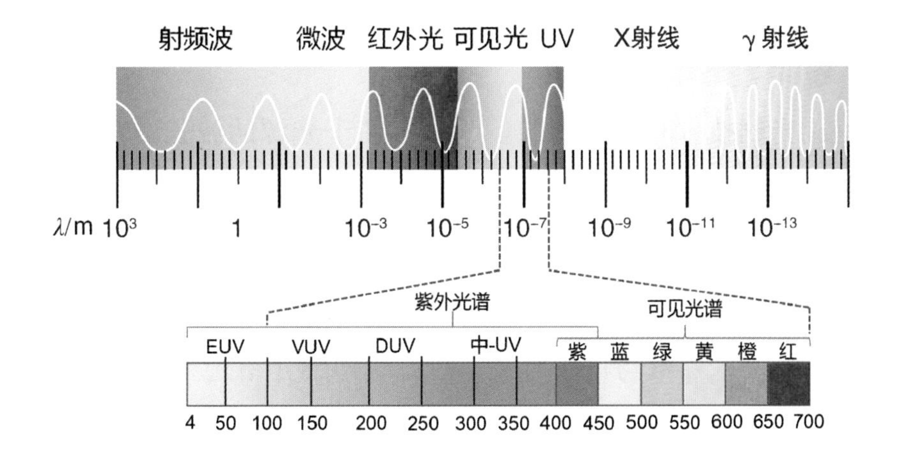

图 5－8 电磁波谱

在进一步的发展中，光刻技术所用的光波长更新到了深紫外光。深紫外光由 KrF 和 ArF 提供，发展后的光波长从 248 nm 减小到 193 nm。随后，光刻技术的发展路线开始呈现差异化趋势，传统光刻厂商如尼康等坚持开发由 F_2提供的 157 nm 光源。新兴厂商则致力于开发浸没式光刻，利用液体的折射率大于 1 的物理特性，使浸没式光刻的等效光波长在光波长保持 193 nm 的时候为 134 nm［193 nm/1.44（水的折射率）］。此后，浸没式光刻开始成为光刻技术的主流，业界的极紫外光直接将光波长减小到了 13.5 nm（见表 5－1）。将准分子激光照射到锡等靶材，再激发出光波长为 13.5 nm 的光源，即可获得极紫外光。

表 5－1 光刻技术与产业技术节点的关系

光源与波段		光波长/nm	应用技术节点
紫外光（汞灯）	g 线	436	>0.5 μm
	i 线	365	0.35～0.25 μm
深紫外线	KrF	248	0.25～0.13 μm
	ArF	193（浸没式）	0.13 μm～7.0 nm
	F_2	157	未产业化应用
等离子体极紫外线	极紫外线（软 X）	13.5	7 nm/5 nm 及以下

5.4.2 镜头

在讨论光刻技术时，人们的焦点往往在于光源的波长减小为光刻技术的关键尺寸迭代带来的巨大帮助。其实在光源波长减小的同时，光刻系统的镜头也一直在迭代。在光刻的原理中，瑞利公式指出还有一个参数叫数值孔径（NA），要想提高分辨率，除了减小光源波长，还可以增大 NA 值，而前文提到了这个参数与镜头有关，在此将详细介绍光刻系统的镜头和 NA 值。数值孔径的计算公式为：

$$NA = f \times \sin\theta$$

其中 f 为焦距，$\sin\theta$ 为镜片直径与镜片光轴所形成的角的正弦值。从数值孔径的公式中，我们可以发现数值孔径代表了一块镜片对光的折射能力和介质的折射率。而要增大数值孔径，可以增大镜片的直径，或提高镜片的曲率。实际上，镜片直径的增大会使球面镜片的边缘和中心的折射能力不同这个缺点更加明显，也就是常说的球差。镜片的曲率提高则会导致光在镜片中穿过的长度不同，即出现光程差，最终导致的则是色差问题。

虽然在描述光刻原理的时候，为了简化处理，我们将光源聚焦的镜头系统以一个镜片作为代替，但实际的镜头是由多组的透镜组成的。为了解决色差、球差等问题，需要将凸透镜与凹透镜进行联用。这种镜头联用的镜头系统早在1817年就被高斯应用于天文望远镜中，又被称为“双高斯结构”。光刻技术突飞猛进，为了满足光源的迭代需求，双高斯结构的镜头中镜片的数量一直在增加（见图5-9）。目前，主流的光刻系统的镜头有高达30余个镜片。其中的镜片组分别起着聚焦、分摊球差、抵消畸变等作用，最终将纳米级的光源误差控制在适合的范围内。

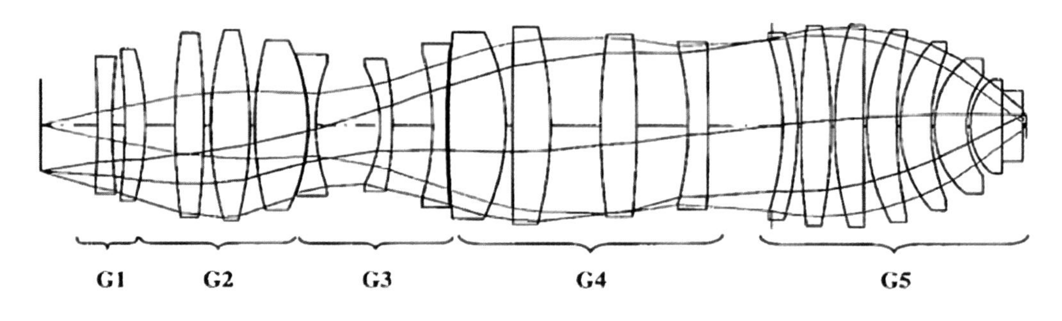

图 5 -9　1930 年公开的 248 nm 制程光刻系统中的镜头模组

5.4.3 硅晶圆

我们一直都是在硅晶圆基底上进行光刻的。光刻技术发展到步进式以后，硅晶圆尺寸的增大对应的是生产成本与良品率的提高，而且对于光刻的要求也更高。

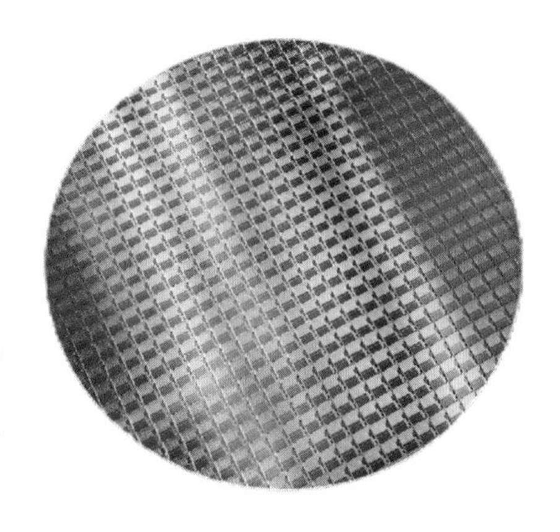

图 5 -10　12 寸硅晶圆

1960 年，当硅晶圆刚开始作为半导体基底的时候，受限于当时的工业制造水平，单晶硅的直径只有 0.75 寸。但是随着半导体技术的发展和单晶硅熔炼技术的提高，目前单晶硅的生产直径已经达到了 12 寸（见图5 -10），对于光刻工艺在更大尺寸上的实施提出了更高的要求。

5.5 光刻性能指标

5.5.1 分辨率

光刻系统中的分辨率是光刻的关键性能指标之一。在光刻的原理中，分辨率与入射光波长以及镜头的数值孔径有关。在理想情况下，入射光源经过没有色散和像差的镜头系统后会产生一个非常小的光斑；但是实际上镜头系统只能减少色散和像差的影响，无法完全避免，因此光刻过程中仍存在一定大小的光斑。这个有一定大小的光斑就代表着光刻过程中相邻两个图形的最小可分辨距离。

5.5.2 对准精度

在光刻的过程中，掩模板需要与硅晶圆基底进行对准操作后才可以进行曝光。特别是在光刻技术发展到关键节点 14 nm 以后，掩模板需要经过多重曝光以完成更复杂的图形转印，每一次光刻前的掩模板对准都会带来一定的误差，而且误差将会积累，最终对芯片的良品率产生极大的影响。

5.5.3 工艺节点

工艺节点又被称为“关键尺寸”，是表征半导体芯片集成度的最直接参数之一。工艺节点指的是半导体生产中场效应晶体管的栅极长度或两个相同特征的晶体管之间距离的一半，也称“半间距”。我们应该知道，芯片中并不是所有的晶体管元器件都是按照最低接触空间来设计排布的，因此工艺节点指的是整片芯片中栅极长度或半间距最小的距离，这体现了生产这片芯片所需要的最极端的生产精度。有趣的是，在光刻技术的发展过程中，每一个工艺节点的关键尺寸都是上一节点的 0.7 倍左右，对应于面积后约为 0.5 倍，这代表着每一代的光刻技术都可以在相同面积上比上一代多排布一倍的晶体管，这也是著名的摩尔定律的依据。

但是正如大家所知道的那样，在光源波长发展到 193 nm（对应工艺节点 65 nm）后，浸没式光刻技术成为主要发展方向，并且对应的镜头数值孔径值得到了突破，因此工艺节点一直迭代到了 28 nm，此时对应的光波长属于远紫外光。随后的极紫外光刻单次曝光的间距已经不能满足需求，需要多次光刻来提高图形密度，随之而来的是良品率与成本的提高。因此虽然目前最新的半导体工艺节点是 3 nm，但是除了对功耗和芯片性能有着极致要求的产品会使用外，其他许多不需要极致性能且对成本敏感的产品仍在使用着 28 nm 的工艺节点。

5.6 光刻胶

光刻胶又称为“光致抗蚀剂”，是一种感光材料，其中的感光成分在光的照射下会发生化学变化，从而引起显影液中溶解速率的变化。其主要作用是将掩模板上的图形转移至衬底上。光刻胶由光引发剂、光增感剂、光致产酸剂、光刻胶树脂、单体、助剂和溶剂等混合配制而成（见表 5－2、图 5－11）。在紫外光、深紫外光、极紫外光、电子束、离子束、X 射线等光源的照射下，光刻胶自身的感光材料将被引发一系列的化学反应，最终被照射部分与未被照射的部分将表现出不同的化学特性。我们根据化学特性的不同，将两种不同特性的光刻胶选择性地去除一种，就可以将感光区域与未感光区域区分开来，达到将掩模板的图案转印到晶圆表面的目的。

表 5－2　光刻胶的组分及其作用

组分	作用
光引发剂	光刻胶的关键组分，对光刻胶的感光度、分辨率等起决定性作用，因产生的活性中间体不同，可分为自由基型光引发剂和阳离子型光引发剂
光增感剂	引发助剂，指能吸收光能将能量转移给光引发剂或本身不吸收光能但协同参与光化学反应并提高引发效率的物质
光致产酸剂	在吸收光能后分子发生光解反应，产生强酸引发反应的物质，用于最尖端的化学增幅光刻胶
光刻胶树脂	光刻胶中除溶剂外占比最大的组分，构成光刻胶的基本骨架，主要决定曝光后光刻胶的基本性能，包括硬度、柔韧性、附着力、曝光前和曝光后对特定溶剂的溶解度变化率、光学性能、耐老化性、耐刻蚀性、热稳定性等

（续上表）

组分	作用
单体	含有可聚合官能团的小分子，也称为“活性稀释剂”，一般参加光固化反应，降低光固化体系黏度，同时调节光固化材料的各种性能
助剂	根据不同的用途添加的颜料、固化剂、分散剂等调节性能的添加剂
溶剂	作用为：光刻胶中的溶剂主要是丙二醇甲醚醋酸酯（PGMEA，简称PMA）。这种溶剂在光刻胶中的主要作用是使光刻胶具有流动性，并使其能够通过旋转涂布在晶圆表面，形成薄层。PGMEA 对光刻胶的化学性质几乎没有影响，但它对于光刻胶的应用过程至关重要，因为它帮助光刻胶均匀地覆盖硅片表面，从而确保后续的光刻工艺能够准确地进行

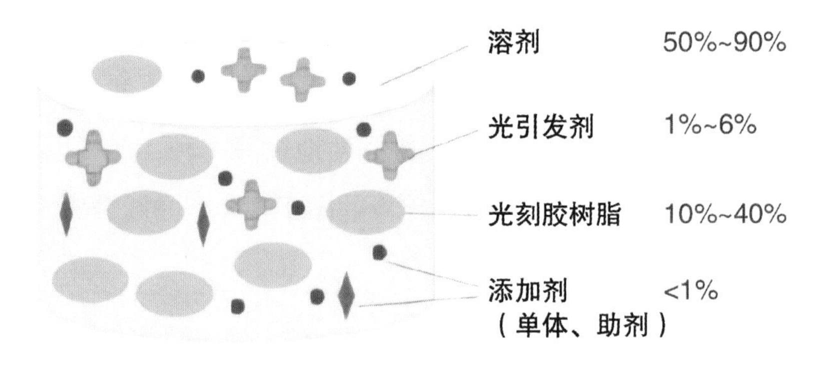

图 5－11　光刻胶的组分占比示意图

光刻胶树脂是高分子聚合物，是光刻胶的核心成分。树脂的结构设计涉及单体的种类和比例，会直接决定光刻胶在特定波长照射下可以达到的线宽，也会影响碱溶解速率（Alkali Dissolving Rate，ADR），从而决定曝光能量（Exposure Energy，EOP）等因素。此外，光刻胶树脂的相对分子质量、散度等也会影响光刻胶的胶膜厚度、耐刻蚀性、附着力等。光刻胶树脂可以通过酚醛缩合、阳离子聚合、阴离子聚合、活性自由基聚合等高分子合成方法进行合成。光刻胶树脂类型主要有线性酚醛树脂、侧链具备金刚烷或内结构的甲基丙烯酸树脂、聚对羟基苯乙烯/HS－甲基丙烯酸酯共聚物等合成树脂。其中，线性酚醛树脂国产化程度低，主要依赖进口。

光刻胶溶剂能将光刻胶的各组成部分溶解在一起，同时也是后续光刻化学反应的介质，目前应用于光刻胶的主要溶剂为丙二醇甲醚醋酸酯，也叫“丙二醇单甲醚乙酸酯”，分子式为 $C_6H_{12}O_3$（见图 5-12），为无色吸湿液体，有特殊气味，是一种对极性和非极性物质均有较强溶解能力的溶剂，主要用于油墨、油漆、纺织染料、纺织油剂等，也可用于液晶显示器生产中的清洗剂。自 2014 年以来，随着国家环保政策趋严，毒性溶剂的使用受到限制，较为环保的丙二醇醚系列溶剂逐步替代了部分乙二醇醚类产品，加上应用领域的逐步扩大，丙二醇醚类产品的产销量已逐步超过乙二醇醚类产品。

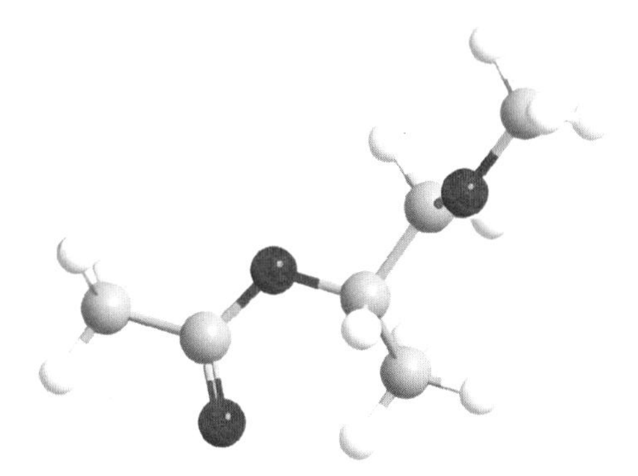

图 5-12　丙二醇甲醚醋酸酯分子结构

不同光刻胶类型都有相应的光刻胶单体，传统 i 线光刻胶单体主要是甲酚（见图 5-13）和甲醛，属于大宗化学品；KrF 光刻胶单体主要是苯乙烯类单体，性状是液体；ArF 光刻胶单体主要是甲基丙烯酸酯类单体，性状有固体也有液体。光刻胶单体的性能指标包括纯度、水分、酸值、金属离子含量等。同时，不同光刻胶单体做成树脂的收率是不一样的：KrF 单体做成 KrF 树脂的收率高一些，1 吨 KrF 单体可以产出 0.8～0.9 吨 KrF 树脂；1 吨 ArF 单体可以产出 0.5～0.6 吨 ArF 树脂，而且 ArF 树脂是由几种单体聚合而成的，每种单体的性能和价格也不一样。光刻胶单体产业的难点主要在于合成和纯化时防止单体的聚合以及控制金属离子，半导体级单体尤其是 ArF 单体中的金属离子含量要在 1 PPb 以下。

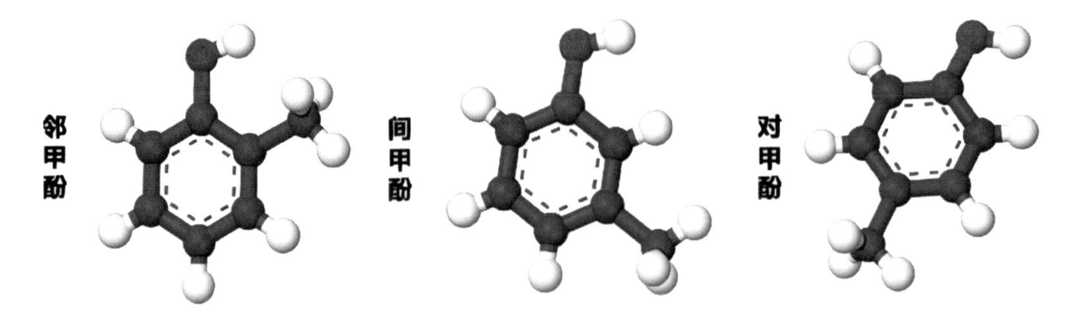

图 5－13　甲酚异构体分子结构模型

如前所述，根据在显影过程中曝光区域的去除或保留，光刻胶可分为正光刻胶和负光刻胶两种。正光刻胶的曝光部分发生光化学反应，会溶于显影液，而未曝光部分则不溶于显影液，仍然保留在衬底上，从而将与掩模上相同的图形复制到衬底上。负光刻胶的曝光部分因交联固化而不溶于显影液，而未曝光部分则溶于显影液，从而将与掩模上相反的图形复制到衬底上。

光刻胶可以被划分为半导体光刻胶、LCD 光刻胶、PCB 光刻胶等（见表 5－3）。PCB 光刻胶又被区分为干膜光刻胶、湿膜光刻胶和光成像阻焊油墨等。干膜光刻胶可以直接粘贴到经过处理的覆铜板上，湿膜光刻胶和光成像阻焊油墨则需要经过涂布和干燥。LCD 光刻胶则是在液晶面板与 TFT-LCD 芯片的制造中应用。相比前面其他用途的光刻胶，半导体光刻胶在配方与原材料的纯度等方面有更高的要求。如果按化学反应来分类，光刻胶还可以被分类为光聚合、光分解和光交联等类型。

表 5－3　光刻胶的分类

下游应用分类	主要品种	主要用途
半导体光刻胶	g 线光刻胶（436 nm）	6 寸晶圆
	i 线光刻胶（365 nm）	6 寸、8 寸晶圆
	KrF 光刻胶（248 nm）	8 寸晶圆
	ArF 光刻胶（193 nm）	12 寸晶圆
	EUV 光刻胶（13.5 nm）	12 寸晶圆

（续上表）

下游应用分类	主要品种	主要用途
LCD 光刻胶	彩色光刻胶、黑色光刻胶	用于制备彩色滤光片
	触摸屏用光刻胶	用于在玻璃基板上沉积 ITO
	TFT-LCD 正性光刻胶	微细图形加工
PCB 光刻胶	干膜光刻胶	微细图形加工
	湿膜光刻胶（又称“抗蚀剂”“线路油墨”）	
	光成像阻焊油墨	

KrF 光刻胶是指利用 248 nm KrF 光源进行光刻的光刻胶。248 nm KrF 光刻技术已广泛应用于 0.13 μm 工艺的生产中，主要应用于 150 mm、200 mm和 300 mm 的硅晶圆生产中。248 nm 光源利用的是 F_2和 Kr 气体电离后产生的激光，反应过程如下：

$$e^- + F_2 \longrightarrow F + F^-$$

$$e^- + Kr \longrightarrow 2e^- + Kr^+$$

$$Kr^+ + F^- + Ne \rightarrow KrF + Ne$$

KrF 光刻工艺比 i 线光刻工艺具有分辨率更高、能够光刻出更细的线条来满足工艺的要求等优点。对于常规的刻蚀工艺，248 nm KrF 光刻技术能够制作出 0.15 μm 的线条；但对于剥离工艺的要求，它只能达到 0.25 μm 的金属图形级别。

以 ArF 准分子作为激光源的 193 nm 光刻工艺可实现 90～10 nm 甚至 7 nm 技术节点集成电路的制造工艺，被广泛应用于高端芯片，如逻辑芯片、5G 芯片、AI 芯片、云计算芯片和大容量存储器等的制造。ArF 干法光刻胶和 ArF 湿法光刻胶均是晶圆制造光刻环节的关键工艺材料。在传统的干法光刻技术中，光刻机镜头与光刻胶之间的介质是空气，光刻胶直接吸收光源发出的紫外辐射并发生光化学反应，但光刻机镜头容易吸收部分光辐射，一定程度上降低了光刻分辨率，因此 ArF 干法光刻胶主要用于 90～55 nm 技术节点；而在湿法光刻技术中，光刻机镜头与光刻胶之间的介质是高折射率的液体（如水或其他化合物液体），光刻光源发出的辐射透过该液体介质后发生折射，波长变小，进而可以提高光刻分辨率，故 ArF 湿法光刻胶常用于更先进的技术节点，如 45 ~ 20 nm。随着芯片制程主流工艺节点的推进，ArF 湿法光刻技术将得到越来越多的应用。

极紫外光刻胶的设计思路较 193 nm 浸没式光刻胶发生了巨大的改变。以往关注的树脂透气性不再是重点，取而代之的是与 EUV 光刻技术相关的感光速度、曝光产气控制及随机过程效应。一般 EUV 光刻胶主要分为以下三种：①金属氧化物型光刻胶，金属氧化物可以提高吸光度和抗刻蚀能力，减小光刻胶膜厚，进而提高感光速度和分辨率；②化学增幅型改进光刻胶，即在传统化学增幅型光刻胶的基础上进行性能改进，如采用聚合物键合光致产酸剂降低线条边缘粗糙度、在聚合物中加入吸色基团加大对 EUV 光子的吸收等；③分子玻璃型光刻胶，将小分子作为光刻胶的主体，可以消除因聚合物分子量分布引起的线边缘粗糙问题。当前，台积电已经使用 EUV 光刻胶量产了 5 nm 芯片，并启动了对 2 nm 工艺的研发。

目前，在显示面板行业，光刻胶主要应用于 TFT-LCD 阵列制造、滤光片制造和触摸屏制造三个领域。其中，TFT-LCD 阵列和滤光片都是 LCD 面板结构的组成部分，触摸屏则是以触摸控制为目的的功能单元。面板显示行业主要使用的光刻胶有彩色光刻胶、黑色光刻胶、LCD 触摸屏用光刻胶、TFT-LCD 正性光刻胶等。彩色光刻胶和黑色光刻胶是制备彩色滤光片的核心材料，占彩色滤光片成本的 27% 左右。彩色滤光片是 TFT-LCD 实现色彩显示的关键器件，占面板成本的 14% ~ 16%。由于 TFT 阵列的结构比较简单和标准化，以及 TFT 阵列对于尺寸的要求比先进集成电路低很多，因此一般 g 线光刻胶就可以满足要求。在触摸屏制造中，光刻工艺用于 ITO sensor 的制造。ITO sensor 的制造方法是将 ITO 材料按照特定的图案涂在玻璃或者薄膜上，然后把它贴在一层厚的保护玻璃上。

PCB 光刻胶主要可分为干膜光刻胶、湿膜光刻胶（又称“抗蚀剂”“线路油墨”）和光成像阻焊油墨等。根据前瞻产业数据，在 PCB 制造成本中，光刻胶和油墨的占比为3% ~5%。干膜光刻胶和湿膜光刻胶的区别主要在于涂敷方式。湿膜光刻胶直接以液态的形式涂敷在待加工基材的表面；干膜光刻胶的用法则是将预先配制好的液态光刻胶涂在载体薄膜上，把它处理成固态光刻胶薄膜后直接贴附到待加工的基材上。PCB 用干膜与湿膜光刻胶各有特点。总体来说，湿膜光刻胶具有分辨率更高、成本更低廉、显影与刻蚀速度更快等优势。因此，在 PCB 应用中，湿膜光刻胶正逐渐替代干膜光刻胶。但是干膜光刻胶在特定应用场景下具有湿膜光刻胶所不具备的特点，比如在淹孔加工场景中，湿膜光刻胶会浸没基材上的孔洞，造成后期加工和清理的不便，而干膜光刻胶就不存在这个问题。

纳米级精确增材制造的印刷技术目前依赖于双光子光刻（Two-photon Lithography，TPL）。尽管这种方法可以克服瑞利极限来实现纳米级结构，但对于大规模的实际应用来说，它的运行速度仍然太慢。清华大学核能与新能源技术研究院何向明研究员和徐宏副教授及浙江大学光电科学与工程学院匡翠方教授合作展示了一种极其灵敏的氧化锆杂化—[2,4 - 双（三氯甲基）-6 -（4 - 甲氧基苯乙烯基）-1,3,5 - 三嗪]（ZrO_2-BTMST）光刻胶系统，可以实现 7.77 m/s 的印刷速度，比传统聚合物光刻胶快三到五个数量级。该研究构建了一种基于多边形激光扫描仪的双光子光刻机，其线性步进速度接近 10 m/s。研究人员使用 ZrO_2-BTMST 光刻胶在约 33 分钟内制作了面积为 1 cm^2的方形光栅。此外，ZrO_2-BTMST 光刻胶的化学成分极少，可实现高精度图案化，线宽小至 38 nm。表征辅助的计算表明，这种不寻常的灵敏度源于 ZrO_2杂化物的有效光诱导极性变化。该研究设想，该有机—无机混合光刻胶的卓越灵敏度可能会带来可行的大规模增材制造纳米加工技术。如图 5 - 14 所示，在 TPL 系统中，激发光束（即飞秒脉冲激光束）被高数值孔径物镜聚焦，形成焦点，其中的能量密度极高。在焦点处发生双光子吸收，当累积的激发光束能量（即脉冲功率与曝光时间的积分）超过光刻胶的反应阈值时，光刻胶内部即发生化学反应。该极其灵敏的光刻胶系统中使用的双光子引发剂就是上述的 BTMST，它可以有效地引发 ZrO_2

杂化物的反应（见图 5 - 15）。ZrO_2杂化物由 ZrO_2核和甲基丙烯酸（MAA）配体壳组成。ZrO_2杂化物的平均强度尺寸极小（在 1 ~ 4 nm 范围内），其无机含量达到约 46 wt%。使用 PGMEA 溶剂将 ZrO_2-BTMST 光刻胶旋涂到玻璃基板上，可以形成极其光滑的薄膜。ZrO_2-BTMST 光刻胶薄膜表面的均方根粗糙度为0. 34 nm，这是一个极小的尺寸，甚至小于苯环的直径（约 0. 60 nm）。

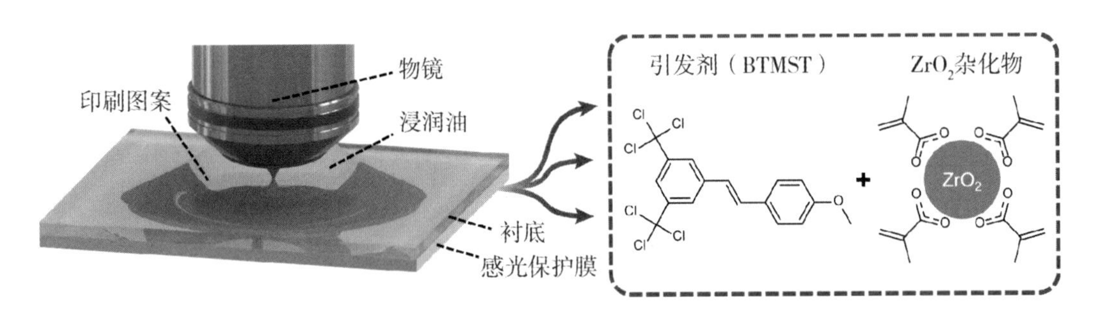

图 5 - 14　TPL 油浸曝光模式示意图以及 BTMST 和 ZrO_2杂化物的结构

a
光分解
引发剂BTMST
BTMST阳离子
氯离子

a. 引发剂 BTMST 光解生成 BTMST 阳离子和氯离子

b
BTMST阳离子
ZrO_2杂化物
BTMST-MAA
ZrO_2杂化阳离子

b. BTMST 阳离子与 ZrO_2杂化物反应生成 BTMST-MAA 和 ZrO_2杂化阳离子

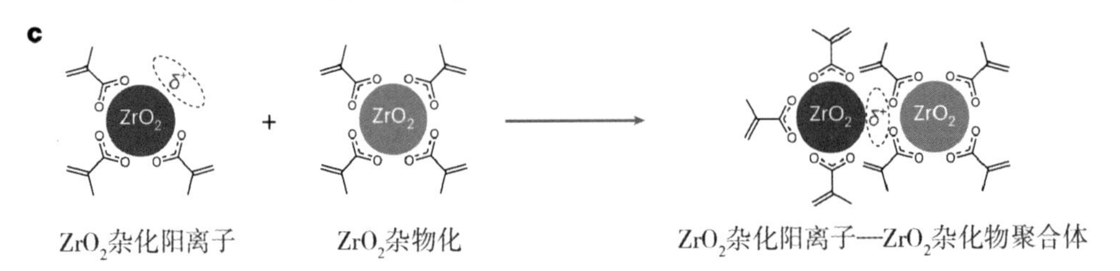

c. ZrO_2杂化阳离子和 ZrO_2杂化物生成 ZrO_2杂化阳离子—ZrO_2杂化物聚合体

图 5 - 15　引发剂 BTMST 引发 ZrO_2 杂化物的反应

光刻胶的制造涉及多个关键因素，包括树脂和添加剂的纯度及配比、合成技术和工艺、配方用料的商业机密等。光刻胶的主要成分包括树脂和添加剂，其中树脂的成分和纯度对光刻胶的性能和分辨率具有重要影响。树脂和单体都是光刻胶的主要原料，其制造都需要控制杂质和金属离子的含量，否则对光刻胶的质量和稳定性有很大影响。光刻胶的配方包括多种树脂和添加剂，不同的配比会影响光刻胶的性能和分辨率，因此光刻胶的生产也需要控制不同成分的含量和配比，以保证产品的性能和稳定性。树脂的制造需要严谨的合成技术和工艺，包括对分子结构的设计和扩大化生产的考虑，稳定的量产工艺对产品的质量和成本有重要影响。光刻胶的配方和树脂的分子结构都是商业机密，开发商不会过多透露细节。这些商业机密往往涉及配方的具体细节、分子结构的设计和核心技术，对光刻胶的制造和产品性能具有很大影响，光刻胶的制造商需要保护这些商业机密，以维持企业的竞争优势。树脂、溶剂和添加剂等材料的成本组成了光刻胶的成本，其中树脂的成本占比较高。而光刻胶的制造需要保持成本、质量和稳定性之间的平衡，同时保护商业机密和核心技术。另外，光刻胶的商业竞争不仅仅是技术上的竞争，也包括供应链、市场营销和客户服务等方面的竞争。

全球光刻胶市场主要被JSR、东京应化、杜邦、信越化学、住友化学及富士胶片等制造商所垄断，尤其是在半导体光刻胶中高端的KrF和ArF领域，市场集中度更高（见图5－16）。前六大厂商中除了杜邦为美国厂商之外，其他均为日本厂商。

中国的KrF材料市场规模约为22亿元，在半导体、PCB和面板行业中占据的市场份额相近，各约三分之一。目前90%以上的材料都依赖进口，但随着国产化替代的不断推进，国产和进口材料的市场份额将会逐渐接近。进口材料面临断供时，国产材料的价格优势将凸显，市场增量将呈现百分之十几的增长，五年内国产化材料渗透率有望达到40%至50%。[①] 目前尚无企业在AI领域领先，具体情况不明。

---

① 彤程、博康等企业的市场规模数据不对外公开。

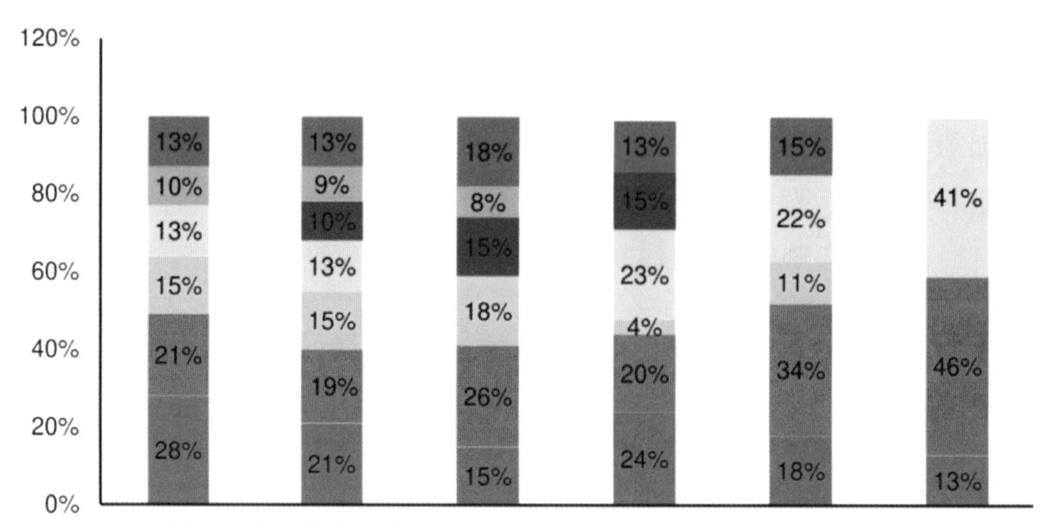

图5－16　光刻胶厂商的各类光刻胶占比

5.7 光刻掩模板

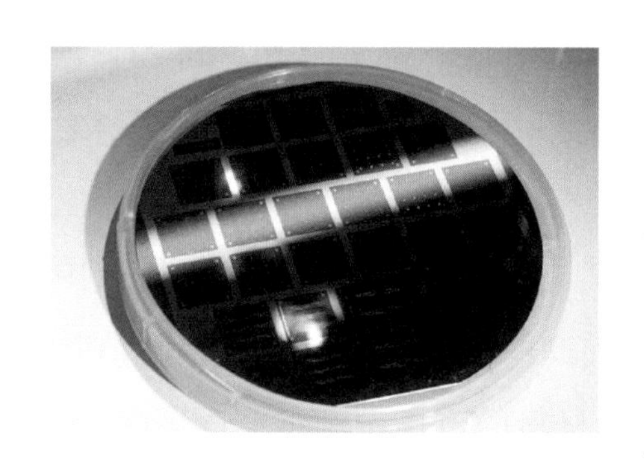

图5－17　光刻掩模板

光刻掩模板（简称“光掩模”，见图5－17）是在制造集成电路晶圆的光刻工艺中使用的母板。光掩模制造工艺的流程是将集成电路设计工程师设计的晶圆制造所需的原始版图数据通过掩模数据处理转换成激光图形发生器或电子束曝光设备等可识别的数据格式，使其可以通过上述设备曝光在涂有光敏材料的光掩模基板材料上，然后经过显影、刻蚀等一系列工艺将图像固定在基板材料上，经检测、修复、清洗、涂膜后形成掩模产品，交付集成电路厂家使用。

我国最早的集成电路是用传统的摄影技术制作的，即在铜版纸上喷上黑色的油漆，然后用相机拍照。当时人们是在玻璃基板上涂布光敏胶黏剂，故该工艺称为“湿版工艺”。后来又开发出超微粒乳胶干版光掩模，其将分散在明胶中的卤化银乳剂作为载体，将之均匀地涂覆在干净平坦的光掩模玻璃基板上，取代了原有的湿版工艺。光刻工艺也从最初的人工对准和真空胶片曝光逐渐发展到接触式光刻技术。采用超微粒乳胶干版光掩模铸造，接触式光刻的精度可达到 1 μm。干版光掩模具有高灵敏度、高分辨率和高对比度的特点，长期以来作为分立器件和中小型集成芯片的电路掩模使用。

接触式光掩模可分为真空接触、软接触、硬接触等类型。掩模直接与光刻层接触，实现图案转移。图形接触转印保证了成像过程的再现质量，避免了放大光学误差，在特定应用中具有优势。在 22 nm/20 nm 高技术节点上也有一种用于纳米压印技术的先进接触式掩模。但一般情况下，由于接触，光刻胶会污染掩模板，造成磨损和积累缺陷，影响掩模板的使用寿命，因此接触式光掩模在集成电路行业中逐渐被耐用性强、分辨率高、易于清洗的投影式光掩模所取代。

投影式光掩模应用于光刻微版制版技术，该技术是从印刷业的印刷光刻技术转移过来的，即通过带有棱镜系统的微影光刻机的投影曝光，将掩模图案转移到晶圆上，避免了光刻胶与掩模板直接接触所造成的污染。早期的投影式光掩模也采用与接触式光掩模相同的 1∶1 图案转移比，但随着微尺度技术的广泛应用，现在已转变为双尺度掩模。因此，投影式光掩模又可细分为 1∶1 投影、4∶1 投影、5∶1 投影，此外还可以区分为 2.5 英寸、4 英寸、6 英寸、7 英寸、9 英寸等工艺尺寸（1 英寸 =25.4 毫米）。投影的形状可分为圆形和方形两种。目前，集成电路光刻工艺的主要掩模是 4∶1 投影的 6 英寸方形掩模。常用的投影式光掩模分为匀胶铬版光掩模、相移掩模和不透明铂掩模。近年来，随着极紫外光刻技术的发展，出现了一种极紫外光掩模技术。下面将对这几种光掩模进行详细介绍。

5.7.1 匀胶铬版光掩模

要想制作匀胶铬版光掩模，首先在平整的光掩模基板玻璃上通过蒸镀或溅射沉积上厚约 0.1 μm 的铬—氧化铬薄膜，使之形成镀铬基板，再在其上涂一层光刻胶或电子束抗蚀剂，制成匀胶铬版，最后通过光刻工艺得到所需的模板。匀胶铬版光掩模是制作微细光掩模图形的理想感光性空白板，它具有高敏感度、高分辨率和低缺陷密度的特点。匀胶铬版光掩模的感光特性、分辨率完全取决于所涂敷的光刻胶或电子束抗蚀剂的类型、品种。在接触式光刻技术时代，人们通常采用超微粒乳胶干版光掩模投片。虽然超微粒乳胶干版光掩模具有制作容易、成本低的优点，但是其胶膜面较软，存在易擦伤和沾污、清洁处理困难、使用寿命短等缺点。匀胶铬版光掩模的制作工艺相对复杂、技术难度大、成本高，但它具有分辨率高、缺陷低、耐磨、易清洁处理、使用寿命长的优势，适用于制作高精度、超微细图形，现已逐渐替代接触式超微粒乳胶干版光掩模，成为集成电路光掩模的关键材料。

匀胶铬版光掩模也被称为“二元光掩模”，其在刻蚀层后可生成简单的由黑区和白区组合的二元图像。匀胶铬版光掩模的曝光原理为传统穿透式掩模：黑区完全不透光，白区完全透光，激光穿透白区作用在硅片的相应位置上，形成明场区，使光刻胶反应产生光酸，通过后续的显影工艺将其去除或保留后形成图像。

5.7.2 相移掩模

当集成电路图形的关键尺寸和间距达到曝光光源的波长极限时，传统的匀胶铬版光掩模在光学衍射的作用下，相邻部分的光强会相互叠加，导致投影对比度不足，无法正确成像。为了提高曝光分辨率的极限，人们开发出了一种利用光学相位差来提高光强对比度的相移掩模。这种掩模需要通过光学相位差来进行光强补偿。在相移掩模中，相邻的透射层之间增加了一层相移涂层，以抵消光束之间的衍射效应，提高了曝光分辨率的极限。

相移掩模的应用始于利用深紫外光刻技术制造先进的集成电路晶圆。由于光刻机的曝光波长不同，需要使用 KrF 相移掩模或 ArF 相移掩模，分别对 248 nm 和 193 nm 波长处的透射强度进行 180°相位补偿。

5.7.3 极紫外光掩模

随着集成电路技术节点的不断发展，出现了以极紫外光为曝光光源（光源波长为 13 ~ 15 nm）的极紫外光刻（Extreme Ultraviolet Lithography，EUVL）技术。由于其曝光波长极短，传统的穿透式光掩模对光的吸收较强，不能再使用。而反射式光掩模则适应了反射式光学系统的多层堆叠结构，其包括中间层、顶部覆盖层钌（Ru）和吸收层氮化钽（TaN）。光掩模的中间层是由金属钼（Mo）和 Si 组成的多层结构，对极紫外光有很高的反射系数。13 nm 的极紫外光具有 X 射线光谱特性，可以实现反射微影过程的图案转移和透射几乎不失真，因此可以相应降低光掩模图形设计和相关工艺的复杂性。

对于极紫外光掩模的制备，除了图形关键尺寸缩小带来的工艺挑战以外，它在应用过程中的高热稳定性和抗辐射能力也需要重视。由于发射型掩模板进行传统的蒙版保护，所以掩模的储存、运输及操作等非常困难。基于此，极紫外光掩模在微影曝光端的应用必须与光掩模检验、清洗和修补机台组合在一起，以避免使用过程中的污染或因其他原因在芯片上造成的缺陷，而这将导致微影端工艺和设备的维护费用非常高，反过来又促使掩模制造方抓紧对高温耐久的掩模蒙版的研发。

5.8 光刻机

光刻机作为芯片制造的核心设备，经历了从接触式/接近式光刻机、光学投影光刻机、步进重复光刻机，到步进扫描光刻机、浸没式光刻机、极紫外光刻机的发展历程（见图5－18）。

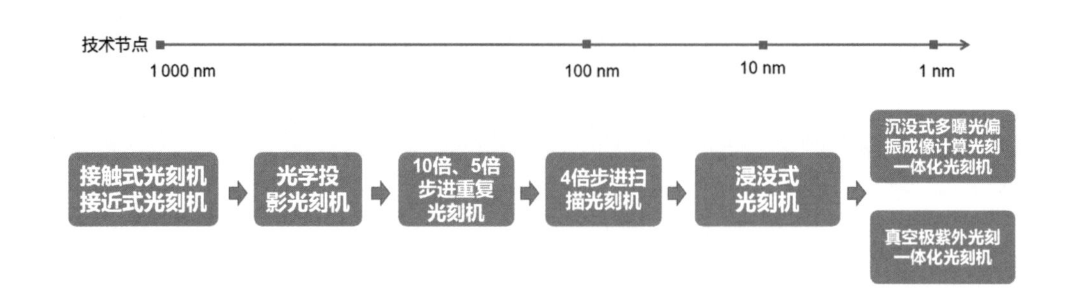

图5－18　光刻机发展历程

5.8.1 接触式/接近式光刻机

接触式光刻技术出现于1960年，并在20世纪70年代得到广泛应用，它是小规模集成电路时代的主要光刻手段，主要用于生产特征尺寸大于5 μm的集成电路。在接触式/接近式光刻技术中，晶圆通常被放置在手动控制水平位置和旋转的工件工作台上。操作人员使用分立视场显微镜同时观察掩模和晶圆的位置，并通过手动控制工件工作台的位置来实现掩模和晶圆的对准。在晶圆与掩模对齐后，两者将被压紧，使掩模与晶圆表面的光刻胶直接接触。取下显微镜物镜后，将压好的晶圆和掩模移至曝光台上进行曝光。汞灯发出的光通过透镜准直平行照射掩模。由于掩模与晶圆上的光刻层直接接触，因此曝光后掩模图案以1∶1的比例转移到光刻层。

在接触式光刻技术中，由于晶圆与掩模直接接触，光的衍射效应减弱，因此可以实现较小特征尺寸的曝光。但是，接触式光刻技术要求涂有光刻胶的晶圆与掩模紧密接触，晶圆与掩模之间的摩擦会在两者表面形成划痕，同时容易产生颗粒污染。晶圆表面的划痕和颗粒污染会导致半导体器件的致命缺陷。掩模表面的划痕和颗粒污染会缩短掩模的使用寿命，降低芯片成品率，增加接触式光刻技术的应用成本。

接触式光刻设备是最简单、最经济的光学光刻设备之一，可实现亚微米级的特征尺寸图案曝光，因此在小批量产品制造和实验室研究中仍有应用。在大规模集成电路生产中，为了避免掩模与晶圆直接接触造成的光刻成本增加，人们引入了接近式光刻技术。

接近式光刻技术在 20 世纪 70 年代的小型集成电路时代和早期的中型集成电路时代得到了广泛的应用。与接触式光刻技术不同，接近式光刻技术中的掩模与晶圆上的光刻胶不直接接触，留有充满氮气的间隙。掩模浮在氮气之上，其与晶圆之间的间隙由氮气的气体压力决定。由于接近式光刻技术中晶圆与掩模之间没有直接接触，因此光刻过程中的缺陷减少，掩模损耗降低，晶圆成品率提高。在接近式光刻技术中，晶圆与掩模之间的间隙使晶圆处于菲涅耳衍射区。由于衍射的存在限制了接近式光刻设备分辨率的提高，因此该技术主要适用于特征尺寸在 3 μm 以上的集成电路的生产。EVG 接近式光刻机如图 5 – 19 所示。

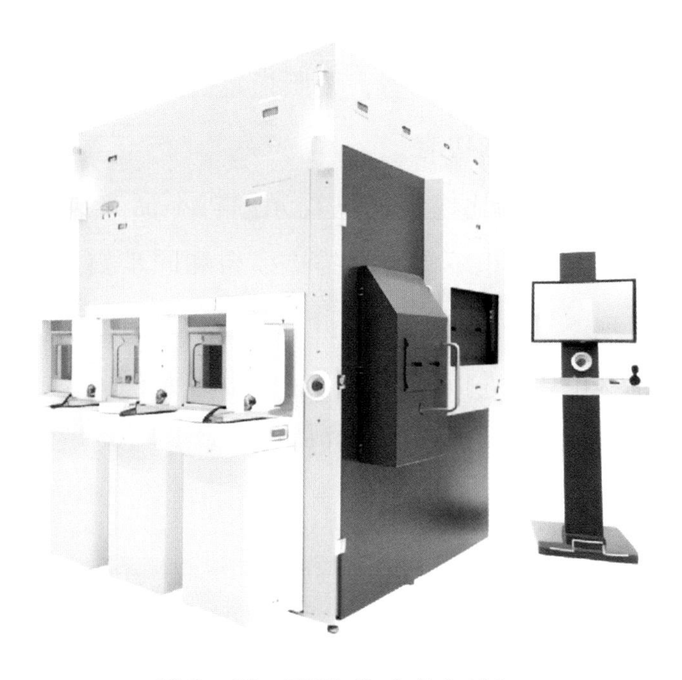

图 5 – 19　EVG 接近式光刻机

5.8.2 步进重复光刻机

步进重复光刻机是晶圆光刻工艺发展史上最重要的设备之一，它推动了光刻亚微米工艺进入量产阶段。步进重复光刻机使用22 mm×22 mm的典型静态曝光视场和缩小比为5：1或4：1 的光学投影物镜，将掩模板上的图形转移到晶圆上。

步进重复光刻机一般由曝光系统、工件系统、掩模系统、调焦/调谐系统、对准系统、主机系统、晶片传输系统、掩模传输系统、电子系统和软件系统组成。步进重复光刻机的典型工作过程是：首先，使用晶片传输子系统将涂覆有光刻胶的晶圆传递到工件工作台，然后使用掩模传输子系统将掩模传递到掩模工作台。接着，利用调焦/调谐子系统测量工件工作台上晶圆的高度，获取待曝光晶圆表面的高度、倾斜角等信息，使曝光过程中晶圆的曝光面积始终控制在投影物镜的聚焦深度之内。再后，利用对准子系统将掩模和晶圆进行对准，以控制曝光过程中掩模图像和晶圆图形传递的位置精度在雕刻要求之内。最后，按照指定的路径完成晶圆整个表面的步进曝光，实现图案转印的功能。

与步进扫描光刻机相比，步进重复光刻机不需要实现掩模与晶圆的同步反向扫描，在结构上也不需要扫描掩模台和同步扫描控制系统，因此结构相对简单，成本相对较低，运行可靠度高。但当集成电路工艺进入0. 25 μm 节点后，由于步进扫描光刻机在扫描曝光视场尺寸及曝光均匀性上更有优势，步进重复光刻机的应用开始慢慢减少。

5.8.3 步进扫描光刻机

步进扫描光刻技术的应用始于20 世纪 90 年代。通过配置不同的曝光光源，步进扫描光刻技术可以支持从365 nm、248 nm、193 nm 浸没式光刻到极紫外光刻等不同的工艺技术节点。与步进重复光刻机不同，步进扫描光刻机采用动态扫描方式进行单场曝光，即掩模板相对于晶圆同步完成扫描运动。当前场曝光完成后，晶圆由工件工作台被搬运到下一个扫描场位置，继续重复曝光。重复该步骤并多次扫描曝光，直到整个晶圆的所有区域都被曝光。

步进式光刻机（设备见图 5－20）的投影物镜放大倍率通常为 4：1，即掩模图案尺寸为晶圆图案的 4 倍大小，因此掩模的扫描速度也是工件的 4 倍，扫描方向相反。步进扫描光刻成像系统比步进重复光刻成像系统具有更小的静态视场，在相同成像性能约束下，降低了制作投影物镜的难度。

图 5－20　Nikon i 线步进式光刻机

5.8.4 浸没式光刻机

根据瑞利公式，在曝光波长不变的情况下，增大成像系统的数值孔径是进一步提高成像分辨率的有效途径。对于低于 45 nm 的成像分辨率，支持最高成像分辨率仅为 65 nm 的 ArF 干式光刻法已不能满足要求，因此需要采用浸没式光刻法。在传统光刻中，透镜与光刻胶之间的介质是空气，而浸没式光刻法用液体代替了空气介质。实际上，浸没式光刻法是通过光经过液体介质后光源波长的缩短来提高分辨率的，而缩短的比例就是液体介质的折射率。浸没式光刻机（设备见图 5－21）是步进扫描光刻机的一种，设备的系统方案并没有改变。

图 5－21 ASML ArF 浸没式光刻机 XT：1900Gi

浸没式光刻机的优点在于，由于系统数值孔径的增大，它在成像分辨率上比步进扫描光刻机有所提高，可以满足 45 nm 以下成像分辨率的工艺要求。与干式成像系统相比，在相同分辨率和对比度要求下，水下成像系统可以进一步扩大有效焦深范围。但由于浸没液体的引入，设备系统集成和维护的难度也大幅度增加。

5.8.5 极紫外光刻机

为了提高光刻分辨率，在使用准分子光源后，需要进一步缩短曝光波长，引入波长为 10～14 nm 的 EUV 作为曝光光源。EUV 的波长很短，可以使用的反射光学系统通常由 Mo/Si 或 Mo/Be 等多层反射镜组成。其中，Mo/Si 多层膜在 13.0～13.5 nm 波长范围内的理论最大反射率约为 70%，Mo/Be 多层膜在较短波长 11.1 nm 范围内的理论最大反射率约为 80%。虽然 Mo/Be 多层镜的反射率更高，但 Be 的毒性更强，因此目前的 EUV 光刻技术采用 Mo/Si 多层膜，其曝光波长也确定为 13.5 nm。

主流的 EUV 光源采用激光诱导等离子体技术，利用高强度激光激发处于热熔状态的锡等离子体。长期以来，EUV 光源的功率可用性一直是制约 EUV 光刻效率的一大因素。主振荡功率放大器、预测等离子体技术和原位镜面清洗技术的应用大大提高了 EUV 光源的功率和稳定性。EUV 光刻机主要由光源、照度、物镜、工件工作台、掩模工作台、晶圆对准、调焦/调平、掩模传输、晶圆传输、真空框架等子系统组成。EUV 经过由多层镀膜反射镜组成的照明系统后照射在反射掩模上，掩模反射的光进入由一系列反射镜组成的光学全反射成像系统，最后在真空环境中将掩模的反射像压在晶圆表面。EUV 光刻技术的曝光场和成像场是弯曲的，其采用步进扫描方法实现全晶圆曝光，提高了成品率。

与浸没式光刻机相比，采用 EUV 光源的 EUV 光刻机（见图 5-22）大大提高了单次曝光分辨率，可有效避免因多次光刻刻蚀形成高分辨率图形而带来的工艺复杂性。

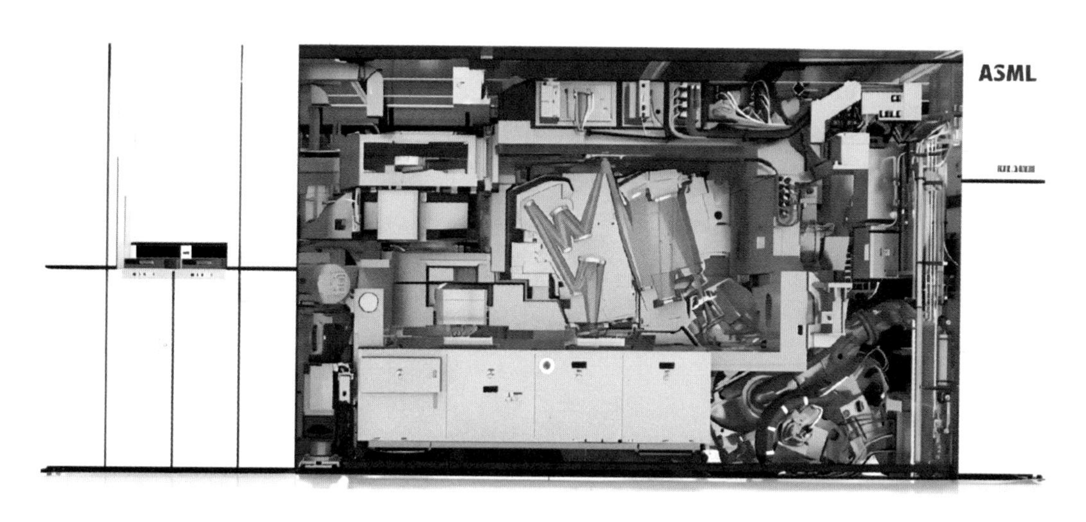

图 5-22　ASML 极紫外光刻机

练习题

（1）请介绍光刻的基本原理。

（2）传统光刻和浸没式光刻技术的区别是什么？它们各自的特点是什么？

（3）提高光刻分辨率的方式有哪些？

（4）光刻工艺流程中前烘和后烘的区别是什么？它们各自的作用是什么？

（5）光刻显影工序中会出现哪几种光刻不良现象？解决的手段有哪些？

（6）如何评价光刻的质量？

（7）光刻胶的种类有哪些？它们的反应原理是什么？

（8）光刻工艺中的光掩模有哪些？它们各自的特点是什么？

（9）请简述光刻机的发展。

6 刻蚀

学习目标

（1）了解刻蚀的工艺、刻蚀的种类。

（2）了解刻蚀的参数。

（3）掌握湿法刻蚀的种类和原理。

（4）了解干法刻蚀与湿法刻蚀的区别，以及干法刻蚀的工艺流程。

（5）了解等离子体刻蚀技术的原理和种类。

（6）掌握刻蚀工艺在芯片制造中的应用。

6.1 概述

在完整的集成电路制造中，从硅晶圆到生产出完整的硅芯片，这一过程通常被分为前道晶圆制造和后道晶圆封装两部分。晶圆在经过了光刻等制造过程后，后道的封装工艺包括背面减薄、晶圆切割、贴片、引线键合、模塑、电镀、分切成型和终测等工序。在晶圆制造过程中，光刻是将已经转移到硅晶圆表面光刻胶上的图案通过刻蚀再转印到硅晶圆上，而后道工序中的减薄工艺同样也需要采用刻蚀工艺。因此在集成电路的制造中，刻蚀是非常重要的工艺。

芯片中的集成电路并非简单的平面图形，而是经过多层堆叠形成的立体结构。其中刻蚀工艺就是通过物理或化学的方法，在硅晶圆表面或衬底以及其他材料上雕刻出设计的集成电路所需要的立体微观结构，在硅晶圆上复刻掩模板上的图案。可以对刻蚀形成的结构表面进行 SiO_2、Si_3N_4 介质薄膜的诱导沉积或 Al、Cu、W 等导电层的沉积，再与多重曝光技术结合，经多次刻蚀，最终得到设计所需的图形，并且在不同的层间形成导电线路，发挥完整的集成电路的作用。

随着芯片集成度的提高，关键尺寸从 14 nm 到 10 nm 阶段向 7 nm、

5 nm 甚至更小的方向发展，生产对光刻机的精度要求越来越严格，同时随着多重模板工艺的推广，对于刻蚀的精度控制要求也越来越高。最早的圆桶式刻蚀机功能简单，刻蚀的可控参数非常少。而到了光刻技术被 DUV 的 193 nm 制程限制后，通过刻蚀提高光刻精度成了主要方向，此时刻蚀工艺有了快速的发展。在这个时间段，所需刻蚀的图形变得越来越复杂，刻蚀的应用不再局限于硅晶圆的刻蚀，还有各种保护膜、晶体元件的飞线刻蚀等。刻蚀工艺复杂化发展的同时，对刻蚀效率的要求也越来越高，而且对产品良率的要求越来越严格。刻蚀工艺发展到目前，已经不满足于仅在硅晶圆上进行 2D 图形刻蚀（见图 6 –1），NAND 闪存从 128 层到 200 层以上的堆叠工艺正在成熟，对应的 3D 刻蚀工艺也在逐渐成熟并推广（见图 6 –2）。

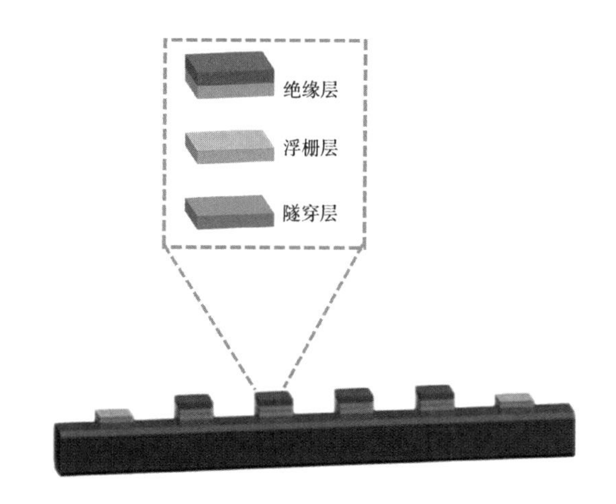

图 6 –1　2D NAND 闪存结构示意图

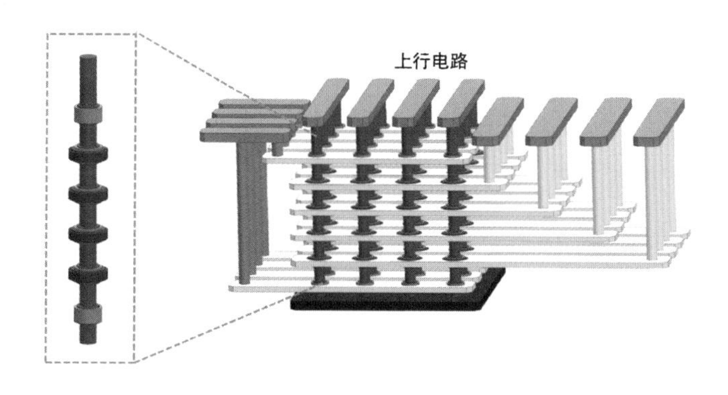

图 6 –2　3D NAND 闪存结构示意图

集成电路制造工艺中的刻蚀分为湿法刻蚀和干法刻蚀两种。早期普遍采用的是湿法刻蚀，但由于其在线宽控制及刻蚀方向性等多方面的局限，3 μm 之后的工艺大多采用干法刻蚀，湿法刻蚀仅用于某些特殊材料层的去除和残留物的清洗。干法刻蚀是指使用气态的化学刻蚀剂与晶圆上的材料发生反应，以刻蚀需去除的部分材料并形成可挥发性的反应生成物，然后将其抽离反应腔的过程。刻蚀剂通常直接或间接地产生于刻蚀气体的等离子体，因此干法刻蚀也被称为等离子体刻蚀。得益于现代等离子体刻蚀技术的多元化发展，等离子体的种类非常多，以对应于各种基底材料以及各向异性的刻蚀需求。现在先进的等离子体发射源已经可以产生高密度的等离子体，同时，独立射频功率源、偏电压控制、气体压力和流量控制等的软硬件也已经非常成熟。随着近代集成电路技术的革命性突破，如三维鳍式场效应管和立体闪存结构，刻蚀工艺的要求越来越高，并且涉及面越来越广，这使得刻蚀设备的发展除了普遍追求均匀性和精确控制以外，更呈现出多样化和特殊化的特点。

6.2 刻蚀参数

6.2.1 刻蚀速率

刻蚀速率是指在刻蚀进行的时候，硅晶圆表面被刻蚀去除的速度，常用 Å/min 表示。在刻蚀的过程中，刻蚀速率决定着刻蚀这道工序的效率，刻蚀速率的提高意味着产量的提高。但是若追求过快的刻蚀速率，湿法刻蚀将会出现沟槽呈水滴形状的问题；干法刻蚀则会出现离子束对未刻蚀的部分造成缺陷的问题，影响刻蚀的精度。因此刻蚀速率是整个刻蚀工艺的关键参数之一，应根据工艺要求、刻蚀的基底材料进行相关的设计和调整。

6.2.2 刻蚀剖面

在刻蚀的过程中，沿着刻蚀深度方向的面被称为刻蚀剖面。刻蚀开始的时候，由于表面光刻胶的保护作用，可以垂直于硅晶圆表面形成刻蚀剖面，但随着刻蚀深度的增加，刻蚀形成的沟槽无论是槽底还是剖面都是同一物质，而刻蚀过程是各向同性的，这会导致刻蚀往剖面方向进行，极端情况下就会形成水滴状沟槽。湿法刻蚀的本质是化学腐蚀，所以随着关键尺寸的减小，为了提高刻蚀精度，湿法刻蚀已经被逐渐抛弃。然而对于需要将整个平面保护层刻蚀的流程，湿法刻蚀却可以很好地满足要求。

6.2.3 刻蚀偏差

刻蚀偏差的来源就是刻蚀剖面的过度腐蚀。由于刻蚀过程中的各向同性等原因，剖面方向也会被刻蚀，从而导致线宽或关键尺寸与设计值出现偏差，此时的偏差就被称为刻蚀偏差。当刻蚀的深度过高时，往往在可视沟槽中形成水滴状结构，该结构会造成光刻胶底部的材料被刻蚀的情况。

6.2.4 选择比

选择比是指刻蚀的时候对硅晶圆的刻蚀速率与对光刻胶的刻蚀速率的比值。当选择一种刻蚀方法进行刻蚀时，该方法会同时对光刻胶和硅晶圆进行刻蚀，但明显只有对硅晶圆的刻蚀速率大于对光刻胶的刻蚀速率时，刻蚀才可以进行。因此选择比高就是指对目标刻蚀材料的选择性要高，刻蚀的过程中尽量只针对刻蚀目标。随着集成度的提高，关键尺寸越来越小，对选择比的要求也越来越高。

6.2.5 均匀性

半导体的生产中，均匀性与良品率直接挂钩。均匀性指整个刻蚀工艺在整个硅晶圆或整个批次甚至多个批次之间的刻蚀精度误差允许范围。由于硅晶圆在采用光刻制造芯片的过程中，需要经过多次光刻和刻蚀过程，对于刻蚀的深度不尽相同，因此保持刻蚀均匀性要关注刻蚀速率、刻蚀剖面和选择比等参数。刻蚀速率大小决定了刻蚀剖面是否变形，选择比同样影响着刻蚀在高深宽比沟槽刻蚀中的精度。

6.2.6 残留物

残留物是指刻蚀后留在硅晶圆表面的残渣，这些部分常常覆盖在刻蚀沟槽的底部或刻蚀剖面上，会对后续离子注入等工序带来影响。虽然刻蚀的时候根据需要刻蚀的目标材料进行了设计，刻蚀后的产物溶于刻蚀剂或者是气体，但是硅晶圆的纯度不足、刻蚀层的污染物、刻蚀时的环境尘埃、刻蚀速率过快等因素均会导致残留物的产生。根据形状，刻蚀后的残留物有长细线条、遮蔽物、冠状物和栅条。

6.2.7 聚合物

聚合物有时候是为了形成抗腐蚀层而故意设计生成的，这时候的聚合物层可以阻止刻蚀的横向进行，最终获得有一定深度的沟槽，满足关键尺寸的要求。但是有的聚合物是光刻胶在刻蚀过程中碳化或与刻蚀气体发生反应形成的，此时的聚合物则是我们不希望产生的，因此我们在设计光刻方案时需考虑刻蚀过程中所用的光刻胶、刻蚀方法、反应时间等亚因素。

6.2.8 等离子体诱导损伤

因为制程中会使用多次光刻，所以在两次以上的刻蚀时使用的高能离子、电子和激发分子的等离子体会对硅晶圆中已经光刻并离子注入的晶体管产生影响，非均匀电荷的等离子体会令晶体管的栅极产生缺陷电荷，极端情况下会引起栅极击穿。另一种情况是等离子体轰击已制备的晶体管的保护层——氧化硅层，此时的损伤未影响晶体管，可经过退火或湿法氧化去除损伤层。

6.2.9 颗粒沾污

刻蚀的过程若选择等离子体刻蚀，生产环境中的尘埃会因为静电作用被吸附到硅晶圆表面。由于刻蚀的时候等离子体轰击处与光刻胶保护区之间会产生电势差，因此当等离子体离去后，尘埃就会落到硅晶圆表面。颗粒沾污与生产环境的尘埃密度息息相关，可通过优化刻蚀设备、选择合适的刻蚀方法和选择合适的等离子体发生源气体来减轻颗粒沾污的影响。

6.3 湿法刻蚀

湿法刻蚀是集成电路制造工艺中最早采用的技术之一。湿法刻蚀是使用液体化学试剂（如酸、碱和其他溶剂等），以化学方式去除硅晶圆表面的材料的工艺。由于光刻的步骤中经过曝光、显影等工序，硅晶圆表面已经局部覆盖需要刻蚀图案的光刻胶，此时无光刻胶覆盖的与液体化学试剂相接触的表面将会发生化学反应，被腐蚀的表面经过后续的清洗，即显现出掩模板上的图案。为了达到刻蚀的目的，湿法刻蚀过程中的化学反应产物必须溶于刻蚀剂或者是气体。虽然湿法刻蚀受到各向同性的限制，大部分的湿法刻蚀工艺被具有各向异性优势的干法刻蚀所替代，但是湿法刻蚀在尺寸较大的非关键层的清洗中依然发挥着重要的作用，尤其是在对氧化物去除残留和表皮剥离的刻蚀中，湿法刻蚀比干法刻蚀更为有效，经济成本更低。湿法刻蚀的对象主要有氧化硅、氮化硅、单晶硅和多晶硅等。湿法刻蚀氧化硅通常以氢氟酸（HF）为主要化学载体。为了提高选择性，工艺中采用氟化铵缓冲的稀氢氟酸，为了保持 pH 值的稳定，可以加入少量的强酸或其他元素。掺杂的氧化硅比纯氧化硅更容易被腐蚀。湿法刻蚀主要是为了去除光刻胶和硬掩模（Si_3N_4）。热磷酸（H_3PO_4）是用于湿法化学剥离去除 Si_3N_4 的主要化学液，对于 SiO_2 有较好的选择比。在进行这类化学剥离工艺前，需要将附着在表面的 SiO_2 用氢氟酸进行预处理，以便将 Si_3N_4 均匀地清除掉。根据不同的刻蚀对象对应着不同的刻蚀溶剂和方法，湿法刻蚀可以被分为 Si、SiO_2、Si_3N_4 和 Al 的湿法刻蚀。

6.3.1 硅的湿法刻蚀

Si 的湿法刻蚀一般先采用强氧化剂将 Si 氧化成 SiO_2，然后使用氢氟酸与 SiO_2进行反应，从而逐层对硅晶圆表面进行反应刻蚀。具体的化学反应方程式如下：

$$HNO_3 + 6HF + Si \longrightarrow H_2SiF_6 + HNO_2 + H_2O + H_2 \uparrow$$

除了酸性溶剂刻蚀方法，还可以使用氢氧化钾（KOH）、氢氧化氨（NH_4OH）或四甲基氢氧化铵（TMAH）等溶液，常用的是含有 NH_4OH 的 SC1 碱性刻蚀剂，NH_4OH 可以对硅晶圆的特定晶面的 Si 进行均匀剥离，实现各向异性刻蚀。

6.3.2 二氧化硅的湿法刻蚀

SiO_2 的刻蚀使用的刻蚀剂是氢氟酸，但是反应过程中氢氟酸的消耗会导致刻蚀速率的降低，而氢氟酸使用过量时，SiO_2与氢氟酸将发生另一个反应，此时刻蚀同样进度将消耗更多的氢氟酸。因此为了控制氢氟酸的浓度，经常在刻蚀剂中加入氟化铵（NH_4F）作为缓冲剂。当氢氟酸发生反应消耗后，NH_4F 将发生分解，形成氢氟酸，从而保持刻蚀过程中氢氟酸的浓度在正常反应范围内。具体的反应方程式如下：

$$SiO_2 + 4HF \longrightarrow SiF_4(g) + 2H_2O$$

HF 过量时：$SiO_2 + 6HF \longrightarrow H_2SiF_6 + 2H_2O$

6.3.3 氮化硅的湿法刻蚀

Si_3N_4 在半导体制造中常被用作遮盖保护层，因此 Si_3N_4的刻蚀多为整面的刻蚀。Si_3N_4的湿法刻蚀常用热磷酸溶液，使用 150 ℃ ~ 170 ℃的 85% 浓磷酸作为刻蚀剂。在此过程中，磷酸发挥催化剂的作用，实际的反应为 Si_3N_4与 H_2O 的反应，具体反应方程式如下：

$$Si_3N_4 + 6H_2O \longrightarrow 3SiO_2 + 4NH_3$$

为了更有效地去除作为遮盖层的 Si_3N_4，还有一种方法是使用 49% 氢氟酸对硅晶圆进行化学气相沉积，利用氟化氢气体在硅晶圆表面的均匀反应，可以快速地去除整个遮盖层，具体的反应方程式如下：

$$Si_3N_4 + 18HF \longrightarrow H_2SiF_6 + 2(NH_4)_2SiF_6$$

6.3.4 铝的湿法刻蚀

Al 的湿法刻蚀在光刻的过程中都是针对栅极的引线部分。生产中常将磷酸（H_3PO_4）、硝酸（HNO_3）和醋酸（CH_3COOH）的混合溶液配置成刻蚀剂。HNO_3 可以提高刻蚀速率，CH_3COOH 可以提高刻蚀的均匀性。

虽然湿法刻蚀仅仅是对覆盖有光刻胶图案的硅晶圆表面进行刻蚀，但是在实际的操作中，当刻蚀需要一定深度时，刻蚀剖面的各向同性问题将无法避免（见图 6－3）。随着刻蚀深度的增大，刻蚀的横向作用将越来越明显，最终导致刻蚀得到的沟槽呈水滴状。为了提高湿法刻蚀的各向异性，一些特殊的刻蚀液被开发，例如 TMAH 溶剂、EDP 溶剂、联氨溶剂等，其设计的思路是利用单晶硅晶体的晶面各向异性实现刻蚀的各向异性。

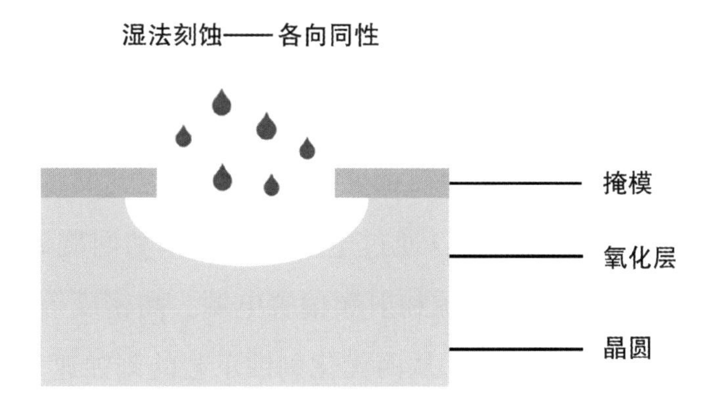

图 6－3　湿法刻蚀各向同性示意图

湿法刻蚀除了要解决最棘手的各向同性问题，还需要解决选择比的问题。选择比是指刻蚀过程中对光刻胶的腐蚀问题。由于使用的刻蚀溶剂也会对光刻胶有一定的腐蚀作用，因此需要计算光刻胶的刻蚀程度与硅晶圆的刻蚀程度之比。一般刻蚀溶剂的选择比是1∶5，也就是刻蚀消耗1份光刻胶的时候需要消耗5份硅晶圆。

有了选择比，湿法刻蚀的时候需要非常精确地计算刻蚀时间，因此湿法刻蚀的刻蚀速率也是一个非常重要的参数。无论怎样设计开发具有高选择比的刻蚀溶剂，湿法刻蚀的横向刻蚀问题只能是减缓，无法完全避免，所以湿法刻蚀只能用于关键尺寸较大（大于3 μm）的制程上。同时，湿法刻蚀后在硅晶圆表面的残留物等因素同样会造成光刻精度的降低。因此随着光刻技术的发展，在关键尺寸越来越小的光刻制程中，湿法刻蚀正在逐步被淘汰。

6.4 干法刻蚀

干法刻蚀在工业上主要是指等离子体刻蚀，即利用增强活性的等离子体来刻蚀特定物质。批量生产过程中的设备系统采用低温非平衡等离子体。等离子体刻蚀主要采用电容耦合放电和电感耦合放电两种放电方式。在电容耦合放电模式下，等离子体通过外部射频电源在两个平行的平板电容器中产生并保持放电。在电感耦合放电模式下，等离子体一般由低压下的电感耦合能量输入产生并维持，电离率通常大于10^{-5}，因此又称为高密度等离子体。高密度等离子体源也可以通过电子回旋共振和回旋波放电获得。通过在衬底上添加射频或微波电源和射频偏置电源，高密度等离子体可以独立控制离子流和离子轰击能量，从而优化刻蚀工艺的刻蚀速率和选择比，同时减少刻蚀损伤。

干法刻蚀工艺为：将刻蚀气体注入真空反应室，待反应室压力稳定后，通过射频辉光放电产生等离子体。当被高速电子击中时，等离子体分解产生自由基，自由基扩散到基材表面并被吸附。在离子轰击下，吸附的自由基与基材表面的原子或分子发生反应，形成气态副产物，从反应室排出。

干法刻蚀和湿法刻蚀的最大区别是干法刻蚀反应使用等离子体而不是溶剂。光刻完成后，将具有光刻胶图案的硅片置于氩气等气氛中，利用等离子体源激发的等离子体在没有光刻胶覆盖层保护的区域中刻蚀零件。在亚微米尺度上，干法刻蚀是最重要的刻蚀方法之一。干法刻蚀一开始采用自由基刻蚀，但由于自由基各向同性，在刻蚀过程中难以控制关键尺寸的宽度，因此随后发展了阳离子干法刻蚀。在阳离子干法刻蚀中使用的刻蚀源是经电场加速的阳离子。当阳离子以一定的速度轰击到需要刻蚀的硅片区域时，阳离子会带出表面原子，然后原子与等离子体中的自由基结合，通过挥发形成气体。

6.5 干法刻蚀机制

干法刻蚀按照反应原理划分，可分为物理溅射刻蚀、化学刻蚀、离子能量驱动刻蚀和离子—阻挡层复合刻蚀。

（1）物理溅射刻蚀：主要依靠等离子体中携带能量的离子轰击被刻蚀材料表面，溅射出的原子数量取决于入射粒子的能量和角度。当能量和角度一定时，不同材料的溅射速率通常只相差 2 ~ 3 倍，因此不存在选择性特性。反应过程主要是各向异性的。物理溅射刻蚀是较早的干法刻蚀工艺，依据的轰击源由带电离子在电场中加速获得，形成离子束通过溅射与硅晶圆表面未被保护的原子发生作用，从而达到原子级精度的减薄刻蚀。

（2）化学刻蚀：等离子体提供气相的刻蚀原子和分子，与物质表面发生化学反应后产生挥发性气体，这种纯化学的反应具有良好的选择性，在不考虑晶格结构时，呈现各向同性特征。

$$\mathrm{Si(s)} + 4\mathrm{F(g)} \longrightarrow \mathrm{SiF_4(g)}$$

$$光刻胶 + \mathrm{O(g)} \longrightarrow \mathrm{CO_2(g)} + \mathrm{H_2O(g)}$$

（3）离子能量驱动刻蚀：离子既是产生刻蚀的粒子，也是携带能量的粒子。这种载能粒子的刻蚀效率比纯物理或化学刻蚀的效率高出一个数量级以上。其中，工艺理化参数的优化是刻蚀工艺控制的核心。

（4）离子—阻挡层复合刻蚀：主要是指复合粒子在刻蚀过程中产生聚合物类型的阻挡保护层。在等离子体的刻蚀过程中，需要这样的保护层来防止侧壁上的刻蚀反应。例如，在 Cl 和 Cl_2刻蚀中加入 C 可以在刻蚀过程中产生一层氯碳化合物，该层物质可以保护侧壁不被刻蚀。

6.6 等离子体刻蚀技术

除了接近于纯物理反应的离子溅射刻蚀和接近纯化学反应的去胶外，随着半导体工艺的迅速发展，等离子体刻蚀技术也随之发展。目前，等离子体刻蚀技术可以分为七大类型，包括传统等离子体刻蚀、磁增强反应离子刻蚀（Magnetron Enhanced Reactive Ion Etching，MERIE）、电容耦合等离子体刻蚀、电感耦合等离子体刻蚀、电子回旋共振（Electron Cyclotron Resonance，ECR）等离子体刻蚀、螺旋波等离子体（Helicon Wave Plasma，HWP）刻蚀和表面波等离子体（Surface Wave Plasma，SWP）刻蚀。

早期的传统等离子体刻蚀技术将射频电源作为上电极，将晶圆作为下电极接地，这种技术产生的等离子体不会在晶圆表面形成足够厚的离子鞘层，离子轰击的能量低。因此，为了提高离子轰击能量，获得较厚的离子鞘层，等离子体刻蚀技术中的反应离子刻蚀（Reactive Ion Etching，RIE）应运而生。反应离子刻蚀将射频电源接到晶圆所在的下电极，将具有较大面积的上电极接地，这种技术可以形成较厚的离子鞘层，适用于需要较高离子能量参与反应的电介质刻蚀。反应离子刻蚀是指由活性粒子和带电离子同时参与完成的刻蚀过程。其中活性粒子主要是中性粒子（又称为自由基），其浓度较高（为气体浓度的 1% ~10%），是刻蚀剂的主要成分。活性粒子与被刻蚀材料之间发生化学反应，生成物或者挥发被抽离腔体，或者堆积在刻蚀基材表面。带电离子的浓度较低（为气体浓度的10^{-4} ~

10^{-3}），其在晶圆表面的离子鞘电场中被加速并轰击刻蚀对象。带电离子的功能有两个，一是破坏被刻蚀材料的原子，以加快活性粒子与其反应；二是轰击、去除反应生成物，以使被刻蚀材料与活性粒子充分接触，从而使刻蚀得以持续进行。由于反应离子刻蚀具有方向性和可改变反应原子类型的特点，因此具有很好的选择性和各向异性。

在反应离子刻蚀中，激发适当的气体混合物可以产生带电或中性的反应性粒子。被激发元素的原子嵌入待刻蚀材料的表面上或表面下，从而改变晶圆或晶圆衬底上的薄膜的物理性质。实际上，反应离子刻蚀在室温下通常形成挥发性刻蚀产物。反应离子刻蚀主要包括以下几个步骤：首先，电子/分子碰撞形成活性粒子；然后，活性粒子扩散到被刻蚀材料的表面并积累；接着，活性粒子与材料发生化学或物理反应，产生挥发性副产物；最后，挥发性副产物从表面解吸释放，释放出来的副产物扩散到主气体中后被抽走。

在早期反应离子刻蚀的基础上，加入垂直于射频电场的直流磁场形成 $E \times B$ 漂移，可以增加电子与气体粒子碰撞的概率，从而有效提高等离子体的浓度和刻蚀速率，这种刻蚀称为“磁增强反应离子刻蚀”。上述两种技术都有相同的缺点，即不能单独控制等离子体的浓度及其能量。

近十年来，电容耦合技术通过采用多个射频源设计，将它们分别连接上电极和下电极或同时连接下电极，选择和搭配不同射频频率，并通过电极面积、间距、材料等关键参数的相互配合，可以尝试解耦等离子体浓度和离子能量。其中，高频射频源用于控制等离子体浓度，称为源电源；连接下电极的低频射频源用于控制离子能量，称为偏置电源。然而，由于电容耦合本身的特性，这种去耦合是有限的。此外，由于等离子体带电粒子随射频电场方向在板间来回碰撞会造成动能损失，因此无法获得高密度等离子体，这在低压条件下尤为明显。

电感耦合等离子体刻蚀是在反应腔上方或周围放置一组或多组与射频电源相连的线圈，线圈内射频电流产生的交变磁场通过介质窗口进入反应腔内，实现电子的加速，从而产生等离子体。还有一种较早且仍在使用的等离子体刻蚀技术，即电子回旋共振等离子体刻蚀。电子回旋共振等离子体刻蚀技术的等离子体浓度和工作压力范围与电感耦合技术相似，适用于类似的刻蚀工艺。不同之处在于，当电子与输入的微波频率共振时，电子可以吸收微波共振耦合的能量，电离中性气体产生等离子体。离子能量也可由放置在晶圆上的另一个偏置电源控制。该技术的反应腔结构相当复杂，导致结构简单的电感耦合技术得到了更广泛的应用，同时还发展了另外两种技术，即螺旋波等离子体刻蚀和表面波等离子体刻蚀。近年来，随着器件尺寸的不断缩小，器件对于等离子体刻蚀可能造成的损伤越来越敏感，迫切需要近零损伤刻蚀技术。由于SWP可以产生与ICP和ECR相似的等离子体浓度，同时其电子温度要低得多，而低的电子温度是降低等离子体刻蚀损伤的重要手段，因此该技术再次受到重视。

6.7 等离子体刻蚀设备

6.7.1 传统等离子体刻蚀设备

由于传统等离子体刻蚀必须具有离子轰击，因此该类刻蚀设备的重点在于保证离子鞘的形成。图6-4为典型平板式等离子体刻蚀设备的简化示意图，射频电源接在晶圆所在的下电极，上电极接地。下电极的面积一般远小于上电极的面积，而且反应腔的工作气压较低，一般为50~500 mTorr。因此，置于下电极的晶圆表面会形成一个较厚的等离子体鞘层，其电场对正离子的加速

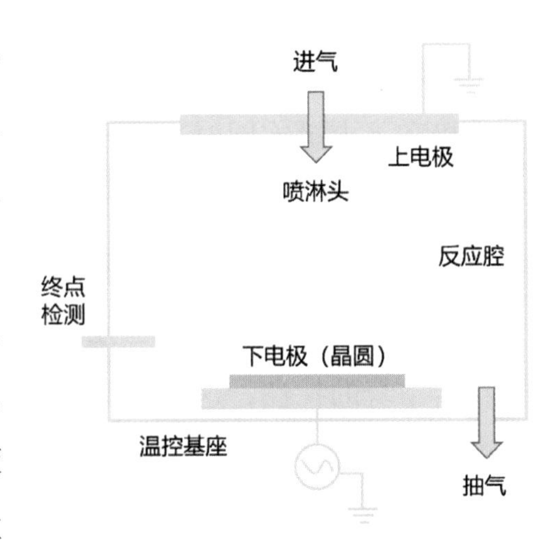

图6-4 平板式等离子体刻蚀设备结构示意图

能量可达500 eV以上。温控基座具有冷却功能，可以带走刻蚀所产生的热量，并保持刻蚀在稳定可控的温度条件下进行。喷淋头可以使气体更均匀地分布到晶圆上。刻蚀终点光学侦测系统的应用可以减少衬底材料的损失。反应腔内衬是一个便于拆装的组件，进行设备保养时仅需更换已事先清洗干净的内衬而不用现场清洗腔壁，从而大大节省保养时间，提高设备的在线率（见图6－5）。

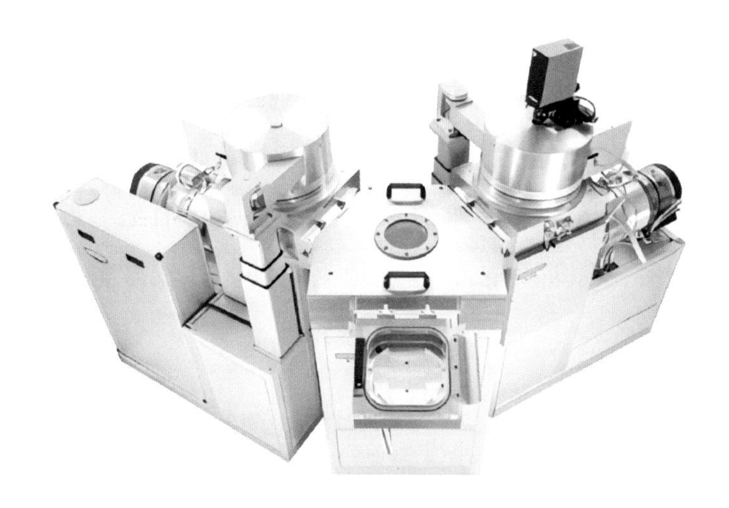

图6－5　等离子体刻蚀多腔互联系统

6.7.2 磁增强反应离子刻蚀设备

磁增强反应离子刻蚀设备是在平板式等离子体刻蚀设备的基础上增加直流磁场以提高刻蚀速率的一种刻蚀设备（见图6－6）。随着刻蚀线宽的减小和刻蚀结构深宽比的增大，离子必须减少在刻蚀晶圆行程中与其他粒子的碰撞，以保持其方向性和能量。虽然可以通过降低工作空气压力来增加离子的自由程以减少碰撞，但这将直接导致等离子体

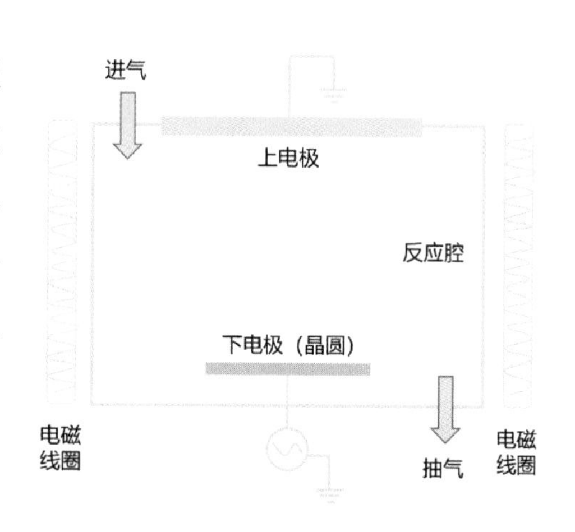

图6－6　磁增强反应离子刻蚀设备结构示意图

浓度的降低，从而影响刻蚀速率。如果在平板结构的基础上加入垂直于离子鞘电场方向的直流磁场，则离子鞘区或离子鞘区附近的电子将受到 $E \times B$ 漂移力，其受力方向遵循右手定则，垂直于电场和磁场，电子将沿晶圆平面做摆线漂移，从而增加了电子的存在时间。此外，垂直于反应腔壁的磁力线也能抑制低压下电子与反应腔壁碰撞造成的浓度损失。

反应腔的设计与平板式等离子体刻蚀设备的相似。外部磁场的设计是将多个磁场方向梯度的偶极永磁体放置在圆形反应腔周围，在反应腔晶圆上方形成均匀磁场，这称为偶极环磁控管刻蚀。直流磁场引起的电子漂移会导致等离子体浓度的空间分布不均匀，这可以通过缓慢旋转平行磁场来解决。偶极环磁控管刻蚀通过永磁系统的机械旋转消除等离子体浓度的空间异质性。偶极环磁控管刻蚀的优点是刻蚀均匀性较好，但缺点是磁场的大小不可调节。

6.7.3 电容耦合等离子体刻蚀设备

电容耦合等离子体刻蚀设备是一种由施加在极板上的射频电源通过电容耦合的方式在反应腔内产生等离子体并用于刻蚀的设备（见图 6－7），其一般采用两个或三个不同频率的射频源，或者配合采用直流电源。其中低频射频源一般接在晶圆所在的下电极，对控制离子的能量比较有效；高频电源接在上电极或下电极。近年来，逐渐采用功率高达 10 kW 的偏压电源，产生更强的离子能量，用于增大离子垂直进入极高深宽比结构底部的概率。离子能量的分布对刻蚀细节及器件的损失有较大的影响，所以对优化离子能量分布的技术开发是先进等离子体刻蚀设备的重点。

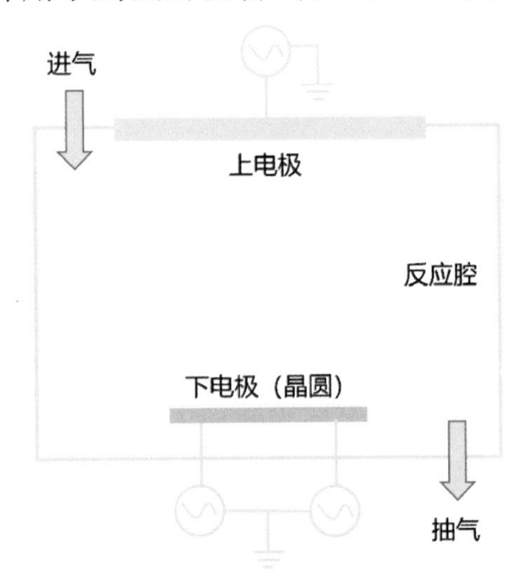

图 6－7　电容耦合等离子体刻蚀设备结构示意图

电容耦合等离子体刻蚀设备主要应用于电介质材料的刻蚀、后段镶嵌和铝垫的刻蚀、3D 闪存芯片中的深槽刻蚀等。

6.7.4 电感耦合等离子体刻蚀设备

电感耦合等离子体刻蚀设备是将射频电源的能量通过电感线圈，以磁场耦合的形式进入反应腔，产生用于刻蚀的等离子体的一种设备（见图6-8）。其刻蚀原理也属于广义等离子体刻蚀。电感耦合等离子体刻蚀设备（见图6-9）的等离子体源的设计主要分为两种类型。一是变压器耦合等离子体技术。将电感线圈置于反应腔上方的介质窗口平面上，射频信号在线圈中产生垂直于介质窗口并沿线圈轴向发散的交变磁场，该交变磁场通过介质窗口进入反应腔。交变磁场在反应腔内产生平行于介质窗口的交变电场，实现刻蚀气体的解离，产生等离子体。这个结构可以通俗地理解为电感线圈为初级绕组，反应腔中的等离子体为次级绕组的变压器。变压器耦合等离子体技术的主要优点是结构易于按比例放大，例如当晶圆尺寸增大时，变压器耦合等离子体技术只需增大线圈的尺寸即可保持相同的刻蚀效果。二是应用材料公司开发和生产的去耦等离子体源技术。其电感线圈在半球形介质窗口上三维缠绕，产生等离子体的原理与上文提到的变压器耦合等离子体技术类似，但气体解离效率相对更高，有利于获得更高的等离子体浓度。由于电感耦合等离子体产生的效率高于电容耦合，且等离子体主要在靠近介质窗口的区域产生，因此等离子体浓度基本由连接电感线圈的源电源功率决定，而晶圆表面离

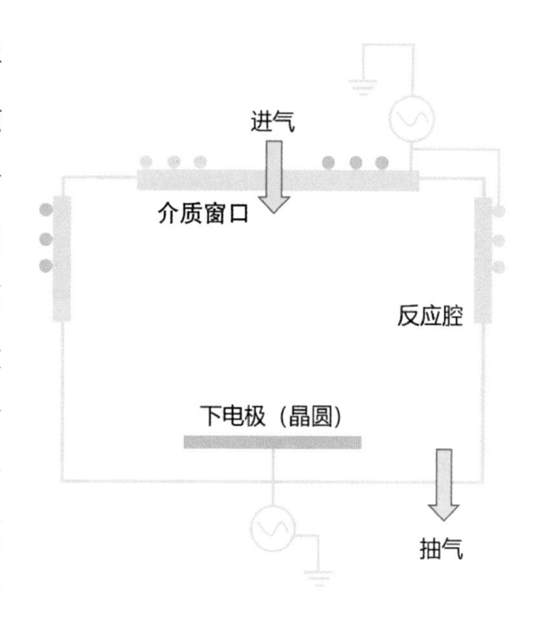

图6-8 电感耦合等离子体刻蚀设备结构示意图

子鞘中的离子能量基本由偏置电源的功率决定。因此，等离子体的浓度和能量可以独立控制，能实现去耦合。

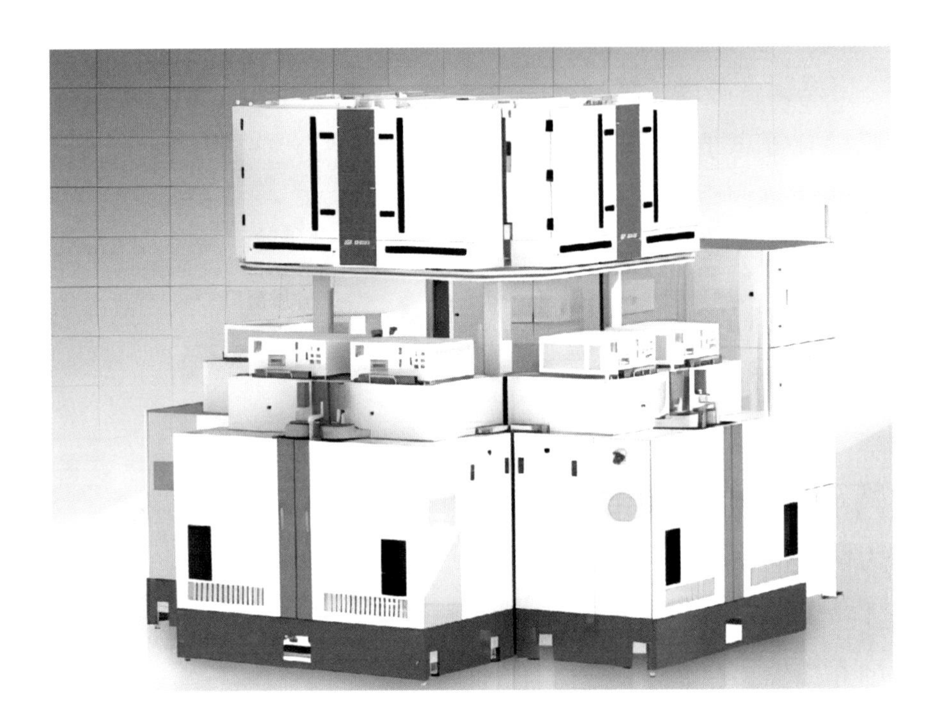

图 6－9　电感耦合等离子体刻蚀机

6.7.5 其他等离子体刻蚀设备

近年来，随着半导体器件尺寸的不断缩小，等离子体刻蚀设备也不断更新换代。等离子体刻蚀设备还包括电子回旋共振等离子体刻蚀设备、螺旋波等离子体刻蚀设备和表面波等离子体刻蚀设备，它们的结构示意图如图 6－10 所示。其中，螺旋波等离子体刻蚀设备和表面波等离子体刻蚀设备由于产生的电子温度低，可以实现零损伤刻蚀技术。

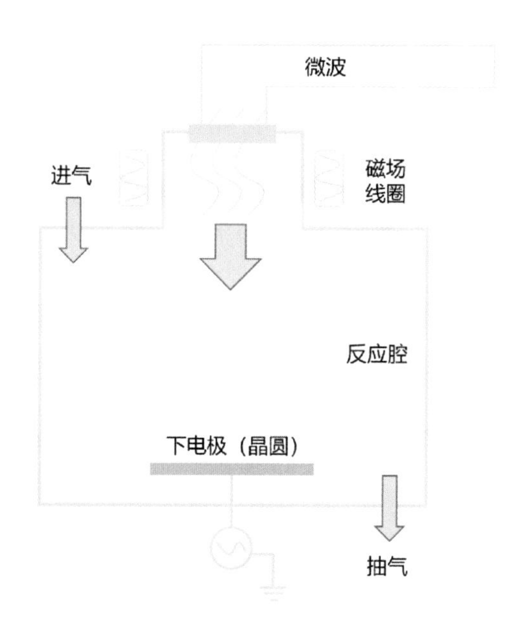

（a）电子回旋共振等离子体刻蚀设备

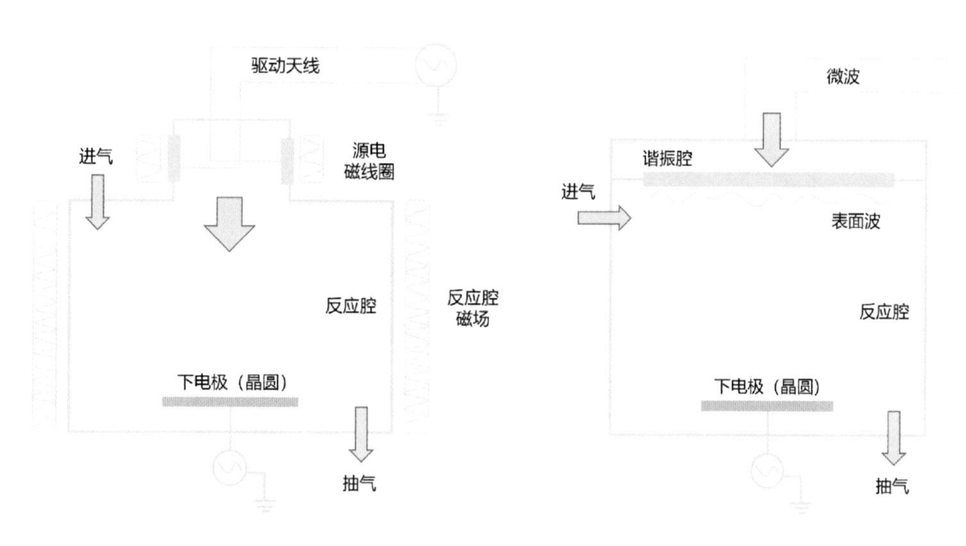

（b）螺旋波等离子体刻蚀设备　　　　（c）表面波等离子体刻蚀设备

图 6－10　等离子体刻蚀设备结构示意图

6.8 干法刻蚀的应用

21 世纪初，对干法刻蚀的应用分类主要取决于器件的功能，大致包括逻辑器件和存储器件的刻蚀。十年后，许多干法刻蚀的应用共存于逻辑器件和存储器件中。逻辑器件和存储器件的集成方案很大程度上取决于最终器件的功能，器件功能主要从速度、能耗等方面进行优化。越来越复杂的集成方案使得干法刻蚀在新结构和不同材料方面有所不同。例如，前端工艺中的应变工程促进了应力薄膜刻蚀、应力近邻技术和选择性外延 SiGe 的源漏刻蚀等技术的发展。在后端工艺中，可靠性的提高需求引发了在双大马士革（Dual Damascene，DD）互连工艺中使用金属硬掩模（Metal hard mask）。与存储器件对大电容的要求不同，在逻辑器件中，在要求的工作频率下，栅极的关键尺寸控制一直受到重视。此外，逻辑电路器件中的复杂布线需要几层额外的金属层。45 nm 存储器件从铝互连到铜互连的逐渐过渡导致在后端工艺中越来越重视氧化物和/或金属的刻蚀。图 6 - 11 为逻辑电路产品常用的刻蚀工艺，所涉工艺将在后面的章节中详细讨论。

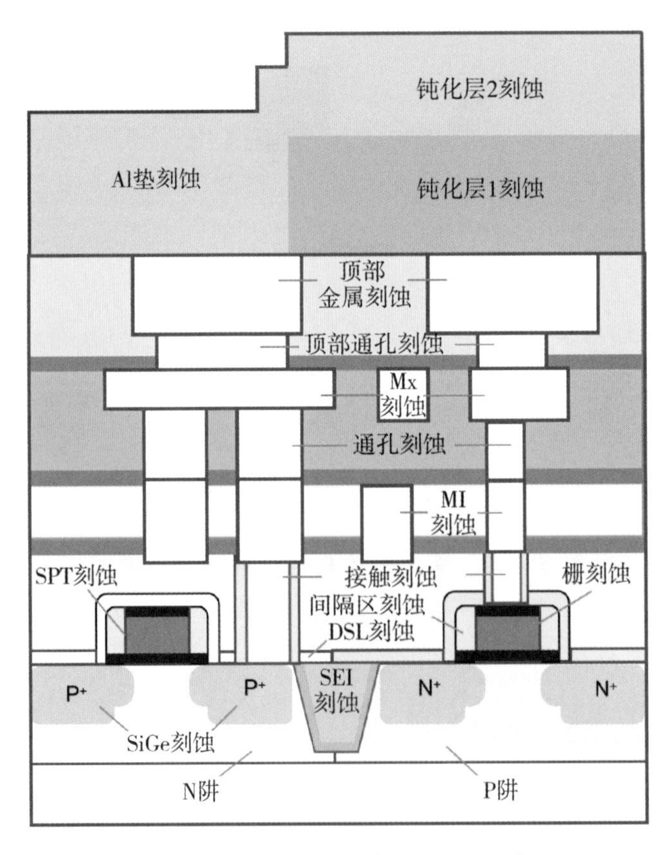

图 6 - 11　逻辑电路产品剖面示意图

6.8.1 浅槽隔离刻蚀

浅槽隔离（Shallow Trench Isolation，STI）能将构成器件的部件分离开，它已经替代了0.18 μm工艺器件制造中的硅的局域氧化隔离技术。在浅槽隔离刻蚀中，精确地控制浅槽隔离关键尺寸（Critical Dimension，CD）、沟槽的深度以及顶部圆角，对于器件的性能和良率均很重要。过大的浅槽隔离CD的变化，会恶化静态工作点漏电流的性能。沟槽深度需要形成一个适当的台阶高度来阻止在SiGe外延沉积时硅有源区暴露，但台阶高度明显的变化又会导致对多晶硅栅刻蚀底部形貌产生影响。过于尖锐的顶角会在浅槽隔离侧墙处产生高的边缘电场，从而导致高漏电。因此，浅槽隔离需要采用干法刻蚀获得高的沟槽深度与沟槽CD的比值。

6.8.2 多晶硅栅刻蚀

当CMOS工艺的尺寸不断缩小至65 nm及以下工艺节点时，栅的制造变得更具挑战性。由于光刻胶厚度的减小和ArF光刻胶不佳的抗蚀性能，这种抗蚀膜的性质趋于形成各向异性的条纹，并造成栅的侧壁粗糙，因此会使器件的性能变差。要改善电流驱动能力和减小短沟道效应，栅氧化物的厚度也要减小；要克服多晶硅耗尽效应，需要使用预掺杂技术。然而，引入预掺杂技术却为常规无机硬掩模图形的制作带来了一些问题。因为多晶硅在热磷酸中的腐蚀速率是与预掺杂剂量相关的，在完成硬掩模去除步骤时，会发生严重的缩颈现象。因此，多晶硅栅需要采用干法刻蚀，获得对关键尺寸均匀性（Critical Dimension Uniformity，CDU）、由密集区到稀疏区的刻蚀偏差、线宽粗糙度和多晶硅栅形状（特别是底部形状）等工艺参数的可控调节，以改善器件的性能和提高良率。

6.8.3 栅侧墙刻蚀

栅侧墙是一个用来限定轻掺杂漏区（Lightly Doped Drain，LDD）和深源/漏结宽度的自对准技术，它的宽度、高度和物理特性，成为等比例缩小CMOS技术的关键。多道离子注入工艺采用了不同的侧墙结构以调整晶体管的源/漏结，使其具有最大的驱动电流，同时保持低的晶体管寄生电容。其中，氧化物/氮化物（ON）侧墙的刻蚀工艺通常是用含氢的碳氟化合物气体来进行的，包括CHF_3、CH_2F_2和CH_3F。氮化物和氧化物的刻蚀速率高度依赖于所有等离子体中氧气含量的百分比。氧气加入刻蚀气体中，使得等离子体气相发生变化，特别是氢浓度的改变。氧化物的刻蚀速率随着氧气百分比的提高而下降，因为CF_x刻蚀剂减少了。氮化物的刻蚀速率与氢在等离子体气相中的浓度有着密切的关系，氢可以同CN反应生成HCN，减少了氮化物表面聚合物的厚度，衬底上的氮原子去除作用得到了增强，因此氮化物的刻蚀速率随氢的浓度增加而增大。结果是在引入最大的氢浓度和适量的氧浓度下，得到了氮化物和氧化物之间相对高的选择性。在侧墙刻蚀中，除了选择性的控制外，预刻蚀和后刻蚀方案对解决CH_xF_y的腔室记忆效应极具吸引力。

6.8.4 钨接触孔刻蚀

随着先进逻辑电路的尺寸缩小到65 nm及以下工艺节点，接触层开始在强大的集成电路中发挥关键作用。在钨接触孔刻蚀工艺中，对侧壁形状的控制、CD的均匀性、对下层的选择性以及保证接触孔的开通变得越来越重要，尤其是对提高成品率来说。由于光刻技术的限制，后刻蚀CD通常需要比预刻蚀CD小35 nm以上，这称为CD偏移。在接触孔刻蚀过程中，如此大的CD减容对确保接触孔以高深宽比开通提出了挑战。巨大的CD偏移主要可以通过富聚合物刻蚀工艺来实现CD收缩。此外，富聚合物刻蚀往往会减小保证接触孔开通的所需工艺窗口，以及高深宽比的接触孔侧壁形状控制和良好的CD均匀性的工艺窗口，所有这些都是更严格的电性能所必需的。此外，刻蚀需要更薄的、更少未显影的光刻胶，这就要求光刻胶有更大的选择性，以防止接触孔的粗糙度变差。在掩模开启步骤中，CF_4气体是主要的刻蚀剂气体。在这一步中，为了产生更多的聚合物，可以在接触孔顶部引入 CHF_3或 CH_2F_2气体来实现 CD 的降低。

在刻蚀机内部，源功率用于改变等离子体的密度，偏置功率用于调节离子轰击的能量。源功率与偏置功率的比值用于控制侧壁的形状。金属接触孔的刻蚀过程通常包括两个典型的主要刻蚀步骤。第一步的特点是控制氧化物和刻蚀停止层的选择比在较低值，主要用于 CD 控制。第二步通常包含重聚合物气体 C_xF_y，这增加了对停止层的选择性，并确保有足够的过刻蚀窗口。因为在第二步中，高深宽比的接触孔和丰富的聚合物或副产物容易导致接触孔随机不开通的问题。在两个主要刻蚀步骤中，必须添加 O_2或其他解聚气体来消耗一些聚合物和/或副产物，以避免形成随机的未开通的接触孔。更多的 O_2减少了接触孔开通缺陷，但这也导致产生了更大的刻蚀后检查关键尺寸（After Etching Inspection Critical Dimension，AEICD）的副作用。这表明，在两个主要刻蚀步骤中，必须针对特定工艺优化氧气比，以避免接触孔失效并确保符合 AEI CD。

6.8.5 铜通孔刻蚀

随着 CMOS 逻辑工艺继续大幅缩小至 65 nm 及以下，铜互连和低 k 介质取代铝连接被广泛集成到了后端工艺中。这是由于铜的电阻率小，低 k 材料的介电常数低。与铝的直接刻蚀不同，因为铜的不易挥发性，所以在干法刻蚀中采用了双大马士革技术。后端工艺中的双大马士革工艺主要包括先通孔工艺和先沟槽工艺。先通孔工艺以可图形扩展和易于进行通孔底部的 CD 控制为特征。

虽然硬掩模法可以最大限度地减少灰化损伤，但光刻胶掩模法仍然很受欢迎，因为它易于对通孔刻蚀产生条纹的机理和解决方法进行集成论证。铜通孔刻蚀工艺通常由底部增透涂层开孔、主刻蚀和过刻蚀三个步骤组成。在底部增透涂层开孔的步骤中，结合 CF_4、CHF_3、O_2气体完成对有机底部增透涂层和帽层的刻蚀。由于帽层为 SiO_2，当使用 CF_4和 CHF_3刻蚀时会产生聚合物，并可能在帽层和介质的侧壁上积累。如果聚合物在侧壁上的沉积发生在通孔刻蚀过程的起始，它将产生一个异常的图形，并会转移到通孔的底部。

6.8.6 电介质沟槽刻蚀

聚合物气体的种类对电介质沟槽的刻蚀形状存在影响，如果采用多聚合物气体 CH_2F_2，则可以制造出锥形沟槽形状。如果采用缺少聚合物的工艺，并使用 CF_4，则可以得到更为竖直的沟槽形状。竖直的沟槽形状将有利于铜的沉积，而多聚合物气体 CH_2F_2 会造成更糟糕的不均匀的刻蚀速率，其结果是倾向于形成更差的沟槽深度的不均匀性。去胶工艺是一个标准的去除沟槽刻蚀掩模的工艺步骤，也是一个关键的沟槽形状调节方法。在掩模去除前，沟槽的形状是竖直的。然而，在光刻胶掩模去除后，可以观察到沟槽的侧壁有些许圆弧形的变化。这是由于在传统的光刻胶掩模去除工艺中，其中的灰化过程使用了大量的 O_2。而低 k 材料容易被 O_2 去胶工艺损伤，因此低 k 材料侧壁易受 O_2 去胶步骤的影响，从而出现圆弧形。

6.8.7 铝垫刻蚀

刻蚀气体刻蚀法就是把基片上无光刻胶掩蔽的加工表面如氧化硅膜、金属膜等刻蚀掉，而使有光刻胶掩蔽的区域保存下来，这样便在基片表面得到所需要的成像图形。刻蚀的基本要求是图形边缘整齐，线条清晰，图形变换差小，且对光刻胶膜及其掩蔽保护的表面无损伤和钻蚀。

铝及铝合金作为芯片的布线材料，在以铜互连为逻辑后端工艺的制造工艺中得到了广泛的应用。其刻蚀工艺的挑战主要来自不同图案密度引起的宏观和微观的刻蚀载荷。更具体地说，前者通常与铝垫刻蚀中光刻胶的不同透射率腐蚀窗口有关，而后者则与铝线（密集）与铝垫（稀疏）之间的形貌载荷有关。低透射率往往在刻蚀过程中产生更多的聚合物，这必然会提供更多的聚合物来保护铝的侧壁，从而扩大腐蚀窗口，避免可能发生的短路。然而，更多的聚合物往往会加剧微载荷效应，导致不同产品的连接电阻不一致，在可靠性方面产生波动。

标准的铝刻蚀气体是 BCl_3 和被选择的聚合物气体 CH_4。铝垫刻蚀分为主刻蚀和过刻蚀两步。主刻蚀步骤的时间由能检测到铝信号的端模控制，并利用扫描电子显微镜来监测铝线条和铝垫侧壁的形状。刻蚀结束时间与透射率有很强的线性关系，透射率越高，刻蚀结束时间越长，腐蚀缺陷越严重。这可以解释为更多的铝膜被暴露了出来，并且需要被刻蚀掉，因此需要更长的刻蚀终点。而可用的光刻胶较少，不足以产生足够的聚合物来保护铝侧壁，从而导致宏观载荷指标变差，存在许多腐蚀缺陷，即使更长的刻蚀终点也不能提供足够的聚合物来保护铝侧壁。

6.8.8 硅凹槽刻蚀

在高速集成电路产品中，将具有压缩应变的 SiGe 薄膜嵌入 P 型金属氧化物半导体（Positive Channel Metal Oxide Semiconductor，PMOS）的源漏区，该技术首次被引入 90 nm 制程中。PMOS 通道中的 SiGe 提供了调节阈值电压的途径，并且由于其显著提高了空穴迁移率和降低了接触电阻，在平面和多栅极（多晶硅栅极和高 k 金属栅极）中都观察到了器件性能的显著改善（20% ~65%）。这项技术需要在侧壁刚刚形成时，在 PMOS 区引入衬底硅凹槽刻蚀（见图 6－12）和选择性外延 SiGe 沉积。其中，硅凹槽刻蚀通常在导体刻蚀机中使用 HBr/O_2 气体。在硅凹槽刻蚀过程中，主要考虑的是如何保护多晶硅栅极的上表面。由于 HBr/O_2 在多晶硅栅极和硅之间的刻蚀选择性较低，通常需在多晶硅栅极的顶部添加一层附加层，如 Si_3N_4 层。这个额外的 Si_3N_4 层也可以成为侧壁的一部分，硅凹槽的深度由过流检测器（Overcurrent Detector，OCD）监控，因此凹槽深度可调节。

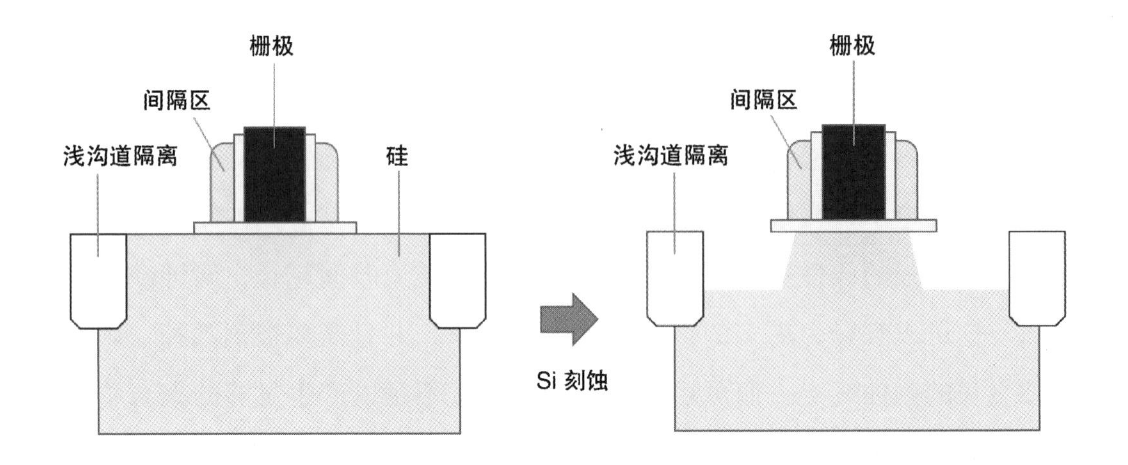

图 6－12　硅凹槽刻蚀示意图

练习题

（1）干法刻蚀和湿法刻蚀的特点是什么？它们有什么区别？

（2）影响刻蚀的参数是什么？

（3）硅和氮化硅的湿法刻蚀的过程和原理是怎样的？

（4）等离子体刻蚀技术的原理是什么？

（5）等离子体刻蚀的种类有哪些？它们各自的特点是什么？

（6）干法刻蚀在芯片制造中的应用例子有哪些？

7 掺杂

学习目标

（1）了解集成电路的掺杂工艺。

（2）了解杂质扩散后的表征手段和原理。

（3）了解扩散工艺常用的扩散源种类。

（4）了解杂质扩散的种类和原理。

（5）掌握影响杂质扩散的参数。

（6）掌握离子注入的原理和特点。

（7）了解离子注入的参数和设备。

7.1 概述

掺杂是集成电路制造的主要工艺之一，是指在固体材料的表层注入离子，改变材料表层物理性质的过程。一般情况下，本征半导体中的载流子数量很少，电导率很低，但如果在其中加入微量杂质，如此形成的杂质半导体的电导率将极大增强。固体材料通过掺杂杂质离子，可以改变表层的电导率或形成 PN 结。在集成电路工艺中，常用硅作为固体材料，掺杂常用的杂质离子有硼离子、磷离子、锗离子、铟离子和砷离子等。根据所含杂质的不同，杂质半导体可分为 N 型和 P 型两类。当磷原子替代原晶胞结构中的硅原子并形成共价键时，多余的第五价电子很容易摆脱磷原子核的束缚而成为自由电子，因此半导体中自由电子的数量大幅增加，自由电子成为多数载流子，空穴成为少数载流子，此时的杂质半导体为 N 型。P 型半导体掺杂的杂质则为硼或其他三价元素，硼原子在原有晶胞结构中替代硅原子而形成共价键，并会因缺少一个价电子而形成空穴，因此半导体中空穴的数量明显增加，空穴成为多数载流子，自由电子成为少数载流子。

扩散和离子注入是半导体掺杂的两个主要工艺，两者都用于制作分立器件和集成电路，相辅相成。扩散是较早的掺杂工艺，至今仍在使用。离子注入是20世纪60年代以后发展起来的掺杂工艺，在许多方面都优于扩散，它极大地促进了集成电路的发展，使集成电路的生产进入超大规模时代，是目前应用最广泛的主流掺杂工艺之一。

7.2 杂质扩散原理

杂质扩散是微观粒子一种极为普遍的运动形式，从本质上讲，它是微观粒子做无规则热运动的统计结果。杂质扩散描述了一种物质在另一种物质中运动的情况，就是一种原子、分子或离子在高温驱动下由高浓度区向低浓度区运动的过程。从另一个意义上讲，扩散是使浓度或温度趋于均匀的一种热运动，它的本质是质量或能量的迁移。杂质扩散必须同时具备以下两个条件：

（1）扩散的颗粒存在浓度梯度：一处的浓度必须高于另一处的浓度才能进行扩散。

（2）一定的温度：系统内部必须有足够的能量，使高浓度的物质进入或穿过另一物质。

杂质原子在半导体材料中典型的扩散形式有两种，分别是间隙式扩散和替位式扩散。

1. 间隙式扩散

杂质原子从一个原子间隙移动到另一个原子间隙，并根据间隙移动的方式逐级向前跳跃的扩散机制称为间隙式扩散，如图7-1所示。Au、Ag、Cu、Fe、Ni等半径较小的重金属杂质原子一般以间隙式扩散为主。

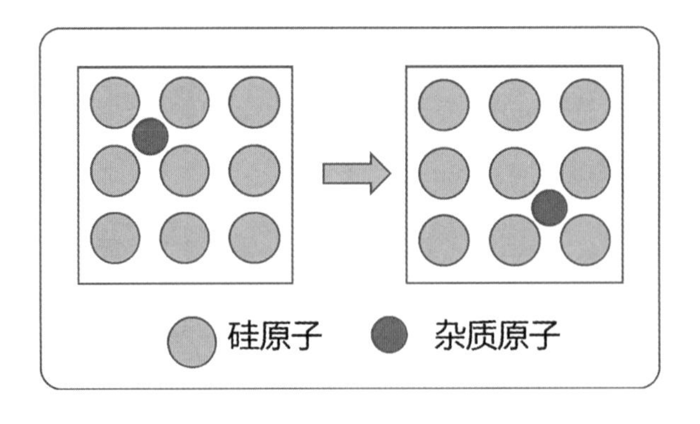

图 7－1　间隙式扩散示意图

2. 替位式扩散

替位式扩散是指替代式杂质原子从一个替代位置移动到另一个相邻的替代位置，如图 7－2 所示。只有当相邻晶格点有空位时，替代式杂质原子才能进入相邻晶格点并填补空位。因此，替代式杂质原子的运动必须以它最近的邻原子上存在空位为前提，故其扩散要比间隙式扩散慢得多，而且温度越高，硅中杂质原子的扩散速度越快。在常温下，替位式扩散是极其缓慢的，这意味着要获得一定的扩散速度，必须在较高的温度下进行。VA 族半径较大的杂质原子，如 P、As、Sb 等，以及ⅢA 族的 B、Al、Ga 等，一般进行替位式扩散。

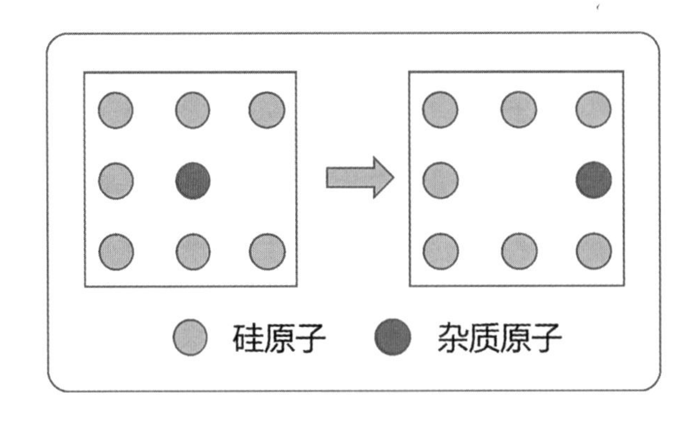

图 7－2　替位式扩散示意图

7.3 杂质扩散后表征方法

扩散层的测量主要包括扩散层深度（结深）的测量和扩散层电阻（方块电阻）的测量。

7.3.1 结深的测量

扩散结深的定义为晶圆表面到扩散层杂质浓度等于衬底杂质浓度处之间的距离。一般情况下，集成电路的结深为微米数量级，因此很难测量，往往先采用磨角法或滚槽法将结的侧面暴露放大，然后再测量。

1. *磨角法*

磨角法是将扩散完成后的晶圆磨出一个斜角获得暴露的斜面（角度约为1°~5°），并对该斜面进行染色，然后测量计算结深。具体步骤是：用石蜡将扩散好的晶圆粘在角磨机上，再用金刚砂或氧化镁粉将晶圆磨出斜角，将斜面清洗干净，然后用五水硫酸铜和氢氟酸的混合物对斜面镀铜染色。硅的电化学电位高于铜，硅可以在晶圆表面被铜代替，显示为红色，并且由于N型晶圆的电化学电位高于P型晶圆，N型区域的硅会首先把铜从染色液中置换出来，形成红色的铜镀层。因此控制合适的染色时间，可以在N型区域用红色的铜染色，而P型区域不显示为红色。通过测量未被染色的晶圆斜面长度，可以计算出结深。计算公式如下：

$$x_j = L \times \sin \theta$$

一般来说，θ越小，斜面越长，测量越准确。图7-3为采用五水硫酸铜、氢氟酸和0.1% HNO_3的混合液，使N区显示颜色，进而换算得到结深的大小的示意图。

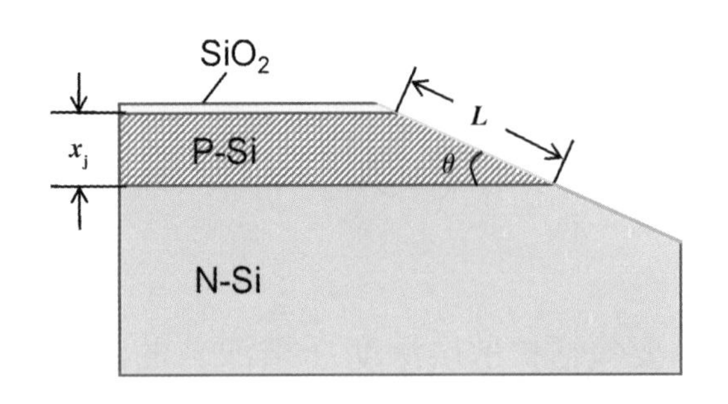

图 7－3　磨角法测量结深示意图

2. 滚槽法

磨角法测量存在一定的误差，特别是对于浅结，磨角法很难精确测量，此时要精确测量结深必须采用滚槽法。滚槽的半径为 R，滚槽线与扩散层表面和底部的水平交点分别为 a 和 b（见图 7－4）。根据勾股定理，结深可计算为：

$$x_j = \sqrt{(R^2 - b^2)} - \sqrt{(R^2 - a^2)}$$

使用滚槽法测量结深，滚槽的半径越大，测量的结果越准确。

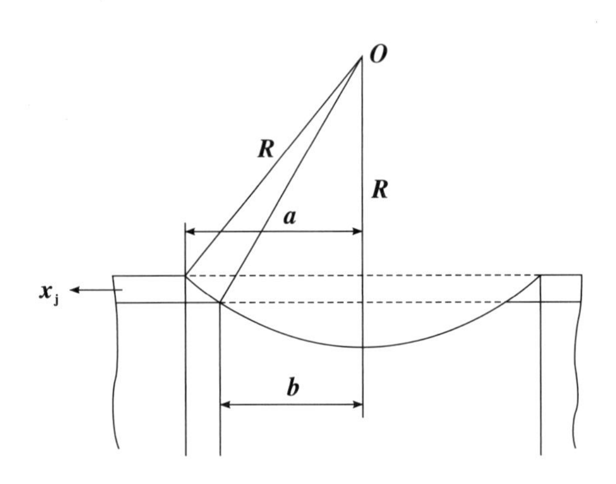

图 7－4　滚槽法测量结深示意图

7.3.2 方块电阻的测量

方块电阻即扩散层电阻，简称方阻，它定义为一个正方形的半导体薄层在电流的方向上的电阻，单位是欧姆每方（Ω/m^2）。简单地说，方块电阻是电材料单位厚度和单位面积的电阻值，其大小可以反映半导体中掺杂的比例，因此杂质扩散后要测量这个参数。

1．方块电阻的定义

对于一块均匀的导体，其导电能力与材料的电阻率 ρ、长度 L 以及横截面积 S 都有关，关系式为：

$$R = \rho \times \frac{L}{S}$$

方块电阻指一个正方形的扩散层边到边之间的电阻。若扩散薄层是边长为 a 的正方形，而结深为 x_j，则这个小方块所呈现的电阻就是方块电阻 R_s，公式为：

$$R_s = \frac{(\rho \times a)}{(a \times x_j)} = \frac{\rho}{x_j}$$

式中，ρ 为电阻率平均值，可以看出，方块电阻与方块的尺寸 a 无关，即任意大小的正方形边到边的方块电阻都是一样的，只与扩散层的深度、材料及掺杂有关。杂质浓度越高，电阻率越低，方块电阻越小。

2．方块电阻的测量

杂质扩散后，要测量方块电阻，检验杂质浓度的控制情况，其测量通常采用四探针法，如图 7－5 所示。

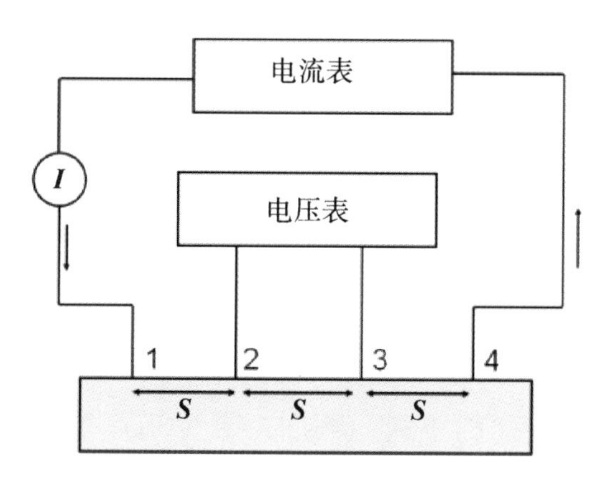

图 7－5　四探针法测量方块电阻

方块电阻可表示为：

$$R_s = C \times \frac{U}{I}$$

式中，U 为内侧探针的电位差，即电位差计的读数（单位：mV），I 为外侧探针的电流值（单位：mA）。

因为被测样品的形状、大小、探针间距等都不同，所以要对结果进行修正，C 为修正因子，修正因子可以查表获得。四探计仪器如图 7－6 所示。

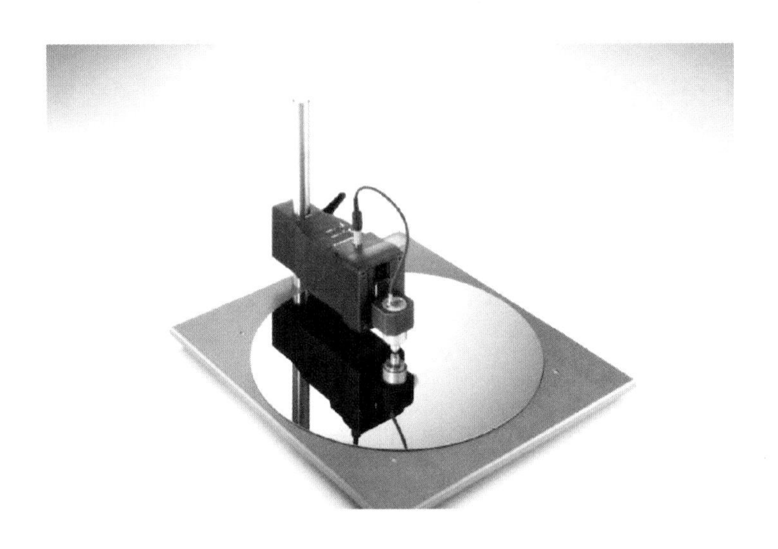

图 7－6　英国 Jandel 公司的可自动调节高度的四探针仪器

7.4 扩散常用杂质源

硅的常规扩散杂质根据用途的不同分为以下几类：硅形成 P 型硅的杂质常采用ⅢA 族元素，如硼（B）、铝（Al）、镓（Ga）等。硅形成 N 型硅的杂质常采用ⅤA 族元素，如磷（P）、砷（As）、锑（Sb）等。IC 制造中常用杂质有硼（B）、磷（P）、砷（As）、锑（Sb）等。这些杂质所采用的杂质源如表 7－1 所示。

表7-1　扩散常用杂质、杂质源及其对应化学名称

杂质	杂质源	化学名称
砷（As）	AsH_3	砷烷（gas）
磷（P）	PH_3	磷烷（gas）
磷（P）	$POCl_3$	三氯氧磷（liquid）
硼（B）	B_2H_6	乙硼烷（gas）
硼（B）	BF_3	三氟化硼（gas）
硼（B）	BBr_3	三溴化硼（liquid）
锑（Sb）	$SbCl_5$	五氯化锑（solid）

扩散杂质在Si和SiO_2中具有不同的扩散特性。在Si材料中慢扩散的杂质（扩散系数小）有B、As、Sb等；在Si材料中快扩散的杂质（扩散系数大）有P、Al、Ga等；在SiO_2材料中扩散系数小的杂质有B、P、As、Sb等；在SiO_2材料中扩散系数大的杂质有Al、Ga等。在一定温度下，衬底所能够吸收的杂质浓度存在上限，例如在1 100 ℃下，杂质离子As、P、B、Sb和Al在硅中的固溶度分别为：1.7×10^{21} atoms/cm^3、1.1×10^{21} atoms/cm^3、2.2×10^{20} atoms/cm^3、5.0×10^{19} atoms/cm^{3}和1.8×10^{19} atoms/cm^3。

7.5 杂质扩散工艺

杂质扩散的工艺根据扩散方法的不同也有所区别，杂质扩散的工艺主要分为液态源扩散、片状固体源扩散、固—固扩散和气态源扩散。

7.5.1 液态源扩散

液态源扩散主要是使保护气体通过含有扩散杂质的液态源，从而在高温下携带杂质蒸气进入扩散炉（见图7-7）。杂质蒸气在高温下分解，形

成饱和蒸气压，原子通过硅片表面向内扩散，达到掺杂的目的。该方法设备简单，操作方便，均匀性好，适合批量生产。人们通过控制炉温、扩散时间和杂质源，可以达到预期的掺杂要求。但是，液态源扩散存在腐蚀性高、起泡器需加压（易爆炸）和对温度敏感的缺点。

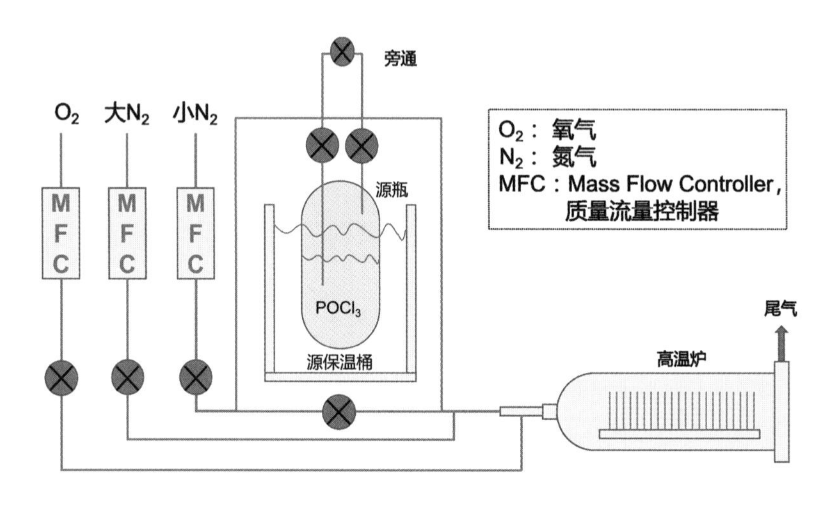

图 7－7 液态源扩散系统示意图

磷的液态源扩散工艺中，三氯氧磷（$POCl_3$）是普遍选用的液态源，为无色透明液体，其熔点是 1.25 ℃，沸点是 105.3 ℃，具有窒息性气味，在室温下具有较高的蒸气压，有毒。磷的液态源扩散属于预扩散。化学反应方程式如下：

$$5POCl_3 \longrightarrow 3PCl_5 + P_2O_5$$

$$4PCl_5 + 5O_2 \longrightarrow 2P_2O_5 + 10Cl_2$$

$$4POCl_3 + 3O_2 \longrightarrow 2P_2O_5 + 6Cl_2$$

$$2P_2O_5 + 5Si \longrightarrow 4P + 5SiO_2$$

7.5.2 片状固体源扩散

片状固体源扩散的扩散源为片状固体，其形状与硅片相同，扩散时与硅片间隔放置，并置于高温扩散炉中。其中，固体硼扩散的杂质来源是片状氮化硼，片状氮化硼首先通过氧化活化，使其表面氧化为三氧化硼，三氧化硼与硅反应生成二氧化硅和硼原子，硼原子随即向晶圆内部扩散。化学反应方程式为：

$$4BN + 3O_2 \longrightarrow 2B_2O_3 + 2N_2$$

$$2B_2O_3 + 3Si \longrightarrow 3SiO_2 + 4B$$

固体磷扩散的杂质来源是偏磷酸铝和焦磷酸硅，经过混合、干压和烧制，两种化合物在高温下分解，释放出五氧化二磷，五氧化二磷与硅反应形成磷原子，磷原子随即向晶圆内部扩散。化学反应方程式为：

$$Al(PO_3)_3 \longrightarrow AlPO_4 + P_2O_5$$

$$SiP_2O_7 \longrightarrow SiO_2 + P_2O_5$$

$$2P_2O_5 + 5Si \longrightarrow 5SiO_2 + 4P$$

7.5.3 固—固扩散

固—固扩散是指通过化学气相沉积等方法在硅片表面生长薄膜，同时在薄膜中混入一定的杂质，然后利用这些杂质作为扩散源，在高温下扩散到硅片内部的过程。薄膜可以掺杂氧化物、多晶硅、氮化物等。目前，掺杂氧化物是最成熟的，已广泛应用于集成电路的生产中。固—固扩散分两步进行：第一步，在较低温下（700 ℃～800 ℃）沉积含有杂质的氧化层。以 N 型掺杂为例，将三甲基磷酸和有机硅烷按 50：1 的比例混合，置于 750 ℃的真空室中进行分解，在晶圆表面沉积一层五氧化二磷。第二步，将反应温度提高到 1 200 ℃，使表面氧化层与硅反应生成杂质磷原子，磷原子进一步分布扩散，最终实现掺杂。

7.5.4 气态源扩散

气态杂质源一般先在硅片表面进行化学反应生成掺杂氧化层，再由氧化层向硅中预扩散。气态源扩散的优点是操作简便；缺点是存在安全问题，气态源均易爆。以 B 掺杂为例，其化学反应方程式如下：

$$B_2H_6 + 3O_2 \longrightarrow B_2O_3 + 3H_2O$$

$$2H_2O + Si \longrightarrow SiO_2 + 2H_2$$

$$2B_2O_3 + 3Si \longrightarrow 4B + 3SiO_2$$

在半导体工艺中，常规结深（$x_j \geqslant 2\ \mu m$）的扩散均采用两步扩散工艺，第一步是预扩散或预沉积，该步骤的温度一般较低（980 ℃以下）、时间短（小于 60 min）。此步扩散为恒定表面源扩散，符合余误差函数分布。第二步是再扩散或结推进，该步骤的温度一般较高（1 200 ℃左右）、时间长（大于 120 min），同时生长 SiO_2。此步扩散为有限表面源扩散，符合高斯函数分布。

采用两步扩散工艺方法有以下目的及意义：①控制扩散剂的浓度和时间。首先，通过预沉积将定量的杂质以较短的时间和较低的温度沉积在表面，控制需要沉积杂质的量；其次，在提升温度延长时间进行的主沉积流程过程中，预沉积的杂质向硅片内部扩散，达到表面浓度和扩散深度，精确制备出所需的 PN 结。②形成较为均匀的掺杂区。两步扩散工艺通过两步扩散过程，可以形成较为均匀的掺杂区，从而提高 PN 结的质量和稳定性。③适用于多种半导体材料，两步扩散工艺适用于多种半导体材料，例如硅、锗、碲化镉等，均可以制备出高品质的 PN 结。④生产效率高。两步扩散工艺生产效率高，适用于工业化大规模生产，可以降低制造成本。

7.5.5 影响杂质扩散的因素

影响杂质扩散的因素如下：

（1）杂质源浓度：浓度越高，在相同时间内扩散越深。

（2）扩散温度：温度升高，扩散原子获得能量超越势垒概率增大且空位浓度增大，扩散增强。

（3）扩散时间：时间越长，扩散进入硅片的杂质总量越大，结深越深。

（4）扩散介质结构：介质结构越紧密，越不易扩散。

（5）结构缺陷：原子沿缺陷扩散速率快。

（6）杂质材料本身固有特性。

7.6 离子注入

随着半导体器件尺寸的不断减小，生产对掺杂技术提出了更高的要求，在这种情况下，离子注入工艺很好地发挥了它的优势。离子注入工艺是集成电路制造的主要工艺之一，就是将高纯度的带有一定能量的带电离子均匀地注入硅片的特定位置的过程。这个特定位置一般是由光阻或其他掩膜层来定义的。在这个过程中，离子束加速到 keV 至 MeV 量级的能量范围内，然后注入固体材料表层内，以改变材料表层物理性质。离子注入法掺杂与扩散法掺杂相比具有加工温度低、容易制作浅结以及超浅结、能够均匀地大面积注入杂质和易于实现自动化等优点。目前，离子注入法已成为超大规模集成电路制造中不可缺少的掺杂工艺。

7.6.1 离子注入原理

离子注入过程中，原子或分子首先被电离形成离子，离子携带一定的电荷，即等离子体。当具有一定能量的离子束注入晶圆时，离子束与晶圆中的原子或分子之间会发生一系列相互作用，入射离子逐渐失去能量，最终停留在晶圆中，从而达到掺杂的目的。

离子注入晶圆后，与硅原子碰撞，失去能量，当能量耗尽时，离子会在晶圆中的某一位置停止。离子通过与硅原子的碰撞将能量传递给硅原子，使硅原子成为新的入射离子，而新的入射离子又会与其他硅原子发生碰撞，形成链式反应。注入固体靶离子的能量会随着与固体靶原子碰撞次数的增加而逐渐减少。对于吸收离子能量的晶格原子，除了有一部分脱离晶格位置外，大部分转移的能量都会转化为晶格的热运动，导致固体目标表面温度上升。对于晶格原子中注入的离子与电子之间的库仑相互作用，可以认为是一种非弹性碰撞。在这些电子吸收离子能量后，根据吸收能量的高低，它们会被激发或电离，形成所谓的二次电子。经过一段时间后，被激发的电子将回到基态，并以光波的形式释放辐射能。简单地说，当高能离子注入固体靶时，它们会与固体靶中的原子和电子发生多次碰撞。这些碰撞将逐渐降低离子的能量，直到最终注入离子的运动停止。

7.6.2 离子注入特点

离子注入工艺是20世纪60年代发展起来的一种掺杂技术，在很多方面都优于传统的扩散工艺。离子注入工艺的优点如下：

（1）离子注入可以在较低的温度下（低于750 ℃）将各种杂质掺入半导体中，避免了高温带来的不利影响。

（2）离子注入可以精确控制衬底中杂质的浓度、分布和注入深度，有利于浅结器件的发展。

（3）离子注入的掺杂物质经分析仪分离后注入半导体衬底中，可有效避免混入其他杂质。

（4）离子注入可在大面积的物体上形成薄而均匀的掺杂层。

（5）离子注入可获得高浓度扩散层，不受固溶度极限的限制。

（6）离子注入工艺简单，无需生长或沉积一定厚度的薄膜作为掩模，仅需要采用光刻胶作为掩模材料。

（7）离子注入没有横向扩散（各向异性）。

离子注入工艺的缺点如下：

（1）离子注入在晶体内产生的晶格缺陷不能完全消除。

（2）离子注入工艺的离子束的产生、加速、分离和集束设备价格昂贵。

（3）离子注入对于制作深结比较困难。

7.7 离子注入参数

离子注入是一种灵活的工艺，必须满足严格的芯片设计和生产要求。

重要的离子注入参数包括注入剂量、注入能量、射程、投影射程等。

7.7.1 注入剂量

剂量是指单位面积硅片表面注入的离子数，单位是原子每平方厘米（也可以是离子每平方厘米），可由下面的公式计算：

$$D = \frac{It}{qS}$$

式中，D 为注入剂量（$\frac{离子数}{单位面积}$），t 为注入时间，I 为束流，q 为离子所带的电荷量（单电荷量为 1.6×10^{-19} C），S 为注入面积。

7.7.2 注入能量

离子注入的能量用电子电荷与电势差的乘积来表示，单位为千电子伏特（keV）。例如，带有一个正电荷的离子在电势差为 100 kV 的电场中运动，它的能量即为 100 keV。

7.7.3 射程、投影射程

当一束离子束轰击一个固体目标时，一些离子从目标表面反射出来成为溅射离子，而另一些离子被射入目标并成为注入离子。在离子注入过程中，有两种主要的能量损失：第一种是运动离子和目标原子之间的屏蔽库仑碰撞（称为核阻滞）；第二种是固体中移动离子上的电子与各种电子（束缚电子和自由电子）之间的相互作用（称为电子阻滞）。当离子能量较低时，核阻滞起主要作用；当离子能量高时，电子阻滞成为主导过程。注入离子的能量释放完成后，它将停留在目标内的某一位置，离子从目标表面到停止点的总距离称为射程 R，这个距离在入射方向上的投影称为投影射程 R_p，如图 7－8 所示。

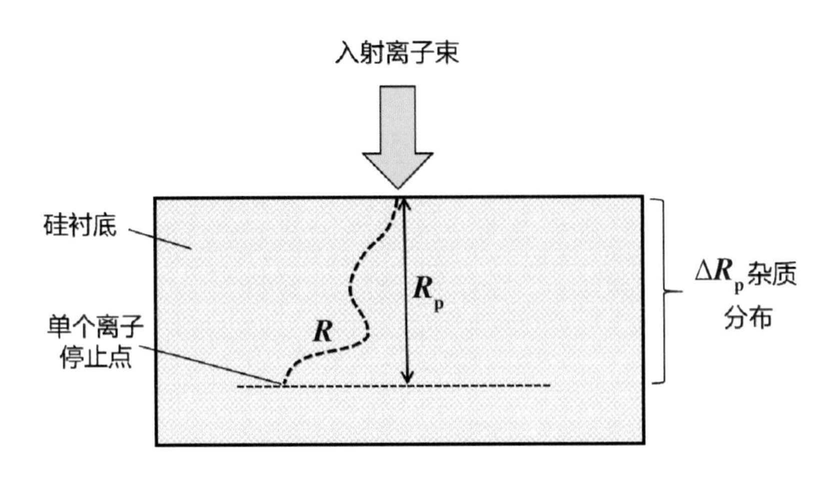

图 7－8　注入离子的射程与投影射程

决定离子射程的主要参数是离子的能量、注入原子的原子序数和衬底材料。在单晶的情况下，衬底的取向和晶格原子的振幅（由温度决定）也是重要的参数。但并不是所有的离子都完全停留在预期的范围内，有些离子运动得更近，有些离子运动得更远，有些离子也会向侧面移动。结合所有这些离子运动得到注入杂质原子移动距离的分布，表示为偏差 ΔR，其中 R 表示结可以形成的深度，ΔR 表示注入元素在 R 周围的分布。随着杂质原子注入能量的增加，投影射程会增大，但杂质浓度峰值会由于偏差的增加而减小。投影射程图可以预测给定能量注入时的投影射程。注入能量越高，杂质原子渗透到硅中的距离越深，射程越大。由于结深的控制本质是射程的控制，因此注入能量是注入机的一个非常重要的参数。高能注入机能量大于 200 keV，甚至可达 2～3 MeV。低能注入机的能量现在已经下降到 200 eV 左右，能够掺杂非常浅的源漏区。

注入离子在硅原子之间通过后，根据杂质原子的轻重差异，在晶格中会产生不同的损伤路径。轻杂质原子擦过硅原子时，传递很少的能量，并向散射角大的方向偏转，因此轻离子注入损伤密度小，但区域较大。每当重杂质原子与硅原子碰撞时，它会转移大量能量，并以相对较小的散射角发生偏转，因此重离子注入损伤密度大，但区域很小（见图 7－9）。除杂质原子外，因受碰撞而获得能量发生移位的硅原子也会产生大量的位移。

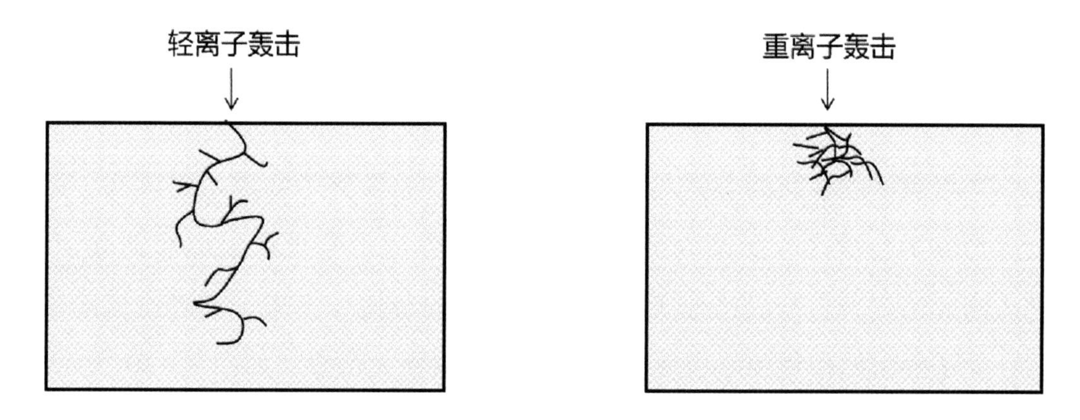

图 7－9　由轻离子和重离子冲击造成的不同晶格损伤

7.7.4 平均投影射程

离子束中的各个离子虽然能量相等，但每个离子与靶原子和电子的碰撞次数和损失能量都是随机的，使得能量完全相同的同种离子在靶中的投影射程却不等，而是存在一个统计分布。离子的平均投影射程$\overline{R}_{p}$为：

$$\overline{R}_{p}=\sum\frac{R_{pi}}{N}$$

其中 N 为入射离子总数，R_{pi}为第 i 个离子的投影射程。

7.7.5 离子的投影射程的标准偏差

离子的投影射程的标准偏差 ΔR_{p}为：

$$\Delta R_{p}=\sqrt{\frac{\sum(R_{pi}-\overline{R}_{p})^{2}}{N-1}}$$

其中 N 为入射离子总数，$\overline{R}_{p}$为平均投影射程，R_{pi}为第 i 个离子的投影射程。

7.8 离子注入浓度分布

入射离子以不同的方式与晶圆相互作用，如果离子的能量足够高，则大多数离子会被注入晶圆内部；否则，大多数离子会被反射出晶圆表面。注入内部的离子会与晶格原子发生不同程度的碰撞，当离子沿着通道前进时，原子的阻挡作用要小得多，因此运动范围要大得多。如图 7-10 所示，沿着 *A* 轨道运动的离子不会与任何原子发生碰撞，因此可以到达较深的位置，这种现象被称为“沟道效应”。

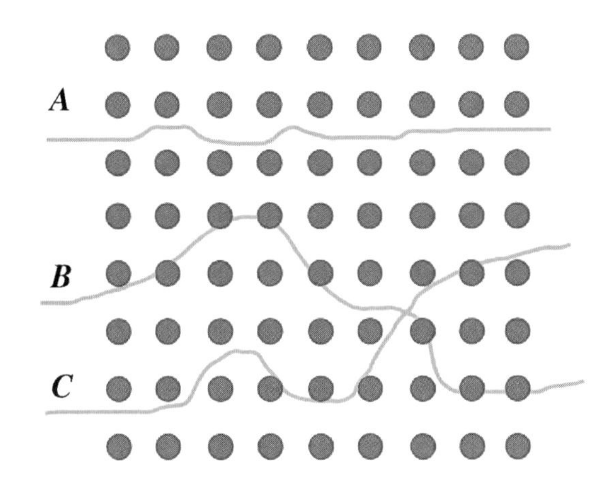

图 7-10 沟道效应

沟道效应会降低离子注入的可控性，甚至使器件失效，因此在离子注入过程中应抑制沟道效应。人们通过在晶圆表面沉积一层非晶格结构材料或提前破坏晶圆表面的薄晶层，减小沟道效应。在采用离子注入制备半导体器件 PN 结时，为了精确控制结深，注入方向往往偏离晶圆的晶轴方向。

离子注入的主要能量损失机制包括电子阻滞和核阻滞两种（见图 7-11）。电子阻滞是杂质原子与靶材料的电子发生碰撞，核阻滞是杂质原子与硅原子发生碰撞，造成硅原子的移位。电子阻滞在高注入能量下起主要作用，核阻滞在低注入能量下起主要作用。离子注入的杂质浓度分布一般呈高斯分布，最高浓度不是在表面，而是在距表面一定深度处，如图 7-12 所示。注入离子浓度分布的特点：

（1）最大浓度位置在样品内的平均投影射程处。

（2）注入离子的剂量 D 越大，浓度峰值越高。

（3）注入离子的能量 E（20～200 keV）越大，R_p、ΔR_p 相应越大，浓度峰值越低。

（4）在 $x = R_p$ 处的两边，注入离子浓度对称地下降，且下降速度越来越快。

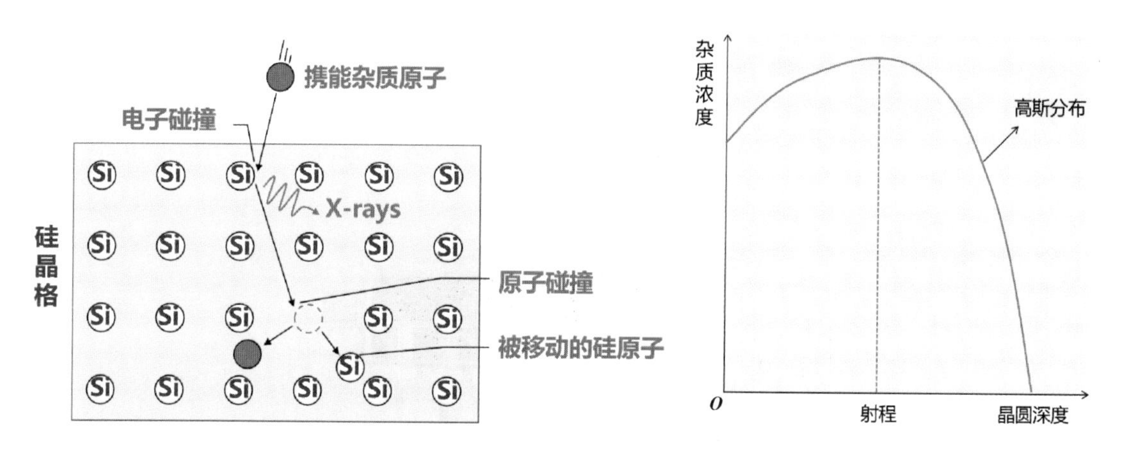

图 7-11　离子注入的能量损失机制示意图

图 7-12　注入离子浓度分布图

7.9 离子注入设备

离子注入工艺是在离子注入机上进行的，离子注入设备的结构如图 7-13、图 7-14 所示，主要由 6 个部分组成，包括离子源、引出电极（吸极）、离子分析器、加速管、扫描系统和工艺腔。

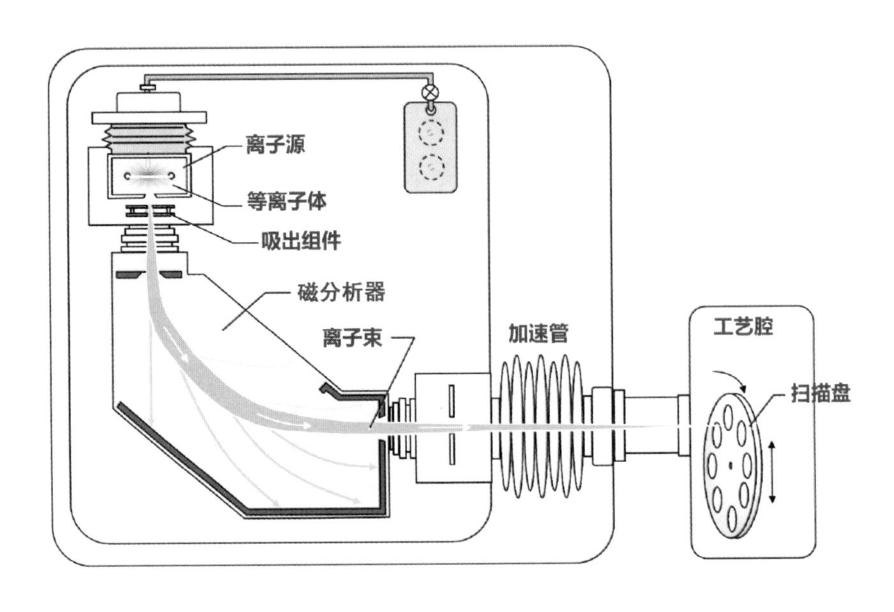

图 7－13　离子注入设备结构示意图

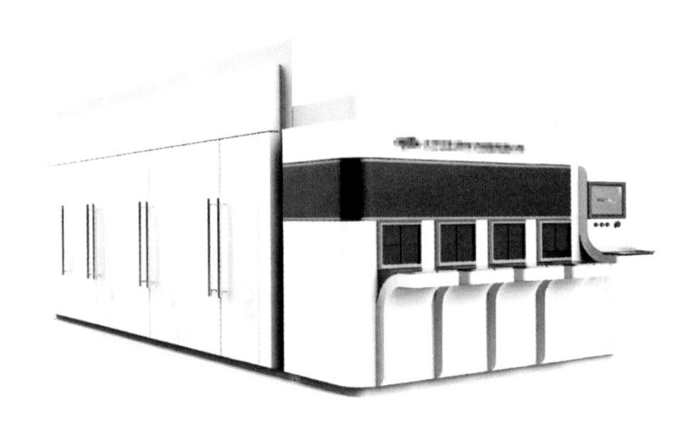

图 7－14　离子注入设备

7.9.1 离子源

离子源是产生注入离子的发生器（见图 7－15）。常用的离子源有高频离子源、电子振荡型离子源和溅射型离子源等。设备工作时把引入离子源中的杂质经过离化作用电离成离子，用于离化的物质可以是气体，也可以是固体，相对应的就有气体离子源和固体离子源。为了便于使用和控制，生产中偏向于使用气体离子源。气体离子源是通过电子轰击气体分子，从而产生杂质离子，其中电子由热钨丝源产生。

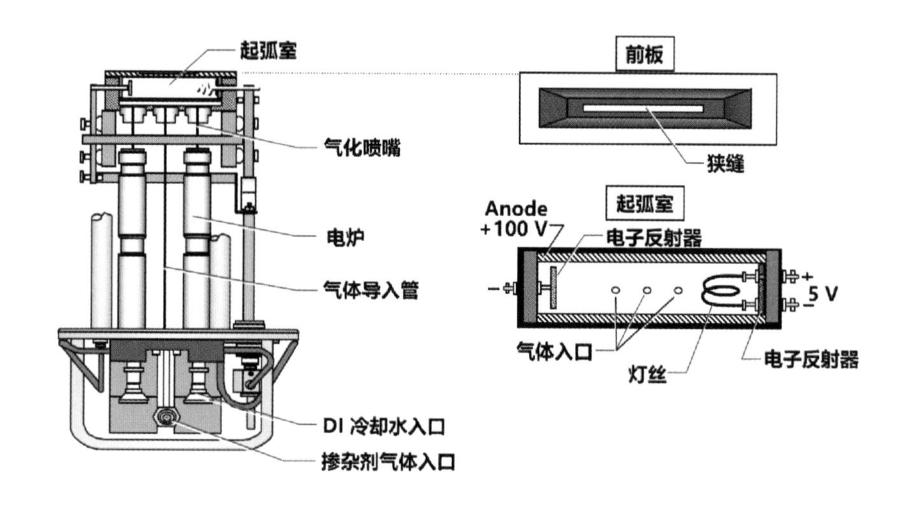

图 7－15　离子源设备结构示意图

7.9.2 引出电极（吸极）

吸极主要是用于把离子从离子源室中引出形成离子束，并通过电场加速到约 50 keV，从而具有足够的能量和速度，使后续的离子分析器能够选择出正确的离子种类用于注入工艺，其设备结构示意图如图 7－16 所示。

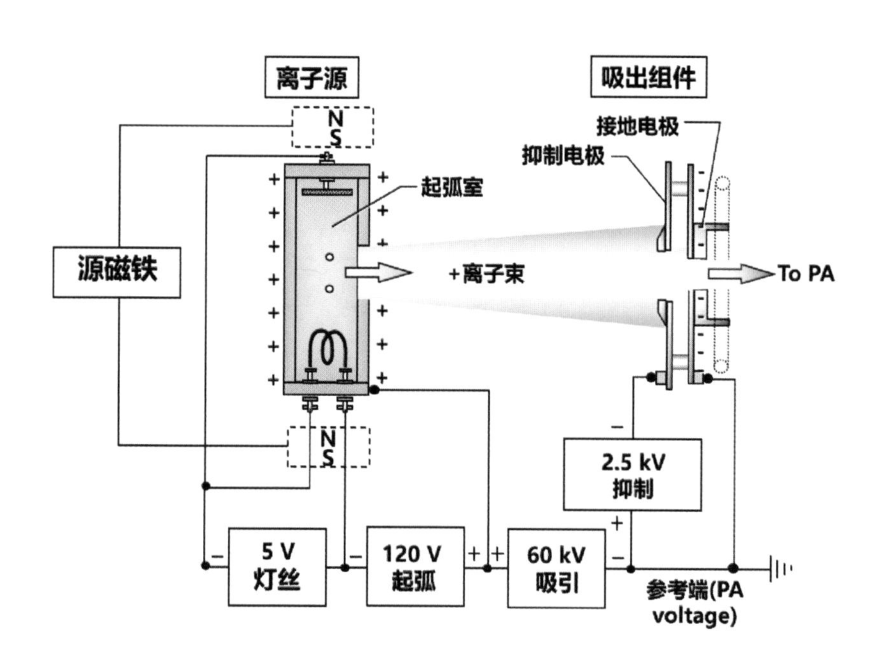

图 7－16　吸极结构示意图

7.9.3 离子分析器

从离子源引出的离子束一般包含几种离子，而需要注入的只是其中的一种，需要通过离子分析器将所需要的离子分选出来。由于不同的离子具有不同的质量与电荷（如 $BF_3 \to B^+$、$B_{10}{}^+$、$B_{11}{}^+$、$BF_2{}^+$ 等），离子在通过离子分析器磁场时偏转的角度不同，可分离出所需的杂质离子。

离子分析器的核心部件是磁分析器，在相同的磁场作用下不同荷质比的离子会以不同的曲率半径做圆弧运动，选择合适的曲率半径，就可以筛选出需要的离子。荷质比较大的离子偏转角度太小，荷质比较小的离子偏转角度太大，都无法从磁分析器的出口通过，只有荷质比合适的离子才能顺利通过磁分析器，最终注入晶圆中。

7.9.4 加速管

加速管是为了确保离子能够注入晶圆，并且具有一定的射程，离子的能量必须满足一定的要求，因此离子需要经过加速管获得动能。完成加速任务的是由一系列被介质隔离的加速电极组成的管状加速器（见图 7－17）。离子束进入加速器后，经过电极的连续加速，能量可以获得极大的提高。

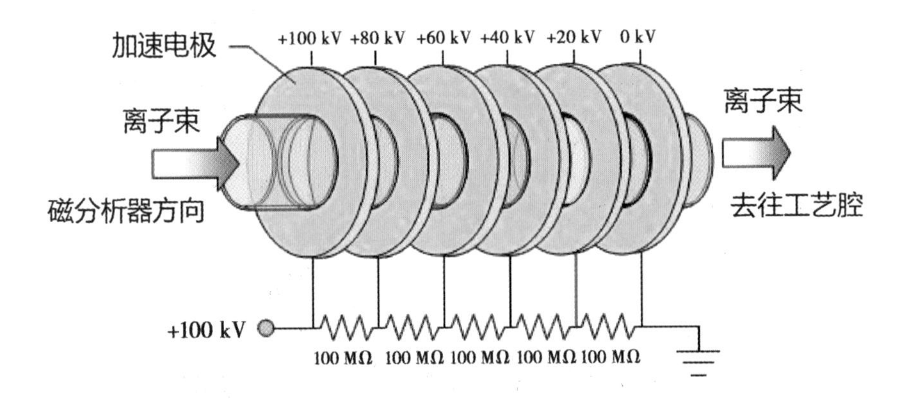

图 7－17　管状加速器结构示意图

7.9.5 扫描系统

离子束的截面通常较小，且中间密度大，四周密度小，这样的离子束注入靶材，注入面积小且不均匀，无法正常使用。扫描系统就是使得离子在整个靶片上均匀注入而采取的一种措施。扫描的方式有四种：第一种是固定晶圆，移动离子束；第二种是固定离子束，移动晶圆；第三种是离子束在 y 方向上做电扫描，晶圆沿 x 方向做机械运动；第四种是平行扫描，采用静电扫描加磁场控制角度。

7.9.6 工艺腔

工艺腔主要包括扫描系统、具有真空锁的装卸硅片的终端台、硅片传输系统和计算机控制系统，以及一些监测剂量和控制沟道效应的装置。

此外，在工艺进行时，高能离子会使晶圆表面温度上升，影响光刻胶图形，所以要保持硅片冷却：硅片温升控制在 50 ℃以内，目前广泛使用气冷和橡胶冷却。气冷的硅片被封在压板（一种冷却板，通常内部通有冷却水）上方，气体（如氦气）被送到硅片的后面，成为热传导通道，把热量从硅片传到压板；橡胶冷却的金属压板上覆盖了一层薄的橡胶材料，它与硅片的背面直接接触，最大限度地在硅片和压板之间传热。

7.10 离子注入应用

自 1954 年贝尔实验室的肖克利发明离子注入方法以来，经过了半个多世纪的理论研究与实践技术沉淀，该工艺和设备在半导体及超大规模集成电路制造领域已经非常成熟。随着 CMOS 器件的关键尺寸缩小到 45 nm 以下，轻掺杂漏源的 PN 结已经小于 20 nm，而且对于深度分布的轮廓要求越来越陡，这时只有足够低的离子注入能量才能满足要求，且在超低注入能量下，还需要保证束流输出的持续稳定来满足工业化生产需要。在这样的背景下，近年来超浅结技术取得了很大进展，包括大分子离子注入（Molecular Ion Implantation，MII）工艺、低温离子注入（Cryogenic/Cold Ion Implantation，CII）工艺和共同离子注入（Co-implantation，CI）工艺的应用。

离子注入工艺由于其杂质纯度、浓度和注入深度等维度都能实现准确控制，拥有优良的单片均匀性以及片间可重复性。其设备也具有非常良好的稳定性和成熟度。在系列新工艺要求的推动下，设备与工艺改进的方向包括控制离子注入角度，能量污染，以及低能量离子束的稳定性和持续生产能力保障等。

随着 CMOS 技术延伸到 28 nm 节点以下，传统的平面型器件被像 FinFET 结构等 3D 立体器件结构取代，离子注入的应用范围也得到不断的拓展，同时，其与其他前后制程的匹配性也越来越紧密，例如金属栅工艺中功函数的调整、金属硅化物接触性能改善、应力调整、改变刻蚀或 CMP 效率等。在先进的 CMOS IC 制造中，离子注入有以下应用：深埋层、倒掺杂阱、穿透阻挡层、阈值电压调整、轻掺杂漏区、源漏注入、多晶硅栅掺杂、沟槽电容器、超浅结和绝缘衬底上的硅片。

练习题

（1）掺杂的方式有哪些？它们各自的特点是什么？

（2）半导体器件常用的掺杂杂质有哪些？

（3）固态杂质扩散机制有哪些？它们的原理是怎样的？

（4）方块电阻的定义是什么？其大小与被测方块的尺寸有关系吗？

（5）杂质扩散工艺有哪些？影响杂质扩散的因素有哪些？

（6）离子注入和扩散的区别是什么？离子注入的特点是什么？

（7）轻离子和重离子引起的损伤有哪些类型？它们的特点分别是什么？

（8）离子注入工艺中的沟道效应是什么？如何避免沟道效应？

8 金属化

学习目标

(1) 了解芯片制造中的金属化工艺。

(2) 掌握金属互连的要求。

(3) 了解铝金属互连的工艺流程。

(4) 掌握双大马士革铜互连制程的工艺流程。

(5) 了解阻挡层的作用、种类和制造工艺。

(6) 掌握金属填充塞的作用、种类和制造工艺。

(7) 掌握金属化工艺的种类和特点。

(8) 掌握芯片铜互连电镀的原理、添加剂、设备和测试方法。

8.1 概述

集成电路的制造可以分成两个主要的部分。首先，在晶圆内及其表面制造出有源器件和无源器件，这称为前端工艺线或前道制程（Front End of Line，FEOL）。其次，在后端工艺线或后道制程（Back End of Line，BEOL）中，需要在芯片上用金属系统来连接各个器件和不同的层。金属化是一个通用术语，用来描述在物体表面施加金属涂层的过程。在芯片制造的后端工艺中，需将半导体器件相互连接以实现功能，其中金属化是必不可少的重要步骤。金属化技术对于提高 IC 性能很关键。对于传统 IC 技术而言，由互连线引起的信号延迟导致的芯片性能降低并不是关注的焦点，因为在传统器件中，主要的信号延迟是由器件引起的。然而，对于新一代超大规模集成电路产品制造业而言情况就不同了，金属布线越密，互连线引起的信号延迟占时钟周期的部分就越大，对 IC 性能的制约影响也越大。

在中等规模集成电路时代，金属化工艺相对简单，通常只需完成单层金属层的互连制作。首先，通过光刻工艺和刻蚀工艺在晶圆表面刻蚀连接单个器件/集成电路元件的小孔，这些小孔被称为“接触孔”。其次，通过真空蒸镀、溅射或 CVD 技术在整个晶圆表面沉积导电金属层。最后，通过使用传统的光刻或剥离技术对金属层进行图案加工，将不需要的金属部分去除。在这一步完成之后，就在芯片表面留下了细金属线，这些线被称为“导线”“金属线”或“互连”。一般情况下，为了保证金属与芯片之间良好的导电性，在金属光刻后往往要加一道热处理工序，或者称为“合金化”过程。

增加芯片密度允许在晶圆表面放置更多的元件，这实际上减少了表面布线的可用空间。解决这个难题的方法是使用带有 2 ~4 个独立金属层的多层金属结构。典型的两层金属堆叠结构的底部是在硅表面形成的硅化物势垒层，其有助于降低硅表面与上层之间的阻抗。如果铝作为导电材料，阻挡层还可以防止铝和硅形成合金。接下来是一层电介质（氧化物、氮化硅或聚酰亚胺薄膜），可称为金属间介电层，它在两个金属层之间提供电绝缘。这一层需要通过光刻形成新的连接孔，称为通孔或塞，用以连接初级金属层。导电塞可通过在这些连接孔中沉积导电材料而形成。然后沉积第一层金属层并进行图形化处理。在未来的工艺中，可以通过重复金属间介电层—导电塞—金属沉积—图形化工艺，形成多层金属系统。多层金属系统更昂贵，成品率更低，晶圆表面和中间层需要尽可能平坦，以创造更好的载流导线。

8.2 互连金属的要求

为了获得具有更高稳定性、高导电率、高可靠性和易于形成均匀薄膜的互连金属层，用于金属化互连的金属需要满足如下性能要求：

（1）导电率：为维持电性能的完整性，必须具有高导电率，保证高电流密度传导。

（2）黏附性：能够黏附下层衬底，保证内外线路相连的结合力，并且在与半导体和金属表面连接时，接触电阻低。

（3）淀积：易于淀积并经低温处理后具有均匀结构和组分（对于合金）。对于立体结构，例如大马士革金属化工艺，需要具有良好的适应不同结构的沉积能力，满足高深宽比的填充需求。

（4）刻印图形/平坦化：能够为在刻蚀过程中不刻蚀下层介质的传统铝金属化工艺提供具有高分辨率的光刻图形；大马士革金属化后易于平坦化。

（5）可靠性：为了在处理和应用的过程中经受住温度循环变化，金属应相对柔软且有较好的延展性。

（6）抗腐蚀性：有很好的抗腐蚀性，在层与层之间及下层器件区具有最小的化学反应。

（7）应力：很好的抗机械应力特性，以便减少硅片的扭曲和材料失效，比如断裂、形成空洞和应力诱导腐蚀。

8.3 铝金属互连

在大规模集成电路广泛应用之前，互连工艺以 Al 金属互连为主。Al 的电阻率为 $2.65\times10^{-8}\ \Omega\cdot m$，仅略高于 Ag、Cu 等少数金属。Al 在成本低于 Cu 和 Ag 的同时，其在 Si 和 SiO_2 中的扩散率也低于 Cu 和 Ag，同时能与 N 型、P 型 Ge 和 Si 形成良好的欧姆接触。Al 原料可提纯到 99.999% ~ 99.999 9% 的纯度。此外，Al 容易与 SiO_2 反应，加热生成 Al_2O_3，增强 Al 与氧化膜的附着力，并且可以很容易地沉积在硅片上，还可以采用湿法刻蚀而不影响底层膜。

Al 金属互连工艺步骤如下（见图 8-1）：

（1）在晶圆表面沉积一层氧化膜，然后涂上一层光刻胶。在掩模曝光和显影后，设计的掩模图案被转移到光刻胶上。随后，刻蚀光刻胶被显影区域下的氧化膜并除去光刻胶，从而将光刻胶图案转移到氧化膜上，进而形成后续金属层与底层器件之间连接的通道。然后采用气相沉积法沉积 Al 以填充通道和表面，作为第一层金属互连层的金属。通过 CMP 整平该 Al 金属层后在其表面涂上光刻胶，为图案转移做准备。

（2）通过掩模曝光和显影后，设计的第一层金属图案被转移到光刻胶上。

（3）使用 RIE 刻蚀未受光刻胶保护的 Al，将图案转移到第一层金属互连层，然后去除全部光刻胶。

（4）在第一层金属互连层上进行膜氧化和沉积工艺，填充电介质材料。

（5）去除多余的电介质，向上暴露第一层金属互连导电图形。

（6）再沉积一层 Al 作为第二层金属互连层的金属，通过涂覆光刻胶—掩模曝光显影—刻蚀 Al—填充电介质的重复步骤完成第二层及后续的金属互连层。

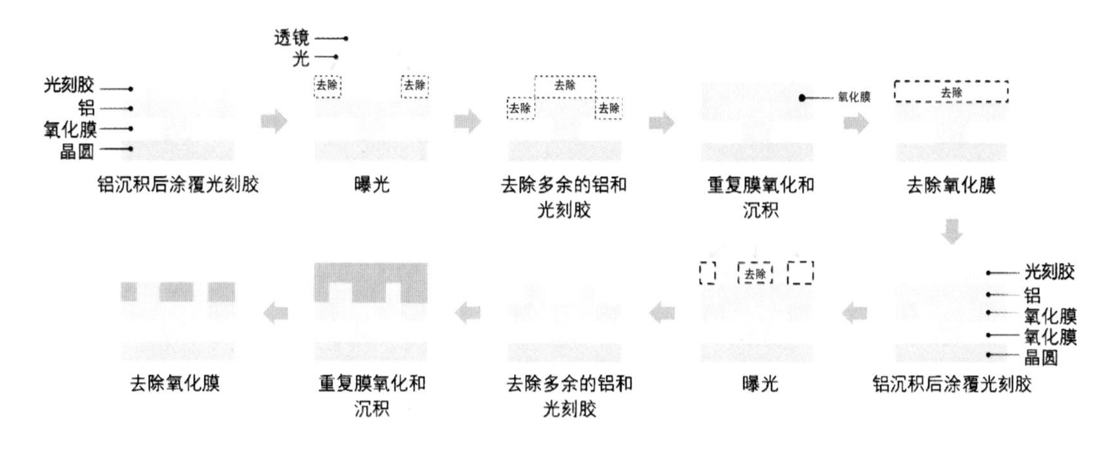

图 8－1　铝金属互连工艺流程示意图

由于 Si 表面很难避免一层 10～20 Å 左右的天然氧化物，因此铝硅（AlSi）在这层 SiO_2 的影响下，接触电阻容易过大。在经 400 ℃～500 ℃热处理后，AlSi 接触电阻可有效降低。但由于 AlSi 能相互溶解，因此会出现共熔现象，在热处理温度的 450 ℃开始出现此现象。因此，在上述

400 ℃ ~500 ℃的热处理过程中，与 Al 接触的 Si 原子会溶解于 Al，并沿 Al 导线扩散。在冷却过程中，进入 Al 中的 Si 原子可能在接触孔处再结晶，形成掺 Al 的 P 型 Si，导致浅 PN 结短路，即结穿刺现象（见图 8 -2），使电路失效。解决结穿刺问题的方法有两种，第一种是用 AlSi（1% ~2%）合金或 AlSi（1% ~2%）—Cu（2% ~4%）合金代替纯 Al；第二种是引入阻挡层金属化，抑制 Si 扩散。

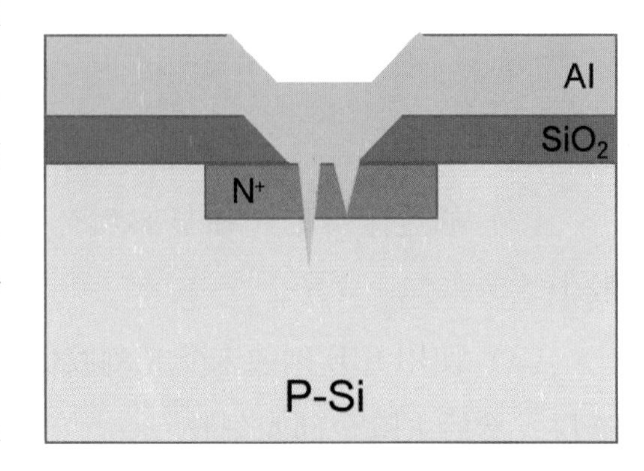

图 8 -2 结穿刺现象示意图

此外，纯 Al 金属互连在大电流密度工作时，最容易发生电迁徙现象。当金属线通过大电流密度的电流时，电子和金属原子的碰撞会引起金属原子的移动，导致金属原子消耗和堆积现象的发生，这种现象被称为电迁徙现象。电迁徙现象会造成金属线开路、两条邻近的金属线短路。控制纯 Al 电迁徙现象的办法是采用 Al—Cu（0.5% ~4%）合金替代纯 Al。但是使用 Al 合金增加了淀积设备和工艺的复杂性，以及造成了不同的刻蚀速率。同时，和纯 Al 相比，它也增加了薄膜的电阻率，增加的幅度因合金成分和热处理工艺的不同而异，通常多达 25% ~30%。

8.4 双大马士革铜互连制程

在半导体制造业中，Al 及其合金在很长的时期里被广泛采用，实现由大量晶体管及其他器件所组成的集成电路的互连。但是，随着集成电路技术节点、晶体管尺寸的不断缩小以及互连布线密度的急剧增加，Al 互连系统中电阻、电容带来的 RC 耦合寄生效应迅速增长，影响了器件的速度。原本应用了几十年的 Al 互连工艺，已经不能满足集成电路对集成度、速度和可靠性持续提高的需求。降低 RC 延时可以分别通过降低阻抗和容抗来达到目的。与传统的 Al 及其合金相比，Cu 的电阻率只有 AlCu 合金的一半左右（含 0.5% Cu 的 AlCu 合金电阻率约为 3.2 μΩ · cm，而 Cu 为 1.678 μΩ · cm）。较低的电阻率可以减少金属互连的 RC 延时，也可以降低器件的功耗。随着器件尺寸的不断缩小，本征延时的不断下降，器件速度在不断提高。采用铜搭配低 k 值电介质进行连线工艺的器件，延时最短，速度最快。Cu 的电迁移特性（电流流过金属时发生的金属离子运动）远优于 Al。

但是，Cu 不容易形成化合物，因此很难将其气化并从晶圆表面去除。针对这个问题，我们不再去刻蚀 Cu，而是沉积和刻蚀电介质，这样就可以在需要的地方形成由沟道和通路孔组成的金属线路图形，之后再将铜填入前述“图形”，即可实现互连，而最后的填入过程被称为“镶嵌工艺（大马士革工艺）”。与传统的 Al 互连工艺相比较，Cu 互连工艺具有减少 20% ~30% 工艺步骤的潜力。此外，Cu 镶嵌工艺，不仅制造步骤较少，而且排除了传统 Al 互连金属化中最难的步骤，包括 Al 刻蚀、HDPCVD 工艺和许多钨（W）与介电层的化学机械研磨步骤。在硅片制造业中，减少工艺步骤，降低工艺难度，不仅仅可以直接减少芯片生产成本，同时也可以降低生产过程中的装配质量的错误源，这也有益于芯片的大规模生产。

因此，当工艺进入到 0.13 μm 节点后，Cu 已经逐渐取代 Al 成为金属互连的主要材料，导致后端工艺发生了巨大变化。但是，由于 Cu 原子的活性较高，容易在电介质中扩散，从而引起致命的电迁移失效，尤其是当用到低介电常数和超低介电常数的电介质时，Cu 扩散的问题将更加严重。传统的阻挡材料（如 Ti、TiN）已经不能满足要求，必须选用阻挡能力更好的钽（Ta）、氮化钽（TaN）作为 Cu 的阻挡材料。另外，因为阻挡层会较大地影响电阻，所以 Cu 电镀之前需要在基体上先生长一层金属 Cu 作为种子层。

基本的大马士革互连填充过程如图 8 -3 所示。首先，通过光刻工艺在介质层表面形成凹槽，并在凹槽中沉积所需的金属。然后，沉积的金属会从沟槽中溢出，这需要化学机械研磨工艺来重新平整表面。

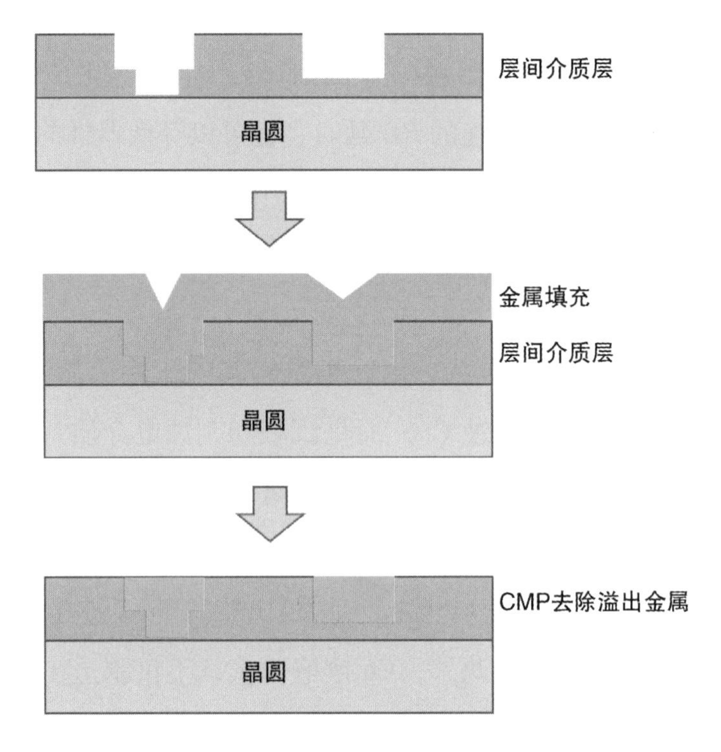

图 8-3 大马士革互连填充过程示意图

典型的连接两层金属的双层大马士革工艺复杂一些，如图 8-4 所示。首先，采用 CMP 工艺将沉积的一层低 k 介质层变平整。然后通过图形化处理在介质层中产生通孔。接着将介质层通过刻蚀产生更宽的“台阶”凹槽。这个图形会留下开口更宽的顶层，可以制作出足够宽度的铜带以满足所需的电路等级要求。最后通过溅射和电镀工艺将沟槽填满金属 Cu，实现金属 Cu 互连。

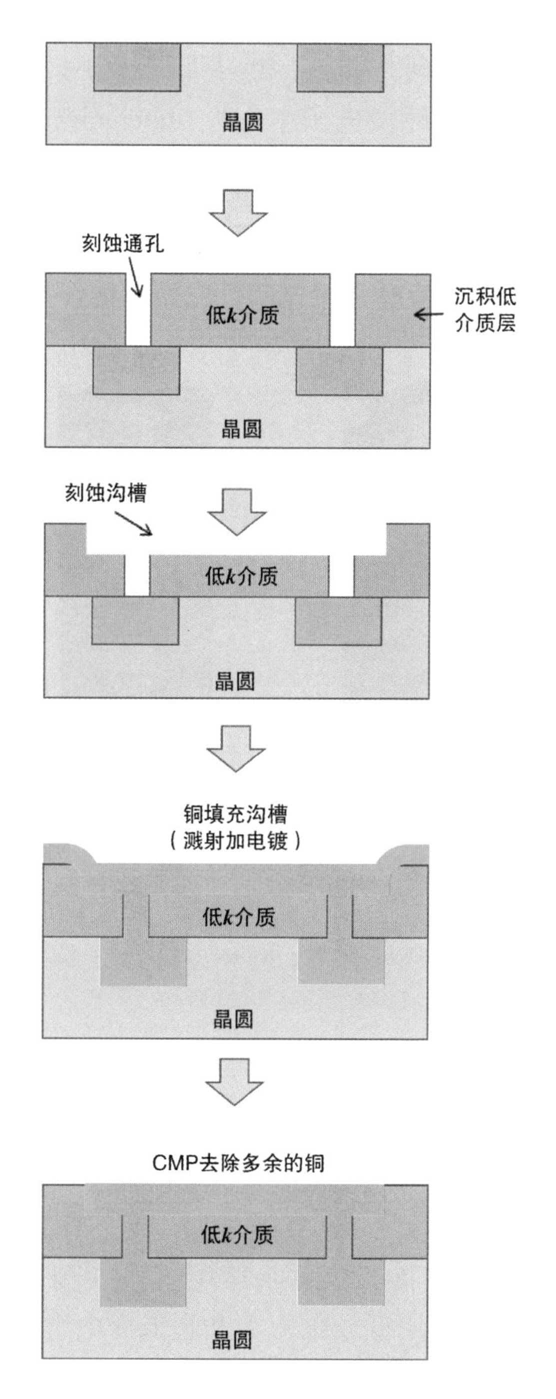

8-4　典型的双层大马士革工艺示意图

在未来，后道工序的线宽仍将逐渐缩小，当第1层金属层的线宽小于20 nm时，将有可能使用钴（Co）作为M1层（Metal Layer 1）的互连材料。这是因为当线宽缩小至金属的平均电子自由程时，其电阻率将会极大地提升，影响 RC 延时。校际微电子中心①（Interuniversity Microelectronics Centre，IMEC）使用“电阻率 × 平均电子自由程”作为评估小线宽材料电阻率的标准，而 Co 则是有望作为下一代互连金属的材料。目前，如图 8 - 5 所示，最先进的大马士革铜互连技术已经可以做到将近 20 层的互连网络。

图 8 - 5　20 层大马士革铜互连技术示意图

8.5 阻挡层

如前所述，由于 Cu 原子的高活性，很容易在电介质中扩散，造成致命的电迁移失效，特别是当使用低介电常数和超低介电常数的电介质时，Cu 的扩散问题会更加严重。传统的阻挡材料（如 Ti、TiN）已不能满足要求，必须选用阻挡能力更好的材料作为阻挡层。

---

① 一家位于比利时的微电子研究中心。

阻挡层应具有良好的热稳定性和阻挡性能，并对铜和电介质具有良好的附着力。阻挡层技术应达到良好的侧壁覆盖和膜连续性。经过许多研究人员的尝试和分析，钽作为阻挡层材料比其他材料具有更多优点，目前应用最广泛的是 Ta 或 TaN。但阻挡层材料的电阻值较高，使用阻挡层会增加线路的电阻，对通孔的电阻有决定性的影响。在达到预期阻挡性能的前提下，应适当控制阻挡层的厚度。

TaN 本身的结构会影响其阻挡性能，非晶 TaN 的阻挡性能优于多晶 TaN。因为晶界是快速扩散的通道，铜会沿着晶界向介质扩散。TaN 薄膜的密度也是影响阻挡性能的关键因素。

随着制程节点的缩小，沟和槽的深宽比逐渐增大，传统的物理气相沉积不再能满足阻挡层的制程要求。因为传统的物理气相沉积无法控制粒子的入射角，大角度的粒子不仅无法进入沟槽或者通孔，而且会在开口位置富积，对后续的粒子进入沟槽或通孔造成困难，如图 8－6 所示。开口的缩小也会大大增加后续电镀 Cu 制程的难度。

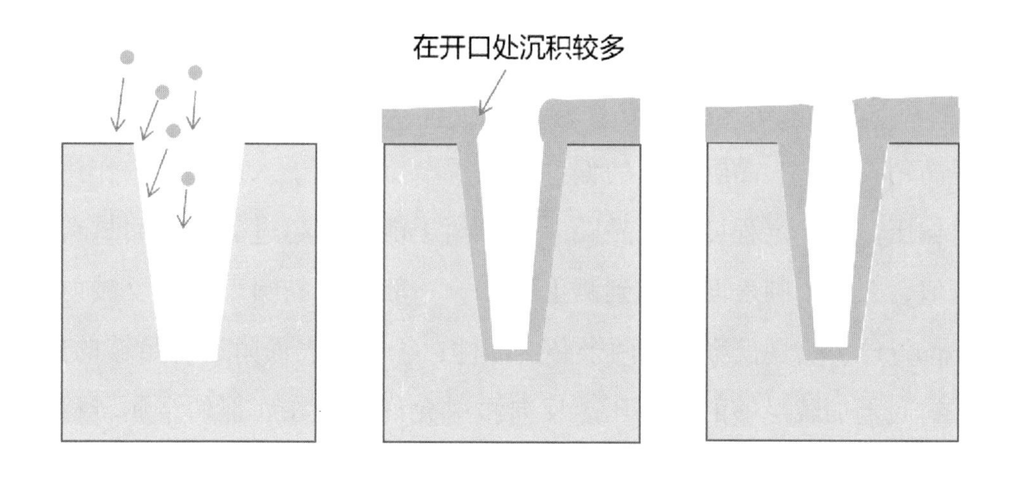

图 8－6　物理气相沉积沟槽填充示意图

提高填充能力最直接的方法是控制入射粒子的方向。早期的研究人员开发了一种名为电离物理气相沉积（Ionized Physical Vapor Deposition,

IPVD）的工艺。该工艺使用电感耦合线圈产生等离子体，等离子体对金属具有高电离率。由于受到衬底表面鞘层区域的电场影响，金属离子倾向于垂直于衬底表面移动。自发产生的偏压由等离子体的特性决定。如果在衬底上使用一定的电容耦合器，可以大大改善衬底的偏置电压，增强衬底对离子的吸引力。

离子金属物理气相沉积的底部覆盖度很好，但侧壁覆盖度不是很理想。人们发现通过长时间抛射和增加准直器也可以控制粒子的方向性。有研究人员发现，当溅射源输出的能量密度达到某一临界值时，等离子体可以独立于 Ar 而仅靠金属离子本身维持。自电离等离子体物理气相沉积系统（简称“自电离系统”）大大改善了阻挡层的沉积工艺。一方面，自电离系统实现了超低压长抛射物理气相沉积；另一方面，自电离系统产生的金属粒子具有很高的电离率，电离后的金属将通过衬底偏压进行校准。自电离过程的实现归功于溅射源的设计优化。只有高金属电离率才能维持稳定的等离子体。自电离系统大大提高了阻挡层的覆盖率，使物理气相沉积在互连技术中走得更远。

除了控制入射角度外，还可以通过反溅射（基板的离子轰击）来改善侧壁覆盖率。在等离子体环境下，晶圆表面存在负偏压，电容耦合器可大大提高鞘区电压。晶圆表面的偏压具有调节金属离子入射方向的作用，但如果偏压大到一定程度，则晶圆表面的离子能量将超过晶圆表面材料的溅射阈值，并在晶圆表面上起到溅射效应，一般称为晶圆表面的反溅射效应（Resputter）。实现反溅射有两个必要条件：①衬底表面附近有足够的离子；②在衬底上加载足够的负偏压。反向溅射允许沉积在底部的金属转移到侧壁，增加侧壁的覆盖率。先进电离物理气相沉积（Advanced Ionized Physical Vapor Deposition，AIPVD）具有独立的反溅射功能，可以大大降低通孔电阻，提高线的良率和稳定性。当反溅射量达到一定程度时，通孔底部的阻挡层就会被打开。如果将通孔底部打开，则在此过程中会清除少量残留物和氧化铜，使得在反溅射的同时，也在通孔底部起到清洁作用，这样可以省去阻挡层沉积之前的预清洁步骤，此过程一般称为阻挡层优先工艺。阻挡层优先的制程可实现较低的通孔阻力，避免预清洁制程带来的副作用。

随着互连尺寸的进一步减小，阻挡层对互连电阻的贡献越来越大，在保持薄膜阻挡性能的同时减小阻挡层的厚度成为关键问题。PVD 方法的潜力已经被开发到接近极限，一些新的方法正在不断被完善。例如，与 PVD 相比，ALD 阻挡层工艺具有很大的空腔填充优势，可以实现出色的侧壁覆盖。此外，ALD 可形成极薄（约 10 Å）且连续性良好的薄膜，可增加 Cu 线的有效截面积，降低 Cu 线的电阻。然而，ALD 方法在工艺集成方面也面临着一些挑战，例如沉积过程中与种子层的黏附问题以及气体扩散到多孔介质材料中的问题。ALD 何时取代 PVD 取决于 ALD 技术的进步和 PVD 技术本身的发展。

8.6 金属填充塞

虽然通过采用 Al 合金和阻挡层金属技术，电迁移和共晶合金的限制问题已被缓解，但接触电阻的问题或许将成为 Al 金属化的最终限制。金属系统的整体效果由电阻率、厚度和全部金属与晶圆连接的总接触电阻所决定。在简单的 Al 系统中，有两个接触：Si/Al 互连和 Al 互连/压焊线。在具有多层金属层、阻挡层、填充塞、多晶硅栅极和导体以及其他中间导电层的多层金属化中，产生了对数以十亿计的通孔用金属填充塞进行填充的需求，连接的数目变得非常大。所有单个接触电阻加起来可能会主导金属系统的导电性。

接触电阻受材料、衬底掺杂和接触孔尺寸的影响。接触孔尺寸越小，电阻越高。遗憾的是，VLSI 芯片有更小的接触孔，并且在大的门阵列芯片表面可能占接触面积的 80%，这两项性质使接触电阻在 VLSI 金属系统性能中成为决定性影响因素。AlSi 接触电阻以及合金问题已经促使 VLSI 金属化开始研究其他金属。与 Al 相比，多晶硅有更低的接触电阻，已用在 MOS 电路中制作多晶硅栅极。

难熔金属和它们的硅化物可提供更低的接触电阻。有实用意义的难熔金属是 Ti、W、Ta 和 Mo。当它们在硅表面被合金化时，形成它们的硅化物（TiSi、WSi、TaSi 和 MoSi）。在 20 世纪 50 年代，研究者第一次提出了将难熔金属用于金属化，但是由于缺乏可靠的淀积方法，他们一直没什么进展。随着 LPCVD 和溅射工艺的开发，情况才发生了改变。所有的现代电路设计，尤其是 MOS 电路，已使用难熔金属或它们的硅化物作为填充塞、阻挡层或导电层。更低的电阻率和更低的接触电阻使它们作为导电膜更具吸引力，但是仍存在杂质和淀积均匀性的问题。对于此问题的解决方法是形成多晶硅化物和硅化物栅结构，此方法是指在硅栅上做一个硅化物的结合。难熔金属最广泛的用途是在多层金属结构中做通孔填充。这个工艺被称为塞填充（Plug filling），填充的通孔被称为塞。

填充塞被用于连接硅片中的硅器件和第一层金属。目前被广泛用于填充的金属是 W（见图 8-7）。W 是难熔材料，熔点为 3 417 ℃，在 20 ℃时，体电阻率为 52.8 μΩ · cm。W 具有均匀填充高深宽比通孔的能力，因此被选作传统的填充材料。此外，其可抗电迁移可引起失效，因此也被用作阻挡层以阻止 Si 和第一层金属之间的扩散及反应。

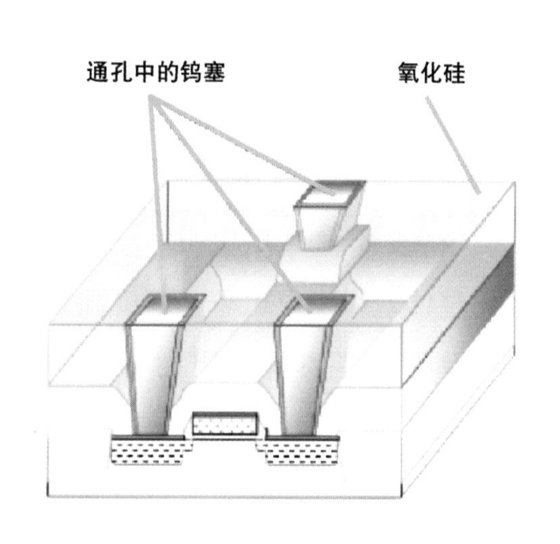

图 8-7　用于通孔互连的钨金属填充塞结构示意图

Al 虽然电阻率比 W 低，但溅射的 Al 不能填充具有高深宽比的通孔，基于这个原因，Al 被用作互连材料，W 被限于作填充材料。但当工艺节点来到 7 nm 以后，W 所带来的中段 RC 延迟和焦耳热已无法被接受，故工程师们开始考虑使用其他金属材料。Cu 用于后段互连已有较长时间，却不适用于小于 7 nm 节点的中段工艺。这是因为当线宽缩小至与金属的平均电子自由程相当时，电子会在材料侧壁与晶界处散射，导致金属材料电阻率的显著上升（Cu 的平均电子自由程约为 40 nm）。其他金属尽管体电阻率大于 Cu，但它们的电阻率随体积缩小而增大的速度比 Cu 慢。最终工程师们选用 Co 作为中段互连的金属材料。Co 的平均电子自由程较短（约 10 nm），且在接触电阻和体电阻率方面具有优势。使用低复杂度的基础电解液就可以实现自下而上的填充，与行业标准电镀工具基本兼容。

8.7 金属气相沉积

金属的气相沉积方法大体可分为物理气相沉积和化学气相沉积。

8.7.1 物理气相沉积

PVD 分为真空蒸镀和溅射这两大方法，蒸镀和溅射分别采用热蒸发和受到粒子轰击时物质表面原子的溅射等物理方法，实现物质原子从源物质到衬底材料表面的转移，这一过程不涉及化学反应。CVD 可分为 APCVD、LPCVD、PECVD、SAPCVD、HDPCVD、FCVD 和 ALD 等。

PVD 主要用于沉积金属及金属复合薄膜，应用于金属互连种子层、阻挡层、硬掩模、焊垫等。发展初期，真空蒸镀占据主流，该技术已有 100 多年应用历史，一般用于中小型半导体集成电路。真空蒸镀的原理是加热金属材料，使其沸腾蒸发，沉积在硅片表面。该方法的优点是工艺简单、操作方便、制备的薄膜纯度高、生长机理简单。但是，薄膜的台阶覆盖度和附着力较差，因此真空蒸镀法仅限于早期制造中小型集成电路。在真空蒸镀法的基础上改进的电子束蒸镀法，具有蒸发速度快、无污染、膜厚控制精确等优点，可以实现 ULSI 上金属薄膜的沉积。然而，在 ULSI 工艺中，例如通孔和接触孔的金属化等，孔中的金属涂层不能通过电子束蒸镀来完成。后来，由于一些难熔金属和氧化物材料不能被蒸发，蒸镀工艺逐渐被溅射工艺所取代。同时，由于对薄膜性能要求的不断提高，溅射 PVD 不断得到改进或迭代，其中应用最广泛的是磁控溅射 PVD（设备见图 8－8）。磁控溅射是一种 PVD 方法，其在靶材背面添加磁体，利用溅射源在腔室内形成相互作用的电磁场，延长电子的运动路径，从而提高等离子体的浓度，最终实现更多的沉积。磁控溅射 PVD 的等离子体浓度较高，可实现优异的沉积效率、大尺寸范围的沉积厚度控制、精确的成分控制等，在目前金属薄膜 PVD 的工艺中处于主导地位。磁控溅射 PVD 主要用于 Al 金属种子层和 TiN 金属硬掩模的制作。磁控溅射 PVD 中的磁控直流溅射是应用最广泛的沉积方法之一，尤其适用于平面薄膜的沉积，如 Al 互连的金属层，但在 Cu 互连（铜阻挡种子层，Cu BS）中的应用较少，而 32 nm 以下的 TiN 硬掩模开辟了这类技术的新应用。例如，在 32 nm 以下的节点，采用超低 k 电介质（$k<2.5$）来解决金属互连过于紧密的寄生电容效应。为了克服超低 k 介电材料机械强度低、不耐腐蚀的弱点，金属硬掩模工艺应运而生。

图 8－8　多功能磁控溅射设备

8.7.2 化学气相沉积

CVD 最常用来沉积绝缘介质薄膜，应用于前段的栅氧化层、侧墙、阻挡层、金属前介质层（Pre-metal Dielectric，PMD）等领域和后段的金属层间介质层（Inter-metal Dielectric，IMD）、底部抗反射层（Bottom Anti-reflection Coating，BARC）、阻挡层、钝化层等领域。此外，CVD 还可以制备金属薄膜（如 W 等）。CVD 是指在一定的温度和压力下，使反应物在不同的气相状态下，以不同的分压进行化学反应沉积薄膜。在传统的 CVD 工艺中，沉积的薄膜一般是氧化物、氮化物、碳化物等化合物或多晶硅。而在特定领域生长薄膜所采用的外延技术也是广义 CVD 的一种。由于沉积薄膜所用材料的种类和不同材料间的比例众多，因此 CVD 设备的子类别远多于 PVD 设备。在典型的 CVD 系统中，两种或两种以上的气体 A 和 B 进入腔室进行化学反应。所选择的沉积材料或各种沉积材料之间的比例都会影响薄膜的特性。例如，在制备 SiO_2时，可以选择 SiH_4或 TEOS 来制备，但使用 TEOS 作为反应气体沉积的 SiO_2薄膜密度更好。

金属化学气相沉积（Metal Chemical Vapor Deposition，M-CVD）用于沉积钨及阻挡层等，特性是对孔隙和沟槽有很好的台阶覆盖率。M-CVD 是特指含金属前驱物的一类化学沉积技术，最早用于沉积钨，填充接触孔隙及存储器中的字线；随着技术迭代，孔隙尺寸变小，钨的阻挡层 TiN 的沉积方法从 PVD 转为 CVD，并且为了防止对钛附着层的腐蚀及引入氯杂质，TiN 的沉积不能使用 $TiCl_4$，因此一般转而采用 M-CVD 沉积 TiN。

MOCVD 用于制备 LED 等领域的单晶材料。例如，在半导体光电子、微电子器件等领域制备 GaAs、GaN、ZnSe 等单晶材料，以及用于复合半导体 LED、激光器、高频电子器件、太阳能电池等的生产工艺中。MOCVD 的优点是：

（1）应用范围广：可生长多种化合物半导体，特别适合生长多种非均质材料。

（2）生长易于控制：通过改变温度、流量、压力等生长参数，可精确控制厚度和成分。

（3）重复性和连续性好：可重复生长大面积均匀性好的外延层，易于大规模工业化生产。

MOCVD 设备（见图 8－9）一般由送风系统、生长材料反应室、电气自动控制、尾气处理等系统组成，其中生长材料反应室系统是整个 MOCVD

设备的核心部分，是所有气体混合和反应的场所。未来 MOCVD 设备的发展趋势为：①增加反应室和装填量，以适应 LED 等行业的规模化生产需求；②适应高温生长，用于紫外发光器件和功率器件的制备。

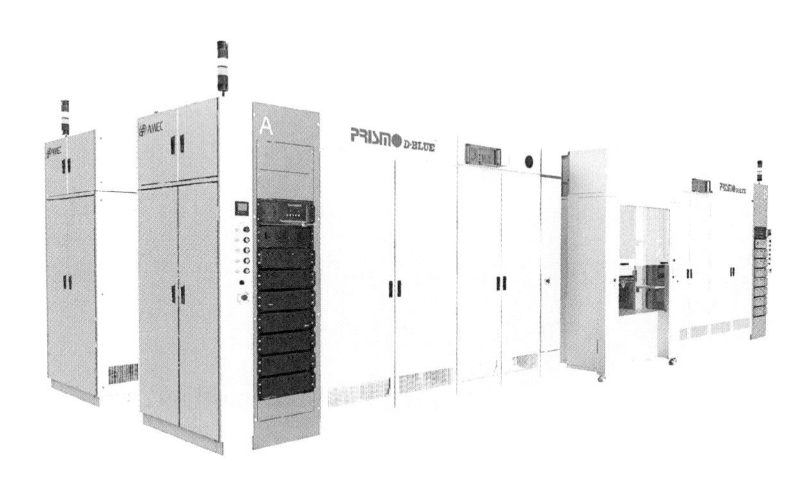

图 8-9　中微公司的 MOCVD 设备

8.8 芯片铜互连电镀

芯片 Cu 互连电镀基本原理是：将具有阻挡层和 Cu 种子层的硅片浸入硫酸铜溶液中作为阴极，将用于补充溶液中 Cu 离子的 Cu 块置于电镀液中作为阳极。在外部直流电场的作用下，溶液中的 Cu 离子向阴极移动，在阴极（硅片）表面获得两个电子，形成 Cu 膜。

上述传统的 PVD 阻挡层沉积工艺可能会导致开口收缩，实际上，在后续的 Cu 种子层沉积过程中也会出现这种现象。太厚的 Cu 种子层会造成通孔或沟槽的开口收缩，最终使镀 Cu 充填失败。因为在实际镀 Cu 化学过程中，电场强烈分布在曲率半径小的地方（如沟槽角），加上阻挡层和 Cu 种子层本身的工艺缺陷造成的过悬效应，很容易在通孔和沟槽中间产生“空洞”（见图 8-10）。

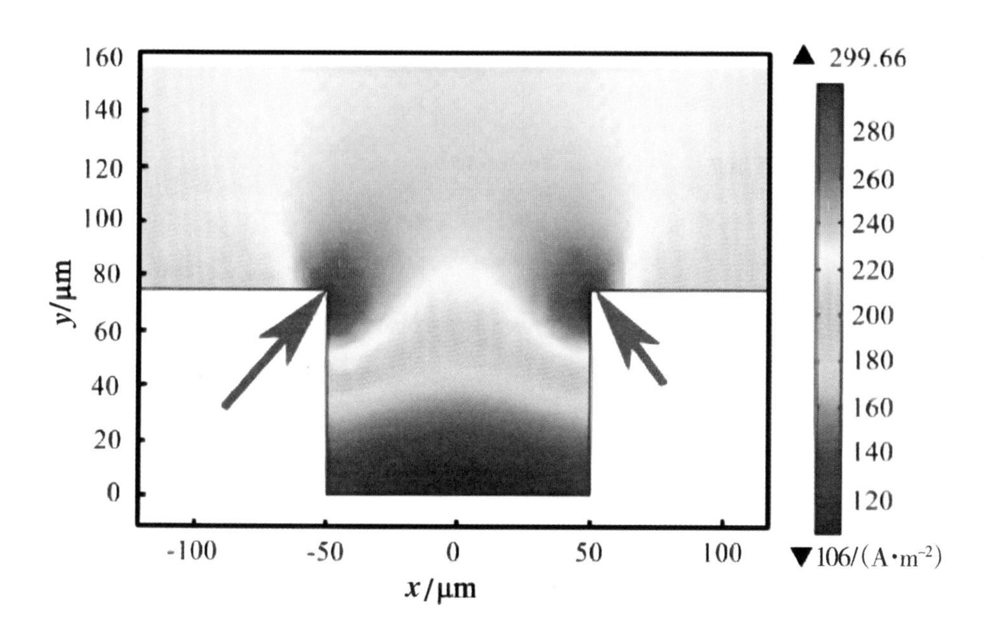

图 8－10　电镀沟槽中的电流分布示意图

8.8.1 芯片电渡液及添加剂

为了获得无“空洞”的填充效果，目前行业主要采用含氯离子的硫酸硫酸铜溶液作为母液（Virgin Make-up Solution，VMS），并添加多种有机添加剂作为电镀液。工业上使用较多的添加剂有三种，即加速剂、抑制剂和整平剂（Leveler），在它们的共同作用下，可以达到较好的填充效果。加速剂主要是一些分子量较小的含硫有机化合物，相对容易到达孔洞内部，加速铜的填充效果，达到超级填充的目的。抑制剂和整平剂主要是大分子有机化合物，其作用是抑制 Cu 膜的生长，但区别在于抑制剂主要是防止电镀时过早密封，增加电镀 Cu 的填充能力，而整平剂主要是抑制表面微观结构不均匀造成的过镀效应，从而降低后续化学机械研磨工艺的难度。随着线宽的不断缩小，对填孔能力的要求越来越高，大量高填孔能力的添加剂被开发出来。

在实际的电镀过程中，电镀液和电镀实施条件对于改进孔金属化有着至关重要的影响。三类添加剂和氯离子的协同作用（三类添加剂必须要和氯离子协同工作才能发挥作用）是孔金属化的关键（见图 8－11）。

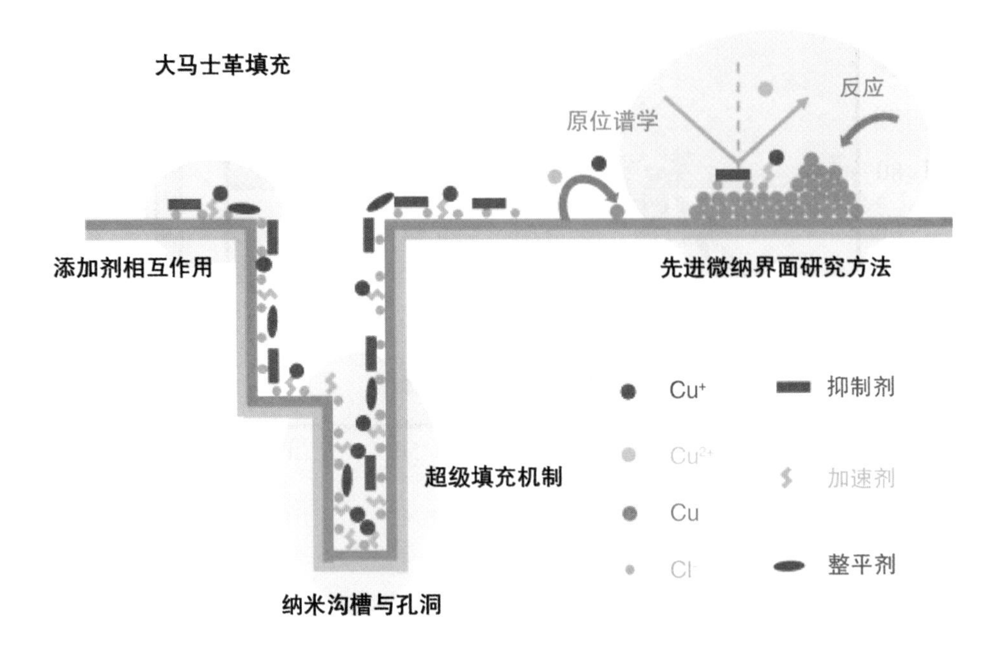

图 8－11 抑制剂、加速剂和整平剂的共同作用示意图

加速剂通常是含硫有机小分子化合物，在实际的实验和生产中，加速剂相对固定，通常使用3,3－二硫代二丙烷磺酸钠（SPS）和 3－巯基－1－丙磺酸钠（MPS）（常用加速剂见表 8－1）。加速剂不仅可以促进 Cu 晶体核和细颗粒的形成，而且优先吸附在某些高活性和快速生长的 Cu 晶面上，并抑制该晶面的继续快速生长，这样每个晶面的生长速率往往是一致的，以防止过早闭合形成孔的侧壁粘连和空洞，从而达到超级填充（见图 8－12）。SPS 和 MPS 只有在与氯离子协同作用时才能加速沉积，单独存在时甚至抑制 Cu 的沉积。进一步的研究发现，只有 MPS 才能真正加速沉积，而 SPS 本身并不能加速沉积，其只是在氯离子的作用下于电极表面发生反应，转化为 MPS。转化机理表示为以下两个反应方程式：

$$SPS + 2H^{+} + 2e^{-} \longrightarrow 2MPS$$

$$4MPS + 2Cu^{2+} \longrightarrow 2NaSO_3—(CH_2)_3—S—Cu(\text{I}) + SPS + 4H^{+}$$

MPS 在氯离子的协同作用下会发生以下加速机制：MPS 的巯基通过吸附固定于阴极表面，其末端磺酸基团与氯离子共同捕捉溶液中的 Cu 离子，形成“内球形”电子转移，加速 Cu 的沉积，且随着沉积的进行，MPS 能够转移吸附到新鲜 Cu 层表面，实现连续加速效果。

表 8－1　常用的加速剂的种类及其分子结构

类别	序号	名称	分子结构
巯基类	1	2－巯基乙磺酸钠 （Sodium 2－mercaptoethanesulfonate，MES）	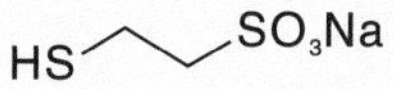 HS　SO_3Na
	2	3－巯基－1－丙磺酸钠 （Sodium 3－mercapto－1－propanesulfonate，MPS）	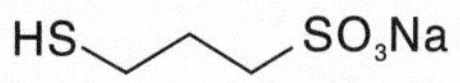 HS　SO_3Na
	3	6－巯基－1－己磺酸钠 （Sodium 6－mercapto－1－hexanesulfonate，MHS）	 HS　SO_3Na
	4	2，3－二巯基丙磺酸钠 （Sodium 2，3－dimercapto－1－propanesulfonate，DMPS）	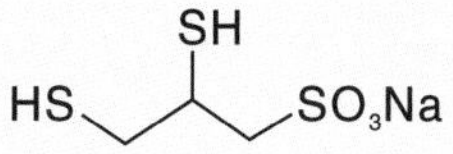 SH　HS　SO_3Na
	5	2－巯基噻唑啉 （2－Mercaptothiazoline）	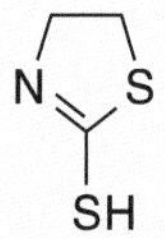 N　S　SH
	6	3－（苯并噻唑－2－巯基）－1－丙磺酸钠 [Sodium 3－(benzothiazol－2－ylthio)－1－propanesulfonate，ZPS]	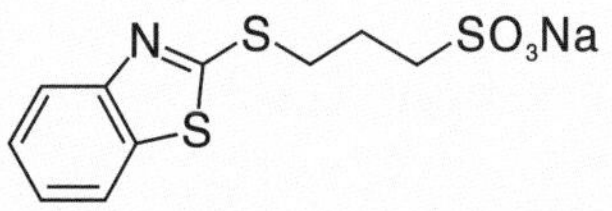 N　S　S　SO_3Na

（续上表）

类别	序号	名称	分子结构
二硫键类	1	3，3－二硫代二乙烷磺酸钠（Sodium 3，3－dithiodiethane sulfonate，SES）	NaO_3S S S SO_3Na
	2	3，3－二硫代二丙烷磺酸钠（Sodium 3，3－dithiodipropane sulfonate，SPS）	NaO_3S S S SO_3Na
	3	3，3－二硫代二己烷磺酸钠（Sodium 3，3－dithiodihexane sulfonate，SHS）	NaO_3S S S SO_3Na
	4	噻唑啉基二硫代丙烷磺酸钠（Sodium thiazolinyl-dithiopropane sulphonate，SH-110）	N S S S SO_3Na
硫醚类	1	3,3－硫代双(1－丙磺酸钠)［Sodium 3，3－thiobis（1－propanesulfonate），TBPS］	NaO_3S S SO_3Na
（异）硫脲类	1	3－（甲脒基硫代）－1－丙磺酸钠［Sodium 3－（formamidinylthio）－1－propanesulfonate，UPS］	H_2N S SO_3Na NH
二硫代酯类	1	N，N－二甲基二硫代甲酰胺丙烷磺酸钠｛Sodium 3－[[（dimethylamino）thioxomethyl］thio］propanesulphonate，DPS｝	$(H_3C)_2N$ S SO_3Na S

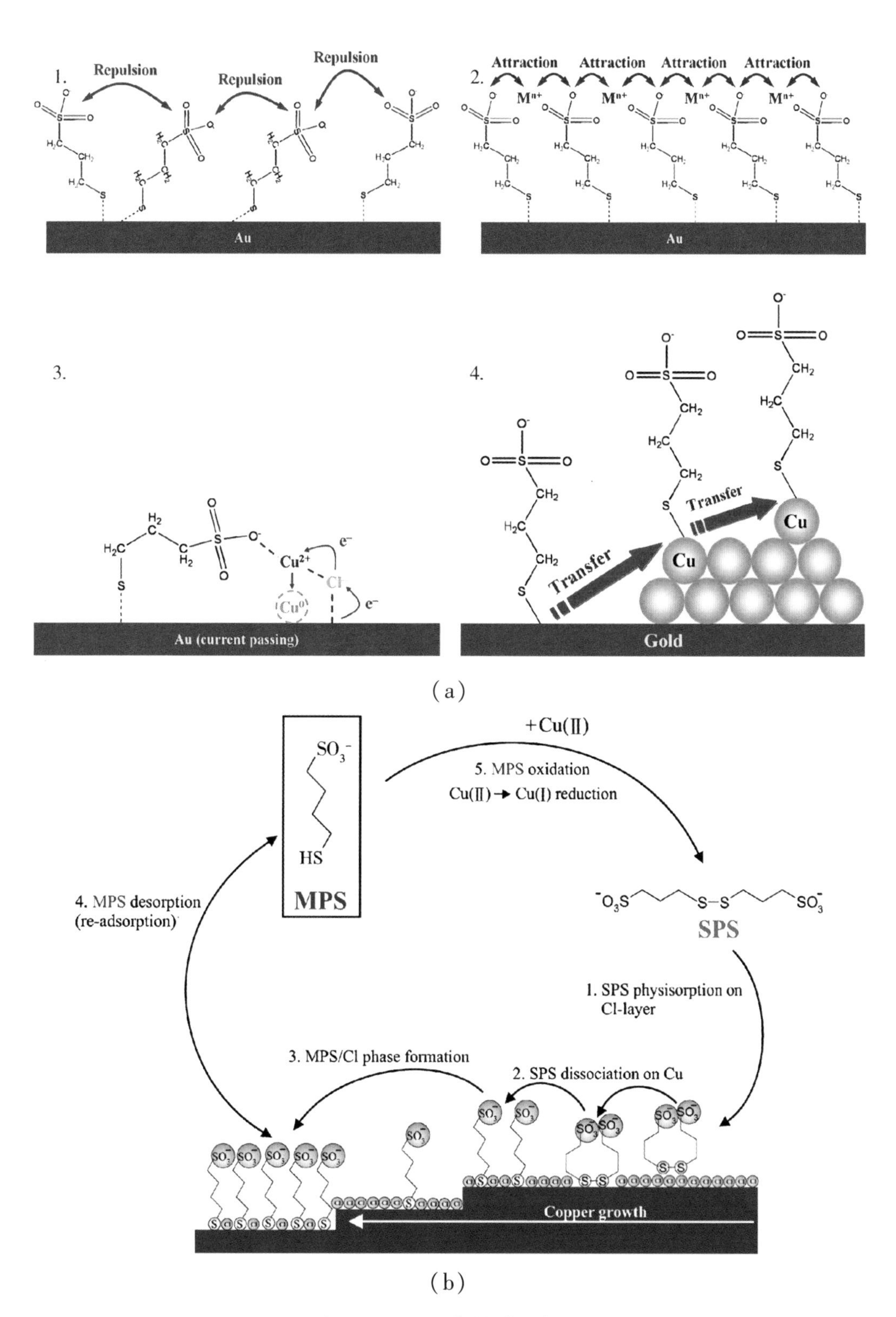

图 8－12　加速剂作用机制

SPS 的加速机制有两个。

首先，SPS 的覆盖密度增加和加速机理认为，电镀液中只存在 SPS 时，由于 SPS 末端带负电的磺酸基团相互排斥，导致吸附形成的 SPS 覆盖密度较低。表面覆盖密度的增加是由吸附的 SPS 末端磺酸基团与电镀液中的阳离子之间的静电吸引作用，诱导了吸附的 SPS 从扭曲构象直立成反式构象所引起的；然而只存在阳离子不存在氯离子时，形成反式构象的 SPS 覆盖率较高，进一步形成了阻碍 Cu 离子还原的屏障层。当电流通过阴极时，SPS 的反式构象可能转变为扭曲构象，而氯离子作为电子桥，可以诱导被磺酸基捕获的 Cu 离子通过球内电子转移迅速进行还原。由 SPS 解离得到的 MPS 可在 Cu 镀层表面进行转移，因此 MPS 层与氯离子之间的协同作用可以持续不断地加速 Cu 的成核和生长。

其次，SPS 的循环模型认为 SPS 与 Cu 相互作用的初始阶段是 SPS 物理吸附在氯离子修饰的 Cu 表面，物理吸附在表面的 SPS 处于亚稳态，会自发地解离生成 2 个化学吸附在表面的 MPS。该模型同时认为 MPS 才是实际的加速剂。而 S—Cu 的相互作用在能量上明显优于 S—Cl，因此随着 SPS 解离产生的 MPS 在 Cu 表面上的积累，氯离子的表面覆盖率降低，同时与 MPS 发生球内电子转移加速 Cu（Ⅱ）还原的反应。SPS 物理吸附在 Cu 上，可能导致 MPS 部分解吸到近表面的电镀液中，进一步导致游离的 MPS 积累。若溶液中存在 Cu（Ⅱ），则 MPS 氧化二聚为 SPS，Cu（Ⅱ）被还原成 Cu（Ⅰ）。

抑制剂能抑制 Cu 的电沉积，使 Cu 镀层表面的加速剂分布得更均匀，起到整平均镀的作用，同时能降低电镀液的表面张力，提升润湿性，因此它又被称为“载运剂”。抑制剂主要是一些分子量较大的聚醚类化合物，如聚乙二醇（PEG）和聚丙二醇（PPG）等。其主要作用是提高沉积过电位，细化晶粒，降低溶液的表面张力，便于电镀液进入孔内。常见的抑制剂有聚乙二醇、聚丙二醇、脂肪醇聚氧乙烯醚（AEO）、聚乙二醇十二烷基醚（Brij-35）以及聚烷撑乙二醇（PAG）等（见表 8 -2）。同样地，抑制剂也需要氯离子的协同作用来抑制 Cu 的沉积。不同浓度和相对分子质量的 PEG 在透硅镀 Cu 中的填充效果不同。结果表明，当 PEG 的相对分子质量从 600 增加到 10 000 时，填孔率由 87.17% 提高到 94.70%。中等浓度的 PEG 能有效减小缺陷的尺寸。在电镀过程中，PEG 与氯离子配合形成 PEG—Cu(Ⅰ)—Cl 配合物，其吸附在 Cu 表面能加强阴极作用，抑制 Cu 的沉积。

表 8－2　常用的抑制剂的种类及其分子结构

类别	序号	名称	分子结构
聚乙二醇类	1	聚乙二醇（Polyethylene glycol，PEG）	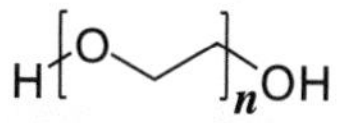
	2	聚乙二醇甲基醚［Poly（ethylene glycol methyl ether），M-PEG］	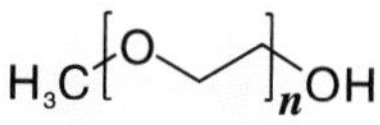 $(n=12)$
	3	聚乙二醇十二烷基醚（Polyethylene glycol monododecyl ether，Brij-35）	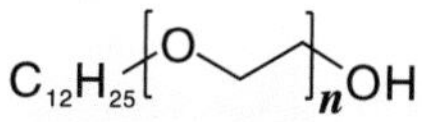 $(n=10)$
	4	聚乙二醇十六烷基醚（Polyethylene glycol hexadecyl ether，Brij-C20）	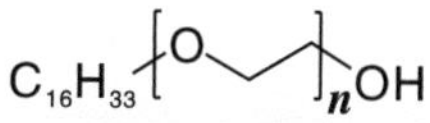 $(n=10)$
	5	聚乙二醇壬基苯醚（Polyethylene glycol nonylphenyl ether，PEG-NP）	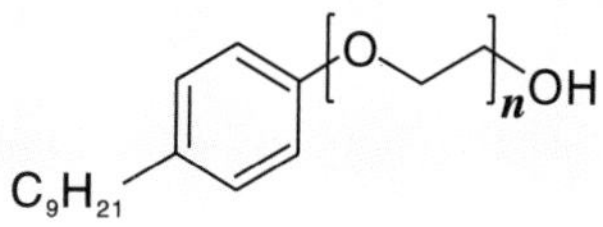
	6	聚乙二醇（2－萘基）醚［Polyethylene glycol mono（2－naphthyl）ether，PEG-bNE］	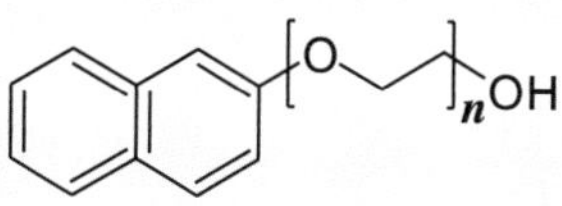
	7	聚乙二醇单［（1，1，3，3－四甲基丁基）苯基］醚{Polyethylene glycol mono［（1，1，3，3－tetramethylbutyl）phenyl］ether，Triton X-114}	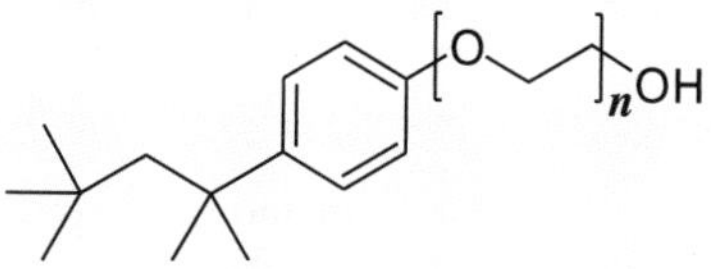 $(n=9)$

（续上表）

类别	序号	名称	分子结构
聚乙二醇类	8	聚乙二醇-4-（1，1，4，4-四甲基戊基）环已基醚 [Polyethylene glycol-4-（1，1，4，4-tetramethylpentyl）cyclohexyl ether，Triton N-101]	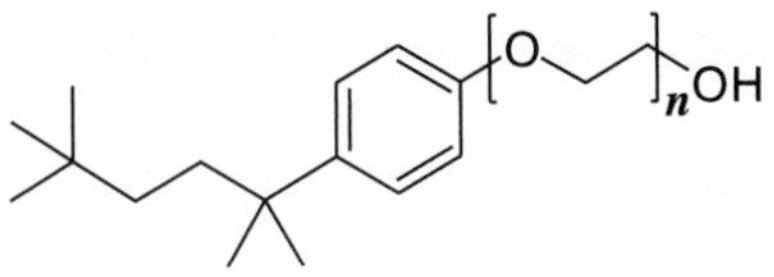
	9	聚乙二醇二缩水甘油醚 [Poly（ethylene glycol）diglycidyl ether，PEG-DGE]	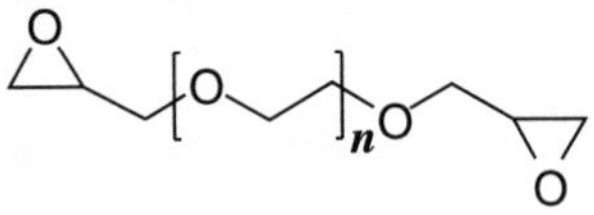
	10	聚乙二醇二丙烯酸酯 [Poly（ethylene glycol）diacrylate，PEG-DA]	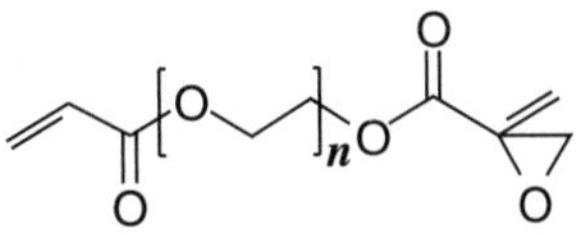
	11	聚乙二醇二硬脂酸酯 [Poly（ethylene glycol）distearate，PEG-DS]	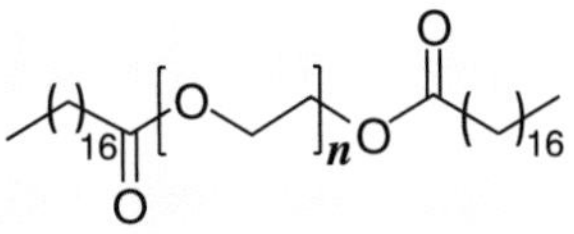
	12	聚乙二醇二苯甲酸酯 [Poly（ethylene glycol）dibenzoate，PEG-DB]	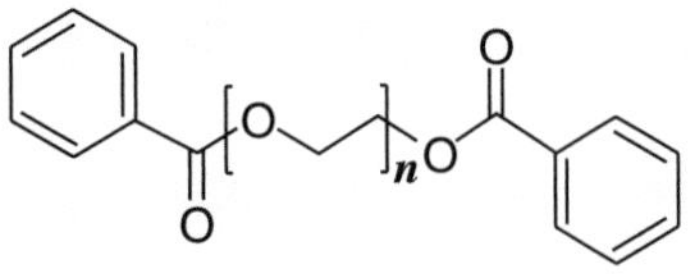
	13	聚乙二醇苯基醚丙烯酸酯 [Poly（ethylene glycol）phenyl ether acrylate，PEG-PEA]	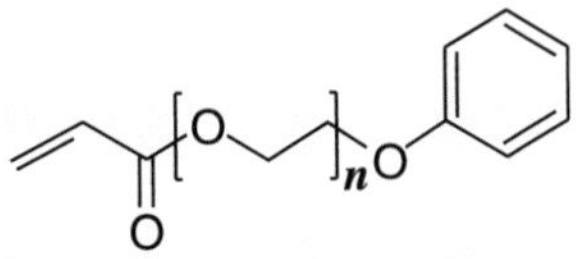
	14	双（2-甲基萘基溴化铵）聚乙二醇 [Bis（2-methylnaphthylammonium bromide）polyethylene glycol]	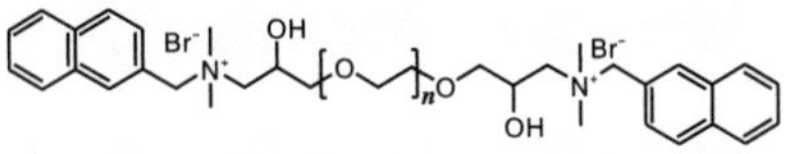
	15	聚（咪唑-聚乙二醇二缩水甘油醚）[Poly（imidazole-polyethylene glycol diglycidyl ether），IPEG]	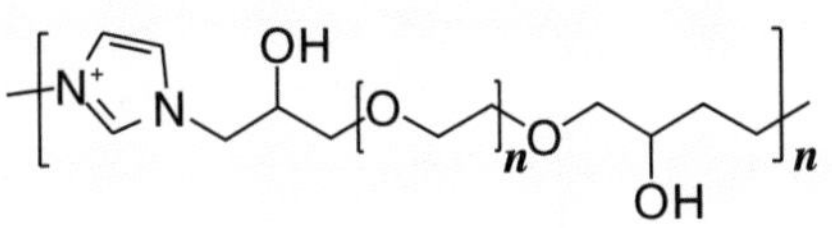

（续上表）

类别	序号	名称	分子结构
聚丙二醇类	1	聚丙二醇 ［Poly（propylene glycol），PPG］	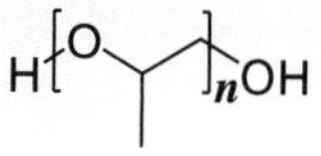
嵌段聚合物	1	聚（氧乙烯醚/氧丙烯醚）嵌段共聚物 ［Poly（oxyethylene ether/propylene ether）block copolymers，EO/PO］	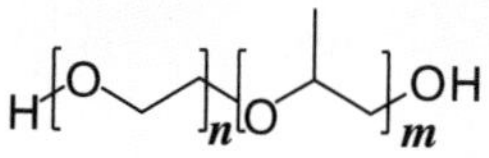
	2	聚（氧乙烯醚/氧丙烯醚/氧乙烯醚）嵌段共聚物 ［Poly（oxyethylene ether/propylene ether/oxyethylene ether）block copolymer，EO/PO/EO］	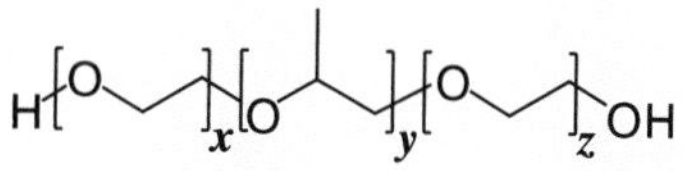
小分子类	1	3-((4′-甲氧基-2′-(丙-2-亚基)-［1，1′-二（环己烷）］-4-基)氧基）-9-甲基-2，4，8，10-四氧杂-3，9-二膦酰丙酰胺［5.5］十一烷 {3-((4′-methoxy-2′-(propan-2-ylidene)-［1,1′-bi(cyclohexane)］-4-yl)oxy)-9-methyl-2,4,8,10-tetraoxa-3，9-diphosphaspiro［5.5］undecane，MPTD}	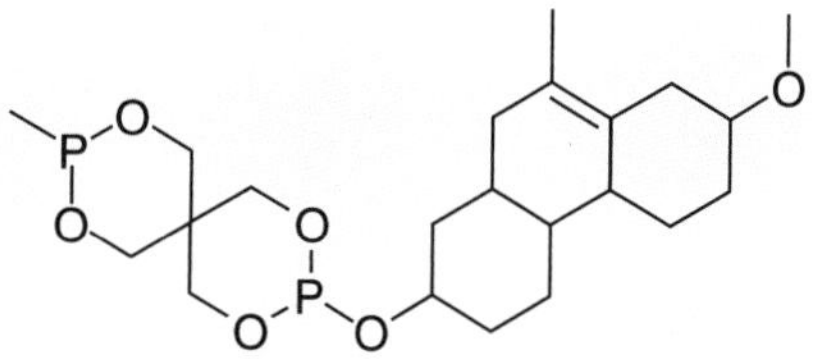

整平剂是目前研究最多的添加剂之一。整平剂其实是一种特殊的抑制剂，主要分为有机胺类和染料类（常用整平剂见表8-3）。整平剂通常带有正电荷，可以吸附在电流密度高的区域，抑制该区域内Cu的沉积速率，

从而达到平整阴极镀面的作用，这是实现超级填充或自下而上沉积的必要条件。因此，设计一种整平剂以获得优异的填充性能是芯片电镀 Cu 的关键问题。目前最常用的整平剂之一是健那绿 B（JGB），JGB 是一种季铵盐，也是一种带正电荷的染料整平剂。大多数学者认为其整平作用的机理是在阴极的突起处吸附，阻碍此处 Cu 的沉积。另外，JGB 整平剂会在阴极表面分解还原，JGB 中 N═N 断键会与 Cu 离子的还原形成竞争反应，减少 Cu 离子的还原量，从而阻止 Cu 的沉积。

表 8－3　常用的整平剂的种类及其分子结构

类别	序号	名称	结构
吩嗪类	1	二嗪黑（Diazine black，DB）	
	2	健那绿 B（Janus green B，JGB）	
	3	亚甲基紫 3RAX（Methylene violet 3RAX，MV）	
	4	番红（Safranine O，SO）	
吩噻嗪类	1	亚甲基蓝（Methylene blue，MB）	
	2	中间红（Middle red，MR）	

（续上表）

类别	序号	名称	结构
氧杂蒽类	1	罗丹明 B （Rhodamine B）	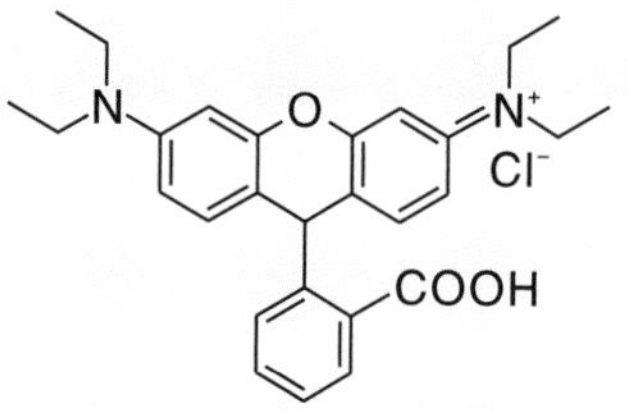
吡咯烷酮类	1	聚乙烯吡咯烷酮 ［Poly（vinylpyrrolidone），PVP］	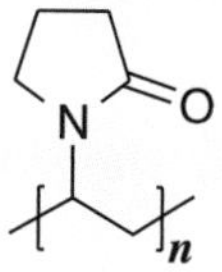
二酮吡咯并吡咯类	1	二丙酮吡咯吡咯－联吡啶 （Diketopyrrolopyrrole－bipyridinium，DPP-Bpy）	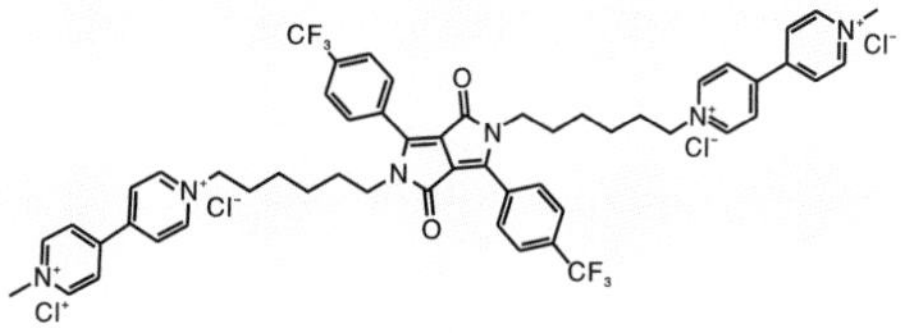
	2	DPP 基季铵盐 （p-ClDPP-QAS FDPP-QAS TDPP-QAS SeDPP-QAS）	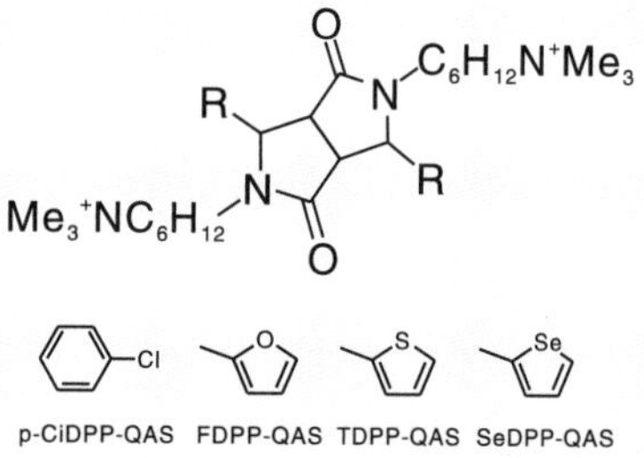 p-ClDPP-QAS FDPP-QAS TDPP-QAS SeDPP-QAS
	3	2,5－双(6－(三甲基铵)己基)－3,6－二芳基－1，4－二酮吡咯［3，4－c］吡咯 {2，5－bis（6－（trimethylamonium）hexyl）－3,6－diaryl－1,4－diketopyrrolo[3,4－c]pyrrole}	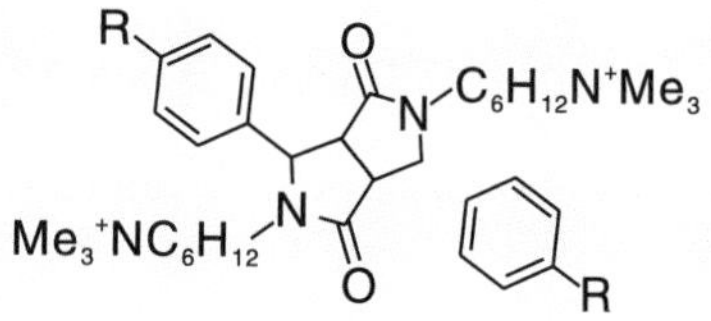 R＝Me，OCH_3，CF_3，OCF_3
	4	芳基改性的 DPP 基季铵盐 （Aryl modified DPP-based quaternary ammonium salts）	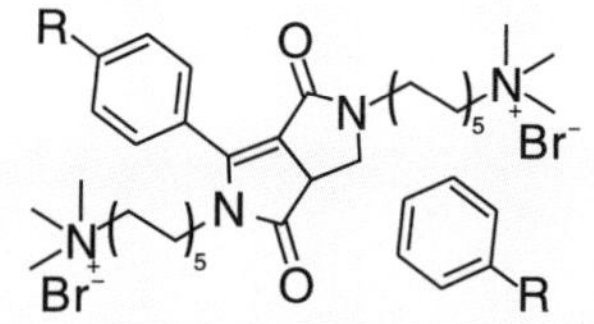 R＝H，CH_3，Cl，Br，CF_3

（续上表）

类别	序号	名称	结构
三苯甲烷类	1	α,α′,α′－［甲基炔三(4,1－亚苯基氧亚甲基)］三［1－吡咯烷乙醇］｛α,α′,α″－［Methylidynetris (4,1－phenyleneoxymethylene)］tris［1－pyrrolidineethanol］｝	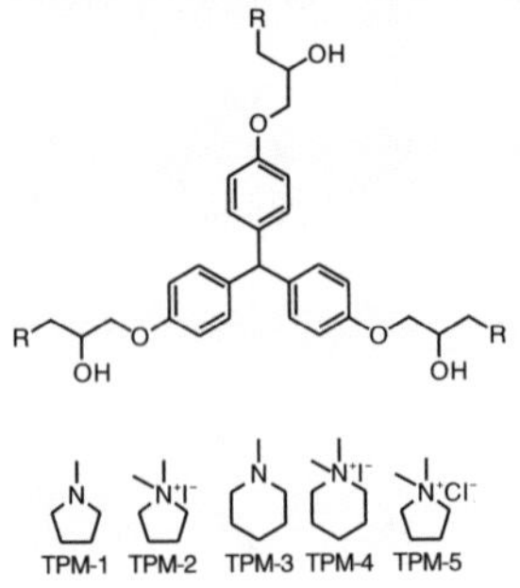
	2	亮绿 (Brilliant green)	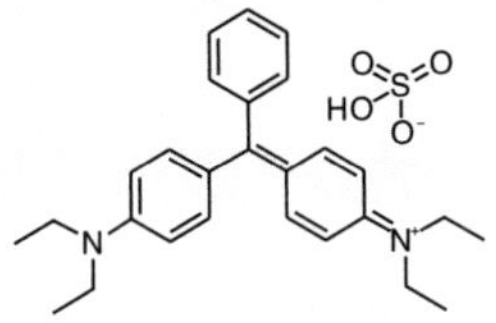
	3	龙胆紫 (Gentian violet，GVT)	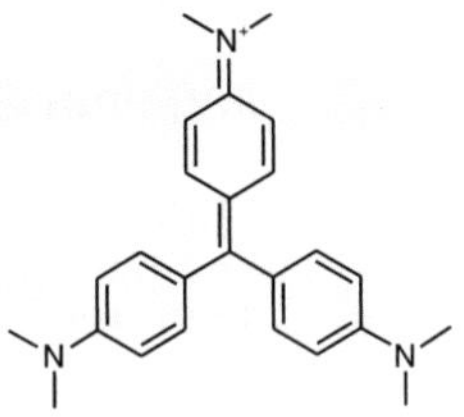
酞菁类	1	阿尔新蓝吡啶变体 (Alcian blue pyridine variant，ABPV Aldrich)	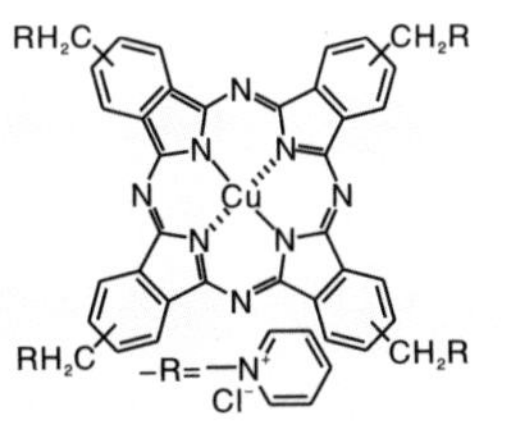
	2	阿尔新蓝 8GX (Alcian blue 8GX)	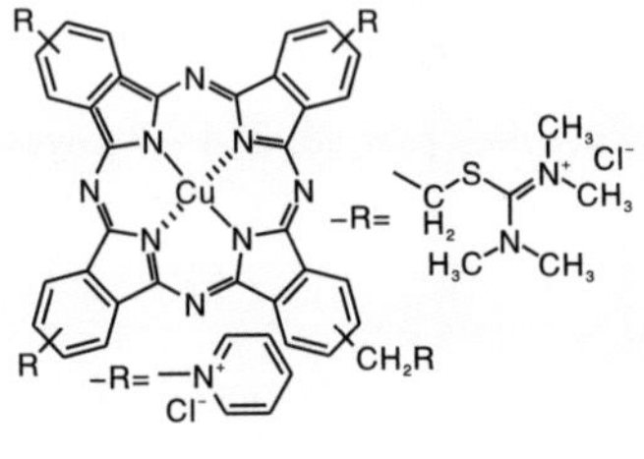

（续上表）

类别	序号	名称	结构
聚二醇类	1	N,N′－［1,2－乙二基双［氧基（2－羟基－3,1－丙二基）］］{N,N′－［1,2－ethanediyl bis［oxy(2－hydroxy－3,1－propanediyl)］］}	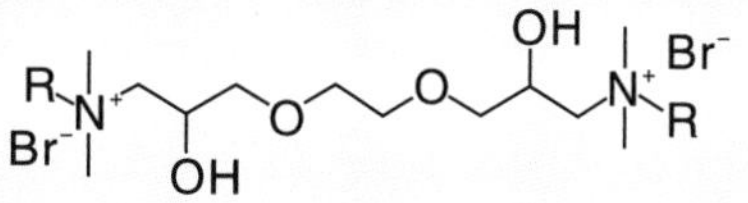 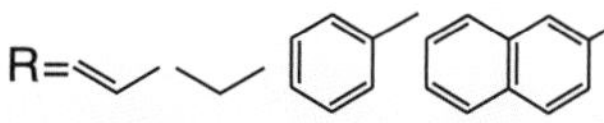 R, N^+, Br^-, OH, O, O, OH, N^+, Br^-, R R=
	2	含六甘醇和烯丙基官能基的季铵盐（Quaternary ammonium-based synthesized leveler with hexaethylene glycol and allyl functional groups）	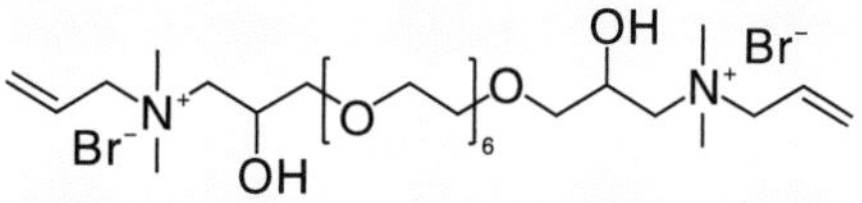 N^+, Br^-, OH, O, 6, O, OH, N^+, Br^-
	3	咪唑季铵盐（IABDGE） 2－苯基咪唑季铵盐（TPIABDGE） 4－苯基咪唑季铵盐（FPIABDGE） 苯并咪唑季铵盐（BIABDGE）	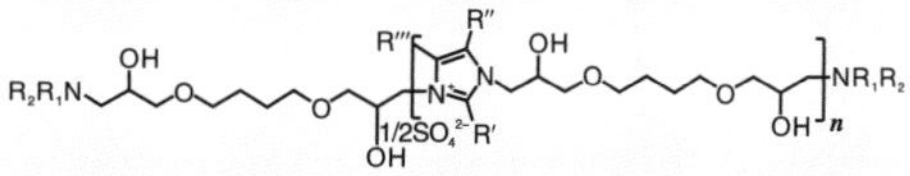 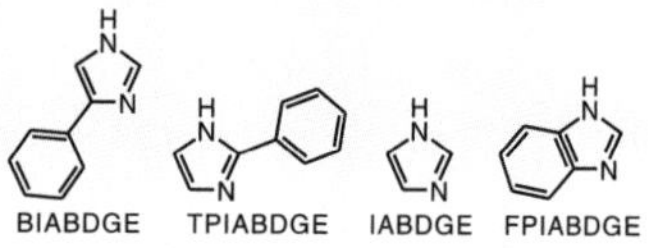 R_2R_1N, OH, O, O, OH, R‴, R″, N, N, $1/2SO_4^{2-}$, R′, OH, O, O, OH, NR_1R_2, n BIABDGE TPIABDGE IABDGE FPIABDGE
	4	N－［2－羟基－3－（丁基氧基）丙基］－N,N－二甲基－2－丙烯－1－铵{N－［2－hydroxy－3－(butyloxy)propyl］－N,N－dimethyl－2－propenyl－1－aminium，A1}	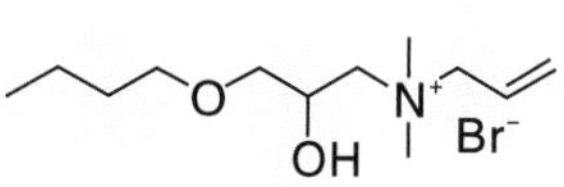 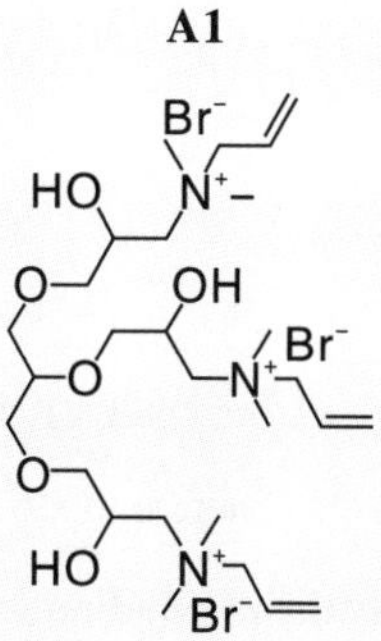 O, OH, N^+, Br^- A1 Br^-, HO, N^+, O, OH, O, N^+, Br^-, O, HO, N^+, Br^- A3

（续上表）

类别	序号	名称	结构
吡啶类	1	2－巯基吡啶（2－Mercaptopyridine，2-MP）	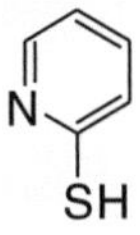
	2	2，2－二硫代联吡啶（2，2－Dithiodipyridine，DTDP）	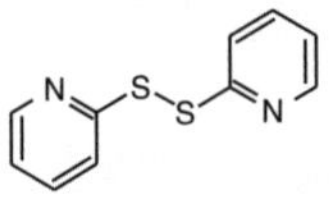
	3	6－甲基－2－吡啶腈（6－Methyl－2－pyridine carbonitrile，MPC）	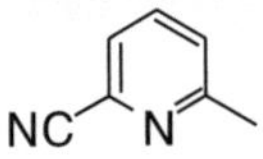
嘧啶类	1	2－巯基嘧啶（2－Mercaptopyrimidine，2-MPD）	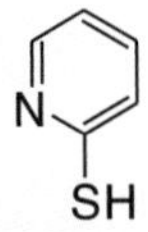
	2	4，6－二甲基－2－嘧啶硫醇（4，6－Dimethyl－2－pyrimidinethiol，DPT）	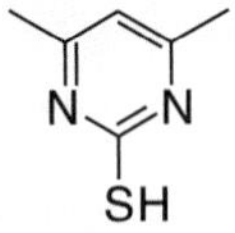
	3	4－氨基－6－羟基－2－巯基嘧啶（4－Amino－6－hydroxy－2－mercapto－pyrimidine，AHMP）	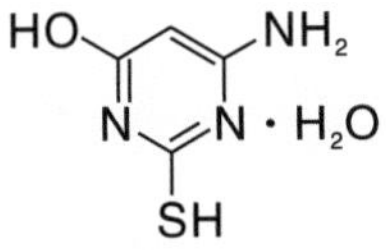
	4	4－羟基－2－巯基－6－甲基嘧啶（4－Hydroxy－2－mercapto－6－methylpyrimidine，HMMP）	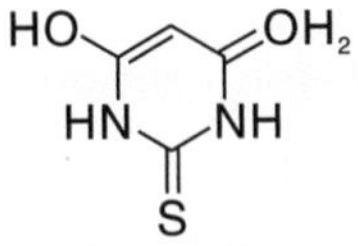

（续上表）

类别	序号	名称	结构
唑环类	1	1－甲基－5－巯基四唑（1－Methyl－5－mercaptotetrazole，MMT）	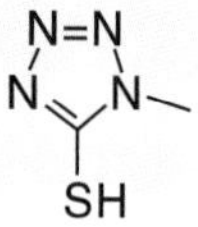
	2	1－苯基四唑－5－硫酮（1－Phenyl－5－mercaptotetrazole，PMT）	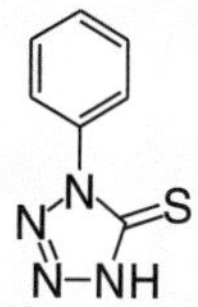
	3	1－(4－羟基苯基)－2H－四唑－5－硫酮［1－(4－Hydroxyphenyl)－2H－tetrazole－5－thione，HPTT］	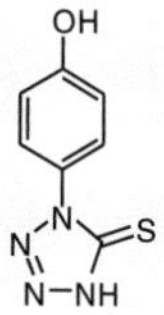
萘酰亚胺类	1	三甲基（3－萘酰亚胺丙基）碘化铵［Trimethyl（3－naphthalimidopropyl）ammonium iodide］	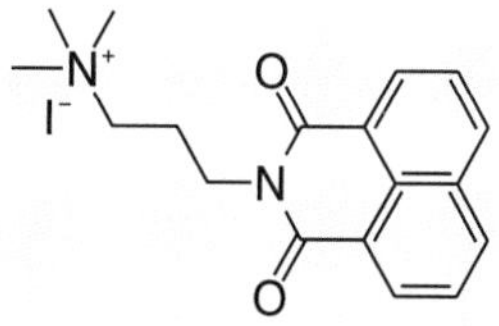
	2	2,7－双(3－三甲基丙基铵)苯并［lmn］［3,8］菲咯啉－1,3,6,8(2H,7H)－四丙酮{2,7－bis(3－trimethyl ammonium propyl)benzo［lmn］［3,8］phenanthroline－1,3,6,8(2H,7H)－tetraketone}	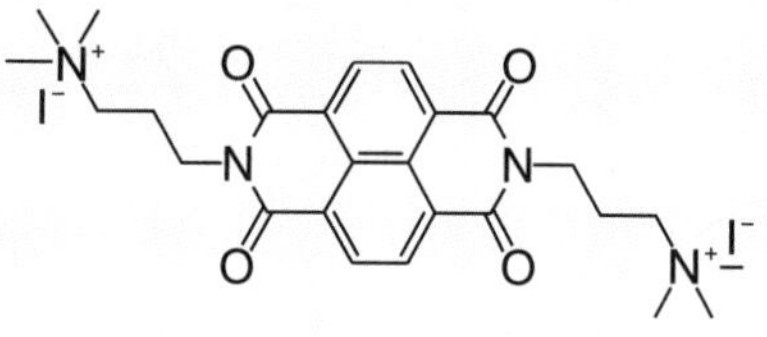
	3	蒽［2，1，9－def：6，5－10－d′e′f′］二异喹啉－2，9－二丙胺{Anthra［2，1，9－def：6，5，10－d′e′f′］diisoquinoline－2，9－dipropanaminium}	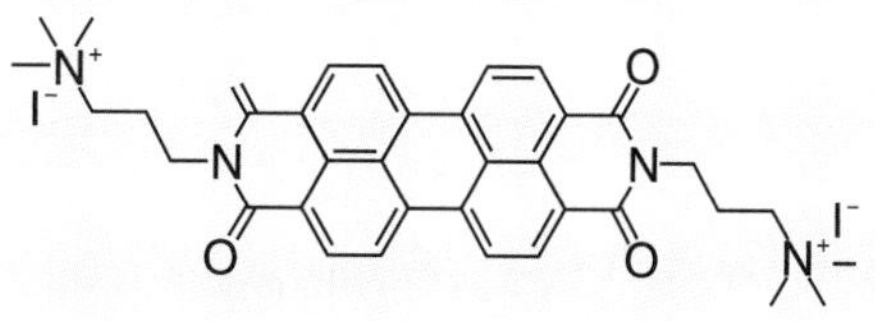

(续上表)

类别	序号	名称	结构
苄基三甲基氯化铵类	1	苄基三甲基氯化铵 (Benzyl trimethyl ammonium chloride, BTAC)	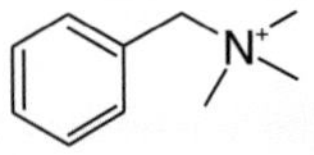
	2	十四烷基二甲基苄基氯化铵 (Tetradecyl dimethyl benzyl ammonium chloride, TDBAC)	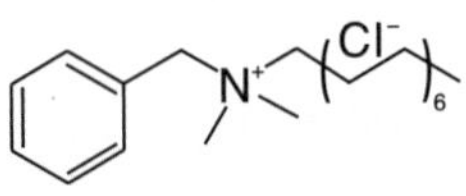
	3	苄索氯铵 (Benzethonium chloride, BZC)	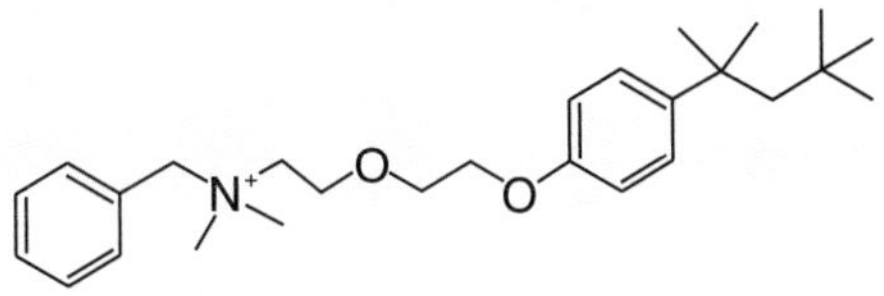
	4	N,N′－[[(1－氧代烷基)亚氨基]二－3,1－丙二基]双[N,N－二甲基苄基]溴化铵] {N,N′－[(1－oxoalkyl)imino]di－3,1－propandiyl]bis[N,N－dimethylbenzyl]ammonium bromide]}	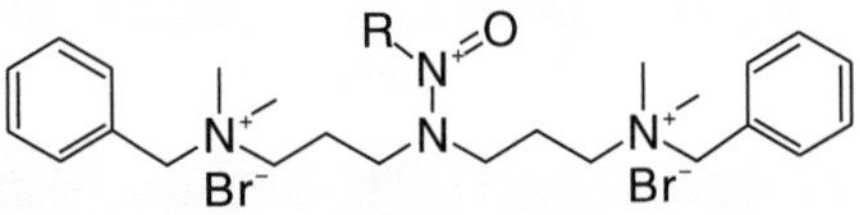 R = C_5H_{11}, C_9H_{19}, $C_{11}H_{23}$, $C_{13}H_{27}$, $C_{15}H_{31}$, $C_{17}H_{35}$
喹吖啶酮类	1	H: QA-C8-QAS CH_3: DMQA-C8-QAS Cl: DCQA-C8-QAS	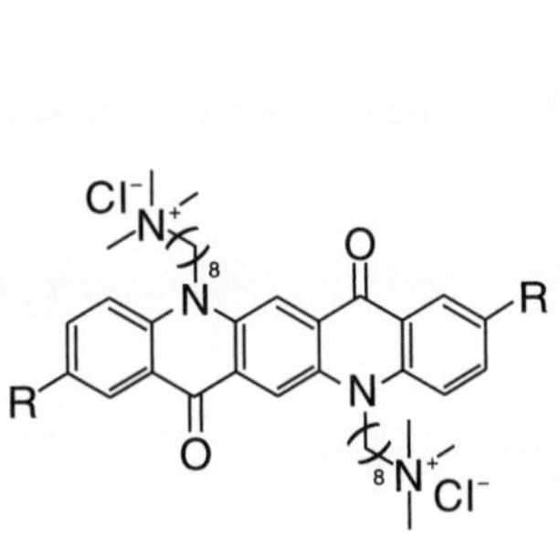 R = H, CH_3, Cl
硫脲类	1	N－烯丙基硫脲 (N－allylthiourea)	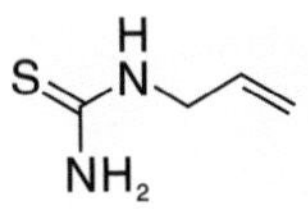

（续上表）

类别	序号	名称	结构
哌啶类	1	溴化 N－丁基－甲基哌啶（N－butyl－methyl piperidinium bromide，PP14Br）	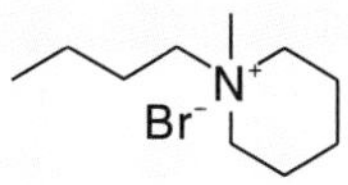
烷基季铵盐类	1	十六烷基三甲基溴化铵（Cetyltrimethyl ammonium bromide，CTAB）	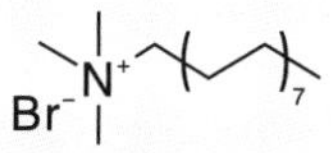
	2	2,2′－[(1,5－二氧代－1,5－戊二基)双(氧基)]双[N,N,N－三甲基]二碘乙烷铵{2,2′－[(1,5－dioxo－1,5－pentanediyl)bis(oxy)]bis[N,N,N－trimethyl]ethanaminium diiodide}	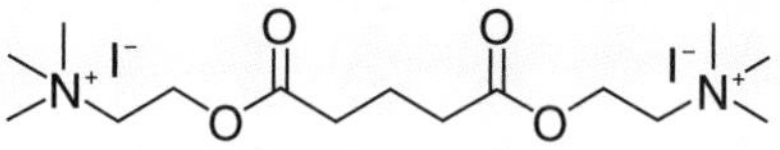
二烯丙胺型共聚物类	1	P（DAMA［HCl］/SO_2）	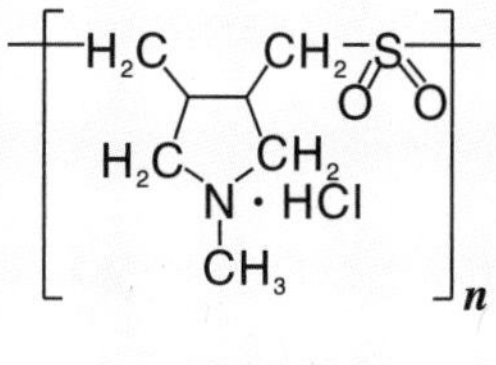
	2	P（DAMA［HBr］/SO_2）	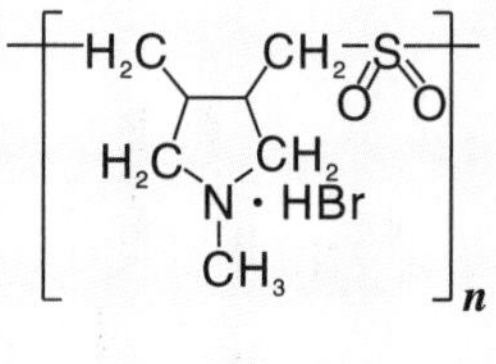
	3	P（DAMA［H_2SO_4］/SO_2）	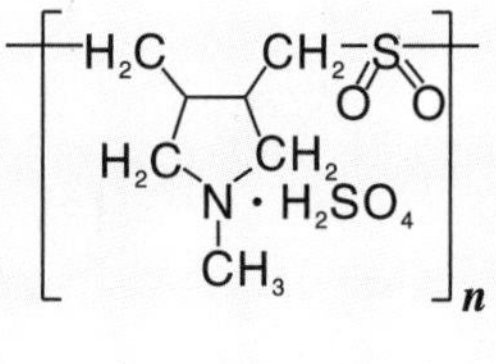

有机胺类整平剂是新兴发展的一类整平剂，其在盲孔和通孔电镀中具有优异的性能。有机胺类整平剂具有强烈的对流依赖特征：其在对流强度强的位点具有更强的抑制作用，而在对流强度弱的位点抑制作用小。有机胺类整平剂的种类并不似加速剂和抑制剂那么少，其结构复杂多样，因此有机胺类整平剂的合成、结构特征、电化学特性都需更进一步的研究。

8.8.2 电镀设备

电镀设备主要包括两部分：电镀液和镀液的自动控制与调节系统（设备见图 8－13）。所述设备的结构主要包括电镀头、阴极电镀槽、阳离子扩散膜、过滤膜和阳极镀液室。电镀头上有插卡槽，主要起到固定硅片和传输电流的作用。槽内有环形金属接触片，一般将镀有阻挡层和 Cu 种子层的硅片朝下。硅片边缘的种子层与接触片直接接触，在接触片上施加电流，然后电流经由硅片的边缘传导到整个硅片上。阴极电镀槽中的电镀液含有有机添加剂，并与供给电镀液保持一定的速度循环，以保证添加剂在电镀液中的均一性。

图 8－13　盛美半导体设备（上海）股份有限公司的晶圆电镀设备

在实际电镀的过程中，使用电镀头把生长了阻挡层和 Cu 种子层的硅片卡紧后，硅片和电镀头开始以相同的速度旋转，同时以一定的速度向电镀液表面做纵向运动。这个入水之前的高速旋转运动非常重要，它可以使 Cu 种子层的表面在高速旋转的作用下与空气摩擦而改变 Cu 种子层表面的液体浸润性能，从而大大减少电镀过程中的缺陷。为了确保整个电镀液的新鲜和稳定，每天会从中央供液槽排掉一部分（10% ~50%）电镀液，然后由自动供液系统向中央供液槽补充硫酸铜原液和各种添加剂。自动检测系统对电镀液中的各种有机和无机成分进行测量，并把测量结果和标准值进行对比，如果实测结果偏高，则加去离子水进行稀释；如果实测结果偏低，则继续补充，使整个电镀过程保持稳定。

在电镀过程中还需要关注末端效应和过电镀。在电镀过程中，硅片上某一点的电流越大，电镀的速度越快。由于电流是从硅片的边缘施加到硅片上的，因此硅片的中心电阻需要加上 Cu 种子层的阻值 R_2，如图 8-14 所示。这样，中心的电流 I_2 将小于边缘的电流 I_1，使得电镀后硅片边缘 Cu 的厚度大于中间，这就是末端效应。当 Cu 种子层的厚度变薄时，R_2 会变大，加大末端效应。末端效应使硅片的边缘和中心的电镀速率产生差异，从而产生填孔能力的差异，同时宏观上也增加了化学机械研磨的难度。

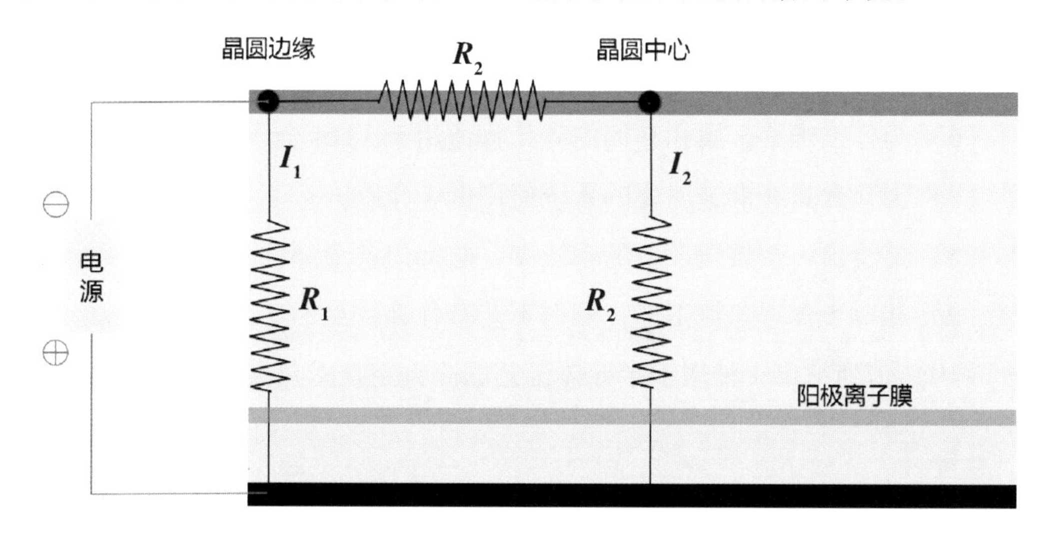

图 8-14　电镀电路图

由于添加剂的作用，实际填孔是以底部上长的方式进行的，孔槽底部的生长速率大于侧壁和开口处的生长速率，在填满孔槽的瞬间还会继续冲高生长，最终有孔槽部分的 Cu 膜厚度大于空旷区域的 Cu 膜厚度，这个厚度的差异就是过电镀。与各向同性的长膜方式比较，底部上长方式可以得到中间没有缝隙的填孔。过电镀的高度受线宽的影响较大，线宽越小，过电镀的高度越大，而且高度随着所镀膜厚度的增加而增加。实际集成电路设计中有各种线宽，因此，微观上就会在硅片上出现不同程度的过电镀，这将给随后的化学机械研磨造成很大的困难，严重时甚至出现 Cu 残留，形成短路。对于过电镀这个问题，目前工业界没有办法完全解决，但可以降低。其中一个有效的途径就是采用更加先进的有机添加剂，主要是提高整平剂的平整能力或者直接增加整平剂的浓度。

练习题

（1）讨论芯片金属系统所要求的特性，它们怎样应用铝和其他金属的金属化？

（2）请解释电迁移现象，并说明如何控制它。

（3）请解释铝和单晶硅的合金共熔，并说明防止共熔的两种工艺。

（4）请列举出铜金属化超过铝金属化的三个优点。

（5）请简述双大马士革工艺的步骤。

（6）为什么难熔金属和它们的硅化物适用于 VLSI 金属化？

（7）为什么具有铜金属化的系统使用低 k 介质？

（8）请绘出一个溅射设备的系统图，并标出各个部件。

（9）相对于真空蒸镀工艺，溅射工艺有什么优点？

（10）请列举出 4 种用于半导体工艺的高真空技术及其工作原理。

9 化学机械研磨

学习目标

（1）掌握化学机械研磨的原理和工艺流程。

（2）了解化学机械研磨的设备组成。

（3）掌握如何通过电化学工作站评价化学机械研磨的效果。

（4）了解化学机械研磨的材料。

（5）了解化学机械研磨在芯片制造中的应用。

9.1 概述

化学机械平坦化又称化学机械研磨，被广泛地应用于去除或平坦化各种材料，包括金属、电介质、聚合物和其他与半导体制造相关的薄膜。1965 年，美国科学家 Monsanto 首次提出 CMP 技术。CMP 技术结合了化学反应和机械摩擦两种作用，对材料进行微细表面平坦化处理。CMP 技术赋予芯片表面全局平坦化，是制造新一代多层金属互连芯片必不可少的技术，既满足了尖端半导体器件制造的要求，又引领着其他微细器件［层间介质(Inter-level Dielectric)、硬磁盘、微机电系统、平面显示器和计算机磁头等］表面精细加工的发展。

随着集成度的提高、新一代技术节点的进一步缩小，RC 延迟问题、热量增加导致的电迁移现象愈加显著。为了解决上述问题，人们引入了低电阻率、高抗电迁移特性的 Cu 作为新的互连材料。由于在低温下，Cu 无法生成易挥发的化合物，因此难以通过常规的干法刻蚀实现图形化制程，需要采用双大马士革 Cu 镶嵌互连工艺。如前所述，Cu 电镀存在末端效应和过电镀，会导致 Cu 膜表面不平整，而目前实现 Cu 互连的全局和局部平坦化的有效方法就是 CMP 技术。图 9-1 为 CMP 技术在双大马士革工艺中应用的具体流程：①沉积一层 Si_3N_4 薄膜作为扩散阻挡层和刻蚀终止层；②沉

积 SiO_2薄膜作介质；③光刻出微通孔；④部分刻蚀通孔；⑤光刻出沟槽；⑥进一步刻蚀出完整的沟槽和通孔；⑦PVD 溅射阻挡层 TaN/Ta 和 Cu 种子层；⑧电镀铜填充沟槽和通孔；⑨采用 CMP 工艺对 Cu 镀层进行全局平坦化处理和抛光后清洗。因此，CMP 技术是集成电路制备中大马士革工艺的关键后处理工艺，可以对大马士革工艺后物体表面存在的高低不平进行平坦化处理。

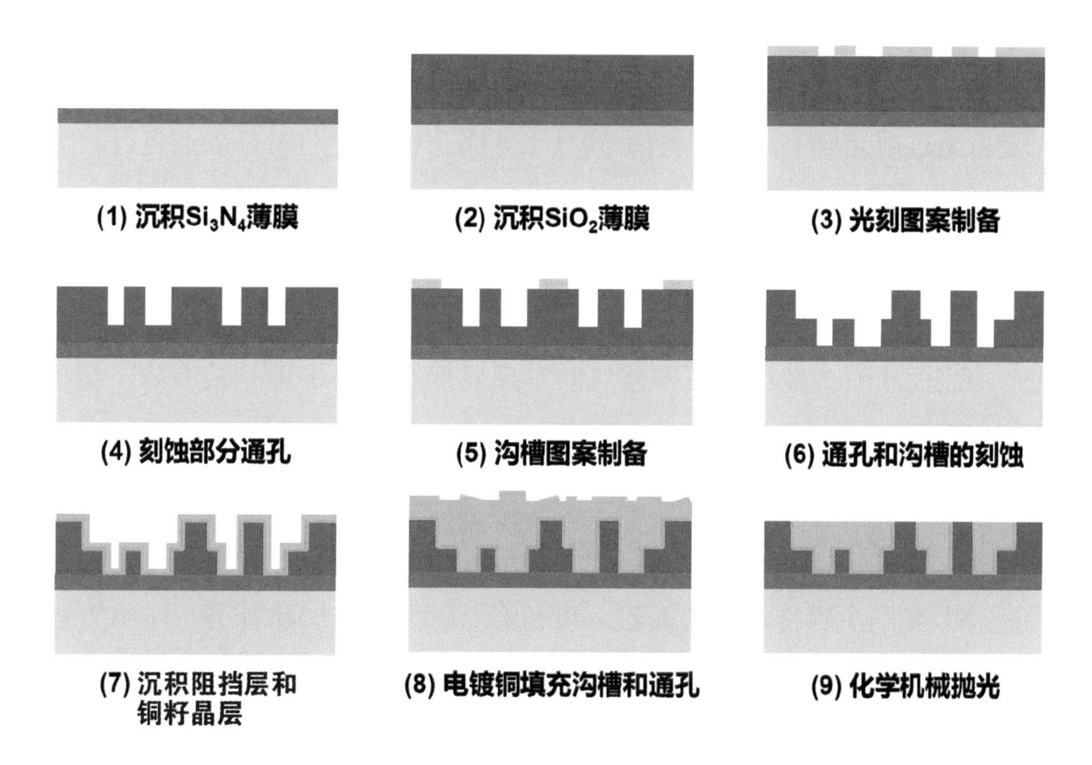

图 9－1　双大马士革镶嵌工艺的流程示意图

CMP 技术是实现局部和全局平坦化的有效方法，与传统的较为普遍的平坦方法，如热回流、背腐蚀、偏置溅射介质、等离子体刻蚀和旋涂玻璃（Spin on Glass，SOG）等相比，CMP 技术有刻蚀材料范围广、平坦化速率高、平坦化区域可控、超净度和安全性高等优点。

9.2 CMP 原理

CMP 是化学研磨和机械研磨相结合的技术，是化学作用和机械作用相协同的结果。化学抛光是指通过抛光液中的化学试剂与被抛光材料之间发生氧化、腐蚀等化学反应，将材料去除的过程。化学抛光的精度较高，去除速率较快，但是纯化学作用会导致表面腐蚀和一致性差等弊端。机械抛光是指通过抛光液中的研磨料如 Al_2O_3、SiO_2、CeO_2等与材料表面进行充分的接触，在一定的工艺条件下将材料去除的过程。纯机械作用的抛光精度较低，去除速率较慢，抛光后易导致材料表面产生划伤等表面缺陷。CMP 技术避免了这些问题的出现，有效地提高了材料去除速率，减小了工件抛光后的表面缺陷，是目前业界公认的实现局部和全局平坦化最有效、最成熟的技术之一。CMP 不是单一的化学作用与机械作用相叠加，因为在旋转、压力、磨料和抛光垫摩擦的共同作用下，反应表面温度升高，活化分子数量增加，化学反应速率显著加快，最终实现平坦化速率呈指数级增长。

CMP 是一个容易理解的工艺，其本质上源于摩擦损耗科学。如图 9－2 所示，在 CMP 抛光的过程中，衬底或晶圆材料表面在抛光机的转动下与混有极小研磨颗粒的化学溶液充分接触，发生化学反应并生成一种质地柔软、易于去除的络合物或氧化物，随后产物在机械研磨作用下脱离表面被抛光液带走，新的表面裸露出来继续反应，如此重复，最终实现表面平坦化。CMP 的原理主要是界面反应，首先反应物由外表面向内表面输运到反应界面，在界面处发生吸附反应，然后与抛光表面物质发生化学反应生成络合物或氧化物，最后生成物溶解脱附，随抛光液向外输运。

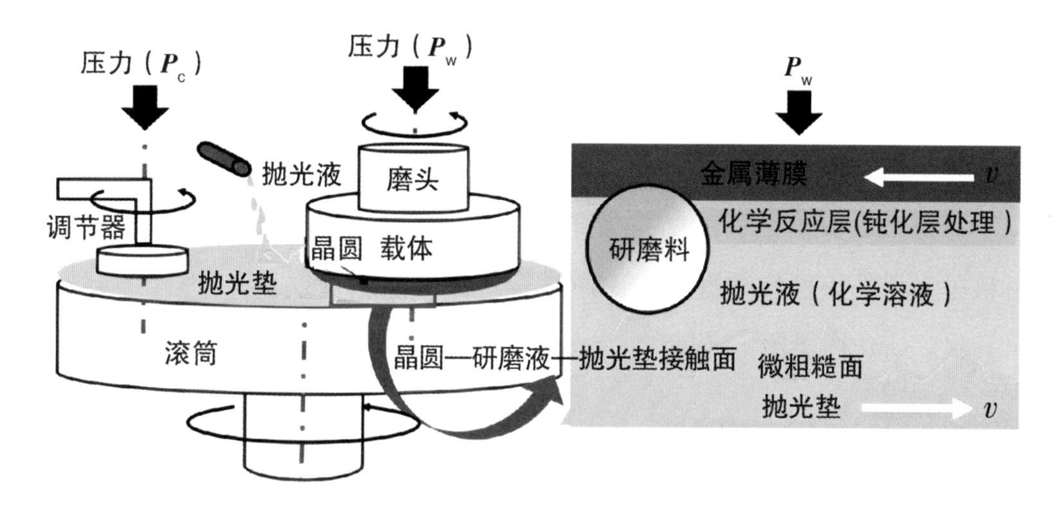

图 9-2 CMP 原理图

对于 CMP 工艺，Preslon 方程可以线性刻画材料移除速率与线速度和压力的关系：

$$R = KPV$$

其中，R 为材料移除速率，K 为 Preston 常数（与抛光设备有关），P 为抛光压力，V 为抛光头、抛光垫的相对线速度。

Preston 方程作为一个简单的工具可以用来描述衬底或晶圆材料、研磨浆和研磨垫之间的相互作用，对浅槽隔离和金属层间介质的 CMP 有较好的近似模拟，因为它们是机械抛光占主要作用的工艺。虽然有些 Cu 和 STI 的 CMP 工艺不一定遵从 Preston 方程，但在大多数情况下采用 Preston 方程来估算材料移除速率还是比较准确的。

CMP 是一个涉及范围比较广的多学科领域，结合理论指导制订 CMP 研究方案可以满足快速发展的微电子行业要求，提高抛光平坦化性能。

首先，可以从动力学角度理解 CMP 的原理。CMP 存在多相反应，自成体系，各种反应均是在交界面进行，CMP 在进行平坦化的过程中包括两个主要的动力学过程：第一是铺展在抛光垫上的抛光液与抛光材料表面充分接触发生化学反应的动力学过程，该过程以化学作用为主体；第二是反应物在抛光垫的带动下迅速到达反应处，反应生成物也能及时脱离反应表面，露出尚未发生反应的抛光材料表面，使反应剂重新接触抛光材料表面继续反应的动力学过程。可以简单理解为，凸处相对于凹处具有较高能量，因此更有利于凸处表面的快速移除和凹处表面的自我保护，最终实现全局平坦化。这两个动力学过程的综合效果决定着抛光速率的大小，同时也影响着材料抛光后的表面均匀性及表面质量等平坦化性能参数。

其次，CMP 的理论还包括自钝化理论和粗抛平坦化理论等，如图 9 - 3 所示。其中，自钝化理论是指在抛光过程中对凹处不加额外抗蚀剂，反应产物即为钝化材料的保护机制。在碱性介质中实现多层 Cu 线的平坦化可以应用该理论进行描述。以 Cu 的 CMP 工艺为例，氧化剂将 Cu 氧化成不溶性的铜氧化物（氧化铜、氧化亚铜）和氢氧化物，在布线 Cu 膜表面形成致密的薄膜。在 Cu 膜的凸处，Cu 离子被氢氧化铜电离，在压力、高速旋转和机械研磨的作用下，与大分子碱性螯合剂形成易溶的铜胺配合物，新的界面暴露出来被继续反应去除。Cu 膜凹处由于表面形成的氧化膜不能被动力去除，氧化剂和络合剂在凹处中实现了自钝化，有效地保护了 Cu 膜凹处，最终实现了全局平坦化。凹处的保护主要是因为络合剂没有足够的动能打破凹处的化学反应势垒，凹处的铜络合物不能被络合剂高速去除，从而达到了较高的凹凸率差，有利于平坦化的实现。因此，粗抛平坦化的目标主要包括高效率、高速率、局部与全局高平整、低粗糙度和高洁净度等。在 Cu 的粗抛过程中，Cu 膜的高效率压平主要是通过化学作用和机械作用相结合来实现的。在此过程中，实现高凹凸率差是平坦化的关键。根据 CMP 动力学理论，凸处络合是一个凸处控制过程，也是一个缓慢的过程，机械旋转增强了此处的化学反应，可以迅速去除表面 Cu 膜。凹处实现钝化，耐腐蚀，以减少传质为主，钝化效率高，Cu 膜去除速率相对凸处更慢，在 CMP 过程中不断消除 Cu 膜的高低差，最终实现平坦化。

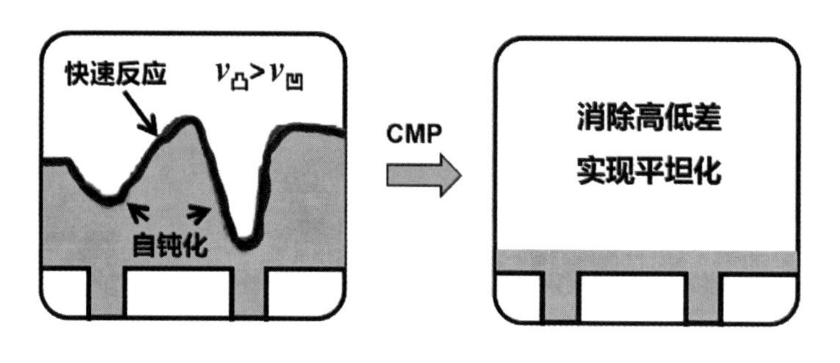

图 9－3　CMP 原理示意图

9.3 CMP 设备

化学机械研磨设备的结构如图 9－4 所示，抛光设备主要由抛光头、抛光垫、抛光台、修正砂轮和抛光液输送装置组成，其基本工作原理为：将衬底或晶圆材料置于抛光头内，衬底或晶圆材料上表面在真空吸力作用下被黏附在抛光头内侧，抛光前使用修正砂轮对抛光垫进行修正。在这个过程中，去离子水通过抛光液输送装置流到抛光垫上，以去除抛光垫上的残留抛光液及其他残留物质。在研磨过程中，抛光液在真空压力下均匀流出并在离心力的带动下铺展在抛光垫表面，随后抛光头下降至衬底或晶圆材料与抛光垫接触位置，依据提前设定好的抛光工艺参数进行抛光。在 CMP 期间，工艺参数可以随时优化，压力、转速、时间、流速等可以随时调节。

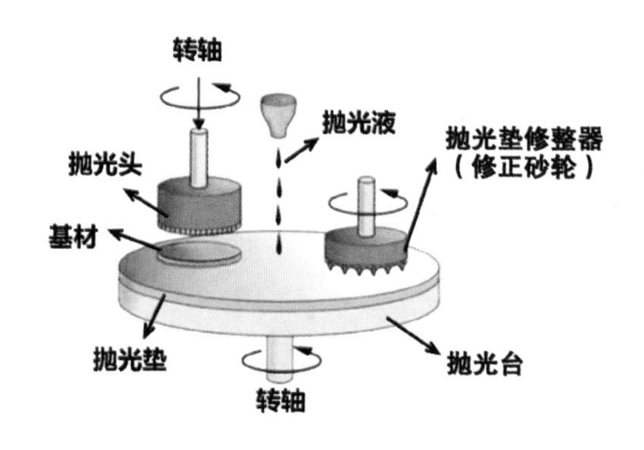

图 9－4　化学机械研磨设备的结构示意图

化学机械抛光通过抛光台，结合了抛光液各组分的化学协同作用和抛光机本身提供的机械作用，可以实现高效抛光，达到平坦化的目的。目前常用的抛光机为法国 Alpsitec 公司生产的型号为 E460 的抛光机，E460 体形小巧，操作简单，精度高。其底盘抛光垫可随时更换，对于不同的被抛光材料，可使用不同的抛光垫。其右侧的金刚石 Condition 头可对抛光垫进行自我修复，以保证抛光时不会因为抛光垫的缺陷而使得被抛表面的一致性不好。左侧的抛光头也可更换，配有 3 ~ 12 英寸的抛光头，可分别对不同尺寸的衬底或晶圆材料进行抛光。抛光时的工艺参数可通过电脑设置调整，包括抛光头的压力、抛光头和转盘的转速、抛光液的流速和时间。抛光时的温度也会实时显示，十分方便。由清华大学机械系路新春教授带领清华大学成果转化项目的公司华海清科是目前我国唯一一家 12 英寸 CMP 商业机型的高端半导体设备制造商，其研发的首台 12 英寸超精密晶圆减薄机（Versatile - GP300）在 2021 年正式出机（见图 9 - 5）。该设备是路新春教授团队与华海清科股份有限公司继解决我国集成电路抛光设备“卡脖子”问题后的又一突破性成果，该设备将应用于 3D IC 制造、先进封装等芯片制造大生产线，满足 12 英寸晶圆超精密减薄工艺需求，整体技术达到国际先进水平，实现了 28 nm 工艺量产，并具备 7 ~ 14 nm 工艺拓展能力。

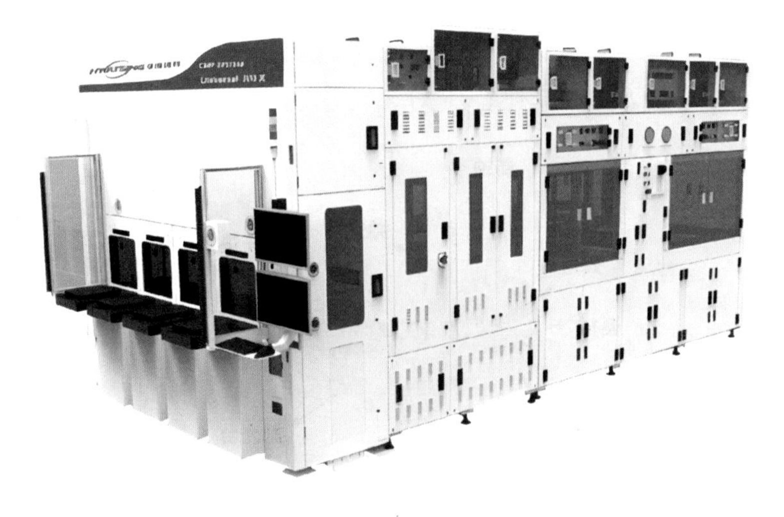

图 9 - 5　华海清科 12 英寸超精密晶圆减薄机

9.4 CMP 材料

CMP 材料主要由抛光垫和抛光液组成，抛光液作为整个平坦化过程中的关键因素，推动了整个抛光液研发制造行业的兴起与发展。

9.4.1 抛光液

抛光液由磨料与多种化学试剂按照一定比例混合组成，其中化学试剂主要包含氧化剂、络合剂、表面活性剂、缓蚀剂等。二者的协同作用将对去除速率、电偶腐蚀及表面质量产生直接的影响。如表 9 - 1 所示，不同的抛光液根据其特点的不同应用于不同的领域。目前用于 Cu 互连的 CMP 抛光液主要是酸性抛光液，但是酸性抛光液也面临很多亟待解决的问题：①为了在酸性条件下达到较高的凹凸率差的目的，通常会加入几种抗蚀剂（有毒且不环保），但抗蚀剂的引入增加了抛光液的成本，且抗蚀剂和 Cu 离子膜具有很高的结合力，需要很高的抛光压力才能去除。晶圆上会形成有机污染，给后续清洗带来麻烦。②由于抛光液呈酸性，对抛光机会造成严重腐蚀，增加折旧成本，而 Cu 在酸性条件下更容易被腐蚀成 Cu 离子，易造成金属离子污染，增加清洗成本。③在酸性环境下，由于机械作用强，抛光后表面粗糙度大，易产生塌边。④挥发性强，对环境和人类健康构成威胁。⑤随着线条细化，阻挡层材料开始转向钴和钌，而钴和钌在酸性条件下容易汽化。由此，晶圆制造对 CMP 行业提出了新的要求，即以化学作用为主，实现低压力抛光；减少抛光液控制点，降低成本；研发更环保、友好的抛光液等。

表9－1　CMP常见抛光液及其应用领域

抛光液类型	抛光材料	应用领域
硅抛光液	硅（Si）	晶圆的抛光和打磨，用于晶圆初步加工
钨抛光液	钨（W）	芯片制造中钨塞和钨通孔的平坦化
钴抛光液	钴（Co）	10 nm以下制程芯片制造中钴的清除
铜及阻挡层抛光液	铜（Cu）、钽（Ta）、氮化钽（TaN）	铜互连工艺中铜和阻挡层的清除
层间介质层抛光液	二氧化硅（SiO_2）	IC制造工艺中层间电介质和金属间电介质的清除
浅槽隔离抛光液	氮化硅（Si_3N_4）	IC制造工艺中浅槽隔离的抛光
硅通孔抛光液	铜（Cu）、硅（Si）	3D封装工艺中硅通孔的抛光

1. 磨料

磨料是抛光液的重要成分之一，其作用主要有两个方面：①机械研磨作用。研磨料具有一定的硬度，抛光时研磨料均匀地分布在抛光垫和抛光材料的表面，在一定机械压力作用下，将抛光材料不断剥离。②物料传输作用。抛光液中表面活性剂、氧化剂和螯合剂等化学试剂会均匀地分布在磨料颗粒的表面，通过磨料与抛光材料表面的接触，这些化学试剂会被带到抛光材料的表面，加快化学反应，同时反应物也会通过磨料被带走。

常见的CMP磨料有SiO_2（见图9－6）、Al_2O_3（见图9－7）、CeO_2、TiO_2、Fe_2O_3、金刚石以及混合磨料。CeO_2磨料的粒径一般较大，在碱性环境下表现出两性性质及络合作用，主要用于对抛光速率要求较快，对粗糙度要求较低的硅通孔抛光液中。但是CeO_2磨料的分散性能较差，团聚严重，因此在使用CeO_2抛光液时，通常通过添加表面活性剂以及分散剂的方法改善其分散性，避免其团聚。在Cu的CMP过程中，Al_2O_3因其较大硬度的物理特性被选作CMP磨料，用于提高Cu的去除速率。但是Al_2O_3磨料容易造成材料表面粗糙度大、损伤严重，并且随着Cu表面加工标准逐步提升，Al_2O_3造成的划伤使材料不能达到集成电路工业的标准。此外，Al_2O_3

的黏度大，抛光后表面不易清洗，难以保持平整度，同时易造成金属离子污染，影响器件的电气性能，因而后续生产逐渐使用比 Al_2O_3 硬度更小的 SiO_2 作为磨料。与 Al_2O_3 相比，较小粒径的 SiO_2 不会造成材料表面明显的划伤，可降低表面粗糙度，避免形成金属离子污染，并且 SiO_2 磨料比其他类型磨料造价成本更低廉，制作工艺成熟，能够适应工业化生产。另外，SiO_2 分散度高，流动性好，无沉淀，能够长时间存储，且其化学性质活泼，有利于后清洗过程。此外，SiO_2 本身也是一种氧化剂，SiO_2 能够和 Si 反应生成 SiO。但是仅靠 SiO_2 硅溶胶的机械摩擦力作用，材料的去除速率较低，会造成集成电路工业生产效率低，因此需要与其他的化学试剂相互配合使用以提高材料表面的去除速率。

图 9-6　二氧化硅磨料

图 9-7　氧化铝磨料

2. 氧化剂

氧化剂是抛光液中主要的成分之一，其种类和浓度是影响抛光速率和表面质量的一个重要因素。氧化剂在 CMP 抛光液中通过氧化基材表面金属，使其生成可溶解的化合物或者易去除的氧化层，然后被磨料机械去除。在 Cu 的 CMP 过程中，Cu 膜优先与氧化剂反应，形成软化的氧化层。在一定压力和转速的机械作用下，软化的氧化层被磨削至抛光液中，与抛光液中的酸性介质或碱性介质反应生成水溶性产物，同时暴露出新鲜的 Cu 膜，此过程不断重复。在不添加氧化剂的情况下，Cu 膜以原子形式存在，在机械作用下，只有少量 Cu 膜能克服原子间的屏障形成离子，与抛光液中的络合剂反应形成水溶液，因此抛光速率很低，且机械研磨抛光后表面粗糙度较大。

氧化剂在抛光过程中主要有以下作用：将 Cu 膜氧化形成氧化层，在机械作用下打破化学反应屏障，并与络合剂反应形成水溶性络合物。在没有缓蚀剂苯并三唑（BTA）的情况下，由氧化剂反应生成的氧化膜也起到钝化膜的作用。凸处氧化物层的反应屏障容易被打破，去除率快；凹处的反应速率慢，去除率差，即实现凹处的“自钝化”。在 CMP 过程中，这逐渐消除了图形表面高低差，实现了全局平坦化。

在 Cu 抛光液中，常用的氧化剂主要有过氧化氢（H_2O_2）、高碘酸钾（KIO_4）、高碘酸钠（$NaIO_4$）、溴酸钾（$KBrO_3$）、硝酸（HNO_3）、高锰酸钾（$KMnO_4$）、高氯酸钾（$KClO_4$）、硝酸铁［$Fe(NO_3)_3$］等，可以看出，NO_3^-、ClO_4^-、BrO_3^-、IO_4^-、MnO_4^-通常以金属盐的形式用于抛光液中，因此在抛光过程中容易产生金属离子污染，不利于后续清洗工作，在器件中容易形成较大的漏电流，影响器件的正常使用。其中，HNO_3为常见的氧化剂，它的强氧化性能够直接把大多数金属氧化为离子，但其具有强烈的化学腐蚀特性，会导致设备被腐蚀损坏。在 $pH>7$ 的环境中，KIO_4稳定性好、氧化性强，但会对抛光垫造成严重的化学腐蚀，导致抛光垫的有效使用时间变短，其产生的废液会造成环境污染，同时会在金属抛光过程中引入少量金属钾离子。H_2O_2氧化能力适中，不会产生金属离子污染，被广泛用于各种金属材料的抛光过程中。但 H_2O_2在碱性环境中稳定性较差，除了自身分解外，还与抛光液中的螯合剂和表面活性剂等发生中和反应及氧化反应，严重影响了抛光液的使用性能，因此抛光液的稳定性也成了必须解决的问题。有研究发现，过硫酸铵［$(NH_4)_2S_2O_8$］作为氧化剂，可以有效去除残余 Cu，且利于延长抛光液使用寿命，比 H_2O_2具有更好的稳定性。

3．络合剂

对于 Cu 的 CMP 工艺而言，无论是酸性抛光液还是碱性抛光液，络合剂都是必不可少的成分。在一定的机械作用下，络合剂的加入可以迅速络合金属离子，生成稳定易溶的络合物，使溶液中自由的金属离子被络合进入废液当中，促进金属氧化物迅速溶解，这不仅能够加快整个化学反应速率，提高抛光速率，还能够减少这些金属离子带来的污染，有助于基材表面的后期清洗。此外，络合剂还可作为 pH 调节剂。目前抛光液中常用的金属离子络合剂主要分为以下四种：氨基酸类；有机酸类；羟基羧酸类；多羟多胺类。而应用最广泛的是氨基酸类中的乙二胺四乙酸（EDTA）及其钠盐，EDTA 是一种含有羧基和羟基的络合剂，具有广泛的配位能力，几乎能和所有过渡金属离子反应形成稳定的水溶性络合物。但是 EDTA 及其钠盐在酸性条件下溶解度低，EDTA—2Na 还会引入金属 Na^{+} 污染，影响器件的电气性能，给抛光后清洗带来麻烦。随着 IC 集成度的进一步发展，对离子污染的要求越来越高，该类络合剂已经很难满足技术的要求。柠檬酸是一种有机酸，对金属离子也有络合作用，目前在 CMP 后清洗中应用很广泛，其对于去除 Cu 污染的效果也不错。但是其与 Cu 离子的反应产物柠檬酸铜微溶于水，难以被清洗剂带走，并且柠檬酸本身作为一种酸，对于器件的腐蚀作用不容忽视。因此，一种稳定性强、不产生金属离子污染、易清洁和不腐蚀器件的络合物是 CMP 技术所迫切需要的。

目前，河北工业大学微电子研究所自主研发了一种新型的 FA/O 系列络合剂。FA/O 系列络合剂为多羟多胺有机胺碱新材料，结构主要包括十三个络合环、四个氨基和十六个羧基，其分子式如图 9－8 所示。该络合剂在抛光液中既具有较强的金属离子络合能力，同时又可以作为 pH 调节剂、胺化剂、络合剂、缓冲剂和缓蚀剂，具有一剂多用的功能。由于络合环众多，该络合剂可以与几十种金属离子发生络合反应，生成稳定的易溶于水和有机溶剂的络合物，由此可以作为抛光液主要成分去除多种金属离子，并且可以作为清洗剂降低金属离子污染，非常符合 CMP 后清洗的高要求。

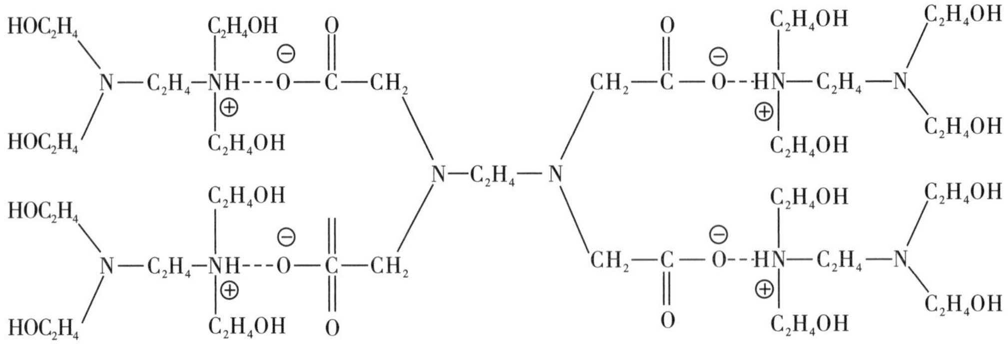

图 9－8　FA/O Ⅱ型大分子络合剂

4. 表面活性剂

表面活性剂是一类双亲化合物，一端是亲油基团，另外一端是亲水基团，在溶液的表面能定向排列，并能使表面张力显著下降。表面活性剂根据在水中能否电离生成离子分为离子型表面活性剂和非离子型表面活性剂。其中，非离子型表面活性剂具有毒性小、稳定性好的优点，属于温和型表面活性剂。因为非离子型表面活性剂为含碳有机化合物，所以在微生物的作用下可以转化为可供细胞代谢使用的碳源，分解为水和二氧化碳。考虑到安全性、环保性、降低表面张力特性和使用离子型表面活性剂会引入金属离子污染的问题，微电子行业中一般选用非离子型表面活性剂。

在 CMP 工艺中，表面活性剂的主要作用表现在对于颗粒的分散度控制，主要包括以下几种作用：

提高磨料的分散性：表面活性剂的加入可以有效提高磨料的分散性，使得磨料颗粒不易聚集在一起形成沉淀，有利于提高抛光液的稳定性。

降低表面粗糙度，提高抛光一致性：表面活性剂能够使磨料更加均匀地分布在抛光垫的表面，提高一致性的同时减低表面粗糙度。此外，表面活性剂可以降低 Cu 膜等抛光材料的表面张力，提高化学成分的质量传递速率，进而提高抛光的一致性和表面平整度。

优先吸附的作用：表面活性剂会优先吸附在抛光材料的表面，可以有效阻止 BTA、SiO_2、CuO 和 Cu_2O 等分子在抛光材料表面形成的化学吸附，有利于 CMP 后清洗。

降低液体表面张力，加快传质速度：表面活性剂的加入可以降低液体表面张力，加快 CMP 的传质速度，从而加快突出区域反应产物的生成和带走速度。同时，表面活性剂对颗粒和产物具有良好的包封作用，使得 Cu 表面的产物或颗粒处于物理吸附状态，易于被去除，如图 9－9 所示。在 Cu 的 CMP 过程中，由于表面活性剂的分散和内聚作用，凹陷区域受到保护，反应能和传质能较低，导致磨料、络合剂与 Cu 之间接触不足。因此，凹陷区域的化学和机械作用较小，去除率较低，而凸起区域则相反，从而实现有效的全局平面化。

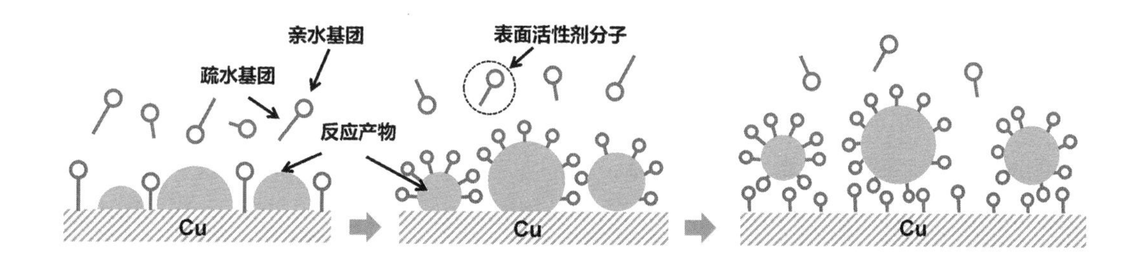

图 9－9　表面活性剂加速 CMP 传质过程模型图

5．缓蚀剂

缓蚀剂是抛光液中的重要成分，主要用于减缓金属表面的腐蚀，对各种金属之间的速率选择比调控起关键作用。在 CMP 工艺中，基材表面形貌凹凸不平，在缓蚀剂的化学作用和机械作用的协同作用下，凸面被去除的同时，缓蚀剂可以在凹形金属表面形成致密的保护膜，降低凹形金属表面的腐蚀速率，从而达到基材表面的全局平坦化。缓蚀剂的作用机理是通过极性基团与金属表面之间的电荷化学吸附，导致阳极或阴极区域形成单分子吸附膜，从而显著抑制或减缓金属腐蚀。在 CMP 工艺中，常用的缓蚀剂有咪唑（$C_3H_4N_2$）、1,2,4－苯并三唑（TAZ）、BTA 和甲基苯并三氮唑（TTA）。其中，TAZ 和 BTA 等唑类缓蚀剂是抑制 Cu 表面腐蚀的理想缓蚀剂，同传统的氧化膜型缓蚀剂的区别在于，它们是通过化学作用与 Cu 离子或者 Cu 氧化物形成化学吸附膜的。

9.4.2 抛光垫

抛光垫是一种具有一定弹性、疏松多孔的材料。目前，抛光垫一般是聚氨酯类，主要作用是储存抛光液、输送抛光液、排出废物、传递加工载荷、保证抛光过程平稳进行等。抛光垫的理化性质主要包括硬度、孔隙率、孔隙大小、弹性和表面纹理等。抛光垫根据硬度差异可以分为硬质、软质抛光垫。硬质抛光垫有利于实现工件表面较高的平整度；软质抛光垫则可以获得较薄表面损伤层和较低粗糙度的晶圆表面。

CMP 工艺要求抛光垫具有良好的耐腐蚀性、亲水性以及机械力学特性，目前聚氨酯抛光垫是主流选择。聚氨酯抛光垫具有抗撕裂强度高、耐磨性强、耐酸碱腐蚀性优异的特点，是最常用的抛光垫材料之一。此外，抛光垫还包括无纺布抛光垫和复合型抛光垫，具体的特点如下：

（1）聚氨酯抛光垫（见图 9－10）：聚氨酯抛光垫具有弹性佳，对抛光面适应性好；不易发生形变；聚合物的种类多，能够通过有效的分子设计满足不同应用需求；聚合物材料可加工性好；成本较低等优点，是目前粗抛过程中最常用的产品之一。但聚氨酯抛光垫硬度高，在抛光过程中容易划伤芯片，因此多用于粗磨工艺中。

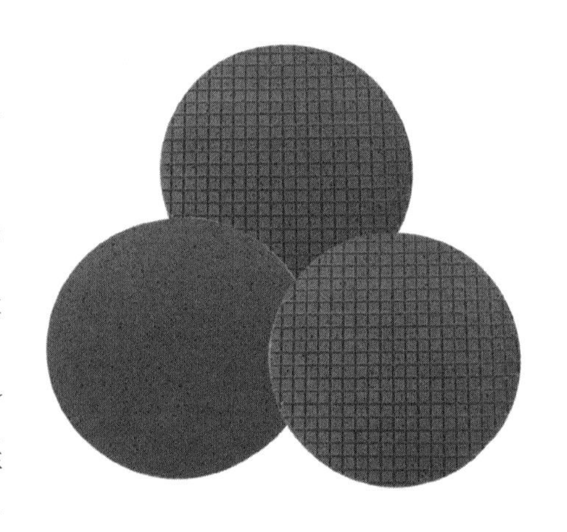

图 9－10　聚氨酯抛光垫

（2）无纺布抛光垫（见图9－11）：无纺布抛光垫由定向的或随机的纤维构成，原材料聚合物棉絮类纤维渗水性能好，容纳抛光液的能力强，但是其硬度较低、对材料去除率低，因此会降低被抛光片的平坦化效率，常用在精抛工艺中。

图9－11　无纺布抛光垫

（3）复合型抛光垫（见图9－12）：复合型抛光垫采用“上硬下软”的上下两层复合结构，兼顾平坦度和均匀性要求。复合型抛光垫含有双重微孔结构，大幅降低目前抛光垫的回弹率，减少了抛光垫的凹陷，提高了均匀性，解决了抛光垫在使用过程中易釉化的问题。

图9－12　复合型抛光垫

9.5 CMP应用

CMP工艺作为一项重要的表面处理技术，自1988年IBM将CMP技术应用于4M DRAM的制造以来，CMP技术在全球各行各业迅速发展，并逐渐扩展到对各种材料的整平和抛光，而不仅仅局限于半导体制造领域，其广泛应用于光学器件制造、先进封装、先进陶瓷、外观件抛光等领域。它采用化学反应和机械研磨相结合的方法去除材料表面不平整的部分，获得高度光滑和精确的表面。CMP工艺的应用极大地提高了现代科技产品的性能和质量，促进了信息技术、光电技术、智能电子等领域的可持续发展。随着科学技术的不断进步，CMP工艺将不断发展，并在更多领域得到应用。

9.5.1 半导体制造中的应用

半导体技术作为现代社会的基石，推动着无数行业的进步和革新。由于半导体制造是一系列复杂而精密的工序，目前唯一能兼顾表面全局和局部平坦化的 CMP 技术成为半导体制造领域的关键技术，其应用环节包括但不仅限于晶圆抛光，以下是 CMP 在半导体制造中的应用环节：

1. 晶圆平坦化

在晶圆制造过程中，不同的工艺步骤可能会导致晶圆表面的高度产生差异，影响后续制程的精确度。比如在光刻制程中，使用较短波长的光可以提高光敏剂图案化时的分辨率，但同时会降低焦深（Depth of Field，DOF，即光学成像时聚焦范围的深度）。如果晶圆表面高低不平，在焦深范围之外，就会导致图像模糊或失真，影响芯片的精度和品质。在薄膜沉积制程中，不平整的晶圆表面会导致薄膜沉积不均匀，影响薄膜层的厚度和质量。因此，在晶圆制造的许多环节之间都需要使用 CMP 将晶圆平整化，其优点有：①提高晶圆的全局平坦化效果；②改善台阶覆盖性；③增加芯片层数。

如图 9－13 所示，晶圆材料的制造工艺流程分为五步，其中晶圆的平坦化工艺主要应用在第四步。晶圆的 CMP 工艺主要是采用含 SiO_2 磨料的 KOH 溶液研磨 Si 薄膜。其基本原理是：在机械压力下，KOH 溶液软化晶圆上的 Si 薄膜，在聚氨酯抛光垫上，晶圆上软化的 Si 材料被抛光液里的磨料磨损并带走。其中，晶圆上突出的形貌由于上部受到高压将会优先被磨去，采用较硬的研磨垫能够提高形貌选择性，提升平坦化效率。

图 9－13　晶圆材料制造工艺流程

2. 去除氧化层

在半导体制造过程中，晶圆表面会形成一层自然氧化层。这层氧化层会对晶圆的电性能、界面特性以及其他方面性能产生影响，因此可以利用 CMP 工艺将其有效去除或修整。

3. 金属互连平坦化

金属互连工艺是利用金属的导电特性，将不同的器件连接起来形成电路，借助电路可以把外部的电信号传输到芯片内部不同的部位，从而形成具有一定功能的芯片的技术。如表 9－2 所示，CMP 工艺在多层金属互连制程中具有很多优点，因此，CMP 工艺常被用于多层金属互连制程，平整每一层用来导电的金属层和隔离不同金属层的介电层，以确保下一层的平整度，避免短路和电流泄漏等情况的发生。

表 9－2　CMP 工艺在多层金属互连制程中的优点

优点	说明
平坦化类型广	可实现局部或全局平坦化
平坦化适用材料类型多	可对多种材料表面进行平坦化
平坦化能力强	可在同一次抛光过程中对多层材料进行平坦化，可用于起伏严重表面的平坦化
金属图案化	可用于制作金属图案，不需要对难以刻蚀的金属和合金进行等离子体刻蚀
材料表面质量高	可有效去除材料表面缺陷
可靠性高	可有效提高器件和电路的可靠性及成品率
安全性高	无需使用干法刻蚀工艺中的危险气体

金属互连的 CMP 工艺主要应用于 Cu 金属的去除，传统的多层 Cu 布线平坦化分为三步，如图 9－14 所示，第一步是去除晶圆表面沉积的大部分凹凸不平的电镀 Cu 膜；第二步是通过降低 Cu 膜去除速率的方法缓慢去除阻挡层表面剩余的全部 Cu 膜，并采用终点监测技术使抛光停在阻挡层上；第三步是去掉阻挡层及抛光后清洗。

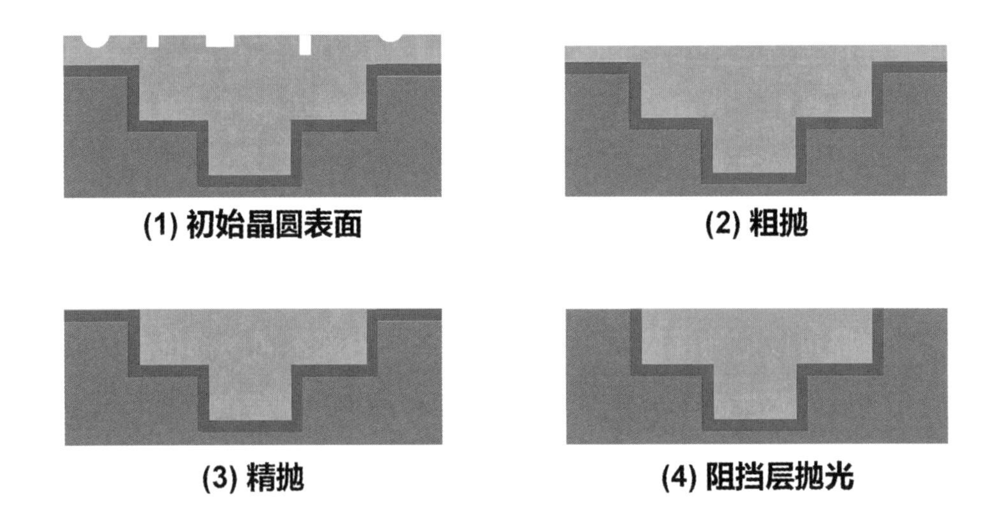

图 9－14　多层铜布线三步抛光工艺流程

Cu 的 CMP 去除机理是基于络合剂对金属离子具有很强的络合作用而建立的，因此一般选用具有强络合作用的络合剂。例如 FA/O Ⅱ络合剂，其具有 13 个络合环，对 Cu^{2+} 具有很强的络合能力。它可以和 Cu^{2+} 反应生成稳定可溶的络合物，随后产物溶解到抛光液中而被带离基材表面。

在 Cu 表面 CMP 后，由于氧化剂或空气的氧化作用，表面会残留 Cu 氧化物（CuO 和 Cu_2O），Cu_2O 暴露在空气中易进一步氧化成 CuO，需要使用清洗剂进行 CMP 后清洗处理。如图 9－15 所示，生产使用的清洗剂为碱性，在碱性环境下，CuO 会微量水解生成 $Cu(OH)_2$，而 $Cu(OH)_2$ 在溶液中会微弱电离产生 Cu^{2+}，Cu^{2+} 与络合剂发生反应生成稳定可溶的络合物，随后被流动的清洗剂带离表面，使 Cu^{2+} 浓度减小。根据电离平衡原理，同时在 CMP 条件下，机器使体系的动能迅速增加，络合剂与 Cu^{2+} 轻松跨越反应势垒，使 $Cu(OH)_2$ 电离产生 Cu^{2+} 的电离平衡反应迅速向右移动，$Cu(OH)_2$ 被慢慢去除，从而达到了去除 CuO 的效果。

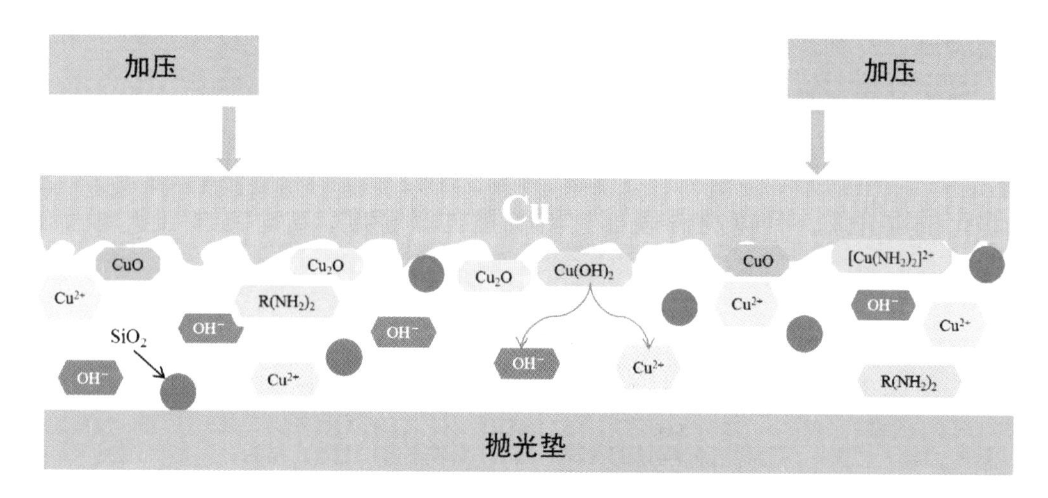

图 9－15　CMP 后清洗的化学反应模型示意图

此外，在半导体行业的不断进步下，CMP 作为其中不可或缺的一项关键技术，其应用也越来越广泛。图 9－16 显示了 CMP 在先进半导体器件制造中的应用。CMP 技术不仅应用于金属层和介质层的平坦化，还应用于钨、浅槽隔离、氮化硅、硅通孔以及替换性金属栅等的平坦化。

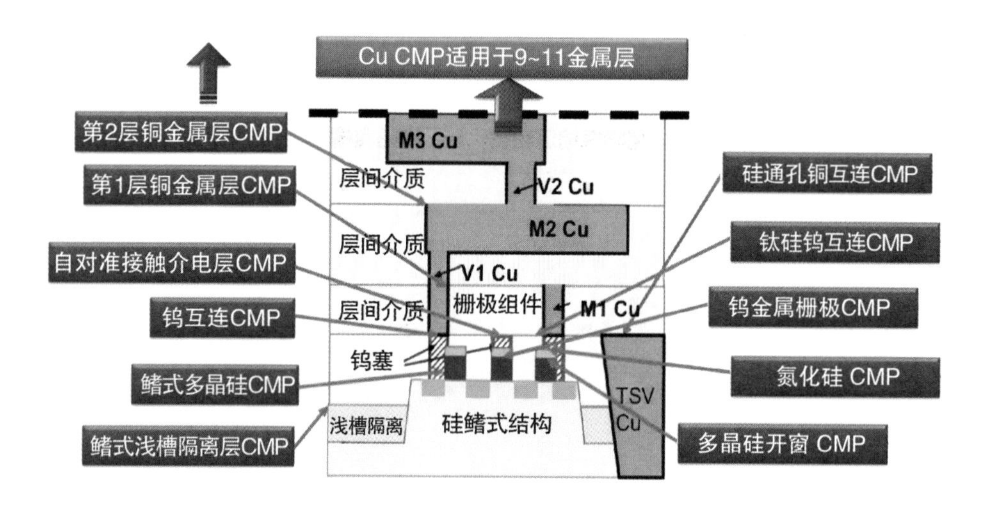

图 9－16　CMP 技术在先进半导体器件制造中的应用

4．浅槽隔离平坦化

浅槽隔离是一种实现不同电子元件之间的电气隔离，防止电子信号的干扰和泄漏的工艺技术，通常用于 0.25 μm以下工艺。如图 9－17 所示，浅槽隔离通过利用氮化硅掩模经过淀积、图形化、刻蚀硅后形成槽，并在槽中填充淀积氧化物，用于与硅隔离。浅槽隔离的过程需要在硅中刻蚀出图案的沟槽，沉积一个或多个电介质来填充沟槽，然后使用 CMP 等技术去除多余的电介质，使得材料表面达到高度的平整度，为后续的工艺步骤提供良好的基础。

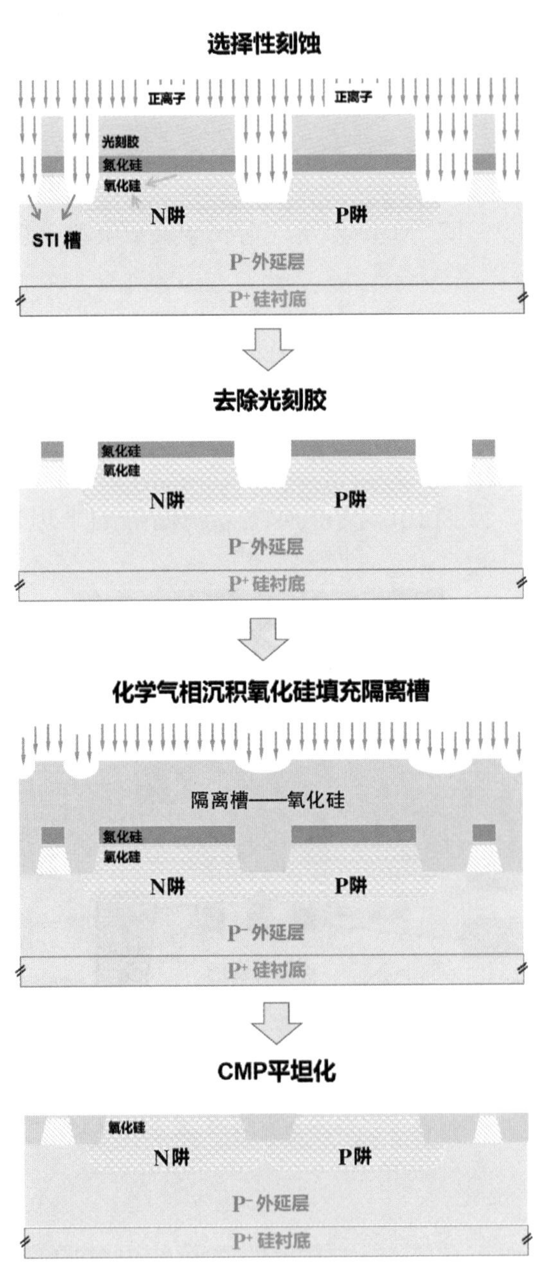

图 9-17　浅槽隔离工艺流程示意图

5. 高 k 金属栅平坦化

随着晶体管尺寸的缩小，为保证栅控能力，需要维持足够的栅电容，因此栅氧厚度和源漏间距进一步减小。当栅氧物理厚度减薄到低于 1.5 nm 时，由于直接隧道效应指数级增加，栅漏电流以及源漏间的漏电流急剧增加，传统的硅二氧化物栅极介质或其他介质层都已经无法满足工业界的需求。为了克服这些问题，只能采用介电常数较高的高 k 介质替代传统的 SiO_2（k 大约为 3.9）介质。高 k 栅介质能够在保持栅电容不变的同时，增加栅介质的物理厚度，达到降低栅漏电流和提高器件可靠性的双重目的。图 9－18 为高 k 金属栅的结构示意图，在高 k 金属栅的制造过程中，CMP 被用来去除高 k 介电层和金属栅的过剩部分，使得其表面达到高度的平整度，以此确保金属栅的精确形状和尺寸，从而实现高性能的栅极结构。

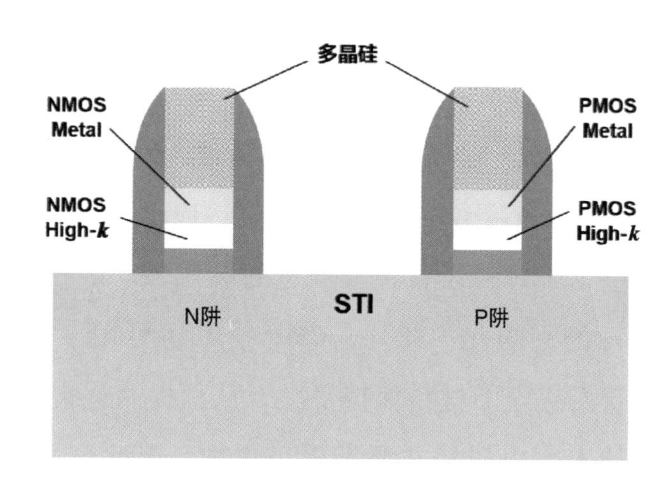

图 9－18　高 k 金属栅的结构示意图

目前，高 k 栅介质与金属栅极技术已广泛应用于 28 nm 以下高性能产品的制造，它在相同功耗情况下可以大幅提高集成电路的性能，泄漏电流大幅下降。高 k 金属栅的应用经历了较长的探索过程：在很长的时间里，晶体管的栅氧化层都是采用高温干法或湿法热氧化硅形成氧化层；后来为了提高氧化层的介电常数，在氧化过程中掺入 N 元素形成 SiON 栅介质层；而栅多晶硅厚度的降低，不仅导致电阻变大，还引起了器件延迟和栅耗尽效应。在此背景下，在 28 nm 这个工艺节点，工业界大多开始使用高 k 金属栅工艺作为超大规模集成电路的标准工艺，虽然性能得到了大幅提升，但也大大增加了工艺复杂度。

9.5.2 先进封装中的应用

先进封装是指在微电子器件制造中，将芯片（集成电路）封装在具有特定功能和性能的封装材料中，以保护芯片并提供连接芯片与外部电路接口的技术。传统的机械抛光和化学抛光去除速率均低至无法满足先进芯片量产需求，而结合了机械抛光和化学抛光各自长处的 CMP 技术则是目前唯一能兼顾表面全局和局部平坦化的抛光技术，因而在目前先进集成电路制造中被广泛应用。如果晶圆（芯片）制造过程中无法做到纳米级的全局平坦化，则既无法重复进行光刻、刻蚀、薄膜和掺杂等关键工艺，也无法将制程节点缩小至纳米级的先进领域。因此随着超大规模集成电路制造的线宽不断细小化并对平坦化产生更高的要求和需求，CMP 技术在先进工艺制程中具有不可替代且越来越重要的作用。图 9－19 为先进封装工艺流程示意图，图 9－20 为芯片封装设备，在先进封装领域，CMP 技术主要被用于界面、薄膜层等的平坦化。此外，CMP 技术还可用于通孔的平坦化，使填充后的通孔表面与周围材料保持平整，从而提高连接的质量和性能。另外，先进封装技术对引线尺寸要求更小更细，因此刻蚀、光刻等工艺也被引入该领域中，而 CMP 技术作为每道工艺间的抛光工序，也得以被广泛应用。

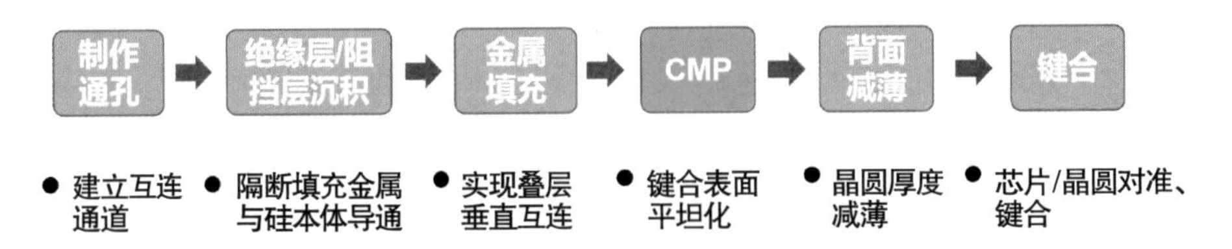

图 9－19　先进封装工艺流程示意图

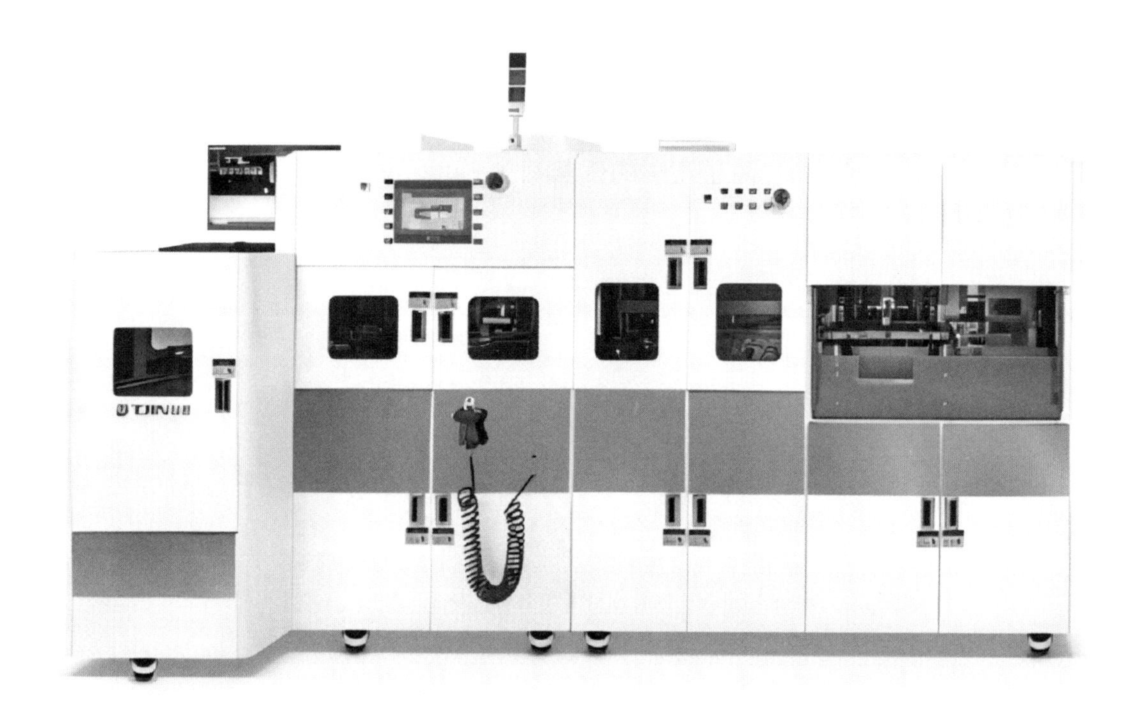

图 9－20　芯片封装设备

练习题

（1）CMP 的原理是什么？其设备主要由哪些部件组成？它们的作用分别是什么？

（2）影响 CMP 工艺的参数有哪些？请简要陈述。

（3）CMP 材料中的抛光垫主要包括哪几类？抛光垫的参数及其对抛光效果的影响是什么？

（4）CMP 工艺步骤是什么？请简要陈述。

（5）请问 CMP 工艺中除了圆盘式抛光机，还有什么类型的抛光机？

（6）请从原理角度比较化学抛光、机械抛光和 CMP 的异同，并说明为什么 CMP 工艺优于化学抛光和机械抛光。

（7）如何评价 CMP 后基材表面的质量？主要包括什么指标？考察这些指标的表征手段有什么？

（8）如果一个铜金属互连基材经过 CMP 后出现凹凸不平的情况，如何调控以获得全局均一的表面?

（9）CMP 在多层金属互连中的优势有哪些?

芯片先进封装制造

学习目标

(1) 了解芯片封装的概念。

(2) 了解芯片封装的作用。

(3) 了解芯片封装技术的发展历史。

(4) 掌握芯片封装工艺的分类。

10.1 芯片封装的概述

一般集成电路芯片都不是可以独立存在的单个元件，它们必须与其他元件系统相互连接，才能发挥整个系统的功能。集成电路封装是半导体工艺的最后阶段，它不仅起着物理封装、固定、密封、保护芯片和增强导热性能的作用，还是连接芯片内部世界和外部电路的桥梁。狭义的封装是指利用薄膜技术和微加工技术，将芯片等元件在框架或载板上进行布局，然后粘贴固定连接，引出终端，通过塑料绝缘介质封装固定，构成整体立体结构的工艺。广义的封装是指封装工程，又称系统封装，是将芯片封装与其他元器件组合，组装成一个完整的系统或电子设备，并保证整个系统整体性能实现的项目（见图 10－1）。

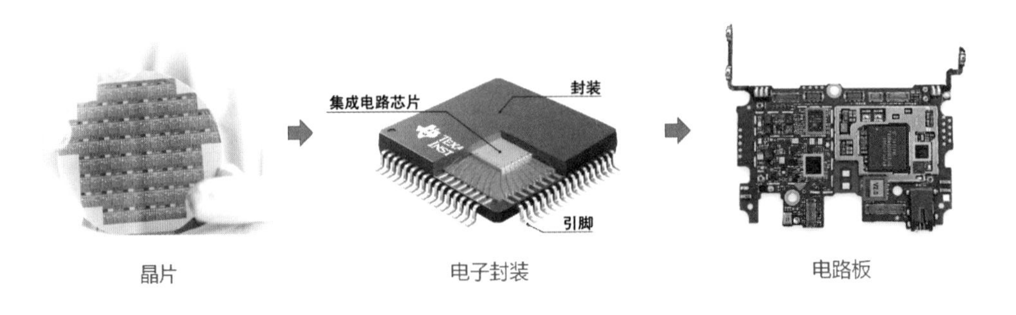

图 10－1　芯片封装示意图

结合上述两层封装的含义可知，封装就是按照设备的要求，将芯片封装的所有元件和载体技术的组件进行连接和组装，从而实现芯片的各种功能，满足整机和系统的适用性。封装技术是一门跨学科、跨行业的综合性工程，广泛涉及材料、电子、热力、机械和化学等学科，是发展微电子器件不可或缺的组成部分。芯片封装类型经历了通孔插针技术（Pin-in-hole，PIH）、表面贴装技术（Surface Mounting Technology，SMT）、球栅阵列（Ball Grid Array，BGA）、多芯片模块（Multi-chip Module，MCM）等几代变化。随着芯片封装技术的日益先进，单芯片封装效率即芯片面积与封装面积之比越来越接近"1"，这进一步体现在封装的形状变化上，即多引脚元件、薄型化、引脚的微细化和引脚形状的多样化，也体现在电子终端产品的高性能、轻薄化和短小化上。

10.2 芯片封装的作用

芯片封装是将经过半导体前端工艺处理的晶圆进行切割、粘贴、粘接，然后在其表面涂上塑料密封材料，以保护芯片元件，并用于印制电路板的组装的过程。芯片封装颗粒主要提供一个引线键合的接口，通过金属引脚、球形触点等技术与芯片系统连接，保护芯片不受外部环境的影响，包括外力、水、杂质或化学物质。

芯片封装的目的是保证封装后的芯片具有较强的机械性能、良好的电性能和散热性能。一个完整科学的芯片封装工艺，首先应满足实现集成电路芯片内部键合点和外部电气连接的目的，然后为芯片提供长期稳定可靠的工作环境，既对芯片起到机械保护的作用，又保证芯片能正常运行的高稳定性和可靠性。

芯片封装的主要作用可概括为以下几点：

1. 传递电能

所有的电子产品都以电能为能源，电能的传输包括电源电压的分布和传导。在封装过程中，对电能传输的主要考虑是合理分配器件和模块不同部位所需的不同等级的电压，避免不必要的电损耗，同时考虑地线的分布。电能的传输必须通过线路的连接来实现，这是芯片封装的主要功能。

2. 传递电信号

集成电路产生的电信号或外部输入的电信号需要通过封装不同层之间的线路传输到正确的位置，而这些线路既要保证电信号的延时尽可能小，又要保证电信号传输路径最短。因此，电路通过芯片封装连接后，电子元件之间的电信号传输既有效又高效。

3. 散热

集成电路的元器件、元件、模块在长时间工作时会产生一定的热量。芯片封装就是利用封装材料良好的导热性，有效地散出电路之间产生的热量，使芯片能在适当的工作温度下正常工作，满足芯片各项性能指标的要求，保证不会因工作环境温度的过度积累而造成电路损坏。

4. 电路保护

有效的电路保护不仅需要芯片与其他连接部件之间可靠的机械支撑，还需要保证精细集成电路不受外界物质的污染。芯片封装为集成电路的稳定性和可靠性提供了良好的结构保护和支撑。

5. 系统集成

多个芯片可以通过封装工艺集成在一起。科学的封装工艺不仅减少了电路之间连接的焊点数量，而且大大减小了封装的体积和重量，同时缩短了元件之间的连接线，提高了集成电路整体的电气性能。

10.3 电子封装的层级分类

根据芯片的基本制造过程，电子封装可划分为四个阶段（见图 10－2）。

第一个阶段为一阶封装，指将集成电路芯片制作出来后，对芯片键合塑封的封装过程阶段。第二个阶段为二阶封装，指将封装完成的芯片颗粒组装到模块或线路板上的封装过程阶段。第三个阶段为三阶封装，指将模块或线路板安装到母板或系统板上的封装过程阶段。最后一个阶段为四阶封装，指将不同的系统装配起来，制造成不同的电子终端产品。封装产业发展到现在，随着混合电子电路（Hybrid microelectronic）技术的发展，一阶与二阶封装的行业界线已逐渐变得模糊。例如芯片直接组装（Chip on Board，CoB）省略了一阶封装，使得整个封装过程变得更加紧凑。

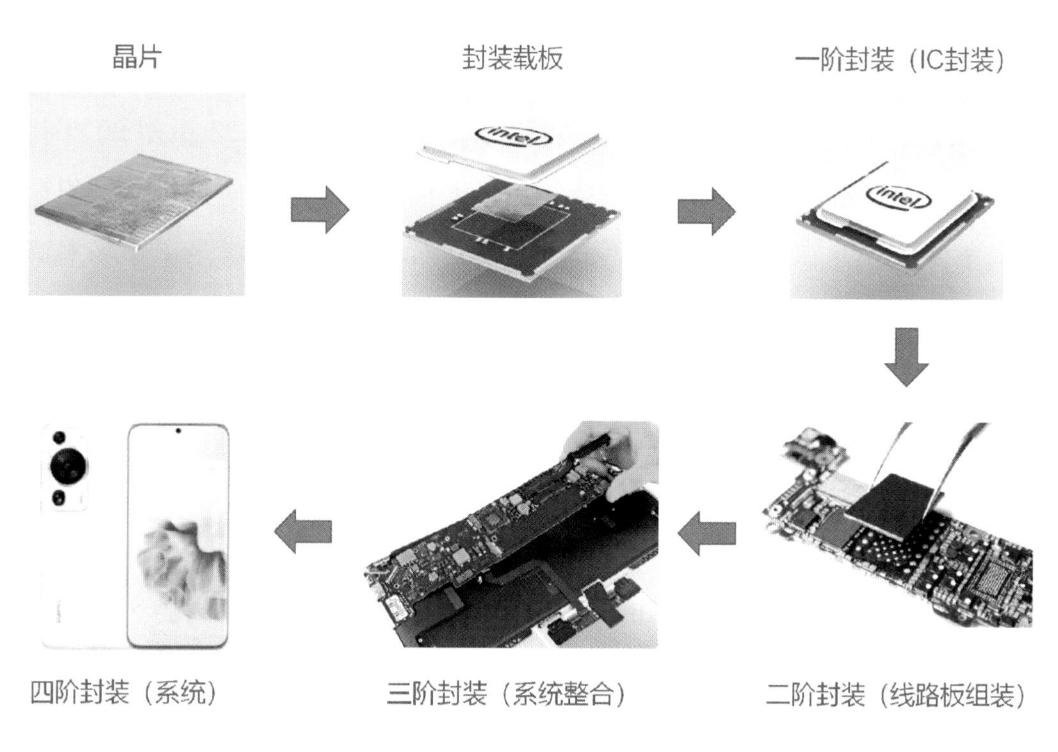

图 10－2　电子封装阶段划分示意图

10.4 芯片封装技术的分类

半导体器件有许多封装形式，按封装的外形、尺寸、结构分类可分为引脚插入型、表面贴装型和高级封装三类。从双列直插式封装（Dual In-line Package，DIP）、方形扁平封装（Quad Flat Package，QFP）、小外形封装（Small Outline Package，SOP）、插针网格阵列（Pin Grid Array，PGA）封装、球栅阵列封装到芯片级封装（Chip Scale Package，CSP）再到系统级封装（System in a Package，SIP），技术指标一代比一代先进（见图 10 -3）。总体来说，半导体封装经历了三次重大革新：第一次是在 20 世纪 80 年代从引脚插入式封装到表面贴片封装，它极大地提高了印刷电路板上的组装密度；第二次是在 20 世纪 90 年代，球栅阵列封装的出现满足了市场对高引脚的需求，改善了半导体器件的性能；芯片级封装、系统级封装等是现在第三次革新的产物，其目的就是将封装面积减到最小。半导体产品在由二维向三维发展，从技术发展方向看，半导体产品出现了系统级封装等新的封装方式；从技术实现方法看，出现了倒装（Flip chip）、凸块（Bumping）、晶圆级封装（Wafer Level Package，WLP）、2.5D 封装［中介层（Interposer）、再分布层（Redistribution Layer，RDL）等］、3D 封装［硅通孔（Through Silicon Via，TSV）］等先进封装技术。

传统封装概念从最初的三极管直插时期开始产生。传统封装过程如下：将晶圆切割为晶粒后，使晶粒贴合到相应的基板架的小岛上，再利用导线将晶片的接合焊盘与基板的引脚相连，实现电气连接，最后用外壳加以保护。典型封装方式有 DIP、SOP、薄型小尺寸封装（Thin Small Outline Package，TSOP）、QFP 等。

先进封装主要是指倒装、凸块、晶圆级封装、2.5D 封装、3D 封装等封装技术。先进封装在诞生之初只有晶圆级封装、2.5D 封装和 3D 封装几种选择。近年来，先进封装的发展呈爆炸式向各个方向发展，而每个开发相关技术的公司都将自己的技术独立命名注册商标，如台积电的 InFO、CoWoS，日月光的 FoCoS，安靠（Amkor）的 SLIM、SWIFT 等。尽管很多先进封装技术只有微小的区别，但大量的新名词和商标被注册，导致行业中出现大量的不同种类的先进封装，而其诞生通常是由客制化产品驱动的。

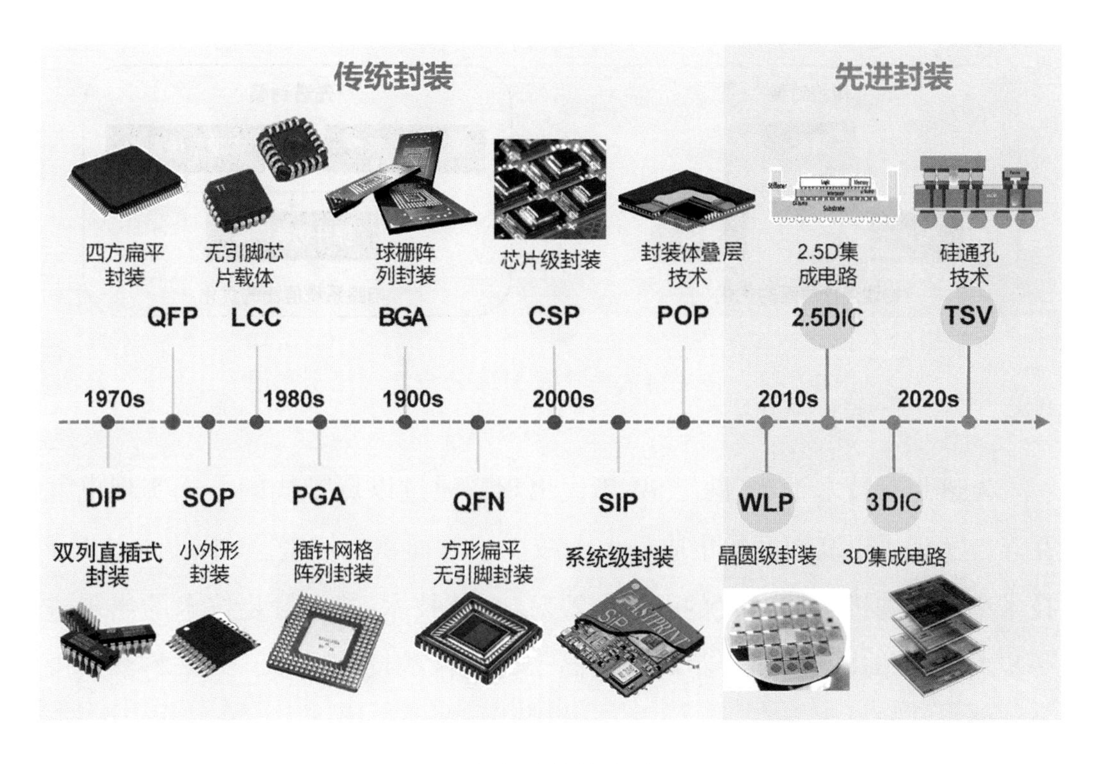

图 10－3　芯片封装技术发展示意图

先进封装优势如下：

（1）提高加工效率，提高设计效率，减少设计成本。

以晶圆级封装为例，产品生产以圆片形式批量生产，可以利用现有的晶圆制备设备，封装设计可以与芯片设计一次进行。这将缩短设计和生产周期，降低成本。

（2）提高封装效率，降低产品成本。

随着后摩尔定律时代的到来，传统封装已经不再能满足需求。传统封装的封装效率（裸芯面积/基板面积）较低，存在很大的改良空间。芯片制程受限的情况下，先进封装便是另一条出路。传统的 QFP 封装效率最高为 30%，那么 70% 的面积将被浪费，而 DIP 浪费的面积会更多，相比之下，BGA 封装则能够显著提高面积利用率和性能。

（3）先进封装以更高效率、更低成本、更好性能为驱动力。

先进封装与传统封装的功能对比如图 10－4 所示。

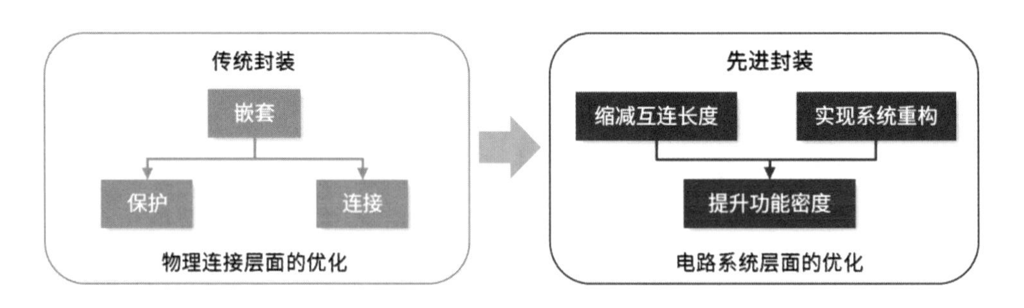

图 10－4　传统封装与先进封装的功能对比示意图

先进封装技术于 20 世纪 90 年代出现，通过以点带线的方式实现电气互连，实现了更高密度的集成，大大减少了对面积的浪费。SiP 技术及 PoP 技术奠定了先进封装时代的开局，2.5D 封装技术、3D 封装技术的出现进一步缩小了芯片间的连接距离，提高了元器件的反应速度，未来将继续推动先进封装的发展。

10.5 芯片先进封装技术

10.5.1 倒装和凸块

传统的封装技术都是将芯片的有源区面朝上，背对基板和贴后键合。而芯片倒装则将芯片有源区面对着基板，通过芯片上呈阵列排列的焊料凸块实现芯片与衬底的互连。硅片直接以倒扣方式安装到 PCB 上，从硅片向四周引出 I/O，互连长度大大缩短，减小了 RC 延迟，有效地提高了电性能。

Flip chip 的优势主要在于以下几点：尺寸减小，功能增强（增加了 I/O 数量），性能增强（互连短），可靠性提高（倒装芯片可减少三分之二的互连引脚数），散热能力提高（芯片背面可以有效进行冷却）。

Flip chip 的关键一步是 Bumping，可以通过在晶圆上制作外延材料来实现。Bumping 是一种新型的芯片与基板间电气互连的方式，其可以通过小的球形导电材料实现，这种导电球体被称为 Bump，制作导电球体这一工序被称为 Bumping。当粘有 Bump 的晶粒被 Flip chip 并与基板对齐时，晶粒便很容易地实现了与基板的连接。当芯片制作工序完成后，制造的凸块下金属化层（Under Bump Metallization，UBM）触垫将被用于实现芯片和电路的连接，Bump 也会被淀积于触垫之上。焊锡球（Solder ball）是最常见的 Bumping 材料之一，但是根据不同的需求，金、银、铜、钴也是不错的选择。对于高密度的互连及细间距的应用，铜柱是一种新型的材料。焊锡球在连接的时候会扩散变形，而铜柱可以很好地保持其原始形态，这也是铜柱能用于更密集封装的原因。

Flip chip 是先进封装的最大市场之一，Bumping 是其主要的工艺，其显著提高了集成密度。目前，头部晶圆制造厂已将凸块间距（Bump pitch）推进至 10 μm 以下，国内大型封装厂已迈入 40 μm 级别。

作为一种先进的晶片级工艺技术，Bumping 在将晶片切割成单个芯片之前，会在整个晶圆形式的晶片上形成由焊料制成的“凸块”或“球”（见图 10－5）。凸块制作的材质可分为金凸块、铜镍金凸块、铜镍锡凸块、焊球凸块。凸块将管芯和衬底一起互连到单个封装的基本互连部件中，每个凸块都是一个 IC 信号触点，成为芯片和芯片之间、芯片和基板之间的“点连接”。在封装环节中，Bumping 有助于减小模组体积，提高良品率，降低成本，易于量产。

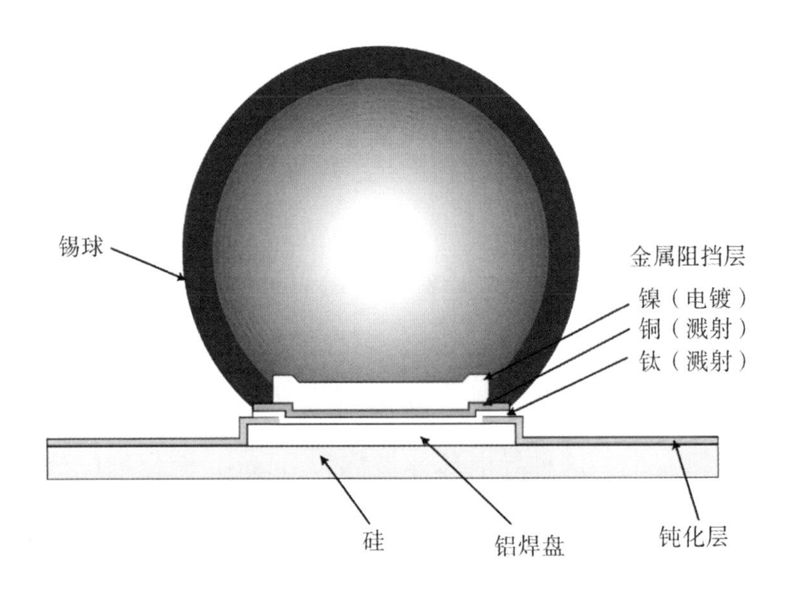

图 10－5　焊料凸块的横截面

在倒装芯片封装中，使用焊料凸块而不是采用引线键合将硅芯片直接连接到基板上，不仅在电气、机械和热性能方面起着重要作用，还能提供具有更快数据传输速率的密集链接。常见的凸块一般高 60～100 μm，直径为40～120 μm（见图 10－6），而铜柱（Cu pillar）凸块的高度通常为30～60 μm，再在其上电镀 SnAg 焊帽（见图 10－7）。倒装芯片是消费、网络、计算、移动和汽车市场上的关键互连技术。

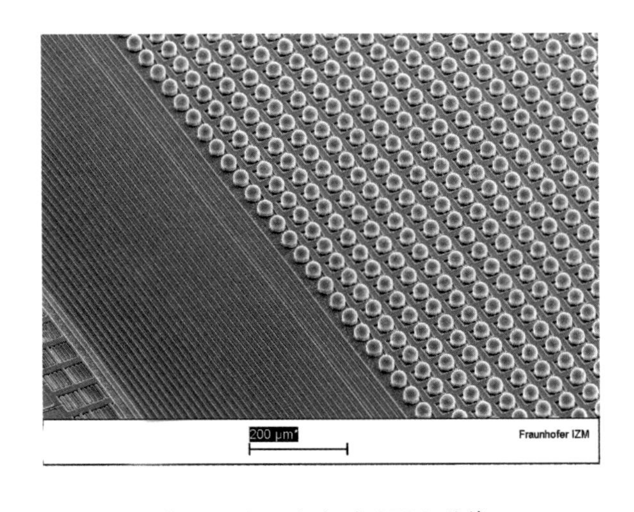

图 10－6　凸块的 SEM 图像

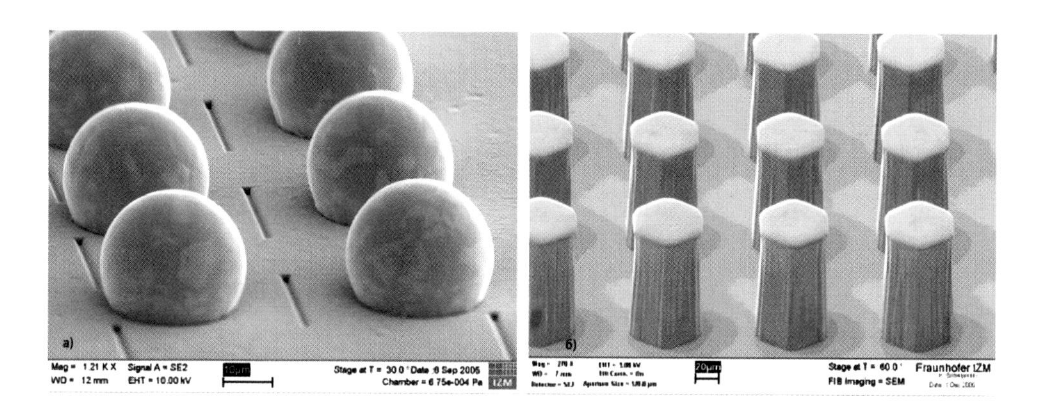

图 10－7　焊球端子和柱式端子的 SEM 图片

晶圆级封装有较小的封装尺寸与较佳的电性表现等优势，它们利用先进的晶圆凸块与电路板互连，因而适用于移动设备、物联网（IoT）、可穿戴设备和汽车电子。

不同材料（Si、GaAs、玻璃等）、不同尺寸（100 mm、150 mm、200 mm和 300 mm）、不同厚度（150～650 μm）的晶圆均可使用凸块工艺。不同的金属材质适用于不同芯片的封装。晶圆凸块技术制作过程复杂，需要经过清洗、溅镀、曝光、显影、电镀、去胶、刻蚀和良品测试环节。

电子器件向更轻薄、更微型和更高性能的进步，促使着凸块尺寸减小，精细间距也愈发重要。凸块间距越小，意味着凸块密度越大，封装集成度越高，难度越大。行业内凸块间距正在朝着 20 μm 推进，而实际上行业巨头已经实现了小于 10 μm 的凸块间距（见图 10－8、图 10－9）。如果凸块间距超过 20 μm，在内部互连的技术上采用基于热压键合（Thermo-compression Bonding，TCB）的微凸块连接技术。面向未来，混合铜键合（Hybrid Copper Bonding，HCB）铜对铜连接技术可以实现更小的凸块间距（10 μm 以下）和更高的凸块密度（10 000 个/mm^2），并带动带宽和功耗双提升。

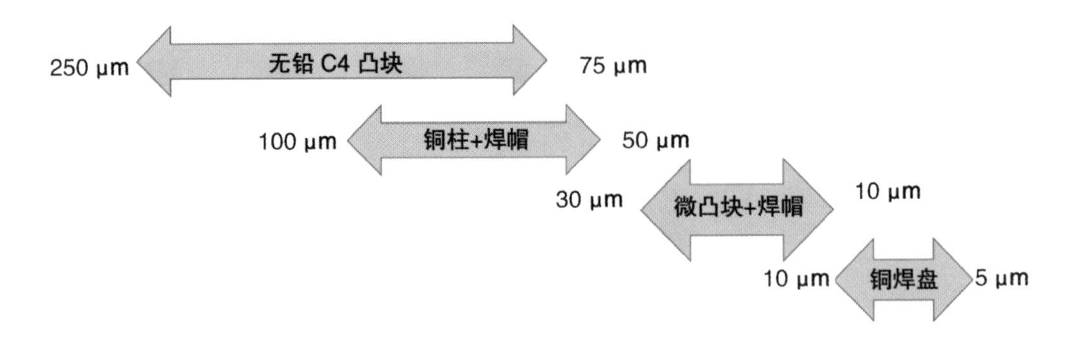

图 10－8　倒装芯片凸块间距推进至 10 μm 以下

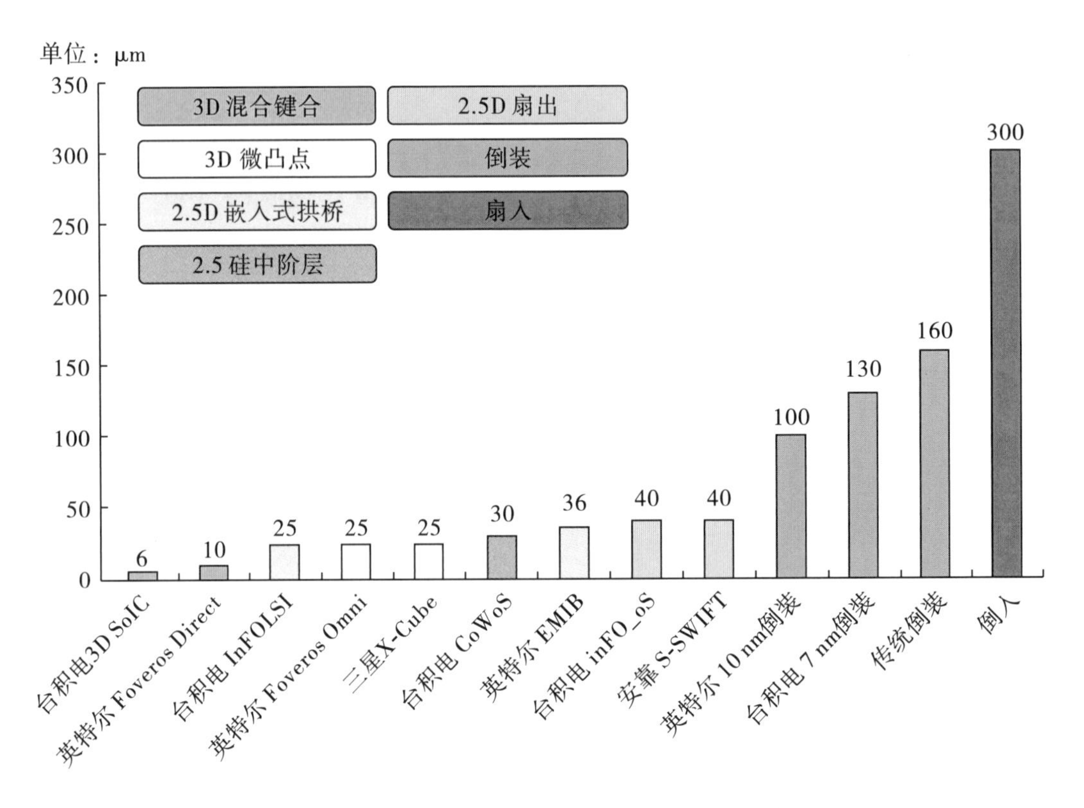

图 10－9　厂商封装技术凸块尺寸对比示意图

电镀铜柱常见的性能要求如下：

（1）单根铜柱的均一性。

其主要指的是独立一根铜柱的均匀性（有时称为铜柱拱形率），一般要求单根铜柱的均一性计算结果在 ±5% 的范围内（见图 10－10）。计算公式为：$\frac{(b-a)}{a}\times 100\%$。

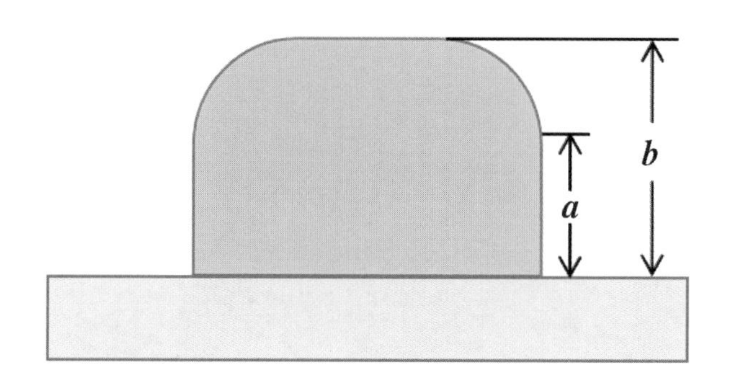

图 10－10 铜柱凸块均一性示意图

（2）适合大电流密度（10 ASD 以上）操作。

电流密度是衡量镀铜柱生产效率的重要指标。电流密度越高，铜柱生长速度越快，生产效率越高。以 60 μm 高铜柱的生长为例，如果使用 5 ASD，一般需要 55 分钟，但如果使用 30 ASD，则需要不到 10 分钟，生产能力将大大提高。高电流密度与镀液容量和电镀设备有很大关系。为了适应更高电流密度的操作，一般采用甲基磺酸铜体系代替硫酸铜体系镀液。采用甲基磺酸铜体系的原因是该体系具有较高的 Cu 离子容量，可以在高电流密度条件下及时补充腔内 Cu 离子的沉积消耗。在设备方面，要求设备有较高的药水运动能力，包括搅拌、循环流动等。

（3）根据产品要求决定是否需要电镀镍。

当没有镍阻挡层时，铜柱和锡银凸块在老化后有产生柯肯达尔空洞（Kirkendall Viod，KV）缺陷的风险（见图 10－11）。镍层一般在铜柱和锡银合金凸起处起屏障作用，防止铜和锡银层间的扩散。然而，有些产品不允许镍层的存在。一般电镀铜柱如果直接电镀锡银或植球经老化后（如 20 次回流焊），都会在铜层和锡银层之间产生金属间化合物（Intermetallic Compound，IMC），而 IMC 层会不同程度地出现空洞，称为 Kirkendall 空洞。空洞的存在将严重影响铜柱与锡银凸块之间的电气和机械可靠性。KV 与铜镀层的结晶密切相关。采用同一衬底，对镀铜柱参数相同、镀锡银凸块参数相同的两种不同铜柱镀浴进行比较发现，同时经过 20 次回流焊后，聚焦离子束（Focused Ion Beam，FIB）切片分析结果显示一种没有 KV，另一种有 KV。两种铜的电子背散射衍射结果表明，没有 KV 的铜层的晶体尺寸更大。

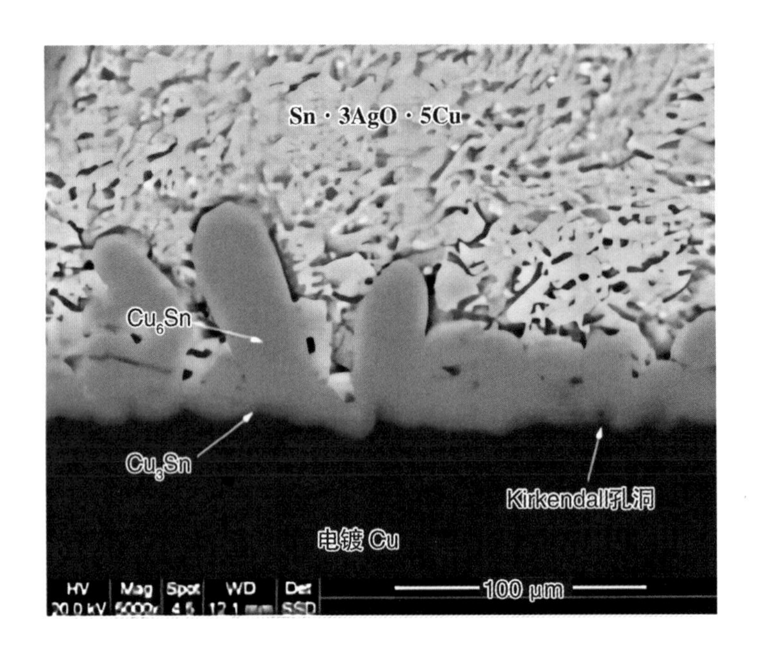

图 10 - 11　柯肯达尔空洞示例图

影响铜柱晶粒大小的因素主要和电镀溶液中的卤素、硫化物浓度有关，合适的电镀溶液是铜柱与锡银之间消除 KV 的保障。在 Bumping 电镀工艺中，电镀镍一般作阻挡层，其厚度为 2 ~ 5 μm，有镍的存在，可以大幅降低铜和锡银合金凸块之间的扩散。在特殊应用场合，Bumping 工艺会拒绝使用镍镀层。

电镀锡银凸块是无铅化的产物，也是目前电镀凸块工艺中最主要的镀种之一，大多数厂家要求银含量在 1.75% ~ 1.85% 范围内。采用锡银合金的初衷是担心纯锡镀层在长时间的保存或者放置过程中产生锡须，有导致元器件短路的风险。然而经过回流焊后，锡须风险会大幅降低，许多芯片在封装后会及时进行回流焊工艺，所以现在有的封测厂尝试用纯锡凸块替代价格昂贵的锡银凸块。

在凸块工艺中，封测厂对凸块的 α 离子辐射比较重视，原因是担心带有能量的 α 离子辐射入射至半导体器件的有源区，沿其轨迹会产生高密度的电子—空穴对，电子—空穴对在器件电场的作用下发生分离后被结点收集，进而引起半导体器件发生单粒子效应，其危害包括数据丢失、功能中断等。焊料合金中存在容易发生 α 衰变的重金属元素，比如铅。铅有四种稳定（非放射性）同位素 ^{204}Pb、^{206}Pb、^{207}Pb、^{208}Pb 和一种放射性同位素 ^{210}Pb。其中，^{210}Pb 衰变会形成高能量的 α 辐射体，是 α 粒子的主要来源之一。

业界除了铜—镍—锡银结构凸块外，还有一种金凸块（Au Bump）工艺（见图 10－12），由此也衍生出一种铜—镍—金凸块，该工艺用铜和镍代替一部分金，这样不仅提高了凸块的整体硬度，降低了与基材结合变形的风险，还减少了金的用量，降低了成本。

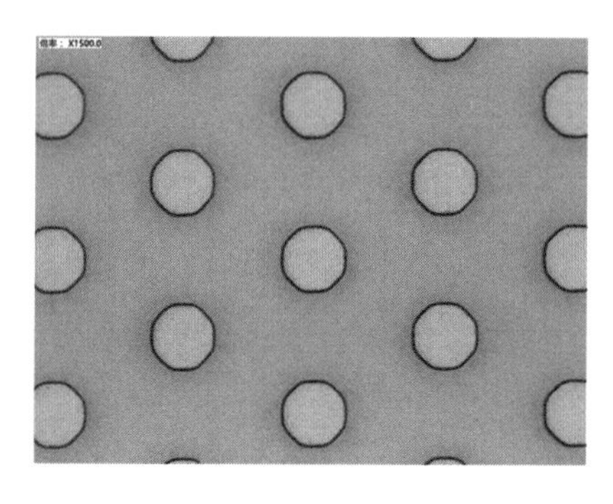
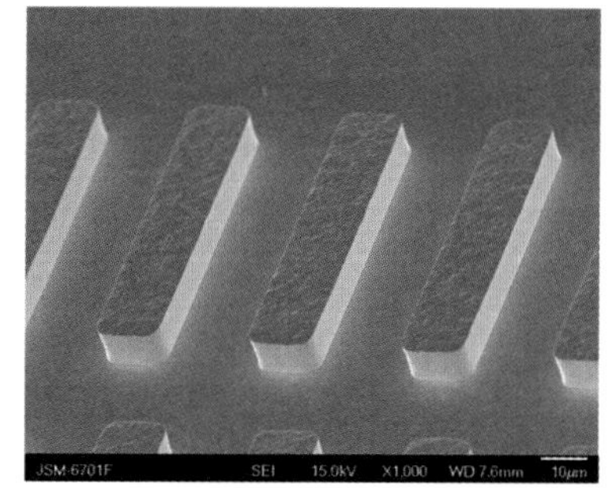

图 10－12　金凸块示例图（创智芯联无氰电镀金技术）

与普通铜柱凸块相比，金凸块具有更好的导电性和导热性，主要应用于显示驱动芯片、射频芯片、CIS 芯片、指纹识别芯片等领域。金凸块主要通过电镀工艺完成（见图 10－13），比一般化学镀金结构更厚，大多数金凸块的厚度为 10～20 μm。目前，电镀主要以氰化亚金钾电镀液为主。随着环保政策的日益严格，无氰电镀金已取代了部分氰化物电镀金技术。对于不同的金厚规格，无氰电镀金将可全面代替氰化物电镀金。

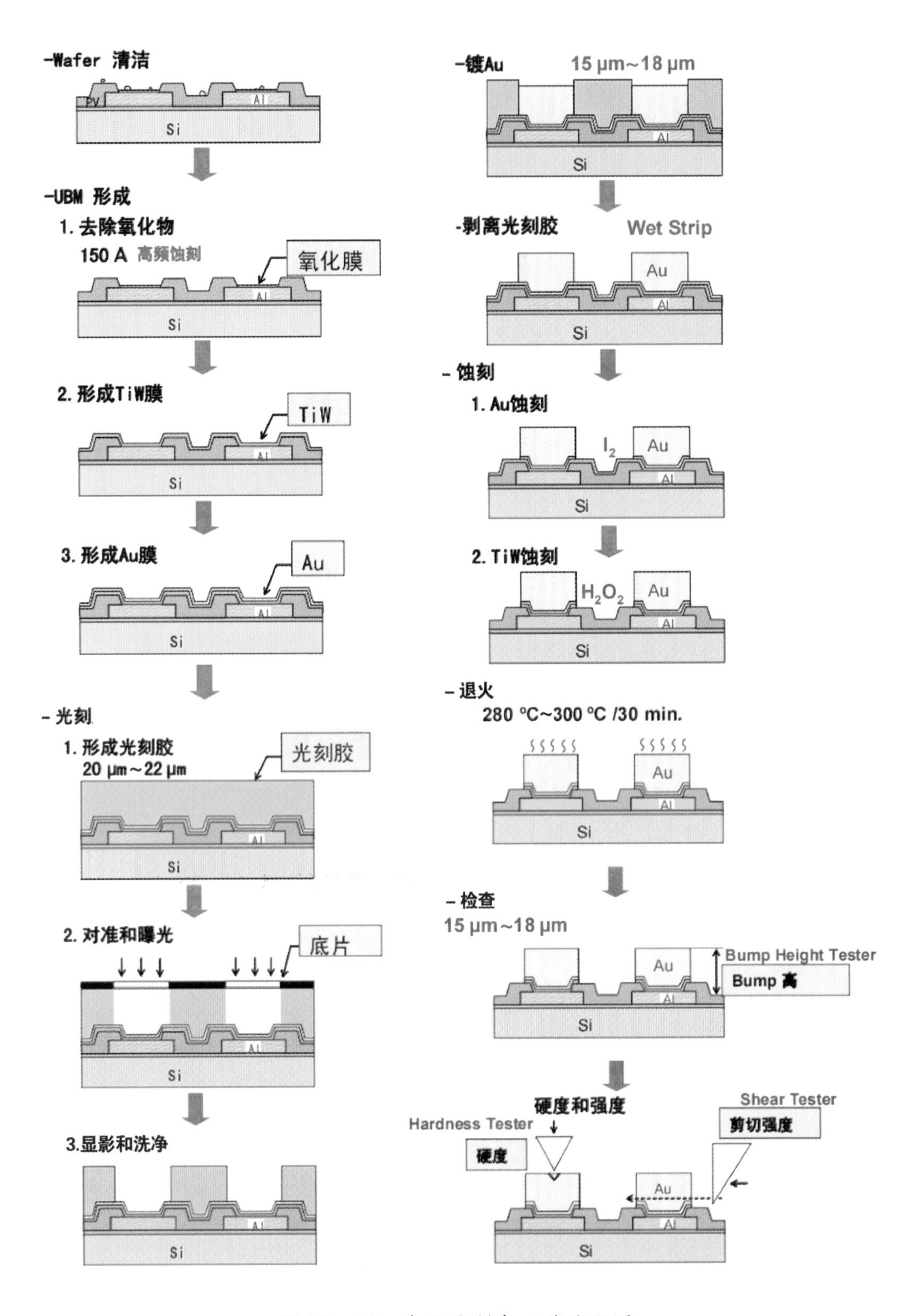

图 10－13　金凸块制备工艺流程图

作为世界领先的集成电路封装分包商，日月光于 1999 年就建立了晶圆凸块业务。自 2000 年生产以来，日月光的倒装芯片凸块工艺已被证明是强大且可靠的。日月光在 2003 年建立了电镀凸块工艺生产线，并提供了代工生产服务。目前，日月光在台湾高雄运营着先进的凸块制备产线，还开发出了先进的晶圆凸块制作工艺，包括聚酰亚胺再钝化和 RDL 以及 5 μm/4 μm 铜低 k 晶圆凸块制作。日月光旗下的 SPIL 为客户提供 200 mm 和 300 mm 晶圆凸块服务，包括采用共晶、无铅和铜柱材料的印刷凸块、电镀凸块和植球技术。

Amkor 是全球半导体封装和测试外包服务业中最大的独立供应商之一，是晶圆凸块和芯片级互连技术的领导者。为支持倒装芯片封装和晶圆级封装，Amkor 在其位于韩国、葡萄牙、中国台湾和中国大陆的制造工厂建立了晶圆凸块生产线。Amkor 的凸块制程基于其专利电镀焊料技术，被视为市场内最先进、有效、可靠、高产的制程之一。Amkor 的共晶锡/银（98.2% 锡、1.8% 银）、无铅合金和铜柱凸块都已实现在 200 mm 晶圆上的制备。其中单列铜柱间距低至 30 μm，交错低至 30 μm/60 μm。

长电科技在各种晶圆凸块合金和工艺方面拥有丰富的经验，包括印刷凸块、植球和共晶、无铅合金和铜柱凸块的电镀技术。公司晶圆凸块产品包括 200 mm 和 300 mm 晶圆尺寸的晶圆凸块和 RDL，以实现完整的先进倒装芯片和晶圆级封装解决方案。2023 年 1 月，公司 XDFOI™ Chiplet 高密度多维异构集成系列工艺已按计划进入稳定量产阶段，可以将 RDL 堆叠中介层厚度控制在 50 μm 以内，微凸块（μBump）中心距为 40 μm，并可集成多颗芯片、高带宽内存（High Bandwidth Memory，HBM）和无源器件，实现最大封装面积约为1 500 mm^2的系统级封装。

汇成股份以前段金凸块制造为核心业务，是国内最早具备金凸块制造能力，以及最早导入 12 英寸晶圆金凸块产线并实现量产的显示驱动芯片封测企业之一。公司基于领先的凸块制造及倒装封装技术，其凸块制造工艺可实现金凸块宽度与间距最小至 6 μm、单片 12 英寸晶圆上制造 900 余万个金凸块，主要应用于显示驱动芯片领域。如今，公司再度募资 12 亿元扩充产能用于12英寸先进制程新型显示驱动芯片晶圆金凸块制造与晶圆测试扩能项目。

厦门云天半导体拥有全系列晶圆级系统封装和精密制造能力，可以提供Bumping服务，采用Cu + SnAg或Cu + Ni + SnAg，数项关键指标向15 μm迈进。其特点是无需基板可直接表面贴装在PCB板上，晶圆级封装尺寸小且超薄，生产效率和管控质量高。

除此之外，国内从事Bumping工艺的还有太极半导体、沛顿科技、上海易卜半导体、华天科技、宁波泰睿思微电子、青岛新核芯、立芯精密、禾芯集成、晶旺半导体、佰维存储、珠海天成先进、苏州科阳半导体、苏州晶方、中微高科、晶度半导体、宁波芯健半导体等。

10.5.2 晶圆级封装

晶圆级封装与传统封装的不同点在于切割晶圆与封装的先后顺序不同。传统封装工艺步骤中，封装要在裸片切割分片后进行，而晶圆级封装是先进行封装再切割（见图10－14）。晶圆级封装能明显缩小芯片封装后的大小，契合了消费类移动设备，尤其是手机，对于内部高密度空间的需求。此外，晶圆级封装还提升了数据传输的速度与稳定性。

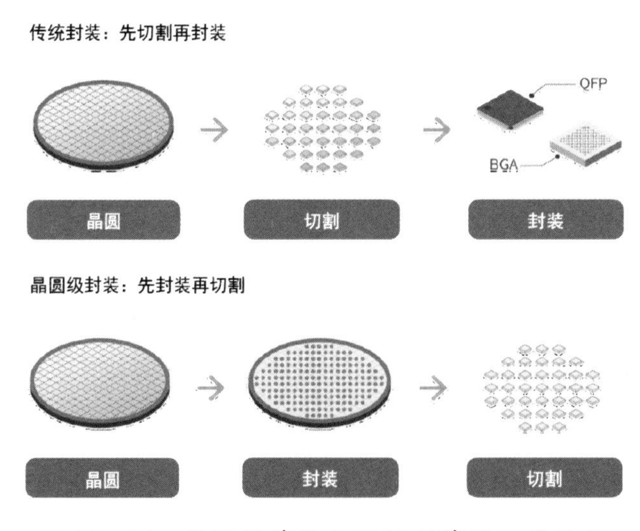

图10－14　传统封装和晶圆级封装的工艺流程

扇入型晶圆级封装（Fan-in Wafer Level Packaging，FIWLP），又称WLCSP（Wafer Level Chip Scale Package），也就是传统的晶圆级封装，切割晶粒在最后进行，适用于低引脚数的集成电路。扇入型晶圆级封装的特征是封装尺寸与晶粒大小相同。随着集成电路信号输出的引脚数目的增加，焊锡球的尺寸也变得越来越严格，PCB对集成电路封装后尺寸以及信号输出接脚位置的调整需求得不到满足，因此衍生出了扇出型晶圆级封装。

扇出型晶圆级封装（Fan-out Wafer Level Packaging，FOWLP），开始就将晶粒切割，再重布在一块新的人工模塑晶圆上（见图10－15）。它的优势在于减小了封装的厚度，增大了扇出（更多的I/O接口），获得了更优异的电学性质及更好的耐热表现。

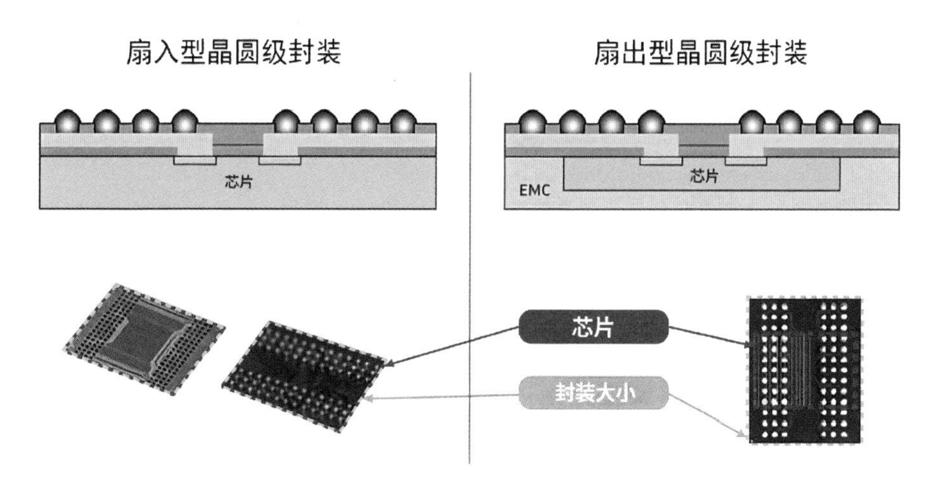

图10－15　FIWLP与FOWLP技术示意图

FIWLP与FOWLP用途不同，但均为今后的主流封装手段。FIWLP在模拟和混合信号芯片中用途最广，其次是无线互连，CMOS图像传感器也采用FIWLP技术封装。FOWLP将主要用于移动设备的处理器芯片中。无论是采用Fan-in还是Fan-out，WLP和PCB的连接都是采用倒装芯片形式，芯片有源面朝下对着PCB，可以实现最短的电路径，这也保证了更高的速度和更少的寄生效应。此外，由于采用批量封装，整个晶圆能够实现一次全部封装，成本的降低也是晶圆级封装发展的另一个推动力量。

面板级封装（Fan-out Panel Level Packaging，FOPLP），封装方法与FOWLP类似，只不过将晶粒重组于更大的矩形面板上，而不是圆形的晶圆，因此可以量产出数倍于300 mm硅晶圆芯片大小的封装产品。更大的面积意味着可以节约更多的成本以及带来更高的封装效率。而且切割的晶粒为方形，晶圆封装会导致边角面积的浪费，矩形面板恰恰解决了浪费问题，但也对光刻及对准精度提出了更高的要求。

和FOWLP工艺相同，FOPLP技术可以将封装前后段制程整合进行，可以将其视为一次的封装制程，因此可大幅降低生产与材料等各项成本。FOPLP采用了PCB上的生产技术进行RDL的生产，其线宽、线距目前均大于10 μm，并采用SMT设备进行芯片和无源器件的贴装，由于其面板面积远大于晶圆面积，因此可以一次封装更多的产品。相对FOWLP，FOPLP具有更大的成本优势。目前，全球各大封装业者包括三星电子、日月光等均积极投入FOPLP制程技术中。

10.5.3 2.5D封装

2.5D指的就是芯片做好后先不封装，而是在同一个基板上平行排列，然后通过引线键合或倒装芯片或硅通孔的工艺连接到中介层上，将多个功能芯片在垂直方向上连接起来的制造工艺。这种封装工艺可以减小封装尺寸面积，减少芯片纵向间互连的距离，并提高芯片的电气性能指标。因产品不同，不同厂家集成技术的路线也存在差异，2.5D SIP工艺和技术并没有一个统一的标准，但以中介层工艺为主流。

在晶圆水平上，触点再分布可以很高效地进行。RDL可以用于使连线路径重新规划，落到我们希望的区域，也可以获得更高的触点密度。再分布的过程，实际上是在原本的晶圆上又加了一层或几层金属互连层。其过程为首先淀积一层电介质用于隔离，接着使原本的触点裸露，再淀积新的金属层来实现重新布局布线。UBM在这里会被用到，作用是支撑焊锡球或者其他材料的接触球。

中介层指的是焊锡球和晶粒之间的转接层（见图 10－16）。它的作用是扩大连接面，使某个连接改线到我们想要的地方，与再分布层作用类似。

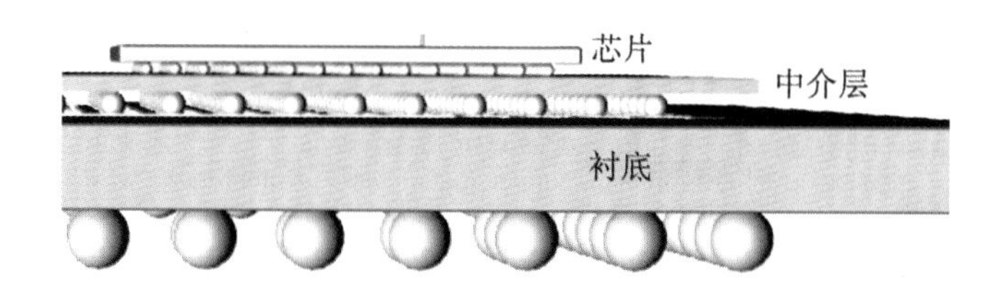

图 10－16　中介层示意图

目前，Interposer 主要是硅基材质，利用硅作为转接板，TSV 为线路互连工具，使芯片间实现互连，通过硅中介层（Silicon interposer）实现高速的运算和数据交流，降低功耗，提升效率。一般是通过 Silicon interposer 将不同芯片之间联合运算的结果通过硅通孔技术传到与之连接的线路板。所以 Silicon interposer 相当于连接多个芯片和同一线路板的桥梁，能使集成系统变小，更省电，具有更大带宽。

台积电（TSMC）的无源转接板（CoWoS）是一项 2.5D 封装技术，其主要工艺特点如下：①通过微凸块将多颗芯片并排键合至硅基无源转接板晶圆上，形成芯片至晶圆（Chip on Wafer，CoW）装配体；②减薄晶圆背面以露出 TSV；③制备可控塌陷芯片连接（Controlled Collapse Chip Connection，C4）凸块；④切割晶圆并将切好的晶圆倒装焊至封装基板上，形成最终的 CoWoS 封装。

图 10－17 为台积电 CoWoS 封装技术路线。自 2012 年起，该技术已发展到第 5 代，通过掩模板拼接技术，无源转接板尺寸从接近 1 个光罩面积增至 3 个光罩面积（2 500 mm^2）。前两代为同质芯片集成，主要集成硅基逻辑芯片，从第 3 代起演变为异质芯片集成，主要集成逻辑 SoC 芯片和 HBM 阵列。为提高芯片的电源完整性，其开始在无源转接板内集成深沟槽电容。

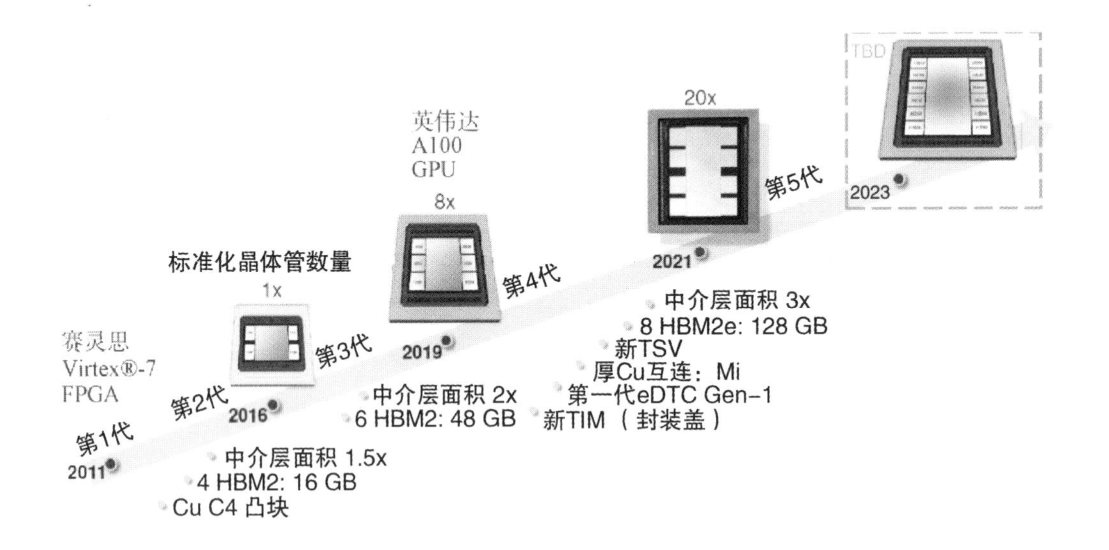

图 10－17　台积电 CoWoS 封装技术路线

2011 年，赛灵思（Xilinx）推出了当时世界上最大的 FPGA 产品。为了解决大芯片良率低的问题，该公司采用台积电的第 1 代 CoWoS 封装技术，将 4 颗 28 nm FPGA 小芯片组装在 1 个 100 μm 厚并采用了 65 nm 工艺制造的无源转接板上，每颗芯粒的尺寸为 7 mm × 12 mm，硅转接板尺寸为 25 mm×31 mm，接近 1 个光罩面积，基板为 10 层倒装芯片球栅阵列（Flip Chip Ball Grid Array，FCBGA）基板，尺寸为 42.5 mm × 42.5 mm（见图 10－18）。

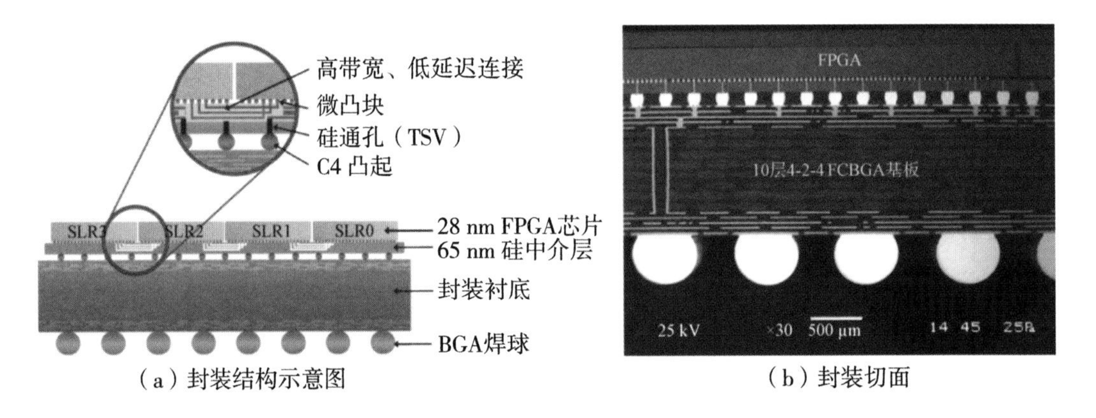

（a）封装结构示意图　　（b）封装切面

图 10－18　赛灵思 FPGA CoWoS 封装

2020年，英伟达（NVIDIA）采用台积电第4代CoWoS技术封装了其A100 GPU系列产品，将1颗英伟达A100 GPU芯片和6个三星电子的HBM2集成在一个1 700 mm^{2}的无源转接板上，每个HBM2集成1颗逻辑芯片和8个动态随机存取存储器，基板为12层FCBGA基板，尺寸为55 mm×55 mm（见图10-19）。

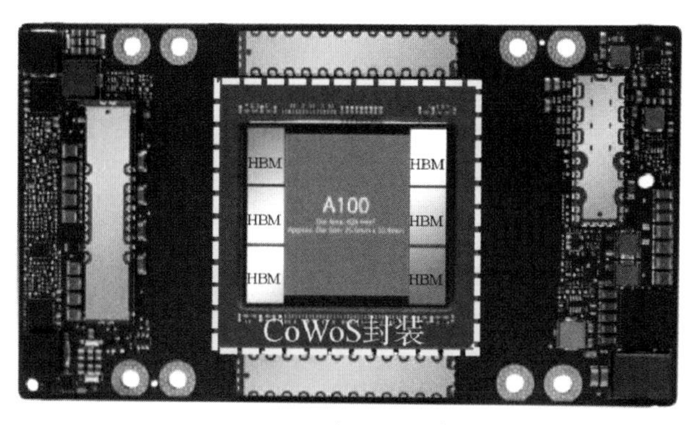

（a）A100 GPU和HBM阵列

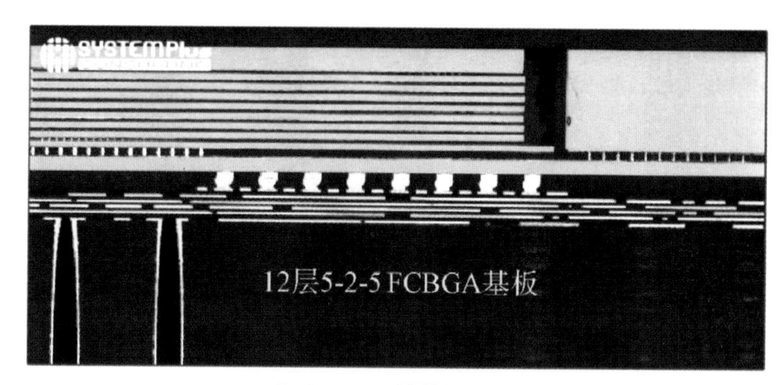

（b）CoWoS封装切面图

图10-19　英伟达A100 GPU CoWoS封装

有源转接板是无源转接板的技术延伸，在无源转接板内部集成一些功能单元。法国CEA-Leti研究所开发了一款基于65 nm CMOS工艺的有源转接板，面积约200 mm^2，拥有1 500万个晶体管、7层金属，集成了可近距离直接给芯片供电的开关式电容电压调节器（Switching Capacitor Voltage Regulator，SCVR）、片间通信的分布式片上网络、片外通信的系统I/O以及可测性设计（Design for Test，DFT）等功能。采用20 μm间距的微凸块，将 6 个基于 28 nm 全耗尽型绝缘体上硅（Fully Depleted Silicon-on-insulator，FD-SOI）工艺的计算芯粒和一个基于 65 nm CMOS 工艺的有源转接板面对面热压键合在一起，每颗芯粒的面积为 22.4 mm^2、拥有 3.95 亿个晶体管、16 核，集成后总共有 96 核，实现了 220 GOPS 的系统算力，电压转换效率为 82%，芯片间互连带宽密度为 3 Tb/(s · mm^{-2})，能效为 0.59 pJ/b（见图 10－20）。英特尔开发了一款基于 22 nm 工艺的有源转接板，包含 11 层金属和 TSV，TSV 与顶部金属层相邻，面积为 90.85 mm^2，集成了供电、PCIe Gen3、USB Type C 等功能，可通过 Foveros 技术（见图 10－21）将基于10 nm FinFET 先进工艺的计算芯片和 22 nm 成熟工艺的有源转接板面对面连接在一起。其中，计算芯片有 13 层金属，面积为 82.5 mm^2，融合了混合 CPU 架构、图像等功能。

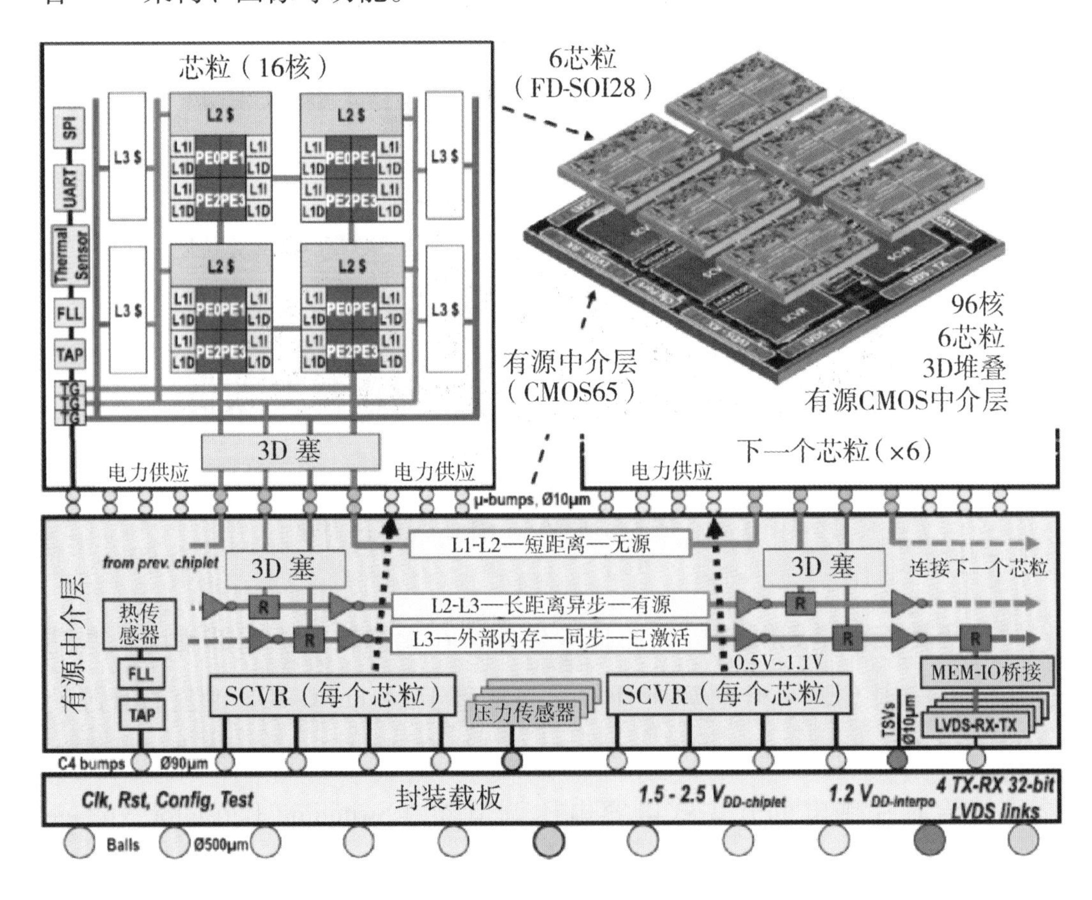

图 10－20　CEA-Leti 96 核处理器集成技术

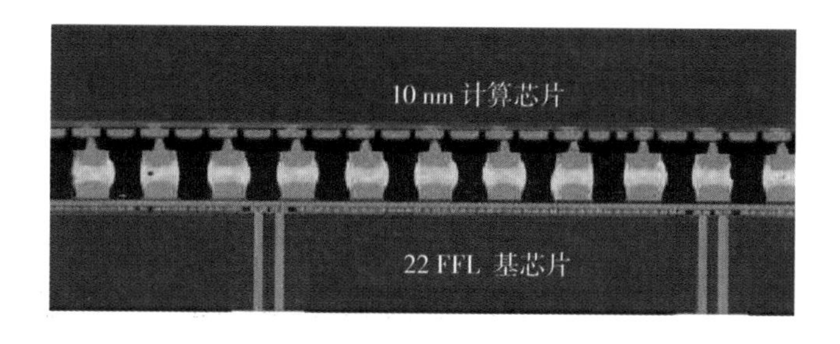

图 10－21　英特尔 Foveros 技术

如前所述，存储器的“存储墙”限制了计算芯片性能的发挥，第 5 代图形用双倍数据传输率（Graphics Double Data Rate，GDDR）存储器（GDDR5）的带宽极限为 32 GB/s，而由逻辑芯片和多层 DRAM 堆叠而成的 HBM 技术突破了带宽瓶颈，HBM1 和 HBM2 的带宽分别为 128 GB/s 和 256 GB/s，未来 HBM3 的带宽有望突破 1.075 TB/s。当片外存储从并排布局 GDDR 存储器转为三维堆叠 HBM、容量为 1 GB 时，HBM 模组占用面积减少 94%，如图 10－22 所示。第 1 代 HBM 的架构如图 10－23 所示，由逻辑芯片和 4 层 DRAM 堆叠在一起，每个 HBM 有 8 个通道，每个通道有 128 个 I/O，因此每个 HBM 有 1 024 个 I/O，即 1 024 个 TSV，位于 HBM 的中间区域。存储器和处理器通过无源转接板上的再布线层将 HBM 逻辑芯片的端口物理层（Physical Layer，PHY）与处理器的 PHY 连接在一起，如图 10－23 所示。

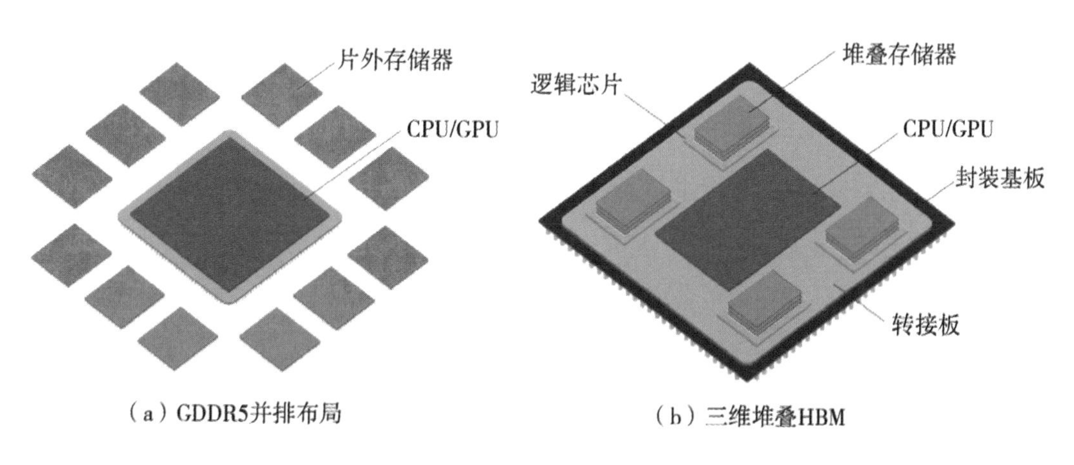

图 10－22　片外存储从并排布局转为三维堆叠示意图

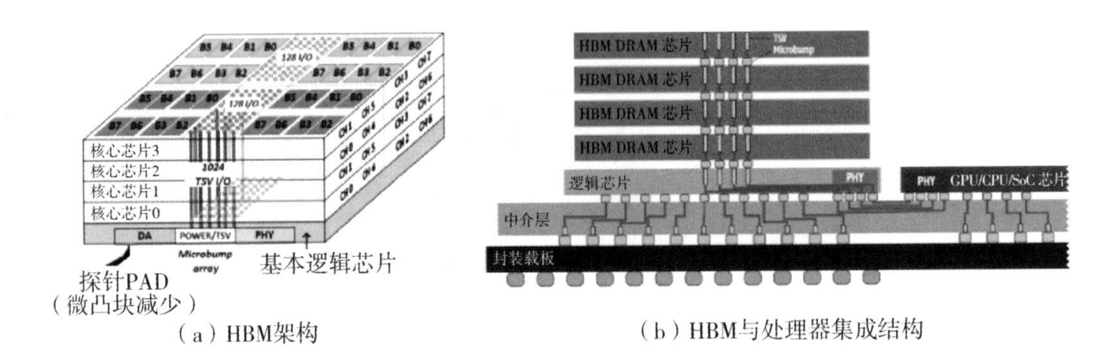

（a）HBM架构

（b）HBM与处理器集成结构

图 10－23　HBM 架构和封装集成示意图

10.5.4 3D 封装

众所周知的摩尔定律发展到现阶段，将何去何从？目前，行业内有两条路径：一是继续按照摩尔定律往下发展的深度摩尔定律，走这条路径的产品有 CPU、内存、逻辑器件等，这些产品占整个市场的一半左右。其中，处理器芯片和存储器芯片是最遵从摩尔定律的两类芯片。在芯片层面上，摩尔定律促进了性能不断往前推进。二是超越摩尔定律的路线，芯片发展从一味追求功耗下降及性能提升方面，转向更加务实的满足市场需求方面。这方面的产品包括了模拟/RF 器件、无源器件、电源管理器件等，大约占了另外一半市场。在芯片封装领域的 3D 封装技术则被认为是超越摩尔定律的一种工艺方式。

3D 封装相对传统的平面分布封装和 2.5D 封装，将会节省更多的空间，使其控制在更低的体积范围之内。消费性电子产品，如手机处理器、存储器、闪存单元等是加速开发 3D 封装的主推动力。当前的手机芯片设计已从低端向高端方向发展，要求体积更小、重量更轻且功能更多。为此，高端手机所用芯片必须具有强大的内存容量，于是诞生了芯片堆叠封装（Stacked Die Package，SDP）技术，如多芯片封装（Multi-chip Package，MCP）和堆叠芯片尺寸封装（Stacked Chip Scale Package，SCSP）等 3D 封装工艺。另外，在 2D 封装中需要大量长程互连，导致电路 RC 延迟的增加。为了提高信号传输速度，必须降低 RC 延迟，那么用 3D 封装的短程垂直互连来替代2D封装的长程互连是封装工艺技术向更高阶发展的必然趋势。

2.5D封装和3D封装是高密度封装技术的两种不同形式，如图10－24所示，前者利用中介层实现芯片的平面展开和互连，后者实现芯片的真正垂直堆叠与互连，二者皆为提高系统集成度的重要技术手段。

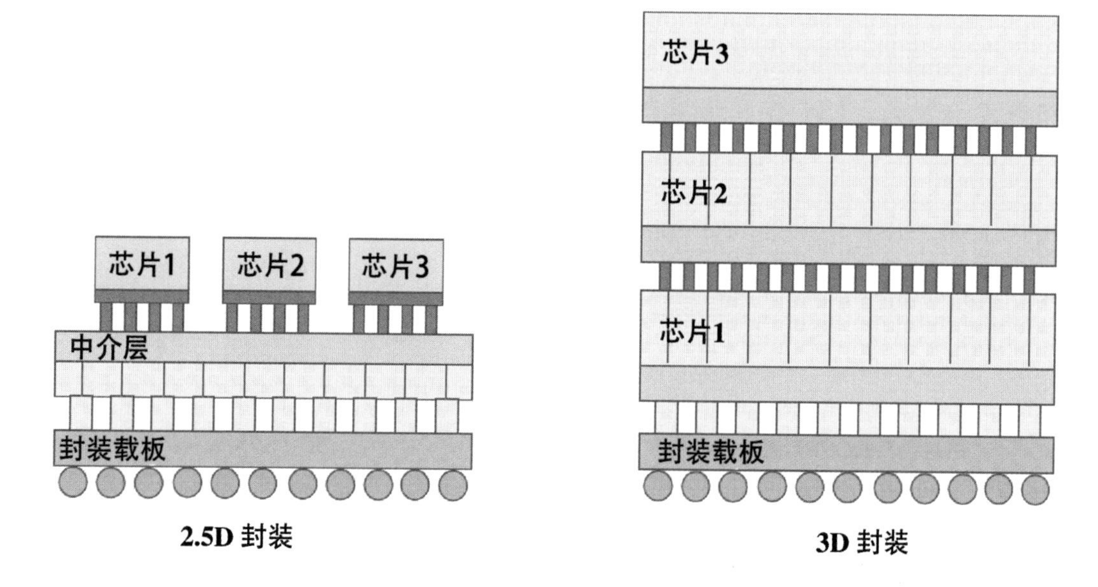

图10－24　2.5D封装和3D封装的结构对比图

3D封装技术的主要优势体现在以下四点：

（1）在尺寸和重量方面，3D设计替代单芯片封装缩小了器件尺寸、减轻了重量。与传统封装相比，使用3D技术可缩小尺寸、大幅降低芯片占用的空间。

（2）在速度方面，3D技术缩短了线路传输距离，指令的响应速度得到大幅提高，寄生性电容和电感也得以降低。

（3）在功率密度方面，3D封装方式拥有更多更密集的I/O接点数，电路密度的提高意味着功率密度的提高。

（4）在功耗方面，3D封装采用更细小、更密集的线路，信号传输不需要过多的电信号，相应的功耗也会降低。

TSV 是三维的芯片堆叠技术，是一项通过 TSV 技术将多层芯片互连导通的高密度封装工艺。TSV 技术是 3D 封装技术中的核心工艺，传统封装技术中的 Bump 和 RDL 会占用芯片接合到基板上的平面面积，TSV 却可以将芯片堆叠起来使三维空间得以利用。更重要的是，堆叠技术改善了多芯片连接时的电学性质。引线键合可以被用于堆叠技术，但 TSV 吸引力更大（见图 10－25）。TSV 实现了贯穿整个芯片厚度的电气连接，更开辟了芯片上下表面之间的最短通路。芯片之间连接的长度变短也意味着更低的功耗和更大的带宽。TSV 技术最早被应用在 CMOS 图像传感器中，未来将被应用在 FPGA、存储器、传感器等领域。3D 存储芯片封装也会在将来大量地用到 TSV。TSV 取代的是传统的低成本、高良率的引线键合技术，因此 TSV 将长期应用于高性能、高密度封装领域，目前其被认为是最具有潜力的 3D 集成封装关键技术。

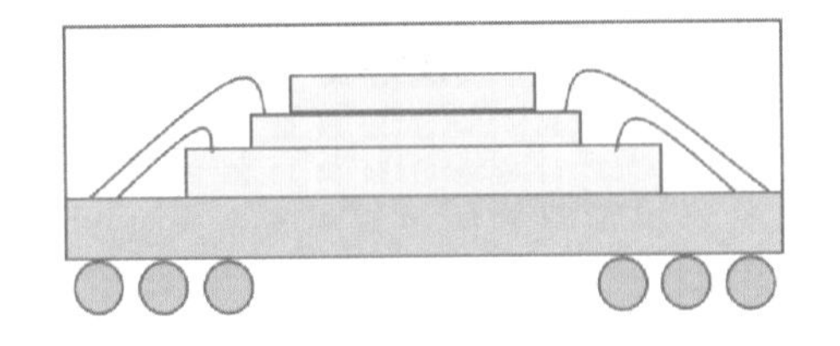

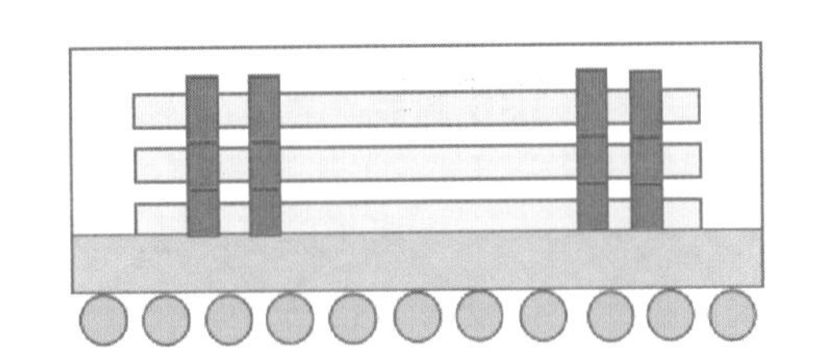

图 10－25　引线键合与 TSV 封装工艺结构示意图

TSV 技术主要通过铜等导电物质的填充完成硅通孔的垂直电气互连，减小信号延迟，降低电容和电感，实现芯片的低功耗、高速通信，增加带宽和实现器件集成的小型化需求。TSV 基本结构如图 10－26 所示，TSV 工艺主要包括深硅刻蚀形成微孔，再进行绝缘层、阻挡层、种子层的沉积，深孔填充，退火，CMP 减薄，RDL & Pad 的制备叠加等工艺技术。TSV 深孔的填充技术是 3D 集成的关键技术，也是难度较大的一个环节，TSV 的填充效果直接关系到集成技术的可靠性和良率等问题，而高可靠性和良率对于 3D TSV 堆叠集成工艺至关重要。

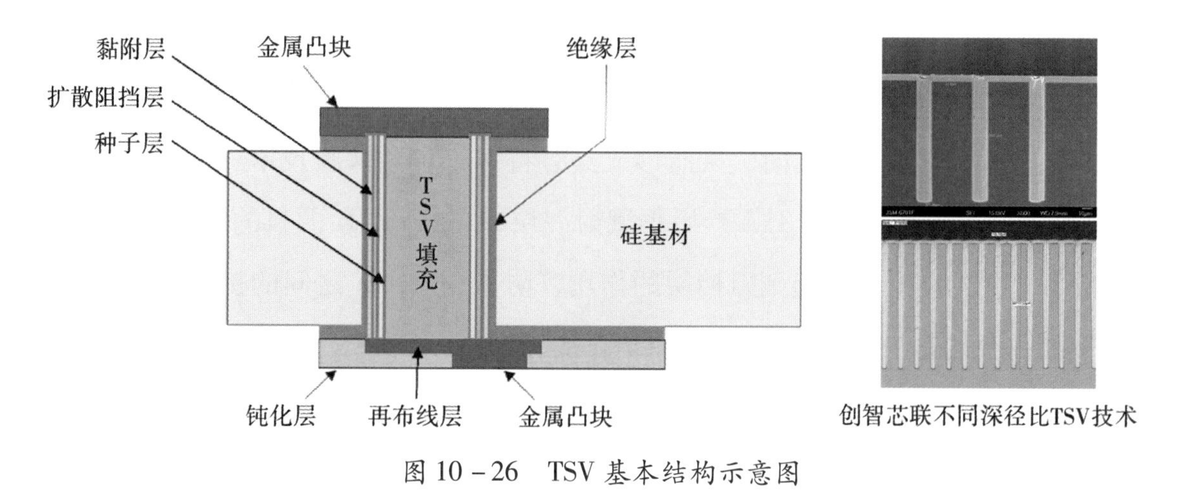

图 10－26　TSV 基本结构示意图

1. TSV 工艺流程一：孔成型

孔成型的方法有很多种，如激光打孔、干刻蚀和湿刻蚀。硅的等离子体干刻蚀是硅片制造中的一项关键技术，主要用于制作 MOS 栅极结构、器件隔离和 DRAM 电容结构中的单晶硅槽。多晶硅栅极结构的制作对刻蚀有很高的要求，必须具有较高的栅极氧化层选择比，并且具有非常好的均匀性和可重复性。多晶硅栅极刻蚀通常采用氟基气体。单晶硅刻蚀主要用于制作沟槽深孔，要求每个沟槽或深孔保持光洁度一致，垂直侧壁紧密，深度正确，沟槽顶角和底角光滑。大深径比 TSV 通孔主要采用氟气干刻蚀法进行制作。

2. TSV 工艺流程二：沉积介电层、种子层

金属或者氧化物的沉积一般采用物理或化学方法进行，常用的设备有 LPCVD 设备、PECVD 设备、ALDCVD 设备和 PVD 设备。薄膜沉积技术可分为化学气相沉积和物理气相沉积。

硅片表面的介电层和导电膜层在半导体制造过程中起着非常重要的作用。TSV 的介电层主要依靠 CVD 技术进行沉积，利用加热、等离子体激发光辐射等方法，使气态或蒸气化学物质在基片的适当位置发生反应，以原

子状态沉积，从而形成所需的固体薄膜或涂层。导电层的制备主要依靠PVD技术。PVD技术是在真空条件下，利用物理方法，使材料的固体或液体表面汽化成气态原子、分子或部分电离成离子，并通过低压气体（或等离子体）沉积在基体表面，从而形成具有特殊功能的薄膜技术。TSV的种子层通常是先溅射一层Ti，然后再溅射一层Cu。溅射Ti的目的是提高Cu和Si之间的结合力，起到阻挡层的作用，防止Cu和Si之间的扩散。溅射Cu层的目的是为后期电镀Cu提供更好的导电性。

3. TSV工艺流程三：电镀铜

电镀Cu是实现三维TSV电互连的主要方式，具有良好的导电性和导热性，并具有很好的异质集成功能。考虑到镀Cu的成本和生产效率，有人尝试用导电浆料、导电银粉等方法来代替电镀Cu，但此方法一直处于实验室研制阶段，距离实际量产还有一定差距。目前，三星等存储器厂商和国内多家TSV工艺封测厂均采用电镀Cu的方法。

4. TSV工艺流程四：CMP

CMP是指表面研磨和抛光，是一种机械和化学腐蚀相结合的过程，通过将晶圆部分或整体减薄到一定厚度来实现晶圆减薄或表面抛光。CMP过程如下：首先，硅和抛光盘通过磨料与表面材料之间的化学反应产生相对容易去除的表面层。接着，通过对抛光盘和抛光垫的相对运动施加向下的压力，磨掉表层。氧化层的抛光机理不同于金属层的抛光机理。在整个抛光过程中，先通过水化作用降低氧化层的硬度对氧化层进行抛光，再经磨料氧化和研磨作用对金属层进行抛光。CMP的终点监测功能可以监测抛光厚度，并通过终点监测来判断抛光程度。最后，抛光过程中产生的颗粒污染物通过CMP清洗去除。TSV化学机械抛光的作用是去除表面的Cu层，然后对Si片背面进行薄化，使通孔电镀Cu露出来，为后期的多层Cu互连做准备。由于TSV电镀Cu是一种非常规的沉积方法，使用添加剂会显著改变自由电场，导致Cu的内应力较大，因此为了成功实现CMP，在电镀后

CMP 前会有退火过程，以降低电镀 Cu 的内应力。

5. TSV 工艺流程五：叠加互连

堆叠形式（Stacking method）有晶圆到晶圆（W2W）、芯片到晶圆（C2W）或芯片到芯片（C2C）等形式。键合方式（Bonding method）有直接 Cu—Cu 键合、黏接、直接熔合、焊接和混合等方式。

以上介绍的流程仅仅是 TSV 工艺流程中的一种（见图 10－27），因各企业应对的手段和工艺差异，目前 TSV 制程技术的先后顺序也会有所不同，根据钻孔不同阶段，区分为先钻孔（Via-first）、中钻孔（Via-middle）、后钻孔（Via-last）几大类别，但这些差异对整个 TSV 封装只是一些微小的调整和变化。

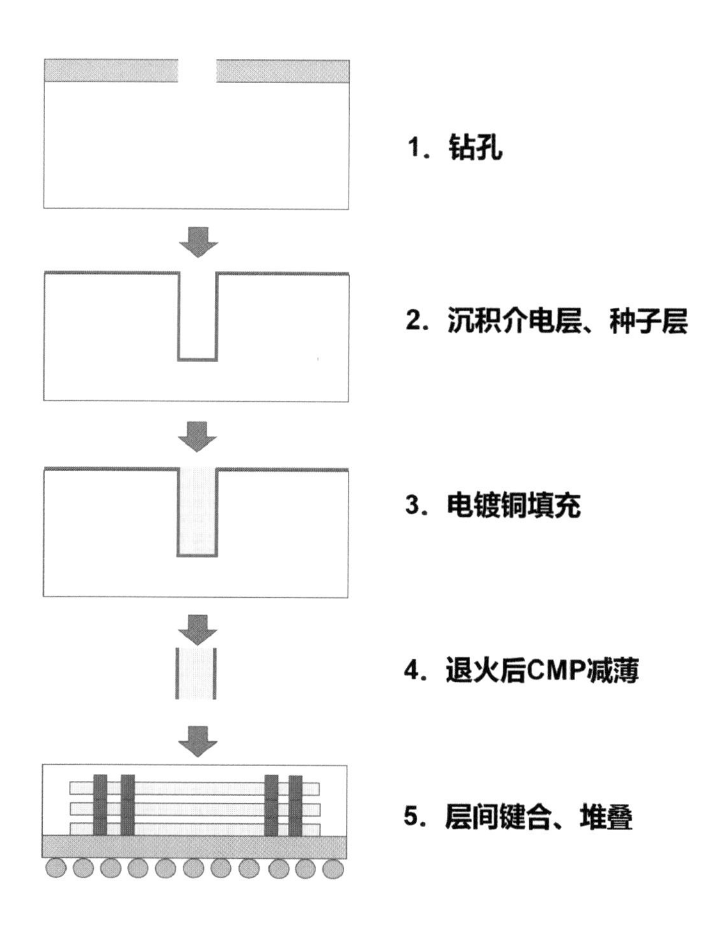

图 10－27　TSV 的主要工艺流程示意图

目前，TSV 互连的填充主要依靠电镀 Cu 的方式。电镀 Cu 是 TSV 技术的关键工序。TSV 电镀 Cu 工艺的介绍如下：一般来说，在电镀前，孔和表面需要覆盖导电种子层，通常是 Ti 和 Cu 作为种子层，超高深度比或特殊结构可能需要使用 Au 种子层。种子层是电镀的基本保证，其提供导电功能，使电镀顺利进行。因很难测量其厚度，所以要判断孔内种子层的质量，一般通过截面观察孔内金属层的颜色。如果是正常的红色，则认为种子层符合要求，但如果孔壁是黑色的，则容易导致空洞和断层裂缝等风险。一般表面 Ti 种子层厚度为0.1 ~ 0.5 μm，Cu 种子层厚度为1 ~ 2 μm。考虑 Cu 会自然氧化，影响孔内 Cu 的厚度或导电性，对于深径比大于 10：1 的 TSV 规格，可以考虑用 Au 代替 Cu 来增强导电性。

种子层沉积后，进入电镀工艺。电镀工艺主要包括两道工序。首先是前处理，利用物理方式排出腔内的空气，如超声波、喷淋、抽真空等方式，使电镀液顺利进入腔内。预处理完成后，开始对孔内进行电镀 Cu 超级填充（Super filling）。在待镀产品上，电场受产品与阳极的相对位置、产品形状、物理阻隔等因素的影响，会导致待镀产品表面电流密度分布不同，这种影响在 TSV 电镀中尤为明显。受 TSV 孔形的影响，孔内容易出现空腔异常。镀层添加剂、电流密度、深径比等参数都会影响 Cu 的填充。

TSV 电镀 Cu 一般采用硫酸铜体系，也有一些厂家采用甲基磺酸铜体系，但多数为以硫酸铜为主的高铜低酸体系，其电镀液中较高的 Cu 离子浓度使孔底能够及时补充 Cu 离子。利用添加剂的作用，在合适的直流条件下完成填孔。电镀液温度一般在 23 ℃ ~28 ℃，温度过低会引起 Cu 离子扩散缓慢，温度过高则会导致添加剂消耗过快。电镀时，电镀液需要搅拌，液体的流动可使孔底部的 Cu 离子及时得到补充。可以根据需要通过使用不同的添加剂沉积 Cu 离子，完成 TSV 电镀 Cu。添加剂是 TSV 电镀 Cu 的核心，一般分为三种类型：第一种是加速剂，或称为光亮剂，一般为含硫化合物，有利于 Cu 离子在较大电流密度区域有序沉积，在一定范围内，浓度越高，越有利于Cu在高电流密度区域的厚度增长。第二种是辅助剂，又称运载剂或润湿剂，具有降低液体表面张力的能力，有利于孔底润湿，也是一种较弱的抑制剂。第三种是整平剂，它是一种大分子有机物，容易吸附在TSV的表面或孔口上，形成电化学绝缘层，阻止Cu离子的沉积，由于孔底电位低，吸附的整平剂少，使得Cu离子在整平剂较少的孔底更快生长。三种添加剂的组合，配合合适的电流密度，实现"U形"底部向上（Bottom-up）填充，保证填充过程不出现空洞和裂缝。超级填充型TSV电镀Cu的典型方式是自下而上的生长填充。如果添加剂对侧镀Cu（孔角或孔壁的Cu生长）的能力抑制不足，就会导致孔口Cu或孔壁Cu过厚，提前出现封口现象，孔内容易出现裂纹和空洞，因此可以从Cu的初始生长结构判断超级TSV填充Cu可能面临的缺陷。

综上所述，电镀Cu的生长方式决定了镀Cu的品质，只有依照底部向上生长方式进行才能有效杜绝空洞风险。

TSV电镀Cu是依靠添加剂的作用实现超级填充的，镀层存在较大的内应力，因此电镀完成后需要进行高温退火（300 ℃，0.5 h），释放一定内应力后，再进行CMP减薄。最后通过微凸块的方式将通孔互连，形成多层芯片叠加。

TSV技术本质上并不是单纯的硅通孔技术，而是一种高阶的系统集成方案，它将半导体裸片和晶圆以较高的密度互连在一起。基于这个原因，TSV是3D芯片封装得以实现的重要前提。

3D封装改善了芯片的许多特性，如尺寸、重量、速度、产量和功耗。目前，3D封装的发展受到投资成本、产品质量、电气特性、机械特性、热特性、封装成本、生产时间等因素的限制，而且在很多情况下，这些因素是相互关联的。任何新技术的出现，其使用都存在预期成本过高的问题，3D技术也不例外。影响3D堆叠成本的因素包括设备材料的投入、堆叠工艺的高度和复杂程度、每层的加工步数、堆叠前每块芯片采用的测试方法、硅芯片的后处理等。同时，3D 封装也对匹配材料提出了更新、更高的要求，如使整个封装具有更好的散热性能等。

真正实现量产并开始商业盈利的 TSV 出现在 2007 年。日本东芝公司首次把 TSV 技术应用于小型影像传感器模组的晶圆级封装，并于 2008 年大规模量产。2011 年，韩国海力士半导体采用 TSV 技术，成功层叠了 8 层 40 nm 级 2Gbit DDR3 DRAM 芯片。同年 8 月，三星电子宣布开发出了采用 TSV 技术的 32GB RDIMM（Registered Dual Inline Memory Module），该产品层叠了 30 nm 级 DDR3 SDRAM，并以 TSV 连接而成。更新的 TSV 技术于 2020 年上市，即来自 Intel 的 Foveros（基于“有源”TSV 中介层和 3D SoC 技术，具有混合键合和 TSV 互连技术）。

TSV 技术是半导体集成电路产业迈向 3D SIP 时代的关键技术。尽管 3D 封装可以通过引线键合、倒装和凸块等各种芯片通路键合技术实现，但 TSV 技术是潜在集成度最高、芯片面积与封装面积比最小、封装结构和效果最符合 SIP 要求、应用前景最广的 3D 封装技术之一，被誉为继 WBTAB、FC 之后的第四代封装技术，也被称为终极三维互连技术。

10.5.5 超高密度扇出封装技术

2020 年，台积电发布了一种超高密度扇出封装技术，即集成扇出型晶圆上系统（InFO SoW），如图 10－28 所示，其通过超高密度扇出封装技术将多颗好的晶粒（Known Good Die，KGD）、供电、散热模块和连接器紧凑地集成在晶圆上，包含 6 层 RDL，其前 3 层线宽/线距为 5 μm/5 μm，用于细线路芯片间互连；后 3 层线宽/线距为 15 μm/20 μm，用于供电和连接器互连。相比印制电路板级多芯片模块，InFO SoW 具有高带宽、低延迟和低功耗的特点。

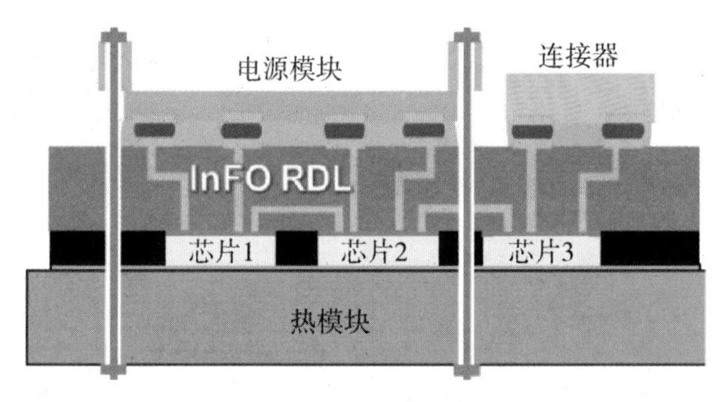

（a）结构示意图

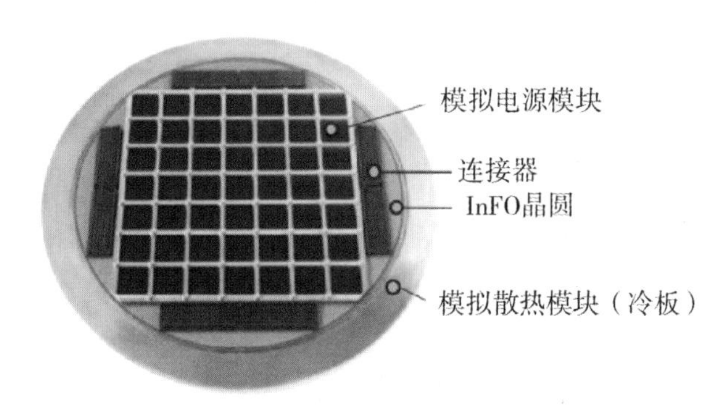

（b）系统组装样品

图 10－28　台积电 InFO SoW 技术

2021 年 8 月 19 日，特斯拉人工智能（Artificial Intelligence，AI）推出了其自研的面向 AI 专用领域的 Dojo D1 芯片，如图 10－29 所示。D1 芯片采用台积电 7 nm 工艺，面积为 645 mm^2，晶体管数量达 500 亿个，1 mm^2面积上的晶体管数量已超过英伟达 A100 芯片，包含 354 个训练节点，BF16/CFP8 的峰值算力高达 362 TFLOPS，TDP 为 400 W。其通过台积电 InFO SoW 封装技术，将 25 颗 D1 芯片集成在一起，再将供电、散热、连接器等模块集成进来，形成 1 个 Dojo 训练模组（Training tile），BF16/CFP8 算力高达 9.1 PFLOPS。其将 120 个 Dojo 训练模组组装成了 ExaPOD 超级计算机，ExaPOD 含有 3 000 颗 D1 芯片，106.2 万个训练节点，BF16/CFP8 算力可以达到 1.1 EFLOPS。晶圆级片上大规模集成可大幅提升系统算力和带宽，是提升系统能力的一种重要途径。

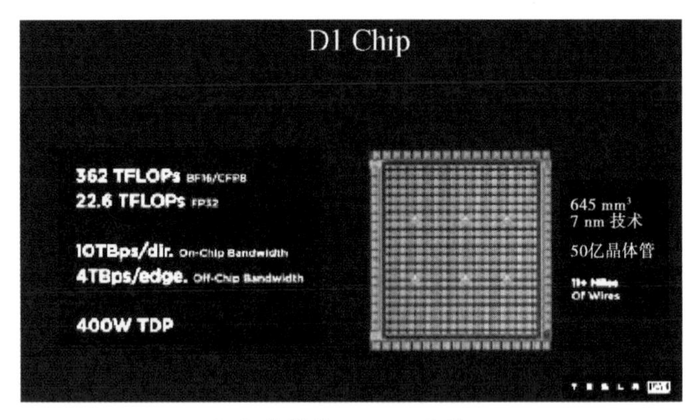

（a）特斯拉Dojo D1芯片

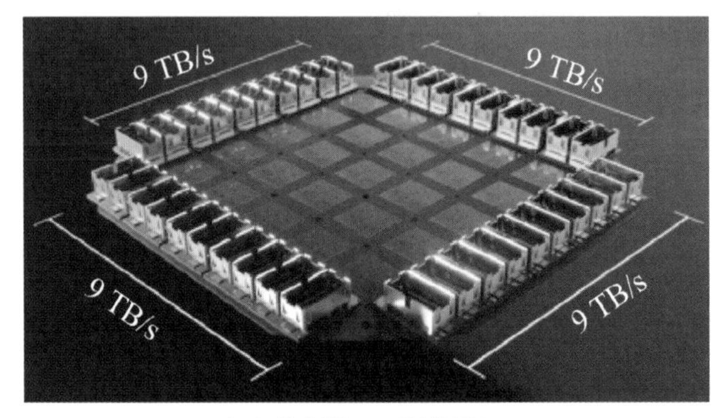

（b）特斯拉Dojo训练模组

图 10－29　特斯拉 Dojo D1 芯片晶圆级片上大规模集成

10.5.6 嵌入式多核心互连桥接封装技术

嵌入式多核心互连桥接（Embedded Multi-die Interconnect Bridge, EMIB）技术最早由英特尔的 Mahajan 和 Sane 于 2008 年提出，后又经 Braunisch 和 Starkston 等改进，近年来已发展成为英特尔最具代表性的先进封装技术之一，已用于其多款 FPGA 产品，如 Agilex FPGA 和 Direct RF FPGA。它在有机基板中埋入若干超薄的（厚度一般小于 100 μm）、高密度的硅桥，实现两两芯片间的互连，如图 10－30 所示。目前，英特尔可量产的硅桥尺寸为 2 mm × 2 mm～12 mm × 12 mm，包含 4 层 RDL 和 1 层焊盘，线宽/线距为 1 μm/1 μm。EMIB 可提供芯片间局部高密度互连，可灵活地放置在基板任意需要互连的地方，不限制芯片的集成数量与位置，不影响基板上其他线路的布局布线。

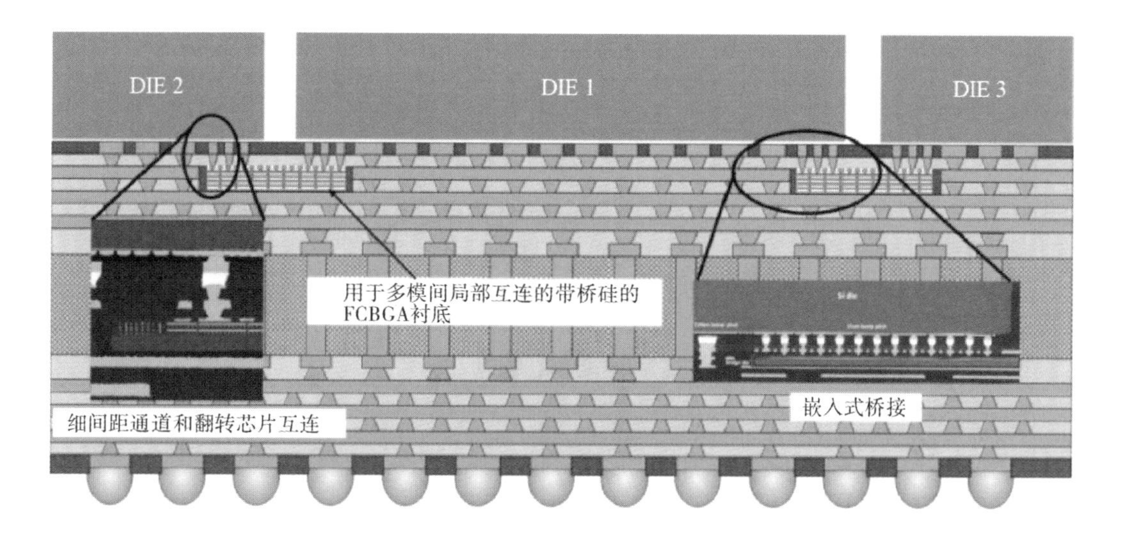

图 10－30　英特尔 EMIB 互连技术

10.5.7 混合键合技术

图 10－31 为键合技术的演进示意图，其中混合键合是通过铜—铜金属键合和二氧化硅—二氧化硅介质层键合实现无凸块永久键合的芯片三维堆叠高密度互连技术，可实现极小间距的芯片焊盘互连，每平方毫米可互连的芯片焊盘数为 10^4 ~ 10^6 个，可以提供更高的互连密度、更小更简单的电路、更大的带宽、更小的电容和更低的功耗。与传统 C4 焊点和微凸块连接技术相比，混合键合技术的主要优点有：①实现芯片之间无凸块互连，微凸块的取消将进一步降低芯片之间通道的寄生电感和信号延时；②实现芯片之间超细间距的互连，互连密度比微凸块提高 10 倍以上，超细间距的互连将增加布线的有效使用面积，大幅增加通道数量，实现数据处理串并转换，简化 I/O 端口电路，增大带宽；③实现超薄芯片制备，通过芯片减薄可使芯片厚度和重量大幅降低，并且可进一步提升系统中芯片的互连带宽；④实现键合可靠性的提高，Cu—Cu 触点间以分子尺度融合，取消了焊料连

接，SiO_2—SiO_2以分子共价键键合，取消了底填材料，极大地提高了界面键合强度，增强了芯片的环境适应性。

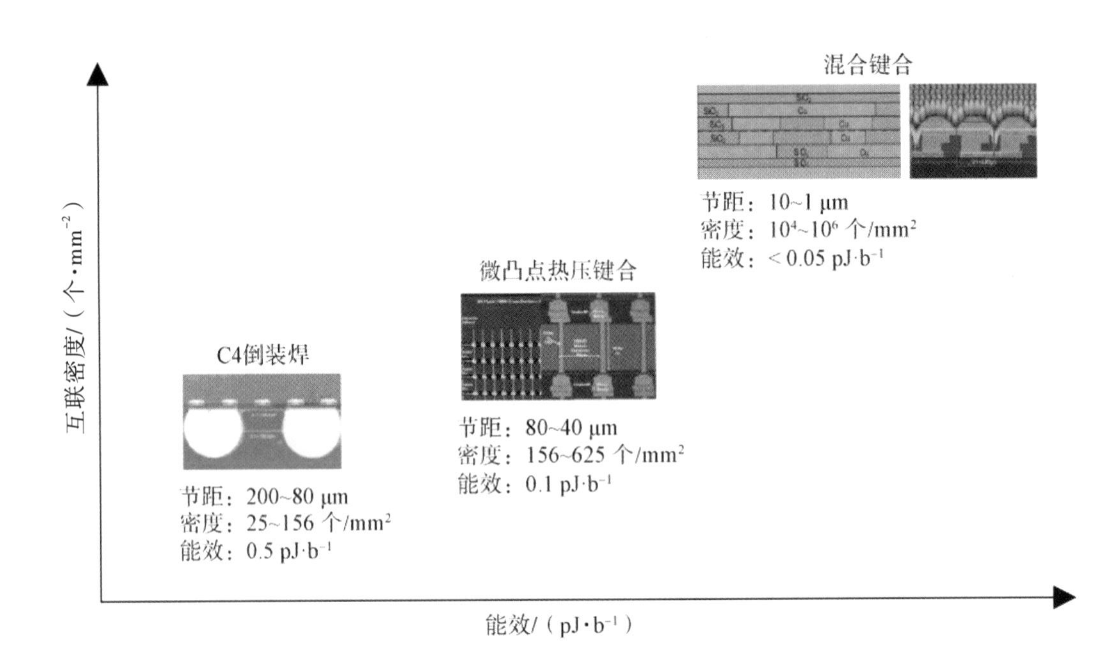

图 10－31　键合技术的演进

美国 AMD 通过混合键合技术将两个 64 MB 三级静态缓存芯片和 1 个含 TSV 的 8 核 CPU 垂直键合在一起，实现了 3D 芯粒，如图 10－32 所示。其混合键合的间距为 9 μm，互连密度约 12 345 个/mm^2，相比间距为 36 μm 的微凸块，互连密度提升超 15 倍，互连能效提升超 3 倍。

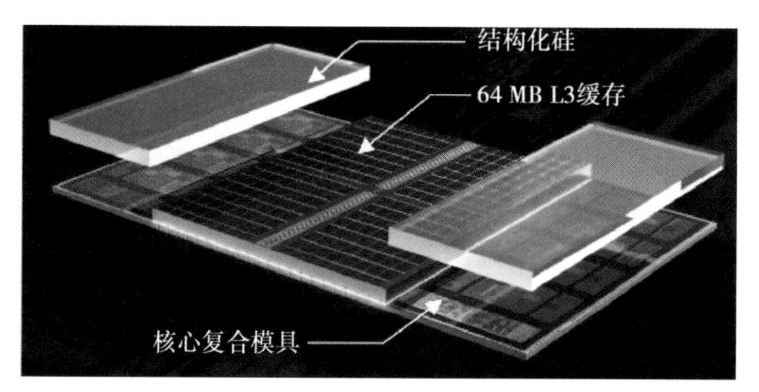

（a） 缓存芯片和CPU核三维集成

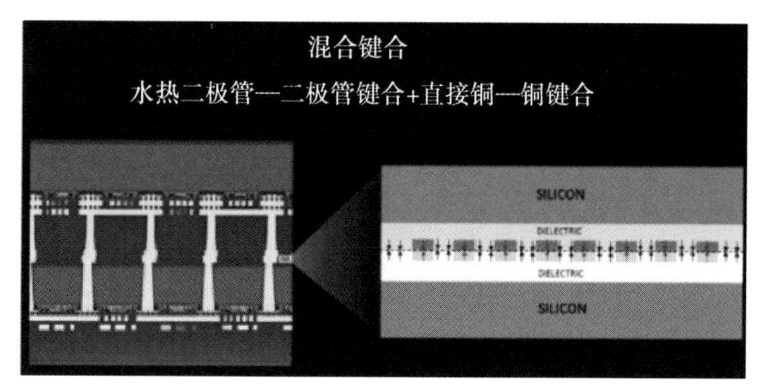

（b）混合键合技术

图 10－32　AMD 3D 芯粒技术

2022 年 3 月，英国 AI 芯片公司 Graphcore 发布了一款智能处理单元（Intelligent Processing Unit，IPU）产品 Bow，其采用了台积电 SoIC-WoW（Wafer on Wafer，晶圆对晶圆）混合键合技术，将 7 nm 的处理器晶圆和供电晶圆堆叠在一起，其结构示意图如图 10－33 所示。其中，供电晶圆上含有深沟槽电容，用来存储电荷，背面 TSV 允许互连至晶圆内层。较上一代相同 7 nm 制程的产品，采用 3D WoW 封装技术后，其性能提升 40%，功耗降低 16%。

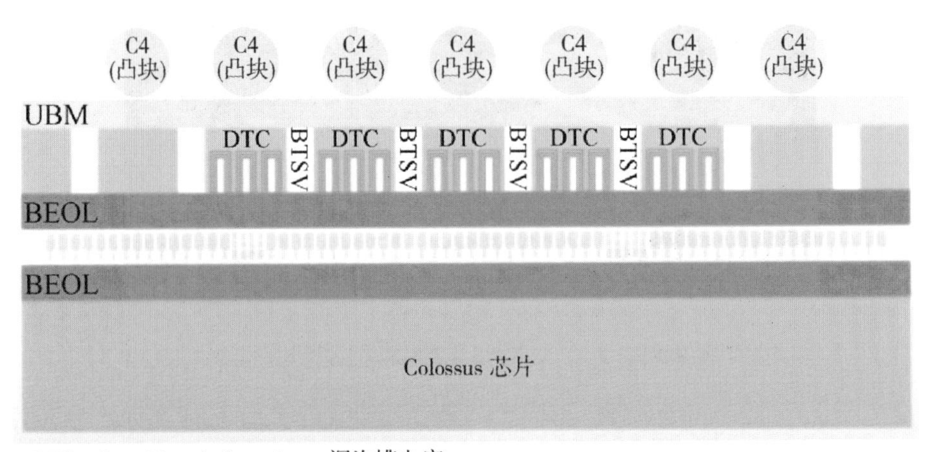

图 10－33　台积电 SoIC-WoW 混合键合技术

近年来，以高性能计算、人工智能和5G通信为代表的需求牵引，加速了集成电路的发展，以尺寸微缩为主线的摩尔定律发展放缓，22 nm 工艺节点以下芯片的设计和制造成本呈指数级增加，芯片尺寸受限于光刻机的最大曝光面积，单一衬底上可集成的功能有限，SoC 单片向芯粒（Chiplet，又称小芯片）异质集成“改道”是集成电路发展的重要趋势。依据功能划分，将原先的大尺寸 SoC 芯片拆成芯粒，主要功能采用先进制程，次要功能采用成熟制程，再通过先进封装技术，制造成本较低、性能接近的集成电路产品。其中先进封装技术不再局限于后道工艺，一些关键工艺需在前道平台上进行，因此需进行前后道平台协同设计开发。中国需快速布局芯粒领域的技术研发，通过路径创新，降低中国大陆集成电路发展同集成电路既有全球体系直接对冲的风险，实现灵活、高效、系统级的新型集成电路发展模式，推动集成电路的创新发展与自主可控。芯片封装技术的发展要适应移动消费性电子产品轻薄短小的需求，缩小封装尺寸将是必要的途径，多接点、无引脚、多芯片、模块化、立体化的芯片封装方式将成为半导体先进封装技术的发展趋势（见图 10－34）。芯片封装主要是在芯片或载板上制造焊盘或引脚使其相互导通，作为信号互连传导的通道，主要技术类型有引线键合、微凸块和硅通孔等。因此封装技术的演变也从成熟的引线框架、BGA 方式逐步进展到现今相当热门的扇入、扇出、2.5D、3D、SIP 等许多方式。先进封装技术最主要的目的是将多个芯片集成到同一个封装体中，以实现特定的功能。在同一个封装体中集成多个芯片被称作多芯片集成或多样化集成。

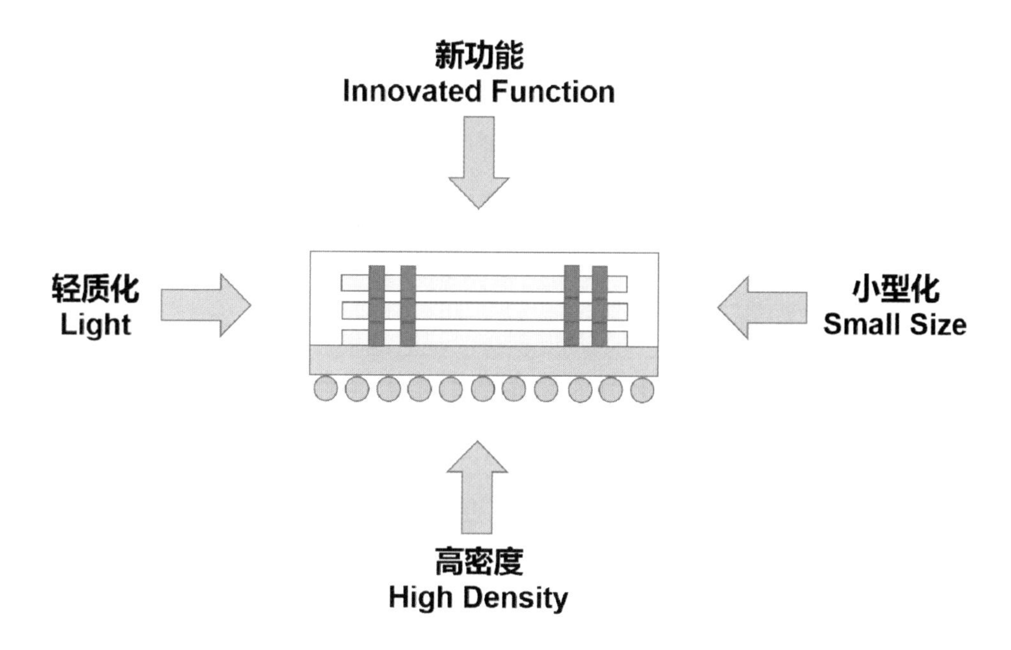

图 10－34　芯片封装技术发展趋势示意图

10.6 芯片封装设备

10.6.1 晶圆减薄机

晶圆减薄机是一种利用安装在空气静压电主轴上的金刚石磨轮，对晶圆进行减薄的设备，其工作时高速旋转的磨轮以极低的速度进给，磨削吸附在吸盘上的晶圆，从而使晶圆厚度变薄。根据设备工艺需求的不同，晶圆减薄机分为减薄机和减薄抛光一体机两种。

减薄机主要由粗磨系统、精磨系统、承片台、承片台清洗系统、上片机械手、下片机械手、中心机械手、料篮、定位盘、圆片清洗台、回转工作台等组成。粗/精磨系统配有空气静压电主轴，由内装式高频电动机直接驱动主轴，带动金刚石磨轮高速旋转；承片台可以吸附晶圆，并进行旋转；承片台清洗系统主要用于清洗承片台，保证承片台的洁净；上/下片机械手主要用于晶圆在承片台、定位盘、圆片清洗台之间的装载与卸载；中心机械手用于晶圆在圆片清洗台、料篮、定位盘之间的传输；料篮主要用于晶圆的装载；定位盘用于晶圆的位置识别与固定；圆片清洗台主要用于磨削后的晶圆的清洗及干燥，去除影响传输的水渍和粉尘；回转工作台主要通过回转运动，实现晶圆在粗磨系统、精磨系统及装片位置之间的变换。

减薄抛光一体机可以实现从上片、定位、装片、粗磨、精磨、抛光、清洗干燥、保护膜处理到卸片的全部工序的自动化操作。目前，研制减薄机的主要生产厂家有日本的 Disco 公司和东京精密，国内的华海清科也有相关产品（设备见图 9－5）。减薄机除了应用于集成电路行业，还广泛应用于 LED、红外器件、指纹识别、光通信等行业。

10.6.2 砂轮划片机

砂轮划片机（设备见图 10－35）是一种利用安装在空气静压电主轴上的金刚石砂轮，对晶圆进行切割或开槽的设备。根据设备自动化程度的不同，砂轮划片机分为半自动砂轮划片机和全自动砂轮划片机。

半自动砂轮划片机工作时，被加工物的安装与卸载均采用手动方式操作，仅有切割工序以自动化方式进行。半自动砂轮划片机主要由空气静压电主轴、x 轴、y 轴、z 轴、θ 轴等组成。空气静压电主轴以气体静压轴承作为支撑，由内装式高频电动机直接驱动主轴，带动金刚石砂轮高速旋转；x 轴一般以直线导轨为支撑和导向，由伺服电动机驱动大导程滚珠丝杠实现直线运动，带动承片台上的被加工物左右往复移动；y 轴一般以直线导轨为支撑和导向，由伺服电动机或步进电动机驱动高精度滚珠丝杠实现精密分度定位，必要时配置光栅尺进行闭环控制，带动空气静压电主轴和显微镜前进和后退；z 轴采用直线导轨导向，由步进电动机驱动高精度滚珠丝杠实现精密高度控制，带动空气静压电主轴上升和下降；θ 轴一般由直驱电动机或步进电动机驱动，带动承片台绕其中心轴线顺时针和逆时针旋转，实现承片台上的被加工物的划切道与 x 轴运动方向平行。全自动砂轮划片机可以实现从装片、位置校准、切割、清洗/干燥到卸片的全部工序的自动化操作。

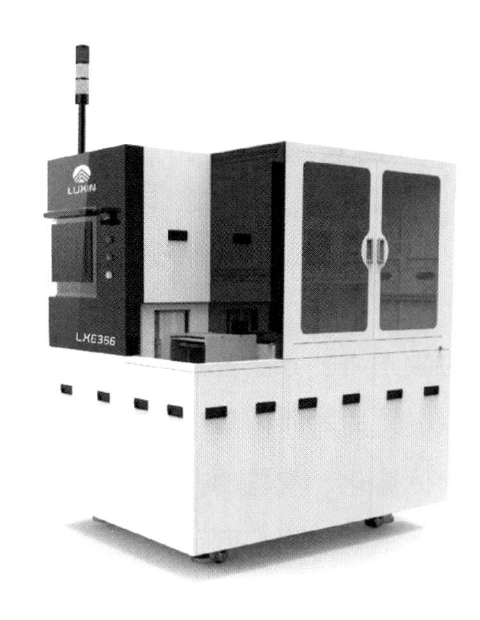

图 10－35　砂轮划片机

10.6.3 激光划片机

激光划片机是一种利用高能激光束照射在晶圆等被加工物表面或内部，通过固体升华或蒸发等方式对被加工物进行切割或开槽的设备。根据激光技术原理的不同，激光划片机分为干式激光划片机和微水导激光划片机；根据设备自动化程度的不同，激光划片机分为半自动激光划片机和全自动激光划片机。

干式激光划片机（设备见图 10－36）主要由激光系统、$x-y$ 工作台、θ 向旋转台、z 向调焦系统、除尘及真空系统和电控系统等组成。激光系统参数根据被加工物材料对激光的吸收特性确定，$x-y$ 工作台进行快速直线往复运动和精密步进运动，θ 向旋转台用于被加工物划切道的精密对位，z 向调焦系统用于激光加工焦点和 CCD 成像焦点的精密调节。

图 10－36　干式激光划片机

干式激光划片机的激光加工方法主要分为烧蚀加工和隐形切割。烧蚀加工是指将激光能量在极短的时间内集中于晶圆等被加工物表面的微小区域内，完成划切道内固体熔化、汽化的开槽加工或全切割加工方式。激光开槽加工是在晶圆等被加工物表面切割出深度为材料总厚度四分之一到三分之一的凹槽，然后通过裂片工艺将晶圆等被加工物沿划切槽分裂，从而获得芯片。激光全切割加工则可直接切穿晶圆等被加工物整个的材料厚度，并分离获得芯片。芯片由于热作用不会自动分离，因而需要通过扩晶过程进行分离。

隐形切割是指将激光能量聚集于晶圆内部，利用特殊波长控制激光仅打乱硅的原子键，在晶圆内部产生变质层，再通过扩展胶膜等方法将被加工物分离成芯片的加工方式（见图 10－37）。

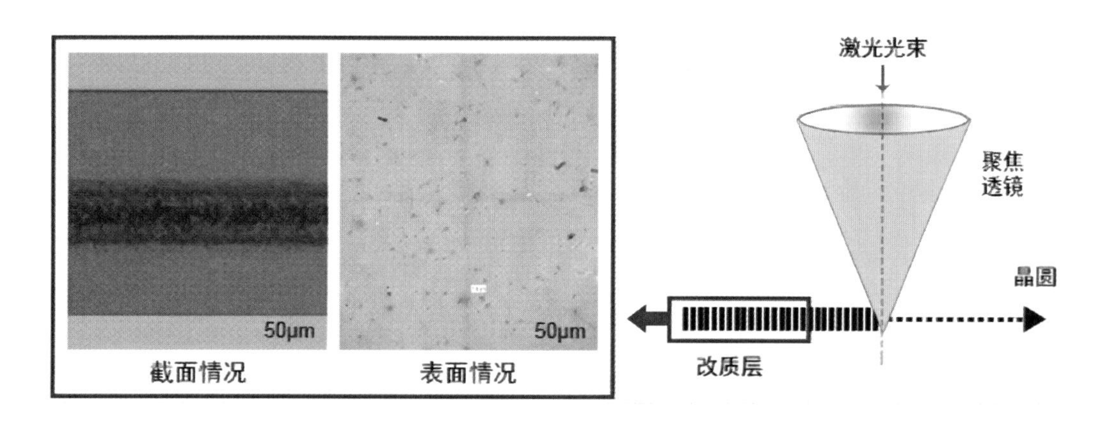

图 10－37　隐形切割工艺

10.6.4 贴片机

贴片是指将芯片安装固定在封装基板或外壳上工艺所用的设备。芯片通常在晶圆工艺线上完成片上测试，并将有缺陷的芯片打上标记，以便在后续封装过程中进行识别。芯片的封装工艺始于将芯片分离成单个的芯片。当单个芯片从整体晶圆上被分离出来后，再通过贴片工艺将芯片安装到引线框上或芯片载体上。贴片采用的键合材料有很多种，包括导电环氧树脂、金属焊料等。贴片机也称为芯片键合机、装片机或固晶机。贴片机主要由承片台、点胶系统、键合头、视觉系统、物料传输系统、上/下机箱及基座等部分组成（设备见图 10－38）。键合头完成芯片的拾取和放置，是完成芯片键合工艺的关键。键合头与承片台相互配合，从蓝膜上准确地拾取芯片，然后与物料传输系统相配合，准确地将芯片放置在封装基底涂覆了黏合剂的位置上。接着，设备对芯片施加压力，在芯片与封装基底之间形成厚度均匀的黏合剂层。在承片台和物料传输系统的进给/夹持机构上分别需要一套视觉系统来完成芯片和封装基底的定位，将芯片位置的精确信息传递给运动控制模块，使运动控制模块能够在实时状态下调整控制参数，完成贴片动作。物料传输系统负责芯片键合工艺中料条的自动操作，主要包括上料机构进给/夹持机构、下料机构。芯片传输机构作为贴片机的主要机构，要求结构精密紧凑。由于晶圆的运动是在 $x-y$ 平面进行的光栅扫描式运动，因此晶圆/芯片供送系统的主要部件是 $x-y$ 工作台。在进行芯片贴片时，晶圆运动的步距为两个相邻芯片的距离，$x-y$ 工作台的行程必须大于晶圆自身的直径，这样才能保证晶圆上的每个芯片均能移动到顶针上方，被顶针顶起至吸头。晶圆的直径大小有 150 mm、200 mm 及 300 mm，国际上主流机型为 300 mm。贴片机的关键技术是整机运动控制、芯片拾放和图像识别。对于芯片拾放机构，要求为速度快、精度高。

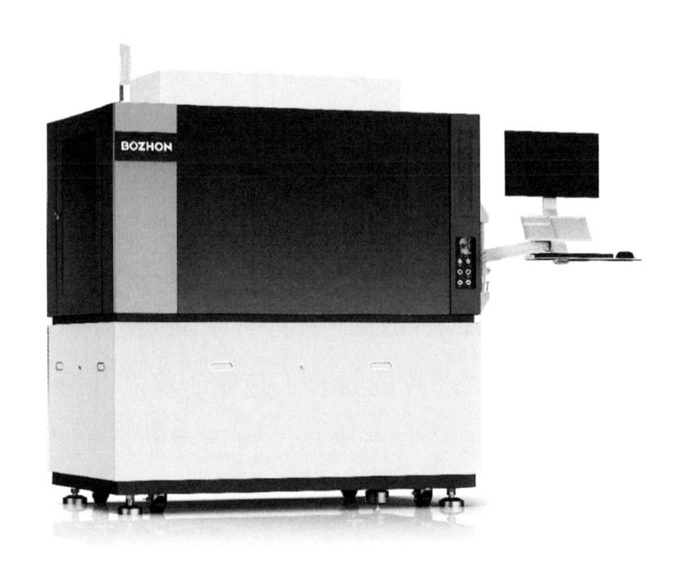

图 10-38　高精度共晶贴片机

10.6.5 塑封机

塑封机主要用于集成电路产品后道工序的自动化塑封。塑封工艺过程主要包括排片、预热、模压和固化等。目前，模塑技术的自动化程度越来越高，自动塑封系统集排片、上料、预热、装料、模压、清模、去胶和收料于一体，大大提高了工作效率和封装质量。对塑封而言，传递模塑工艺是集成电路封装最普遍的方法之一。传递模塑是指通过加压，将加料室中热的黏稠状态的热固性材料，通过料道、浇口进入闭合模腔内制造塑封元件的过程。

塑封机主要利用可编程逻辑控制器（Programmable Logic Controller，PLC）来控制液压系统中的各个阀件，再通过各个阀件的动作控制塑封机核心部分——液压模块的运行，其合模和注塑的速度、流量与压力是通过控制电磁比例阀来实现的。塑封机的工作过程主要有合模和注塑两个阶段，其工作过程如下所述：

（1）合模：活动工作台快速上升、慢速上升、一次加压、二次加压、合模保持、活动工作台卸压、慢速下降、快速下降、慢速下降、活动工作台维持、升降工作台卸压、慢速上升。

（2）注塑：上柱塞杆快速下降、一次慢速下降、二次慢速下降、三次慢速下降、卸压、慢速上升、快速上升、慢速上升。

塑封机的关键部件包括液压系统、锁模系统、模具、变速/变压控制系统注塑头、PLC 控制系统等（设备见图 10－39）。液压系统关键技术要求包括合模压力、开模/合模速度可调、注塑压力/注塑速度可调、保压、顶出产品时速度要平稳。主要控制的工艺参数包括模具合模压力、传递压力、料室温度、模具的温度、填充模腔需要的传递时间等。

图 10－39　芯片封装塑封机

10.6.6 电镀及浸焊生产线

电镀生产线用于对封装后的IC引线框架、接插件进行电镀或对金属零件进行表面处理。此工序是对封装后的IC引线框架引脚进行保护性镀层处理，以增加引脚的可焊性。封装后框架引脚的后处理可采用电镀或浸锡工艺来实现。电镀槽呈流水线式，其工艺过程是：首先进行去毛边，即去掉注塑后出现的树脂溢料，然后对引线框架在不同药水中进行预处理，最后电镀锡。具体工艺流程是：去毛边、除油、微蚀或除氧化、电镀锡、锡保护等，然后对完成电镀的引线框架再次进行冲洗、吹干，最后放入烘箱中烘干。

浸锡工艺首先是进行清洗；然后将清洗后的产品在助焊剂中浸泡；接着浸入熔融锡合金熔液中进行浸锡；最后对浸锡后的产品再次进行清洗、烘干。具体工艺流程是：去毛边、去油污、去氧化物、浸助焊剂、浸锡、清洗、烘干。

电镀会造成周围厚、中间薄的所谓的“狗骨头”问题，主要原因是电镀时容易造成电荷聚集效应。另外，电镀液也容易造成离子污染。浸锡容易引起镀层不均匀，主要原因是熔融焊料表面张力的作用使得浸锡部分中间厚、边缘薄。

目前主流的电镀生产线是高速环形垂直升降式电镀生产线，与普通的电镀生产线在结构上有很大的不同，工件的横移和升降不再是针对单槽进行的，而是整条线的挂具和工件同时动作，单槽的工件在上升—横移—下降后进入下个槽。高速环形垂直升降式电镀生产线除人工上/下料外，其他操作均采用自动控制，工作效率高、适用范围广。

10.6.7 切筋成型机

切筋成型机主要用于引线框架后封装的切筋、成型和分离工艺。它集自动上料、自动传递、自动成型、自动检测、自动装管、自动收料于一体，可以实现整个生产过程的自动化。切筋成型机主要由上料系统、模具系统、导料机构、收料机构、除尘系统5部分组成（设备见图10－40）。

图10－40　切筋成型机

切筋是将整条引线框架上已封装好的芯片分开，同时切除多余的连接材料及凸出的树脂的过程。切筋后的独立封装芯片具有坚固的树脂硬壳，其侧面伸出许多个外引脚。成型则是将这些外引脚压成便于PCB组装的设计好的形状。切筋和成型是两道工序，但由于定位及动作的连续性，通常在同一个设备中完成，但也有分开完成的。切筋成型后的芯片被置入用以运送的塑料管或承载盘里。

成型工艺的主要问题是引脚的变形。对于DIP封装，由于其引脚数少，且引脚较粗，问题不大。但对于SMT贴装，由于是微细间距框架，且引脚数多，在引脚成型时易造成引脚的非共面性。原因之一是人为因素。随着设备自动化程度的提高，这个影响因素比例已大大减少。原因之二是成型过程中产生的热收缩应力。由于塑封料和框架材料的热膨胀系数不同，在成型后的降温过程中会引起各自在收缩程度上的差异，造成框架翘曲，从而引起非共面问题。随着框架引脚越来越细，封装模块越来越薄，这一问题越来越具有挑战性，克服此问题的途径在于材料的选择、框架带长度及框架形状的设计优化等。

练习题

（1）请简述传统封装和先进封装工艺的区别。

（2）请简述柯肯达尔空洞形成的原因。

（3）请简述影响铜柱晶粒大小的因素。

（4）请简述 FIWLP 与 FOWLP 的不同之处。

（5）请简述芯片封装工艺的种类及其特点。

参考文献

［1］德州仪器. 处理器架构的技术发展愿景：2020 年［EB/OL］.（2008 －08 －22）［2024 －02 －03］. http://news. eeworld. com. cn/DSP/2008/0822/article_ 706. html.

［2］SYDELL L，冯雪. 摩尔定律提出50 年，跟上该定律的步伐面临挑战［J］. 英语文摘，2015（9）：41 －44.

［3］CHANG L，FRANK D J. Technology optimization for high energy-efficienecy computation，Short course on emerging technologies for post 14nm CMOS［C］. International Electron Devices Meeting，2012.

［4］王阳元，王永文. 我国集成电路产业发展之路［M］. 北京：科学出版社，2008.

［5］RISCH L. Nanoelectronics：the key technology of the 21st century［J］. IETE journal of education，1996，37（4）：215 －219.

［6］ARDEN W M. The international technology roadmap for semiconductors：perspectives and challenges for the next 15 years［J］. Current opinion in solid state and materials science，2002，6（5）：371 －377.

［7］KUHN K J，LIU M Y，KENNEL H. Technology options for 22nm and beyond［C］. 2010 International Workshop on Junction Technology Extended Abstracts，Shanghai，China，2010：1 －6.

［8］ORTOLLAND C，ROSSEEL E，HORIGUCHI N，et al. Silicide yield improvement with NiPtSi formation by laser anneal for advanced low power platform CMOS technology［C］. 2009 IEEE International Electron Devices Meeting（IEDM），Baltimore，MD，USA，2009：1 －4.

［9］HAMAGUCHI M，YIN H，SAENGER K L，et al. Higher hole mobility induced by twisted Direct Silicon Bonding (DSB) [C]. 2008 Symposium on VLSI Technology, Honolulu, HI, USA, 2008: 178 – 179.

[10] BROWN A R, ASENOV A, WATLING J R. Intrinsic fluctuations in sub 10-nm double-gate MOSFETs introduced by discreteness of charge and matter [J]. IEEE transactions on nanotechnology, 2002, 1 (4): 195 – 200.

[11] 肖德元，陈国庆，李若加，等. 半导体器件、含包围圆柱形沟道的栅的晶体管及制造方法：200910057965. 3 [P]. 2009 – 09 – 28.

[12] CAPPELLANI A, KUHN K J, RIOS R, et al. Junctionless accumulation-mode devices on decoupled prominent architectures: U. S. Patent 8853741 [P]. 2014 – 10 – 07.

[13] MIGITA S, MORITA Y, MASAHARA M, et al. Electrical performance of junctionless-FETs at the scaling limit (L_{CH} = 3nm) [C]. 2012 International Electron Devices Meeting, IEEE, 2012.

[14] RADOSAVLJEVIC M, DEWEY G, FASTENAU J M, et al. Non-planar, multi-gate InGaAs quantum well field effect transistors with high-k gate dielectric and ultra-scaled gate-to-drain/gate-to-source separation for low power logic applications [C]. 2010 International Electron Devices Meeting, IEEE, 2010: 126 – 129.

[15] ZENG K, SOMAN R, BIAN Z L, et al. Vertical Ga_2O_3 MOSFET with magnesium diffused current blocking layer [J]. IEEE electron device letters, 2022, 43 (9): 1527 – 1530.

[16] WANG B Y, XIAO M, KNOLL J, et al. Low thermal resistance (0. 5 K/W) Ga_2O_3 Schottky rectifiers with double-side packaging [J]. IEEE electron device letters, 2021, 42 (8): 1132 – 1135.

[17] SHARMA S, ZENG K, SAHA S, et al. Field-plated lateral Ga_2O_3 MOSFETs with polymer passivation and 8. 03 kV breakdown voltage [J]. IEEE electron device letters, 2020, 41 (6): 836 – 839.

[18] WANG X Y, ZHANG S N, HUO X Q, et al. Research progress of ultra-wide bandgap semiconductor β-Ga_2O_3 [J]. Journal of synthetic crystals, 2021, 50 (11): 1995 -2012.

[19] LI W S, NOMOTO K, HU Z Y, et al. Field-plated Ga_2O_3 trench Schottky barrier diodes with a $BV^2/R_{on,sp}$ of up to 0.95GW/cm^2 [J]. IEEE electron device letters, 2020, 41 (1): 107 -110.

[20] 王阳元. 集成电路产业全书 [M]. 北京: 电子工业出版社, 2018.

[21] GENG H, 等. 半导体集成电路制造手册 [M]. 赵树武, 陈松, 赵水林, 等译. 北京: 电子工业出版社, 2006.

[22] QUIRK M, SERDA J. 半导体制造技术 [M]. 韩郑生, 等译. 北京: 电子工业出版社, 2015.

[23] 吴明明, 周兆忠, 巫少龙. 单晶硅片的制造技术 [J]. 制造技术与机床, 2005 (3): 76 -79.

[24] YUAN Y, HAO W B, MU W X, et al. Toward emerging gallium oxide semiconductors: a roadmap [J]. Fundamental research, 2021, 1 (6): 697 -716.

[25] HEINSELMAN K N, HAVEN D, ZAKUTAYEV A, et al. Projected cost of gallium oxide wafers from edge-defined film-fed crystal growth [J]. Crystal growth & design, 2022, 22 (8): 4854 -4863.

[26] 刘俊杰, 关春龙, 易剑, 等. 半导体用大尺寸单晶金刚石衬底制备及加工研究现状 [J]. 人工晶体学报, 2023, 52 (10): 1733 -1744.

[27] 王杨. 硅衬底/铱/外延金刚石的第一性原理计算及实验研究 [D]. 哈尔滨: 哈尔滨工业大学, 2021.

[28] 刘春玲, 王春武, 王广德, 等. 电子束蒸镀 H4 膜工艺及其在 808 nm激光器腔面膜上的应用 [J]. 中国激光, 2010, 37 (12): 3140 -3144.

［29］宣天鹏. 表面工程技术的设计与选择［M］. 北京：机械工业出版社，2011.

［30］XIAO H. 半导体制造技术导论［M］. 2 版. 杨银堂，段宝兴，译. 北京：电子工业出版社，2013.

［31］AHADI K，CADIEN K. Ultra low density of interfacial traps with mixed thermal and plasma enhanced ALD of high-k gate dielectrics［J］. RSC advances，2016，6（20）：16301－16307.

［32］李亚明，张飞. 光刻技术的发展［J］. 电子世界，2014（24）：464－465.

［33］王阳元，康晋锋. 硅集成电路光刻技术的发展与挑战［J］. 半导体学报，2002，23（3）：225－237.

［34］OIZUMI H，IZUMI A，MOTAI K，et al. Atomic hydrogen cleaning of surface Ru oxide formed by extreme ultraviolet irradiation of Ru-capped multilayer mirrors in H_2O ambience［J］. Japanese journal of applied physics，2007，46（25）：L633－L635.

［35］蒋文波，胡松. 传统光学光刻的极限及下一代光刻技术［J］. 微纳电子技术，2008，（6）：361－365，369.

［36］袁琼雁，王向朝. 国际主流光刻机研发的最新进展［J］. 激光与光电子学进展，2007（1）：57－64.

［37］CHEN L，XU J，YUAN H，et al. Outgassing analysis of molecular glass photoresists under EUV irradiation［J］. Science China chemistry，2014，57（12）：1746－1750.

［38］陈宝钦. 电子束光刻技术与图形数据处理技术［J］. 微纳电子技术，2011，48（6）：345－352.

［39］SUZUKI K，ITABASHI N. Future prospects for dry etching［J］. Pure and applied chemistry，1996，68（5）：1011－1015.

［40］SUGAWARA M. Plasma etching：fundamentals and applications

[M]. Oxford: Oxford University Press, 1998.

[41] ABE H, YONEDA M, FUJIWARA N. Developments of plasma etching technology for fabricating semiconductor devices [J]. Japanese journal of applied physics, 2008, 47 (3): 1435 - 1455.

[42] THOMPSON S E, ARMSTRONG M, AUTH C, et al. A 90-nm logic technology featuring strained-silicon [J]. IEEE transactions on electron devices, 2004, 51 (11): 1790 - 1797.

[43] TAN S S, FANG S, Yuan J, et al. Enhanced stress proximity technique with recessed S/D to improve device performance at 45nm and beyond [C]. 2008 International Symposium on VLSI Technology, Systems and Applications (VLSI - TSA), IEEE, 2008: 122 - 123.

[44] PARKINSON B R, LEE H, FUNK M, et al. Addressing dynamic process changes in high volume plasma etch manufacturing by using multivariate process control [J]. IEEE transactions on semiconductor manufacturing, 2010, 23 (2): 185 - 193.

[45] HAN B, CHANG S M, ZHANG H, et al. Yield enhancement with optimized offset spacer etch for 65nm logic low-leakage process [J]. ECS transactions, 2009, 18 (1): 659 - 662.

[46] WANG X P, ZHANG H Y, CHANG S M, et al. Impact of etching chemistry and sidewall profile on contact CD and open performance in advanced logic contact etch [J]. ECS transactions, 2010, 27 (1): 737 - 741.

[47] ZANT P V. 芯片制造：半导体工艺制程实用教程 [M]. 赵树武，朱践知，于世恩，等译. 北京：电子工业出版社，2004.

[48] QUIRK M, SERDA J. 半导体制造技术 [M]. 韩郑生，等译. 北京：电子工业出版社，2009.

[49] 施敏，李明逵. 半导体器件物理与工艺 [M]. 3 版. 王明湘，赵鹤鸣，译. 苏州：苏州大学出版社，2014.

［50］王蔚，田丽，任明远．集成电路制造技术原理与工艺［M］．北京：电子工业出版社，2013.

［51］康伟超，王丽．硅材料检测技术［M］．北京：化学工业出版社，2009.

［52］WOLF S，TAUBER R N. Silicon processing for the VLSI era［M］. California：Lattice Press，1986.

［53］RILEY P E，PENG S S，FANG L，et al. Plasma etching of aluminum for ULSI circuits［J］. Solid state technology，1993，36（2）：47－52.

［54］SINGER P. New interconnect materials：chasing the promise of faster chips［J］. Semiconductor international，1994，17（13）：52－60.

［55］PRAMANIK D，JAIN V. Barrier metals for ULSI：deposition and manufacturing［J］. Solid state technology，1993，36（1）：73－80.

［56］BRAUN A E. ECP technology faces chemical，dielectric hurdles［J］. Semiconductor international，2000，23（5）：60－62，64，66，68.

［57］FU J，DING P，DORLEANS F，et al. Deposition of copper by using self-sputtering［J］. Journal of vacuum science & technology A：vacuum，surfaces，and films，1999，17（5）：2830－2834.

［58］代永平，耿卫东，孙钟林．硅基液晶显示器（LCoS）核心：显示系统芯片的设计分析［J］．光电子技术，2001，21（2）：79－89.

［59］LEE D，LEE H，JEONG H. Slurry components in metal chemical mechanical planarization（CMP）process：a review［J］. International journal of precision engineering and manufacturing，2016，17：1751－1762.

［60］LUO Q，CAMPBELL D R，BABU S V. Chemical-mechanical polishing of copper in alkaline media［J］. Thin solid films，1997，311（1－2）：177－182.

［61］KANKI T，KIMURA T，NAKAMURA T. Chemical and mechanical properties of Cu surface reaction layers in Cu-CMP to improve planarization［J］. ECS journal of solid state science and technology，2013，2（9）：375－379.

［62］ZHANG K，NIU X，WANG C，et al. Effect of chelating agent and ammonium dodecyl sulfate on the interfacial behavior of copper CMP for GLSI［J］. ECS journal of solid state science and technology，2018，7（9）：509－517.

［63］张晋新，贺朝会，郭红霞，等. 不同偏置影响锗硅异质结双极晶体管单粒子效应的三维数值仿真研究［J］. 物理学报，2014，63（24）：446－453.

［64］陈明辉，吴懿平. 电子制造与封装［J］. 电子工业专用设备，2006（2）：49－52.

［65］梅万余. 半导体封装形式介绍［J］. 电子工业专用设备，2005（5）：14－21.

［66］李燕玲，于高洋，童志义. 应对“后摩尔定律”的封装设备［J］. 电子工业专用设备，2010（12）：1－8，43.

［67］高尚通. 微电子封装与设备［J］. 电子与封装，2002（6）：1－5.

［68］中国电子学会电子制造与封装技术分会，电子封装技术丛书编辑委员会. 电子封装工艺设备［M］. 北京：化学工业出版社，2012.

［69］黄福民，谢小柱，魏昕，等. 半导体晶圆激光切割新技术［J］. 激光技术，2012，36（3）：293－297.

［70］刘洋，邴守东. 粘片机布局及关键机构技术研究［J］. 电子工业专用设备，2009，38（7）：29－32.

［71］王晓奎. 倒装焊接设备精密对位系统的精度设计［D］. 西安：西安电子科技大学，2013.

［72］赵军毅. 低介电常数工艺集成电路的封装技术研究［D］. 上海：复旦大学，2009.

［73］JEONG E，KIM J，CHOI K，et al. Double patterning in lithography for 65nm node with oxidation process［J］. Optical microlithography，2008，6924：1－8.

[74] RODRIGUES R, DU Y, ANTONIAZZI A, et al. A review of solid-state circuit breakers [J]. IEEE transactions on power electronics, 2021, 36 (1): 364 - 377.

[75] SHEN Z S, JING S Y, HENG Y, et al. Electromigration in three-dimensional integrated circuits [J]. Applied physics reviews, 2023, 10 (2): 1 - 30.

[76] MENG N, ZHANG X L, XIE S F, et al. Effect of 2 - phosphonobutane - 1, 2, 4 - tricarboxylic acid (PBTCA) on Cu/Ta chemical mechanical planarization (CMP) in the barrier layer: a novel complexing agent and the dual role on Cu [J]. Surfaces and interfaces, 2024, 46: 1 - 13.

[77] ZHAO Y, PARK H, LEE K D, et al. Impacts of Post-Cu CMP Queue Time on Reliability [C]. 2024 IEEE International Reliability Physics Symposium (IRPS), 2024: 1 - 5.

[78] WAN C Y, LIU J Q, DUAN X Y, et al. Synergistic control on Co/Cu galvanic corrosion and its application for Co barrier chemical mechanical planarization in alkaline slurry [J]. Journal of the electrochemical society, 2024, 171 (1): 1 - 13.

[79] YE C Y, WU X X, ZHANG Z B, et al. Research progress of electroless plating technology in chip manufacturing [J]. Acta chimica sinica, 2022, 80 (12): 1643 - 1663.

[80] ZHONG Z W. Advanced polishing, grinding and finishing processes for various manufacturing applications: a review [J]. Materials and manufacturing processes, 2020, 35 (12): 1279 - 1303.

[81] WANG X L, TAO P P, WANG Q Q, et al. Trends in photoresist materials for extreme ultraviolet lithography: a review [J]. Materials today, 2023, 67: 299 - 319.

[82] LUO C Y, XU C C, LV L, et al. Review of recent advances in in-

organic photoresists [J]. RSC advances, 2020, 10 (14): 8385 - 8395.

[83] GAUCI S C, EHRMANN K, GERNHARDT M, et al. Two functions from a single photoresist: tuning microstructure degradability from light-stabilized dynamic materials [J]. Advanced materials, 2023, 35 (22): 1 - 7.

[84] MICHALEK L, BIALAS S, WALDEN S L, et al. 2D fabrication of tunable responsive interpenetrating polymer networks from a single photoresist [J]. Advanced functional materials, 2020, 30 (48): 1 - 7.

[85] LAU J H. Recent advances and trends in advanced packaging [J]. IEEE transactions on components, packaging and manufacturing technology, 2022, 12 (2): 228 - 252.

[86] WEN Y, CHEN C, YE Y, et al. Advances on thermally conductive epoxy-based composites as electronic packaging underfill materials: a review [J]. Advanced materials, 2022, 34 (52): 1 - 22.

[87] WAN Y J, LI G, YAO Y M, et al. Recent advances in polymer-based electronic packaging materials [J]. Composites communications, 2020, 19: 154 - 167.

[88] LAU J H S, KO C T, PENG C Y, et al. Chip-last (RDL-first) fan-out panel-level packaging (FOPLP) for heterogeneous integration [J]. Journal of microelectronics and electronic packaging, 2020, 17 (3): 89 - 98.

[89] AGARWAL R, CHENG P, SHAH P, et al. 3D Packaging for Heterogeneous Integration [C]. 2022 IEEE 72nd Electronic Components and Technology Conference (ECTC), 2022: 1103 - 1107.

[90] SUN Y N, WU Y J, XIE D D, et al. Research progress of copper electrodeposition filling mechanism in silicon vias [J]. Journal of electrochemistry, 2022, 28 (7): 1 - 16.

[91] TAN B Z, LIANG J L, LAI Z L, et al. Electrochemical deposition of copper pillar bumps with high uniformity [J]. Journal of electrochemistry,

2022，28（7）：1－10.

［92］YANG S C，TRAN D P，ONG J J，et al. Periodic reverse electrodeposition of（1 1 1）－oriented nanotwinned Cu in small damascene SiO_2 vias［J］. Journal of electroanalytical chemistry，2023，935：1－9.

附录　芯片制造技术常用名词英汉对照表

简称	全名	中文释义
IC	Integrated Circuit	集成电路
—	Trench	沟槽
RC	Resistor – Capacitor	电阻—电容
ALD	Atomic Layer Deposition	原子层沉积
SDE	Source/Drain Extension	源/漏扩展结构
SAC	Self-aligned Contact	自对准
—	Spike annealing	尖峰退火
BJT	Bipolar Junction Transistor	双极型晶体管
TTL	Transistor – Transistor Logic	晶体管—晶体管逻辑
ECL	Emitter Coupled Logic	发射极耦合逻辑
HTL	High Threshold Logic	高阈值逻辑
LSTTL	Low-power Schottky Transistor – Transistor Logic	低功耗肖特基晶体管—晶体管逻辑
STTL	Schottky Transistor – Transistor Logic	肖特基晶体管—晶体管逻辑
MOS	Metal Oxide Semiconductor	金属氧化物半导体
NMOS	N-type Metal Oxide Semiconductor	N 型金属氧化物半导体
PMOS	P-type Metal Oxide Semiconductor	P 型金属氧化物半导体
CMOS	Complementary Metal Oxide Semiconductor	互补金属氧化物半导体
DMOS	Double-diffused Metal Oxide Semiconductor	双扩散金属氧化物半导体
LDMOS	Lateral Double-diffused Metal Oxide Semiconductor	横向双扩散金属氧化物半导体
VDMOS	Vertical Double-diffused Metal Oxide Semiconductor	纵向双扩散金属氧化物半导体
SSI	Small Scale Integration	小规模集成电路

（续上表）

简称	全名	中文释义
MSI	Medium Scale Integration	中等规模集成电路
LSI	Large Scale Integration	大规模集成电路
VLSI	Very Large Scale Integration	超大规模集成电路
ULSI	Ultra Large Scale Integration	特大规模集成电路
GSI	Grand Scale Integration	巨大规模集成电路
MSIC	Mixed Signal Integrated Circuit	数模混合集成电路
IMEC	Interfacial Microscal Energy Conversion	界面微尺度能量转换
Si	Silicon	硅
GaAs	Gallium Arsenide	砷化镓
EUV	Extreme Ultraviolet	极紫外
CVD	Chemical Vapor Deposition	化学气相沉积
PVD	Physical Vapor Deposition	物理气相沉积
CMP	Chemical Mechanical Polishing	化学机械研磨
EDS	Electronic Die Sorting	芯片电特性拣选
EPM	Electrical Parameter Monitoring	电气参数监控
Ge	Germanium	锗
e	emitter	发射极
c	collector	集电极
b	base	基极
G	Gate	栅极
—	Gate oxide	绝缘层
—	Channel	沟道
S	Source	源极
D	Drain	漏极
MOSFET	Metal – Oxide – Semiconductor Field Effect Transistor	金属—氧化物—半导体场效应晶体管
N-MOSFET	N-type Metal – Oxide – Semiconductor Field Effect Transistor	N 型金属—氧化物—半导体场效应晶体管

（续上表）

简称	全名	中文释义
P-MOSFET	P-type Metal – Oxide – Semiconductor Field Effect Transistor	P 型金属—氧化物—半导体场效应晶体管
D-MOSFET	Depletion Type Metal – Oxide – Semiconductor Field Effect Transistor	耗尽型金属—氧化物—半导体场效应晶体管
E-MOSFET	Enhance Type Metal – Oxide – Semiconductor Field Effect Transistor	增强型金属—氧化物—半导体场效应晶体管
FinFET	Fin Field Effect Transistor	鳍式场效应晶体管
JFET	Junction Field Effect Transistor	结型场效应晶体管
D-JFET	Depletion Type Junction Field Effect Transistor	耗尽型结型场效应晶体管
E-JFET	Enhance Type Junction Field Effect Transistor	增强型结型场效应晶体管
MESFET	Metal – Semicoductor Field Effect Transistor	金属—半导体场效应晶体管
TFET	Tunneling Field Effect Transistor	隧穿场效应晶体管
HEMT	High Electron Mobility Transistor	高电子迁移率晶体管
JLT	Junctionless Field Effect Transistor	无结场效应晶体管
GAA	Gate-all-around	全包围栅
GAAFET	Gate-all-around Field Effect Transistor	全包围栅场效应晶体管
UWBG	Ultra Wide Bandgap	超宽禁带
UNBG	Ultra Narrow Bandgap	超窄禁带
BFOM	Baliga Figure of Merit	巴利加优值
Ga_2O_3	Gallium Oxide	氧化镓
GaN	Gallium Nitride	氮化镓
AlN	Aluminium Nitride	氮化铝
SOI	Silicon-on-insulator	绝缘衬底上的硅片
MBE	Molecular Beam Epitaxy	分子束外延

（续上表）

简称	全名	中文释义
CVPE	Chemical Vapor Phase Epitaxy	化学气相外延
MPCVD	Microwave Plasma Chemical Vapor Deposition	微波等离子体化学气相沉积
PLD	Pulsed Laser Deposition	脉冲激光沉积
ALE	Atomic Layer Epitaxy	原子层外延
PLA	Pulsed Laser Ablation	脉冲激光烧蚀
L-MBE	Laser Molecular Beam Epitaxy	激光分子束外延
APCVD	Atmospheric Pressure Chemical Vapor Deposition	常压化学气相沉积
LPCVD	Low Pressure Chemical Vapor Deposition	低压化学气相沉积
PECVD	Plasma Enhanced Chemical Vapor Deposition	等离子体增强化学气相沉积
HTOCVD	High Temperature Oxidation Chemical Vapor Deposition	高温氧化膜化学气相沉积
LTOCVD	Low Temperature Oxidation Chemical Vapor Deposition	低温氧化膜化学气相沉积
RTCVD	Rapid Thermal Chemical Vapor Deposition	快速热化学气相沉积
MOCVD	Metal Organic Chemical Vapor Deposition	金属有机物化学气相沉积
TCVD	Thermal Chemical Vapor Deposition	热化学气相沉积
HDPCVD	High Density Plasma Chemical Vapor Deposition	高密度等离子体化学气相沉积
FCVD	Flowable Chemical Vapor Deposition	可流动化学气相沉积
CS	Chemisorption Self-limiting	化学吸附自限制
RS	Sequential Response Self-limiting	顺次反应自限制
TFEL	Thin Film Electroluminescence	薄膜电致发光

（续上表）

简称	全名	中文释义
DRAM	Dynamic Random Access Memory	动态随机存取存储器
MRAM	Magnetic Random Access Memory	磁性随机存储器
VPE	Vapor Phase Epitaxy	气相外延
—	Photoetching	光刻
—	Exposure	曝光
PCB	Printed Circuit Board	印刷电路板
EUVL	Extreme Ultraviolet Lithography	极紫外光刻
RIE	Reactive Ion Etching	反应离子刻蚀
MERIE	Magnetron Enhanced Reactive Ion Etching	磁增强反应离子蚀刻
ECR	Electron Cyclotron Resonance	电子回旋共振
HWP	Helicon Wave Plasma	螺旋波等离子体
SWP	Surface Wave Plasma	表面波等离子体
DD	Dual Damascene	双大马士革
CD	Critical Dimension	关键尺寸
CDU	Critical Dimension Uniformity	关键尺寸均匀性
LDD	Lightly Doped Drain	轻掺杂漏区
AEICD	After Etching Inspection Critical Dimension	刻蚀后检查关键尺寸
OCD	Overcurrent Detector	过流检测器
MII	Molecular Ion Implantation	大分子离子注入
CII	Cold Ion Implantation	低温离子注入
CI	Co-implantation	共同离子注入
IPVD	Ionized Physical Vapor Deposition	电离物理气相沉积
AIPVD	Advanced Ionized Physical Vapor Deposition	先进电离物理气相沉积
BEOL	Back End of Line	后端工艺线
FEOL	Front End of Line	前端工艺线
—	Metal hard mask	金属硬掩模
PMD	Pre-metal Dielectric	金属前介质层
IMD	Inter-metal Dielectric	金属层间介质层

（续上表）

简称	全名	中文释义
BARC	Bottom Anti-reflection Coating	底部抗反射层
—	Plug filling	填充塞
—	Via	通孔
VMS	Virgin Make-up Solution	母液
SPS	Sodium 3，3-dithiodipropane sulfonate	3，3－二硫代二丙烷磺酸钠
MPS	Sodium 3－mercapto－1－propanesulfonate	3－巯基－1－丙磺酸钠
JGB	Janus green B	健那绿 B
ILD	Inter-level Dielectric	层间介质
SOG	Spin on Glass	旋涂玻璃
STI	Shallow Trench Isolation	浅槽隔离
DOF	Depth of Field	焦深
PIH	Pin-in-hole	通孔插针技术
SMT	Surface Mounting Technology	表面贴装技术
BGA	Ball Grid Array	球栅阵列
MCM	Multi-chip Module	多芯片模块
—	Hybrid microelectronic	混合电子电路
CoB	Chip on Board	芯片直接组装
DIP	Dual In-line Package	双列直插式封装
QFP	Quad Flat Package	方形扁平封装
SOP	Small Outline Package	小外形封装
PGA	Pin Grid Array	插针网格阵列
CSP	Chip Scale Package	芯片级封装
SIP	System in a Package	系统级封装
—	Flip chip	倒装
—	Bumping	凸块
WLP	Wafer Level Package	晶圆级封装
TSV	Through Silicon Via	硅通孔
TCB	Thermo-compression Bonding	热压键合

（续上表）

简称	全名	中文释义
HCB	Hybrid Copper Bonding	混合铜键合
IMC	Intermetallic Compound	金属间化合物
HBM	High Bandwidth Memory	高带宽内存
—	Bump pitch	凸块间距
KV	Kirkendall Viod	柯肯达尔空洞
FIB	Focused Ion Beam	聚焦离子束
FOWLP	Fan-out Wafer Level Packaging	扇出型晶圆级封装
FIWLP	Fan-in Wafer Level Packaging	扇入型晶圆级封装
FOPLP	Fan-out Panel Level Package	面板级封装
C4	Controlled Collapse Chip Connection	可控塌陷芯片连接
SCVR	Switching Capacitor Voltage Regulator	开关式电容电压调节器
FD-SOI	Fully Depleted Silicon-on-insulator	全耗尽型绝缘体上硅
SDP	Stacked Die Package	芯片堆叠封装
MCP	Multi-chip Package	多芯片封装
SCSP	Stacked Chip Scale Package	堆叠芯片尺寸封装
EMIB	Embedded Multi-die Interconnect Bridge	嵌入式多核心互联桥接
—	Chip	芯片
—	Deposition	沉积
—	Doping	掺杂
—	Leveler	整平剂
—	More Moore	延续摩尔
—	Package	封装
—	Super filling	超级填充
AI	Artificial Intelligence	人工智能
PLC	Programmable Logic Controller	可编程逻辑控制器